뇌와 마음의 오랜 진화

Gerhard Roth 지음 | 김미선 옮김

∑ 시그마프레스

뇌와 마음의 오랜 진화

발행일 | 2015년 2월 2일 1쇄 발행

저자 | Gerhard Roth
역자 | 김미선
발행인 | 강학경
발행처 | ㈜시그마프레스
디자인 | 송현주
편집 | 김성남

등록번호 | 제10-2642호
주소 | 서울특별시 영등포구 양평로 22길 21 선유도코오롱디지털타워 A401~403호
전자우편 | sigma@spress.co.kr
홈페이지 | http://www.sigmapress.co.kr
전화 | (02)323-4845, (02)2062-5184~8
팩스 | (02)323-4197
ISBN | 978-89-6866-404-5

The Long Evolution of Brains and Minds

* 책값은 뒤표지에 있습니다.
* 이 도서의 국립중앙도서관 출판시도서목록(CIP)은 서지정보유통지원시스템 홈페이지(http://seoji.nl.go.kr)와 국가자료공동목록시스템(http://www.nl.go.kr/kolisnet)에서 이용하실 수 있습니다.(CIP제어번호 : CIP2015001996)

동물의 대다수에게는 일말의 심적 자질 또는 태도가 있는데, 이는 인간의 경우 더 뚜렷하게 식별된다. 우리가 신체 기관의 유사성을 지적했듯이, 몇몇 동물에서는 순함 또는 사나움, 온화함 또는 성마름, 용감함 또는 소심함, 두려움 또는 자신감, 고귀한 기상 또는 저열한 야비함이, 그리고 지능에 관해서라면 총명함과 대등한 무언가가 관찰된다. 인간에게 있는 이 자질들 가운데 일부는 동물에게 있는 해당 자질에 비해 양적으로만 차이가 난다. 다시 말해, 인간에게 많든 적든 이 자질이 있으면, 동물에게도 많든 적든 다른 무엇이 있고, 인간에게 있는 그 밖의 자질들도 동물에게서 동일하지는 않지만 유사한 자질들로 표현된다. 예컨대 우리가 인간에게서 지식, 지혜, 총명함을 발견하듯이, 일정한 동물들에게도 이와 흡사한 모종의 타고난 잠재력이 존재한다.

— 아리스토텔레스, 동물의 역사(History of Animals), 제8권

인간을 제외한 어떠한 생물도 정신 능력을 갖고 있지 못하거나 인간의 정신 능력이 동물의 정신 능력과 완전히 다른 것이라면, 우리는 인간의 높은 지능이 점진적으로 발달했다고 결코 확신할 수 없게 된다. 그러나 인간과 동물의 정신 능력은 기본적으로 차이가 없다는 것을 밝힐 수 있다. 우리는 또한 칠성장어나 창고기 같은 하등 어류와 고등 유인원이 보이는 정신 능력의 차이가 유인원과 인간이 보이는 정신 능력의 차이보다 훨씬 더 크다는 것을 인정해야만 한다. 게다가 이 간격은 수없이 많은 단계적 변화로 채워져 있다.

— 다윈, 인간의 유래, 제3장

베른하르트 렌슈와 데이비드 B. 웨이크에게 진심으로 감사하며

역자 서문

격앙된 반응의 원인은, 뇌과학자들이 의견 게재 등을 통해 우리의 두피 안으로 심으려 했던 가시들, 즉 새로운 인간상을 그리려는 도발 때문이었다.

"뇌과학의 발전과 형법적 패러다임 전환에 관한 연구"
(탁희성, 정재승, 박은정, Thomas Hillenkamp, 2012) 초록 중에서

'뇌와 마음의 진화'가 주제인 책의 첫머리에 생뚱맞게 법학 논문을 인용할 의도는 전혀 없었다. 구글에서 저자에 관해 검색하다 보니 뜻밖에 저자는 자유의지와 법적 책임 논쟁에 불을 댕긴 주요 인물로 법조계에서 유명한 듯했고, 위의 논문도 그 맥락에서 우연히 검색된 것이다.

'새로운 인간상을 그리려는 도발!'

1965년에 독일의 대학 캠퍼스에서 철학을 공부하며 번민하던 젊은이가 생물학에 투신해 저명한 뇌과학자가 되기까지 약 50년에 걸쳐 저지른(?) 일을 잘 대변하는 문구라 여겨졌다. 마음을 알고자 나선 길에 결국 뇌를 찾아오는 사람들의 탐구심은 연모하는 상대를 만지고 싶은 갈망을 닮았다. 상상만으로 인간을 그리길 집어치운 이들은 몸뚱이를 어루만지며 인간을 처음부터 다시 그린다. 그리고 그 그림은 오히려 기괴한 추상화처럼 사람들을 격앙시킨다.

사실 저자를 검색한 결과로 2014년 현재 국내 인터넷에 가장 많이 돌아다니는 내용은 '독일 연구진, 뇌 속 악마의 은신처 찾았다'라는 선정적 표제의 기사다. 이 기사는 2013년 2월 5일 자 영국의 데일리메일 기사를 소개하고 있지만, 바로 다음 날 저자가 속한 브레멘대학에서 이는 애초에 독일의 한 신문이 저자의 대담 내용을 오해한 데서 비롯된 부적절한 표현이라는 입장을 공식 발표한 사실은 몰랐던 듯하다. 사실만 추리

자면 저자가 범죄자의 뇌를 연구해보니 서로 다른 유형의 범죄 행동이 서로 다른 변연계 부위의 기능 장애와 관계가 있으며 그 부위 중 하나가 안와전두피질이라는 것인데, 안와전두피질이 강력범의 뇌 영상에서 특징적으로 캄캄해 보인다는 사실이 '악마의 소굴'을 찾았다는 법석으로 이어진 것이다. 국내에 저자의 번역서를 처음 소개하는 입장에서 저자가 '제대로' 알려져 있지 않다는 건 다소 유감스러운 일이지만, 자유의지를 부정하고 범죄자의 뇌를 연구하는 게르하르트 로트가 적어도 법조계에서 요주의 인물인 것만은 분명해 보인다.

이 뇌과학자는 '급진적 구성주의자'로 분류되기도 한다. 지식은 학습자가 환경에서 수동적으로 받아들이는 게 아니라 능동적으로 구성하는 것일 뿐 아니라 개개인이 경험을 바탕으로 끊임없이 재구성하는 역동적 적응과정이며 경험 이외에 접근 가능한 실재는 없다고 생각하는 사람을 그렇게 부르는 것 같다. 그게 요즘도 그렇게 급진적인 생각인지는 잘 모르겠지만, 무슨 '주의자'라는 꼬리표를 달아준 것을 보면 그는 철학계에서도 여전히 주시 대상인 모양이다.

그렇게 윤리와 철학이 꽁무니를 따라다니며 감시하는 무서운(?) 저자를 만나게 될 줄은 꿈에도 모르고, 역자가 막연히 찾고 있던 것은 실은 '뇌의 진화'에 관한 단행본이었다. 꽤 오래 아마존 사이트를 들락거렸지만 인간의 뇌뿐만 아니라 동물 전체를 포괄해 뇌의 진화라는 주제만 충실히 다룬 책은 눈을 씻고 보아도 없는 듯했다. 그래서 단세포에서 출발해 무척추동물과 척추동물을 아우르는 이 책의 목차를 보는 순간, 눈을 의심할 만큼 반가웠다.

비록 다음 순간에는 심리철학, 진화학, 신경해부학, 비교동물학, 인지심리학 교과서를 한 권씩 포개놓고 지그시 눌러서 물기를 짜낸 듯한 그 포괄성 때문에 눈앞이 아득했지만 말이다. 학자도 아닌 사람이 이런 책에 손댄다는 자체가 만용을 넘어 만행처럼 느껴졌다. 학자분들은 학문하느라 바쁘시지만 않다면, 정보의 시의성도 정확성만큼 중요하지만 않다면, 그리고 어느 열혈 독자와 노교수님의 응원만 아니었다면 어림도 없었을 일이다.

이 모두의 출발점은 스물셋의 철학도 게르하르트 로트의 타는 목마름이었음을 기억한다면 눌린 두부 같은 지식들도 그리 팍팍하지만은 않을 것이다. 특히 단어를 보고 뇌의 해부구조를 머릿속에 그릴 수 있는 사람이라면 단세포에서 의식까지 3차원 조각

그림을 맞춰가는 재미에 중독될지도 모른다. 조각그림 맞추기의 진정한 재미는 완성에 있는 것이 아니라는, '흩어진 그림의 단편들을 서로 이어주는 연결 조각을 끼울 때' 최고의 짜릿함을 느낀다는 어느 블로거의 말이 용기를 준다. 역자는 사실 더 소박하게, 내 인간 그림의 어디에 구멍이 뚫려 있는지를 확인한 데 만족하기로 했다.

2014년 11월 6일에 작성한 위의 서문에 언급한 '어느 교수님'은 서울대학교 의과대학 지제근 교수님이신데, 같은 달 26일에 고인이 되셨다. 원래 감수를 부탁드렸으나 투병 중이라며 감수는 고사하셨지만 번역 작업을 격려하며 도움 말씀을 주셨다. 사실 처음에는 의학용어를 모두 우리말로 옮겼으나, 요즘은 용어가 한자어로 돌아가는 추세라는 교수님의 말씀에 모두 다시 한자어로 바꾸는 과정을 거쳤다. 우리말에 각별한 애정을 가지고 우리말 의학용어사전을 편찬하기도 하신 분께서 그런 권고를 하셨을 때의 배경과 심경에 대해서는 알 길이 없지만 '시상하부'와 '시상밑부'가 따로 존재하는 난감한 현실이 후학 여러분의 잇따르는 노고로 개선되어가길 바랄 뿐이다. 역자가 번역서를 헌정할 수 있다면, 고 지제근 교수님께 이 책을 바치고 싶다.

2014년 초겨울

인천에서

2014년 11월 6일에 작성한 위의 서문에 언급한 '노교수님'은 서울대학교 의과대학 지제근 교수님이신데, 같은 달 26일에 고인이 되셨다. 원래 감수를 부탁드렸으나 투병 중이라며 감수는 고사하셨지만 번역 작업을 격려하며 도움 말씀을 주셨다. 사실 처음에는 의학용어를 모두 우리말로 옮겼으나, 요즘은 용어가 한자어로 돌아가는 추세라는 교수님의 말씀에 모두 다시 한자어로 바꾸는 과정을 거쳤다. 우리말에 각별한 애정을 가지고 우리말 의학용어사전을 편찬하기도 하신 분께서 그런 권고를 하셨을 때의 배경과 심경에 대해서는 알 길이 없지만 '시상하부'와 '시상밑부'가 따로 존재하는 난감한 현실이 후학 여러분의 잇따르는 노고로 개선되어가길 바랄 뿐이다. 역자가 번역서를 헌정할 수 있다면, 고 지제근 교수님께 이 책을 바치고 싶다.

저자 서문

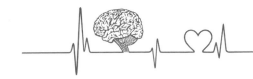

신경계와 뇌는 어떻게 진화했고 인지 기능과 지능, 한마디로 '마음'은 어떻게 진화했으며, 두 과정은 어떤 관계일까? 이 책의 중심 주제인 이 질문에는 이 과정에서 인간과 인간의 마음이 어느 정도나 특별한, 혹은 심지어 유일무이한 역할을 할까하는 질문이 들어 있다.

내가 이런 종류의 질문에 관심을 갖게 된 때는 독일 뮌스터대학의 철학과 학생이던 시절로 거슬러 올라간다. 더 정확히 말하자면 1965년 어느 날, 두 친구가 현대과학의 철학적 문제에 관한 시리즈 강연 가운데 한 공개 강연에 나를 데리고 갔다. 강사진에는 물리학자도, 수학자도, 화학자도, 생물학자도 있었지만, 철학자는 없었다. 그런 강사진 가운데 한 명이 유명한 동물학자이자 진화생물학자인 베른하르트 렌슈(Bernhard Rensch, 1900~1990)였다. 그가 한 강연의 주제는 인지 또는 '정신' 기능과 생물 진화의 관계였고, 생물 진화에는 신경계와 뇌의 진화도 포함되어 있었다. 내가 렌슈의 말에 특히 압도된 이유는 그가 '심오한' 철학적 질문 다수, 예컨대 지각의 신뢰도나 확실한 지식의 가능성, 마음의 본성 및 기원에 관한 질문을 자연과학, 특히 생물학과 심리학을 결합한 체제 안에서 다룰 수 있으며, 그 질문에 최소한 부분적으로는 답을 할 수도 있음을 보여주었기 때문이다.

당시 뮌스터대학에서 (독문학, 음악학과 함께) 철학을 공부하던 나는 깊이 실망하고 있었다. 철학연구소가 제공하는 고전철학 교육은 비교적 훌륭했지만, 교수법은 순전히 역사주의가 지배하고 있었다. 다시 말해, 수많은 철학자 가운데 정확히 누가 어느 시점에 무슨 말을 했는지를 알고, 그 말을 왜 했을지 추측하는 것이 중요했다. 지각, 마음, 추리 등에 관한 이 이론들이 경험적 의미에서 '참'인가 아닌가에는 관심이 없었다. 당시 뮌스터 등지의 철학자들은 대부분 자연과학을 깊이 경멸했으므로, 그런 질문을 렌슈와 같은 동식물 연구자는 물론이고 심리학자(당시 뮌스터대학은 게슈탈트 심리학의 선도적 중심지 중 한 곳이었다)가 다룬다고 해도 비웃었다. 그런 질문은 철학의 전유물로 여겼기 때문이다.

강연을 들은 며칠 뒤, 나는 모든 용기를 동원해 렌슈를 찾아갔다. 그는 참을성 있게 내가 하는 말을, 특히 철학 공부의 어려움에 관한 이야기를 경청했고, (렌슈 자신도 생물학과 철학을 둘 다 공부했던 사람이라) 나의 어려움을 너무도 잘 이해하고 있었다. 대화 끝에 렌슈가 내게 해준 조언은 먼저 철학 학위를 마친 다음 자연과학, 예컨대 생물학 학위를 하나 더 시작하라는 것이었다. 그것은 지금까지 내가 받은 최고의 조언 가운데 하나였다.

나는 독일국립학술재단의 장학금을 받아 로마로 가서 이탈리아의 철학자이자 마르크스주의자 안토니오 그람시에 관한 논문을 써서 1969년에 철학박사 학위를 받았다. 그 직후 같은 재단에서 또 한 번 장학금을 받은 덕분에 다시 뮌스터에서 생물학 공부를 시작할 수 있었다. 동시에 근처 파데르보른대학에서 과학철학을 강의하게 되었고, 이는 젊고 아무것도 모르던 내가 대학에서 가르치는 법을 연습하기에 아주 좋은 기회였다. 2년 뒤, 이번에는 행동생리학과 신경생물학으로 두 번째 박사학위 논문을 시작했다. 이를 위해 이탈리아의 피사대학에도 갔고, 또 한 명의 중요한 진화생물학자 데이비드 웨이크(David B. Wake)의 초청을 받아 캘리포니아대학교 버클리 캠퍼스에도 갔다. 그의 지도를 받아 도롱뇽과 개구리의 섭식 행동과 관련된 해부학과 생리학을 그와 함께 연구하기 시작했고, 그때 이후로 여러 해에 걸쳐 공동연구를 하는 과정에서 그와 나를 비롯한 여러 대학원생(이들 중 다수가 지금은 유명한 과학자다)이 미국뿐만 아니라 멕시코, 코스타리카, 파나마, 이탈리아, 사르디니아 섬의 다양한 장소를 누볐다. 1974년 말에 학위논문을 마친 뒤, 1976년 초에는 (나중에야 알았지만) 렌슈와 웨이크로부터 실질적 도움을 받아, 신설된 브레멘대학교의 행동생리학 교수가 되었다.

베른하르트 렌슈와 데이비드 웨이크에게서 받은 은혜는 헤아릴 수 없이 크다. 두 분은 고맙게도 나에게 진화적 사고를 소개해주었을 뿐만 아니라, 훌륭한 교사였고 — 데이비드 웨이크는 지금도 학생을 가르친다 — 매우 존경받는 인격자였다. 렌슈의 연구소에서 렌슈와 나눈 많은 대화는 물론, 렌슈의 집에서 데이비드 웨이크와 (역시 저명한 동물학자인) 마벌리 웨이크 부부와 함께한 저녁은 내 대학 생활의 빛나는 순간들 중한 장면이었다. 이 책을 베른하르트 렌슈와 데이비드 웨이크에게 바치는 것은 두 분을 충심으로 기리기 위함이다.

이 책의 기초가 놓인 때는 내가 동료인 마리오 불리만과 함께 2000년에 브레멘에서 '뇌의 진화와 인지'에 관한 국제회의를 조직했을 때였다. 동시에 나는 한제고등연구소(Hanse Institute for Advanced Study)의 소장으로서 해리 제리슨, 뤼돌프 니우언하위스, 알무트 쉬츠, 에릭 캔들과 같은 선두의 신경생물학자 다수를 장·단기 특별연구원의 자격으로 연구소에 초청할 수 있었다. 나는 동료 신경생물학자이자 아내인 우르줄라 디케와 함께, 신경계와 뇌의 진화 및 인지 기능과 지능의 진화 사이의 관계에 관해 여러 편의 논문을 썼다. 2010년에는 슈펙트룸-슈프링거 출판사를 통해 독일어로 인간은 얼마나 유별날까? 뇌와 마음의 오랜 진화(*Wie einzigartig ist der Mensch? Die lange Evolution der Gehirne und des Geistes*)라는 책을 출간했다. 2011년에 슈프링거 출판사로부터 이 책을 영어로 번역해달라는 부탁을 받은 나는 흔쾌히 그러기로 했다. 번역을 하는 동안, 새로 등장했거나 전에는 그냥 지나쳤던 문헌을 포함시킬 기회를 얻었다. 그래서 어떤 장은 거의 완전히 다시 썼고, 어떤 장은 상당히 수정했지만, 책의 전반적 메시지는 그대로 유지했다.

이 책을 쓰는 과정에서 나를 도와 의논 상대가 되어주거나 각 장을 비판적으로 읽어준 많은 분에게 감사드려야 한다. 가장 먼저 감사를 전할 사람은 브레멘대학 출신의 동료이자 아내인 우르줄라 디케다. 우르줄라는 많은 공동 논문에서 긴밀하게 협력하고, 문헌을 제공하고, 비판적으로 의견을 제시하고, 이 책의 많은 장을 읽었을 뿐만 아니라 도판을 마련하는 데도 상당한 도움을 주었다. 나의 형제인 이외른 로트(뮌스터)를 비롯해 이 책의 독일어판을 세심하게 읽어준 아래의 여러 동료들에게도 감사한다. 프리드리히 바르트(비엔나대학교), 존-딜런 헤인스(베를린 샤리테훔볼트대학교), 오뉘르 귄트위르퀸(보훔 루르대학교), 토마스 호프마이스터(브레멘대학교), 미헐 호프만(암스테르담 자유대학교), 페르디난트 후호(베를린 자유대학교), 미하엘 코흐(브레멘대학교), 미하엘 쿠바(예루살렘), 루돌프 멘첼(베를린 자유대학교), 마르틴 마이어(취리히대학교), 울리히 뮐러-헤롤트(취리히 ETH), 미하엘 파우엔(베를린 훔볼트대학교), 요제프 라이히홀프(뮌니히), 헬무트 슈베글러(브레멘대학교), 폴커 슈토르흐(하이델베르크대학교), 위르겐 타우츠(뷔르츠부르크대학교), 데이비드 B. 웨이크(캘리포니아대학교 버클리 캠퍼스), 마리오 불리만(뮈니히 루드비히–막시밀리안스대학교). 이 모든 도움에도 불구하고 남아 있는 모든 오류의 책임은 오로지 나에게 있다.

2012년 8월
독일 릴리엔탈과 이탈리아 브란콜리에서

차례

제1장

들어가며 : 마음과 뇌는 하나일까?

주제어 다윈 · 인간의 유래 · 마음-뇌 관계 · 이원론 · 자연주의 · 점진주의 · 인간과 동물의 지능

생물학은 신경계와 감각기관에서 일어나는 일정한 과정들이 의식되는 경험을 동반하거나 그런 경험과 상관이 있다는 사실을 통해 철학, 특히 인식론과 밀접하게 연관된다. 생물학 지식이 포함되지 않은 모든 세계관은 실재에 부합할 수 없다고 해도 과언이 아니다(B. Rensch, Biophilosophie, 1968).

18 59년에 출간된 획기적 저작 **종의 기원**에서 찰스 다윈은 대단히 풍부한 경험적 데이터와 함께, 모든 생물이 같은 곳에서 기원했으며 진화적 변화의 한 가지 주요 기제는 자연선택이라는 개념을 내놓았다. 그러나 이 개념이 인간에게도 적용될 것인가 하는 당시의 가장 미묘한 질문에 대해서는 그것이 "인간의 기원과 역사에 밝은 빛을 비춰줄 것이다."라는 유명한 말로 간단히 언급했을 뿐이다. 그는 12년 뒤인 1871년에야 두 번째 걸작인 **인간의 유래**에서 정확히 이 질문을 자세하게 다루었다. 책에서 그는 인간도 물론 원숭이를 닮은 조상의 변형된 후손이라고 언명했다. 이 말에 그의 동시대인 다수는 혐오감을 느꼈고, 어느 영국인 여성(어떤 사람들은 그녀가 빅토리아 여왕 본인이었다고 믿는다)은 "이것이 틀린 말이기를 기도하자. 만일 옳은 말이라면

G. Roth, *The Long Evolution of Brains and Minds*, DOI: 10.1007/978-94-007-6259-6_1,
ⓒ Springer Science+Business Media Dordrecht 2013

알려지지 않기를 기도하자."라고 말했다고 전해진다.

인간의 유래 첫 부분을 읽으면서 독자가 깊은 인상을 받는 대목은 해부학적 능력뿐만 아니라 인지 및 정신 능력 면에서도 인간과 인간 이외의 동물 사이에 근본적 또는 **질적** 차이는 전혀 없고 있는 것은 **양적** 차이뿐이라는 다윈의 급진성만이 아니다. 마찬가지로 놀라운 것은 그러한 관점을 지지하며 다윈이 내놓는 논증의 풍부함이다. 그의 논증은 모방, 주의, 사고, 의사 결정, 도구 사용, 기억, 상상, 연상, 자기반성, 추리뿐만 아니라 질투, 야망, 감사, 아량, 기만, 복수, 유머, 언어, 사랑, 이타심, 복종, 죄책감, 도덕, 윤리, 독실함과 같은 다양한 기능을 다룬다. 이 논증들은 야외나 동물원에서 동물의 행동을 관찰하거나, 다윈 자신을 포함한 전문가나 일반인들이 개인적으로 집에서 기르는 동물의 행동을 관찰한 결과에서 얻어졌다. 당시 사람들은 대부분 통제된 조건에서 행동을 연구할 줄 몰랐다.

이 책에서 보겠지만, 이 사정은 지난 50년 동안 극적으로 바뀌었다. 우리는 대단히 풍부한 새 데이터와 개념들을 기초로 자문해야 한다. 다윈이 옳았을까? 즉 인간과 인간 이외의 동물은 인지적 능력에 의해 점진적으로만 구분될까, 아니면 진정으로 '유일무이한' 인간만의 능력이 있을까?

세계의 종교, 철학, 문화 대부분이 추리와 의식이라는 의미의 마음은 인간에게만 존재한다고 믿는다. 이 관점에 따르면, 아무리 영리한 동물이라도 마음, 의식, 추상적 사고, 자기자각은 갖고 있지 않다. 최소한 생물학적 본성 면에서 우리가 (다른) 동물, 더 정확히는 영장류와 가까운 관계라는 데는 의심할 여지가 없으므로, 인간과 동물의 인지 능력 사이에 그토록 '깊은 틈'이 있다는 개념을 가장 잘 설명하는 방법은 마음, 이성, 의식, 사고가 결코 자연적인 종류의 것이 아니라 자연의 왕국을 '초월하는' 어떤 것이라고 가정하는 것이다. 이 관점이 바로 자연과 마음 사이의 **존재론적** 차이를 인정하는 마음-몸(또는 마음-뇌) 관계의 **이원론** 관점이다. 대신 인간이 진화하는 동안 (오스트랄로피테쿠스 이후의) 우리 조상과 대형유인원 사이에 진화적 '도약'이 있었다는 관점도 있다. 마지막으로, 어떤 신학자와 철학자들은 이 도약이 인간 개체가 발생할 때마다(예 : 번식 행위를 하는 동안) 일어난다고 믿는다.

마음-뇌 관계의 **자연주의적** 개념을 옹호하는 사람들은 최소한 일부 동물에게 모종의 마음이 있으며, 인간의 정신 능력은 알려진 자연법칙을 초월하거나 어기지 않음을 인정한다. 따라서 이들의 눈에는 마음과 몸/뇌 사이에 존재론적 차이가 **없다**. 그러나 인간의 정신적 기능이 유일무이한가라는 질문에 대해서는 전문가마다 관점에 차이가 존재한다. 대부분은 아니라도 많은 전문가가 인간과 (분류학적으로 우리와 가장 가까운 이웃인 침팬지를 포함한) 인간 이외의 동물 사이에는 실제로 질적인 차이가 최소한 약간은 있다고 생각한다. 많은 인류학자, 행동학자, 심리학자가 그렇다고, 인간에게만 자기반성, 구문-문법을 갖춘 언어, '마음의 이론(theory of mind)', 종교, 도덕성, 과학, 예술이 있다고 말한다. 이러한 능력의 경우는, 인간 이외의 동물들 사이에서 그 능력으로 가는 예비 단계가 발견되지 **않는다**고.

자연주의자로서 그러한 관점을 고수하는 사람이라면, 그 유일무이한 정신적 능력들이 사람아과(亞科)(hominine)가 진화하는 동안 진화했음이 틀림없음을, 즉 우리의 침팬지를 닮은 조상들이 최초의 **오스트랄로피테쿠스**로 옮겨가면서 생겨났거나, (아마도) **하이델베르크인**이 **호모 사피엔스**로 옮겨가면서 생겨났을 것임을 인정해야 한다. 그 결과, 수많은 심리학자와 인류학자가 유전자 또는 대뇌의 유일무이한 특징이 그러한 유일무이한 능력을 가능하게 만들었다는 증거를 찾으려 애쓰고 있다.

다른 전문가들은 의식과 자기반성을 (어쩌면 구문-문법 언어까지) 포함한 **모든** 정신-인지 능력 면에서, 인간이 아닌 우리 조상들과 우리 사이에 **엄격한 연속성**이 있다는 다윈의 관점을 따른다. 그러한 관점을 **점진주의(gradualism)**라 한다. 물론 그러한 점진주의 관점의 옹호자도 진화 과정에서 세포핵이 생겨나고, 몸이 좌우대칭으로 조직되고, 식도상신경절(또는 뇌)이 형성되고, 척추가 형성되는 등, 새로운 형태와 기능('주요한 혁신')이 생겨났음을 인정하지만, 이 신제품들은 '하늘에서 뚝 떨어진' 것이 아니라 더 단순한 형태에서 기원했다고 생각한다.

이 책에서 나는 현재의 진화생물학과 행동생물학, 신경과학, 인류학 지식을 기초로, 신경계와 뇌의 진화뿐만 아니라 정신-인지 능력, 한마디로 '지능'의 진화를 어느 정도나 복원할 수 있는지, 양쪽을 어느 정도나 서로 관련시킬 수 있는지, 인간에게 진정으로 유일무이한 능력이 있는지를 조사할 것이다. 끝에서는 우리가 마음과 의식의 **자연주의적 개념**에 도달할 수 있는가를 묻는 유명한 질문을 마주할 것이다. 현재의 지식을 기초로 마음과 지능을 자연과학의 틀 안에서 설명할 수 있을까, 아니면 인간에게서 발견되는 마음과 지능은 자연을 초월하는 것일까?

그 결과, 이 책의 대부분은 신경계와 뇌의 진화를 복원하고 이 과정에 있을 수 있는 원리를 확인하려는 시도로 구성될 것이다. 정확히 어떤 신경 특성 덕분에 동물과 인간이 영리하고 창의적이 될까? 뇌의 절대 크기 또는 상대 크기(몸 크기를 기준으로 보정하지 않은 크기 또는 보정한 크기), 뇌에 들어 있는 모종의 '지능 중추'의 크기와 같은 수많은 특성이 과거로부터 제안되어왔다. 지능, 마음, 궁극적으로 의식의 정도를 결정하는 것은 뇌에 들어 있는 신경세포의 총수일까 아니면 그러한 '지능 중추'에 들어 있는 신경세포의 수일까, 아니면 뉴런이 연결되는 특별한 패턴일까? 이와 같은 질문을 자세히 다룰 것이다. 하지만 이 과정을 뒤에서 몰아가는 것은 어떤 힘일까? 여기에는 여러 가지 답이 있다. 어떤 전문가들은 생물이 생존하기 위한 조건이 그 원동력이라고 본다. 이 조건이 복잡할수록 감각기관, 신경계, 뇌가 더 효과적일 필요가 있어서 동물의 학습 능력, 행동 유연성, 혁신 능력이 더 뚜렷하게 커지는 경향이 있다는 것이다. 이것이 **생태적 지능**(ecological intelligence) 가설이다. 어떤 저자들은 동물의 사회생활에서 비롯되는 난관이 진정한 원동력이라고 믿는다. 사회 조건이 복잡할수록 사회적 학습, 모방, 공감, 지식 전달, 의식과 같은 능력이 더 정교해지고 마음의 이론과 상위인지(metacognition)도 더 정교하게 발달한다는 것이다. 이를 위해서도 역시, 뇌 안이 점진적으로 변해야 한다. 이것이 **사회적 지능**(social intelligence) 가설이다. 일부 저자들은 도구의 사용 및 제작, 사물의 작동 원리 이해와 가장 관계가 깊은 **물리적 지능**(physical intelligence)을 세 번째 형태의 인지 기능으로 구분한다. 그러나 뇌와 마음을 진화시키는 결정적 요인은 일반적 지능, 즉 인지의 뇌 중추에서 이루어지는 정보처리의 속도와 효능의 증가라고 믿는 사람들도 있다. 이것이 **일반적 지능**(general intelligence) 가설 또는 **정보처리**(information processing) 가설이다. 우리는 이 가운데 어떤 가설이 가장 설득력이 있는지 보아야 할 것이다.

나는 이 책을 다음과 같이 진행할 것이다. 제2장과 제3장에서는 '마음/지능'과 '진화'라는 주요 관념의 좀더 정확한 정의를 다룰 것이다. 제4장에서는 생명의 정의와 기원 문제에 전념한다. 여기서 내가 내놓는 일반론은 인지 능력이 생겨나려면 반드시 생물 특유의 원리인 자기생산과 자기유지가 앞서야 한다는 것이다. 제5장에서는 '뉴런의 언어'(또는 '뇌의 언어')를, 즉 뉴런이 정보를 처리하는 원리를 다룬다. 이 '언어'는 진화의 매우 초기, 최초의 단세포 유기체가 기원했을 때, 따라서 신경계와 뇌가 존재하기 오래전에 형성되었음을 알게 될 것이다.

제6장에서는 가장 단순한 유기체인 세균과 고세균에서 출발해 동물의 왕국을 꿰뚫는 우리의 여정을 시작할 것이다. 이 원핵생물은 물론 나중에 출현하는 진핵 원생동물에게도 생존과 성공적 번식에 필수적인 장치, 즉 환경에서 의미 있는 사건을 지각하기 위한 감각 중추, 움직이고 행동하기 위한 운동 중추, 그리고 둘 사이에서 정보를 처리하기 위한 기제가 이미 있었고 지금도 있다. 그때 이후로 진화에서 완전히 새로운 일은 전혀 일어나지 않았고, 수용체, 이온통로, 신경전달물질, 신경조절물질을 갖춘 장치가 출현한 일도 예외가 아니다. 제7장에서는 (뇌를 포함할 수도 있는) 신경계의 진화 과정을 따라갈 것이다. 해면동물에서 출발해 한편으로는 좌우대칭이 아닌 '강장동물(자포동물과 유즐동물)'에 도달하고, 다른 한편으로는 모든 좌우대칭동물에 도달할 것이다. 좌우대칭동물에는 무장동물, 촉수담륜동물(편형동물, 연체동물 등), 탈피동물(선형동물, 절지동물 등)을 포함한 무척추동물과 함께 포유류, 영장류, 인간을 포함한 척추동물이 포함된다. 좌우대칭 무척추동물 진화의 첫 번째 노선은 가장 영리한 무척추동물이라 일컬어지는 두족류의 문어로 이어지고, 두 번째 노선은 매우 크고 다양한 집단인 곤충으로 이어지는데, 곤충 가운데서는 꿀벌이 학습, 기억, 인지 능력 면에서 뛰어나다. 제8장에서는 이 무척추동물이 얼마나 영리할까를 물을 것이다.

제9장부터는 주로 척추동물을 다루면서 칠성장어, 연골어류와 경골어류, 양서류, 석형류('파충류'와 조류), 포유류의 뇌를 비교할 것이다. 척추동물 뇌의 기본 조직은 5억 년 동안 변함없이 유지되었고 분명한 차이는 대부분 뇌 전체와 각 부분의 절대 크기와 상대 크기에 있었지만, 예외적으로 종뇌를 덮는 외투(mantle) 또는 피질(cortex)만은 눈에 띄게 달라졌음을 알게 될 것이다. 제11장에서는 무척추동물과 척추동물의 감각기관과 그것의 진화를 다룬다. 제12장과 제13장에서는 제8장과 발을 맞추어, 척추동물은 얼마나 영리할까, 그리고 척추동물 가운데 정신-인지 능력이 뛰어난 동물은 어떤 집단일까를 물을 것이다. 제14장에서는 이 능력들이 각 집단의 뇌 속성과는 어느 정도나 상관이 있을 수 있는지 살펴볼 것이다. 제15장에서 전념하는 중심 질문은 정신-인지 기능 면에서 인간이 다른 모든 동물에 비해 진정으로 유일무이할까, 그리고 그러한 속성에 신경적 기초가 존재한다면 그것은 무엇이 될 수 있을까 하는 것이다. 제16장에서는 지금까지 제시한 데이터를 요약한 뒤, 생태적 지능, 사회적 지능, 물리적

지능, 일반적 지능의 영향력을 살펴보고, 각각을 어느 정도나 뇌와 마음을 공진화시키는 원동력으로 여길 수 있을까를 물을 것이다. 제17장과 제18장에서는 우리가 마음과 의식의 자연주의적 개념을 어느 정도나 공식화할 수 있을까를 다룰 것이다. 이 질문에는 영리한 동물과 인간에게 있는 어떤 요인과 과정이 사고, 의식, 자기자각을 포함한 '고등한' 정신 기능의 신경적 기초를 구성할 수 있을까, 그리고 이 기초는 똑같은 건축 원리를 일관적으로 따를까 아니면 매우 다양한 방식으로 구현되었을까 하는 중심 질문이 포함될 것이다. 궁극적으로 우리는 묻게 된다. 그러한 원리를 알기만 하면, 우리가 마음과 의식을 인공적으로 창조할 수 있게 될까?

| 제2장 |

마음과 지능

주제어 마음 · 지능 · 행동 유연성 · 학습 · 기억 · 의식 · 심리철학 · 이원론 · 일원론 · 자연주의 ·
동일론 · 환원주의 · 물리주의

마음의 본성, 기능, 기원이라는 질문은 서양 철학에서 언제나 중심 주제였다. 전통
적 관점에서 마음은, 영혼, 이성, 의식 등 어떤 형태로든, 인간을 지구상의 다른
모든 동물과 가장 분명하게 구분 짓는 속성이다. 현대 철학자도 대부분은 계속해서
'마음'과 '정신'을 의식적인 지각, 추리, 의사 결정, 기억, 계획 등과 연관시킨다. 그러
나 이 책에서 나는 마음을 가리키는 개념으로 훨씬 더 포괄적인 인지 능력을 사용하면
서, 이를 간단히 '지능'이라고 부를 것이다. 지능이라는 관념으로 지칭하고자 하는 것
은 무엇보다도, 유기체가 자연 및 사회 환경에서 일어나는 문제를 해결하는 능력이다. 여기
에는 연상 학습, 기억 형성, 행동 유연성, 혁신율 형태의 능력은 물론 추상적 사고, 개
념 형성, 통찰을 요구하는 능력도 포함된다. 이 모두에 명료한 의식이 함께할 수도 있
지만 반드시 그런 것은 아니므로 의식의 관련성은 따로 입증하거나 가능성을 밝혀야
한다.

그러한 인지 능력이 인간들 사이에서만 발견되거나 포유류나 영장류 따위 이른바
'고등한' 동물들 사이에서만 발견되는 것은 아니다. 이 능력의 일부는 매우 단순한 유

G. Roth, *The Long Evolution of Brains and Minds,* DOI: 10.1007/978-94-007-6259-6_2.
ⓒ Springer Science+Business Media Dordrecht 2013

기체에게도 이미 존재한다. 실제로, 환경에서 일어나는 사건에 대해 순전히 반사적이거나 본능적인 방식으로 반응하는 유기체는 지구상에 하나도 없으며, 단세포 유기체조차도 학습하고 기억하고 관련된 다중감각 정보를 처리할 능력이 있음을 제6장에서 보여줄 것이다. 인간을 포함한 복잡한 다세포 유기체의 인지 능력은 그러한 기초적 '정신' 장치에서 유래한다. 모든 복잡한 인지 기능의 기초는 학습이기 때문에, 먼저 간단하게나마 여러 유형의 학습을 다룰 것이다.

2.1   학습의 유형

학습이란 보편적으로 확산된 유기체의 능력으로서 생활 조건에 잠시 생리적으로나 행동적으로 반응하는 대신 중·장기로 적응하기 위한 것이다(개관은 Pearce, 1997; Terry, 2006; Korte, 2013; Menzel, 2013 참조). 일반적으로, 학습(및 기억 형성)은 연상(associative) 학습과 비연상(non-associative) 학습으로 구분한다. 비연상 학습으로는 습관화와 민감화가 있고, 연상 학습으로는 (파블로프의) 고전적 조건형성과 조작적(도구적) 조건형성이 있다. 저자들 대부분은 그 밖에도 모방 학습이나 통찰 학습과 같은 더 복잡한 형태의 학습이 존재한다고 인정하지만, 소수는 여전히 고전적 조건형성과 조작적 조건형성 말고도 학습 유형이 존재한다는 생각을 인정하지 않는다.

  습관화(habituation)와 민감화(sensitization)는 가장 단순한 형태의 경험 의존적 적응 행동이다. 습관화란 반복되는 강한 자극이나 눈에 띄는 자극을 향해 주어진 행동 반응이나 생리 반응에 부정적 결과도 긍정적 결과도 없는 탓에 반응의 강도나 빈도가 점차 약화되는 것이다. 예를 들어, 큰 소음이나 크고 시커먼 물체도 반복해서 접하면 처음만큼 해롭거나 중요하게 다가오지 않는다. 반면 민감화란 반복되거나 계속되는 약한 자극이나 눈에 띄지 않는 자극을 향해 처음에는 약하게 주어지던 행동 반응이나 생리 반응이 이로부터 생기는 부정적 결과나 긍정적 결과 때문에 점차 강화되는 것이다. 예컨대 그림자나 낮은 소음이 예상보다 더 중요하거나, 이롭거나, 부정적인 것으로 드러날 수 있다. 습관화와 민감화는 단세포 유기체 안의 신경계나 신경계의 전신(前身)이 사건에 대해 내리는 **평가**를 기초로 한다. 비록 이 평가는 매우 자동적으로 및/또는 무의식적으로 일어나겠지만 말이다.

연상 학습은 일정한 사건 또는 사물이 먼저 눈에 띄거나 동시에 눈에 띄는 다른 사건 또는 사물과 연관되는 경험을 습득하는 것이다. 고전적 조건형성(classical conditioning)은 연상 학습의 기본 유형 가운데 한 가지이다. 이 과정에서 유기체는 규칙적으로 일어나는, 흔히 반사와 비슷하고 생물학적으로 유의미한 행동을 보여주는데, 이를 무조건 반응(UR)이라 하고, 예를 들면 위험한 사건 또는 먹이와 같은 무조건 자극(US)을 향한 침 분비, 피부 전도도 변화와 같은 자동 반응이나 정서 반응, 꿀벌의 주둥이 내밀기와 같은 운동 반응이 있다. 따라서 이런 종류의 행동은 살피고 있는 동물의 **표준 행동 목록**의 일부다. 무조건 자극과 지금까지는 중립적이던 자극(예 : 소리나 냄새나 빛의 신호)이 여러 번 짝지어지면, 처음에는 무조건 반응을 유발하지 않던 이 중립적 자극에 같은 방식으로든 변경된 방식으로든 무조건 반응을 내보낼 능력이 생긴다. 최소한 한동안은 말이다. 이렇게 해서, 처음에 중립적이던 자극이 조건 자극(CS)으로 바뀌고, 무조건 반응이 조건 반응(CR)으로 바뀐다.

대부분의 경우, 그러한 고전적 조건형성의 성공 여부는 자극과 반응 사이의 정확한 시간 관계에 달려 있다. 조건 자극(예 : 소리)은 무조건 자극(예 : 먹이 제시)과 동시에 일어나거나 무조건 자극보다 최소한 2~3초 먼저 일어나야 하는 반면, 무조건 자극 다음에 일어나는 조건 자극은 아무 효과도 없거나 심지어 억제 효과가 있다는 뜻이다. 하지만 이 규칙에는 예외가 있다. 어떤 과제에서는, 무조건 자극과 조건 자극이 결합할 가능성이 결합하지 않을 가능성보다 통계적으로 더 높기만 하면, 고전적 조건형성이 성공할 수도 있다는 뜻이다. 동시대 저자 대부분은 최소한 일부 유기체와 학습 과제에서 조건 자극이 무조건 자극의 '예언자' 구실을 하는 이유를 두 자극이 시간적으로 및/또는 공간적으로 동시에 발생할 확률이 높기 때문이라고 가정한다. 이런 식으로 유기체는 의식적-명시적으로든 무의식적-암묵적으로든, 자신의 생존을 위해 뚜렷한 의미가 있는 환경 안의 사건들 사이에서 규칙적 시간 관계나 공간 관계를 학습한다. 특정 환경에 '순서'가 매겨져 예상이 형성되면 예상이 미래 행동의 길잡이가 된다.

더 복잡한 유형의 고전적 조건형성은 **맥락 조건형성**(context conditioning)이다. 여기서 유기체가 학습하는 것은 어떤 자극이나 사건이 특정한 조건 또는 **맥락**에서만 긍정적 또는 부정적 결과를 가져온다는 사실이다. 그러므로 유기체의 반응은 그 맥락에 따라 달라질 것이다. 예를 들어, 주어진 어느 맥락에서는 그와 같은 장소와 시간에 일어났던 나쁜 경험 때문에 특정한 무언가에 대해 큰 공포를 느끼겠지만, 같은 사건이 부정적 결과를 가져오지 않았던 다른 맥락에서는 공포를 느끼지 않을 것이다. 이는 기억의 회상에도 적용되는데, 우리가 어떤 것을 훨씬 더 잘 떠올리는 때는 보통 어떤 정서가 함께할 때, 다른 맥락이 아닌 일정한 맥락(예 : 장소, 방), 대개 맨 처음 그것을 경험한 맥락 안에 있을 때이기 때문이다(Schacter, 1996 참조). 맥락 조건형성은 동물과 인간의 일상생활에서 많은 부분을 지배한다.

조작적 조건형성(operant conditioning) 또는 도구적 조건형성(instrumental conditioning)은 연상 학습의 또 다른 기본 유형이다. 자극-반응 관계의 변화가 여기에 들어간다. 기존 유형의 행동이 유기체의 상태에 미치는 긍정적 또는 부정적 결과에 따라 행동의 강도나 빈도가 수정된다. **긍정적** 강화, 다시 말해 보상 학습의 형태를 띤 조작적 조건형성은 보통 다음과 같이 진행된다. 먹이를 주지 않아 허기진 쥐나 비둘기와 같은 실험실 동물을 (저명한 행동학자 버러스 스키너의 이름을 따서 흔히 '스키너 상자'라 부르는) 시험 상자에 집어넣는다. 동물은 먹이를 찾는 등 자발적으로 몇 가지 행동을 보이다가 마침내 무심코 어떤 유형의 행동을 가한다. 예컨대 반짝이는 단추를 쪼거나 손잡이를 누르면 먹이가 배달되어 즉시 보상을 받는다. 이 상황이 여러 번 일어나면, 마침내 동물에게서 지금까지는 마구잡이로 일어나던 행동과 보상 사이에 **연상** 관계가 점점 더 확실하게 형성된다. 그 결과, 허기진 동물은 상자에 들어가자마자 점점 더 지체 없이 반짝이는 단추를 쪼거나 손잡이를 누를 것이다. 긍정적 결과가 행동을 변화시켰다―'강화'했다―고 가정된다. 그래서 우리는 이를 '강화 학습'이라고 이야기한다.

상황은 원반의 색깔이 일정할 때에만 동물이 원반을 쪼아야 하거나 일정한 소리가 들린 뒤에만 손잡이를 눌러야 하는 식으로, 아니면 심지어 훨씬 더 복잡한 조건을 상정해서 더 복잡하게 만들 수 있다. 이 경우, 실험주의자들은 보통 단순한 유형의 행동을 보상하는 데서 출발한 다음 더 복잡한 유형만 보상하는 방향으로 상황을 바꾸는데, 이 기법을 '조성(shaping)'이라 한다. 보상되는 행동만이 강도 및/또는 빈도가 늘어날 것이고, 보상되지 않는 행동은 강도 및/또는 빈도가 줄어들거나 결국은 사라질 것이다.

고전적 조건형성의 경우는 전에는 중립적이었지만 나중에 '조건 자극'이라 불리게 되는 자극이 기존의 생리 반응 또는 반사와 유사한 반응을 유발하는 것과 달리, 조작적 조건형성은 기존의 생리 반응을 기초로 하는 것이 아니라, 전에는 그 강도나 빈도로 보이지 않았거나 그 맥락에서 보이지 않았던 일정한 유형의 유연한 행동 또는 임의적 행동에 기초를 둔다. 그래서 조작적 조건형성의 경우는 동물이 **새롭거나 변형된 유형**의 행동을 보여주거나 기존 유형의 행동을 (최소한 가장 기초적인 형태로) 새로운 **맥락**에서 보여준다. 그러나 두 경우 모두에서, 즉 고전적 조건형성의 경우는 무조건 반응과 조건 자극 사이에서, 조작적 조건형성의 경우는 행동 반응과 반응의 결과 사이에서 **연상**이 일어난다.

조작적 조건형성은 행동 실험뿐만 아니라 일상생활에서도 다양한 하위유형으로 출현한다. (1) **처벌** : 약한 전기충격이나 시끄러운 소음처럼 개체가 해롭거나 짜증나는 것으로 경험하는 자극을 일으키면, 원치 않는 유형이나 불리한 유형의 행동을 하는 강도나 빈도가 줄어든다. (2) **보상의 생략** : 원치 않는 일정 반응이 일어날 때마다 개체가 전에는 긍정적으로 경험하던 자극('보상')을 제거하면, 개체는 그 반응의 억압을 학습해야 한다. 개체가 보상을 되찾으려면 흔히 다른 유형의 행동을 학습해서 실행해야 한다. (3) **회피 학습** 또는 '**부정적 조건형성**' : 부정적(처벌하는) 자극이나 상황을 **회피**하거나 종결시키려면 개체가 일정한 유형의 행동을 학습해서 보여주어야 한다. 이때는 부정적 자극의 회피나 종결을 보상으로 경험한다. (4) **보상 학습** 또는 '**긍정적 조건형성**' : 보상을 받으려면 개체가 일정한 유형의 행동을 학습해서 보여주어야 한다. 보상 전략에는 규칙적 보상, 간헐적 보상, 불규칙적 보상 등 여러 종류가 있는데, 제각기 주어진 행동의 빈도와 안정성(소멸에 대한 저항력)에 매우 다른 효과를 미친다.

행동을 연구하는 사람들 사이에서는 방금 언급한 유형들 말고도 학습 유형이 있느냐 없느냐가 오래도록 논쟁의 대상이었다. 이반 파블로프의 강경한 추종자들('반사주의자')은 습관화와 민감화 말고는 고전적 조건형성밖에 없다고 믿은 반면, 왓슨과 스키너의 강경한 추종자들('행동주의자')은 고전적 조건형성에 조작적 조건형성만 추가되고, 그것 말고는 아무것도 추가되지 않는다고 보았다. 그러나 오늘날의 전문가 대부분은 모방이나 통찰에 의한 학습 등 더 많은 유형의 학습이 있다는 데 동의할 것이다.

모방 또는 '**관찰에 의한 학습**'은 오래도록 통찰과 같은 '고등한' 형태의 학습에 반대되는, 원시적 유형의 학습(흔히 '원숭이 짓'이라 불리는)으로 여겨졌다. 그러나 근래에 모방은 다소 복잡한 형태의 학습인 것으로 드러났다. 새로운 유형의 행동이 출현하거나 기존 유형의 행동이 새로운 조합으로 출현하는 것이 모방의 특징이다. 그러나 행동 연구자 사이에서도 동물이 '진정한' 모방을 보이는지, 보인다면 어떤 식으로 보이는지 에 관해 합의가 이루어진 적은 없다. 제12장에서 배우겠지만, 예전에 모방으로 여기던 일부 행동 과정을 지금 어떤 저자들은 자극 강화, 반응 강화나 대리 실행(emulation)으로 해석한다. '진정한' 모방은 이제 관찰자가 일정한 사건이나 사물을 다루기만 해서는 일어나지 않고, 관찰되는 개체와 거의 같은 방식으로 문제를 해결해야 일어난다고 믿어진다.

모방은 개체가 어느 정도 '노예처럼' 관찰되는 행동의 순서를 따르는 것이 특징이지만, 개체가 일어나는 일의 원리를 **통찰**하면 맥락 조건이 바뀌었어도 활동의 순서를 수정할 수 있다. 계획한 활동을 사전에 숙고하고 마음속으로 모의 실행하는 형태의 통찰은 온갖 종류의 복잡한 활동, 예컨대 도구 제작을 위해 중요하다.

2.2 기억의 유형

기억의 형성이란 신경세포들 사이를 새로이 연결하거나 기존 연결을 수정해 학습 과정의 결과를 신경계나 뇌에 저장하는 과정으로서, 궁극적으로 행동의 실행에 영향을 미칠 것이다(Schacter, 1996; Squire and Kandel, 1998; Korte, 2013). 일반적으로, 기억 형성은 최소한 단기 기억, 중기 기억, 장기 기억의 세 단계로 구분된다. 작업 기억은 단기 기억의 특별한 한 종류 또는 한 측면으로서, 어떤 전문가들은 두 기억이 거의 동일하다고 가정하는 반면 다른 전문가들은 차이가 있다고 보지만, 현재의 맥락과는 무관한 논란이다.

성인 인간의 단기 기억(short-term memory) 또는 작업 기억(working memory)은 기억폭이 최대 30초이고 관련 뉴런들 사이 시냅스 결합의 강도에서 진행형으로 일어나는 생리적 변화(구조적 변화가 아니라)를 기초로 하는 것으로 보인다(제5장 참조). 어린아이와 동물의 기억폭은 훨씬 더 좁다. 작업 기억은 추리, 이해, 학습, 활동의 순차적 수행과 같은 인지 과제 실행을 위해 필요한 정보를 마음속에서 붙잡고 다루는 구실을 한다. 배들리(Baddeley, 1986, 1992)가 개발한 개념에 따르면, 인간을 포함한 영장류의 작업 기억은 음운 고리(phonological loop), 시공간 메모장(visuo-spatial sketch pad), 임시 완충기(episodic buffer), 과제와 필요한 인지 자원을 배분하는 중앙 관리자(central executive)와 같은 하위체계들로 구성된다. 단기 기억/작업 기억의 용량은 인간의 경우 항목이 아라비아 숫자냐(약 7개), 글자냐(약 6개), 단어냐(약 5개)에 따라 한계가 약간씩 다르고 단일 항목의 복잡성은 의미별 분류와 같은 '데이터 압축' 방법으로 줄일 수도 있지만, 어쨌든 제한적인 것으로 악명이 높다. 게다가 단기 기억/작업 기억의 내용은 교란이나 방해에 매우 민감하게 반응한다. 순간적으로 처리한 정보에 양상과 내용이 비슷한 정보가 추가로 끼어들 때 특히 그렇다. 예컨대 내가 전화번호나 비밀번호를 외우는 중인데 아내가 오페라에 몇 시까지 가야 하느냐고 물으면 이런 일이 일어날 것이다.

단기 기억/작업 기억의 개념은 대부분 인간의 인지를 따라 정의하지만, 복잡한 자연 환경과 사회 환경에서 살고 있는 모든 동물이 진행 중인 사건을 '추적'하고, 복잡한 문제를 재빨리 해결하고, 자연 환경이나 사회 환경에서 적절히 반응하려면 분명 단기 기억/작업 기억을 소유해야 한다.

심리적 증거는 물론 생리적 증거와 해부학적 증거를 기초로, 많은 저자들은 아래에 정의하는 인간 및 동물 지능의 기초가 작업 기억이라고 본다. 또한 최소한 인간의 경우는 작업 기억, 주의, 의식 사이에 긴밀한 관계가 있다. 그 관계가 바로 심리학자와 철학자들이 '의식의 흐름'으로 묘사해온 것의 기초인 것으로 보인다.

중기 기억(intermediate memory)은 순전히 생리적인 뉴런 연결성의 변화를 구조적 변화로 전환해 장기 기억의 기초를 다지는 데 관여한다. 이 과정에서 연쇄적으로 전송되는 세포내 신호가 무엇보다도 세포내 칼슘 수준에 영향을 미친다(제5장 참조). 이 과정을 기억 응고화(memory consolidation)라 부른다. 인간을 포함한 포유류의 중기 기억은 기억폭이 30초~30분이다. 정확한 기제는 모르지만 단기 기억과 마찬가지로 간섭에 민감한데, 감각 및 인지 정보가 실리는 것보다 정서가 일어나는 것에 더 민감하다. 포유류의 경우는 해마가 기억 응고화에 결정적으로 관여하는 것으로 보인다.

장기 기억(long-term memory)의 경우는 '흔적'이 30분에서 최대 수십 년까지 저장된다. 저장 용량은 최적의 저장 조건이라면 사실상 무한한 것으로 보인다. 그러나 구체적으로 어떤 일이 일어나는지 완전히 알려져 있지는 않다. 분명 장기 기억을 형성하려면 유전자를 활성화하고 단백질을 합성한 결과로 시냅스에 일어난 구조적 변화가 아마도 수상돌기와 같은 뉴런의 다른 부분을 변화시킴으로써 신경임펄스가 발생하고 전달되는 확률에 영향을 미쳐야 한다. 저장의 구조적 본성 때문에 장기 기억은 다른 두 유형의 기억보다 간섭에 훨씬 덜 민감하다. 장기 기억도 역동적 과정이긴 하지만, 이 경우는 기억의 흔적이 끊임없이 '다시 쓰이고' 다시 저장되거나 데이터가 압축된다는 뜻이다. 많은 동물과 많은 학습 과정에서 장기 기억의 흔적이 형성되느냐는 유전자 발현에 달려 있고, 유전자 발현은 결국 언급한 구조적 변화에 필수적인 단백질 합성으로 이어지므로, 이 과정은 항생제로 억압할 수 있다(Korte, 2013 참조). 그러나 어떤 동물 또는 학습 과정에서는 항생제를 투여해도 장기 기억에 장애가 생기지 않으므로, 단백질 합성 말고도 여러 기제가 관여하는 것으로 보인다.

인간의 장기 기억은 보통 두 가지 주요 유형인 서술 기억(외현 기억)과 절차 기억(암묵 기억)으로 구분한다. 나를 포함한 일부 저자들은 정서 기억(emotional memory)이 장기 기억의 세 번째 유형이라고 믿는다. 서술 기억을 '외현' 기억이라고 부르는 이유는 인간이 그 기억의 내용을 말로 어느 정도 자세히 표현할 수 있기 때문이다. 서술 기억은 일화 기억, 의미 기억(지식 기억), 친숙 기억으로 세분된다. 일화 기억(episodic memory)은 개인의 시공간에서 일어났던 특정 사건들을 저장한다. 핵심은 어느 시간과 장소에서 자신 또는 지인에게 일어났던 일에 관한 다소 자세한 정보인 자서전적 기억, 예컨대 지난 여름에 휴가를 보낸 장소와 거기서 일어났던 일과 같은 것이다. 반면에 의미 기억(semantic memory)은 프랑스의 수도, 율리우스 카이사르를 살해한 사람, 시기, 장소와 같은 사실 정보를 저장한다. 이러한 사실은 우리가 그것을 알게 된 조건과 (비교적) 무관하다. 많은 저자들은 일화–자서전적 기억이 일차 기억이고 의미 기억은 대부분의 경우 이 일차 기억의 파생물이라고 믿는다. 먼저 특정 상황에서 특정 인물(예 : 존스 선생님)을 통해 프랑스의 수도는 파리이고 율리우스 카이사르는 브루투스가 기원전 44년에 로마에서 살해했음을 배운 다음, 나중—그 사건에 관해 훨씬 더 여러 번 듣거나 읽은 뒤—에야 그 지식이 맥락과 무관한 지식이 된다는 것이다. 친숙 기억(familiarity memory)은 어떤 인물, 사물, 장소, 사건이 친숙하거나 낯설다는 인상이므로, 정확한 내용과는 무관하다.

말했듯이, 인간이 지닌 좁은 의미의 서술 기억은 말로 보고할 수 있어야 한다는 조건으로 정의한다. 그러므로 인간 이외의 동물에게 서술 기억이 존재하는가는 간접적으로, 예컨대 동물이 드러내는 행동 반응을 보며 그 동물이 무언가를 더 자세히 떠올리는지 어떤지를 시험함으로써 증명할 수밖에 없다. 서술 기억은 '대상에 대한 지식'을 다루는 반면, 비서술기억인 절차-암묵 기억은 '과정에 대한 지식'인 기술을 다룬다. 기술은 사건의 순서가 예상에서 벗어날 때 재빨리 탐지하는 것과 같은 인지 기술일 수도 있고, 신발 끈 묶기, 피아노 연주, 자전거 타기, 자동차 운전과 같은 운동 활동일 수도 있다. 이러한 기술은 일반적으로 잠재의식 수준에서, 또는 의식이 곁에 있기만 한 상태에서 자동으로 이행되는 경우가 많다. 또한 이러한 기억은 필요할 때면 노력하지 않아도 자동으로 인출되어 과제를 실행하는 데 이용된다. 이 과정은 습관 형성의 기초이기도 하다.

범주 학습도 절차-암묵 기억의 또 한 유형으로 여겨진다. 범주는 인간을 비롯한 동물들이 일정한 공통의 특성에 따라 사물, 사건, 개념을 분류하도록 도와준다. 위에서 제시한 비연상 학습과 고전적 조건형성도 **암묵** 학습(또는 기억)에 포함된다. 인간 이외의 동물도 모두 다 절차-암묵 기억을 소유한다. 이 기억은 말로 보고하지 않아도 되므로 행동 연구로 비교적 쉽게 검증할 수 있다.

정서 기억에는 서술-외현 기억의 특징도 있고 절차-암묵 기억의 특징도 있다. 정서 기억은 대부분 정서가 조건화된 결과다. 유기체가 일정 사건(자극 또는 상황)을 지각하거나 일정 활동을 하면, 거기에는 긍정적 또는 부정적 결과가 있을 것이다. 뇌가 이 결과를 대응되는 정서 상태(기쁨, 고통, 행복, 분노 등)와 묶으면, 이 상태가 지각되는 자극 또는 상황과 함께 저장된다. 그 자극 또는 상황이 같거나 비슷한 방식으로 재현될 때마다, 또는 그 활동을 같거나 비슷한 방식으로 실행할 때면 대응되는 정서 상태가 재현된다. 이 상황이 **동기**를 만들어내 동물과 인간이 긍정적 정서를 내포하는 상황과 사건에 접근하거나 그런 활동을 반복하도록, 그리고 부정적 정서를 내포하는 상황과 사건을 피하거나 그런 활동을 끝내도록 몰아간다. 따라서 동기유발은 미래의 사건 또는 활동의 결과가 긍정적이거나 부정적일 거라는 예상을 기초로 하며 내부에 평가 체계 ─ 척추동물의 경우 변연계(limbic system) ─ 가 필요하다.

2.3   지능과 행동 유연성

인간의 경우, '지능'은 대개 추상적 사고, 이해, 교신, 추리, 문제 해결, 학습과 기억 형성, 활동 계획을 위한 능력으로 정의한다. 흔히 기초 성분을 둘로 구분하는데, **유동 지능**(fluid intelligence)은 새로운 정보나 절차를 써서 문제를 해결하는 능력이고, **결정 지능**(crystallized intelligence)은 이전에 학습한 경험이나 절차를 써서 문제를 해결하는 능력을 말한다(Cattell, 1963). 인간의 지능은 보통 스탠포드-비네(Stanford-Binet) 검사, 레이븐의 누진행렬(Raven's Progressive Matrice) 검사, 웩슬러 성인지능척도(Wechsler Adult Intelligence Scale)와 같은 지능지수 검사로 측정한다. 이 검사들은 양적 추리, 읽기 능력과 쓰기 능력, 단기 기억, 시각 또는 청각 처리, 처리 속도, 의사 결정, 반응 시간과 같은 능력들을 측정한다.

이 책의 중심 질문 가운데 하나는 우리가 그러한 지능의 정의를 인간 이외의 동물의 행동에 어느 정도나 적용할 수 있는가 하는 것이다. 지능지수 검사를 인간에게 하듯이, 특히 언어가 필요한 과제를 주는 방법으로 동물에게 수행할 수 없는 것은 분명하다. 행동을 연구하는 사람들은 언어 문제를 교묘히 피해가려고 다양한 방법을 개발해왔다. 동물의 인지 능력을 조사하는 **비교심리학자**들은 대부분의 경우, 그러한 연구에 특히 적합한 동물군, 예컨대 무척추동물 중에서는 민달팽이, 두족류, 초파리, 꿀벌을, 척추동물 중에서는 어류, 조류나 영장류를 포함한 포유류를 조사한다. 이러한 실험들은 학습과 기억 형성, 범주화, 셈과 수량뿐만 아니라 하고 있는 일(예 : 도구 제작)의 원리를 이해하고 통찰해야 하는 문제 해결도 다루며, 이 모두를 실험실 조건에서 정밀하게 통제한다.

반면에 인지생태학자로도 불리는 **행동생태학자**들은 자연 조건 또는 자연에 준하는 조건에서의 연구와 현장 실험을 강조하고 **행동 유연성과 혁신율**의 정도를 측정한다. 이 척도는 확립된 행동을 새로운 맥락에 적용하는 능력, 또는 변동이 심한 환경 조건이나 행동 조건을 성공적으로 처리하는 능력을 다룬다. 여기서 다음과 같은 질문들이 생긴다. 꿀벌은 벌집을 옮기면 어떻게 행동할까? 까마귀는 부리가 닿지 않는 목 좁은 병 속에 맛있는 먹이가 들어 있으면 어떻게 할까? 사회적-교신 능력도 마찬가지로 다음과 같은 질문의 맥락에서 연구한다. 원숭이와 유인원은 자신의 이익을 위해 같은 종을 속일 수 있을까? 코끼리는 서로에게 공감을 보일까? 경골어류는 먹이를 사냥할 때 협동할까? 마찬가지로, 어떤 문제에 대해 새로운 해답을 찾는 능력, 예컨대 개체가 먹이에 더 쉽거나 더 빠르게 접근하는 새로운 방법을 발견하는 능력의 여부도 지능 검사를 위해 사용한다.

일반적으로, 섭식, 공간 정향, 모성 또는 부성, 사회적 복잡성의 처리, 언어와 노래 학습, 공감, 마음의 이론, 지식 표상의 영역에 들어가는 기능들을 비롯해 '정신적 처리'라는 의미에서 범주화, 추상적 사고, 활동 계획까지 연구하고 있다.

마침내 그러한 연구들의 결과를 기초로 상당한 회의론을 무릅쓰고, 정의한 의미의 지능 면에서 동물에게 '순위'를 매겨 인간의 지능과 비교할 수 있을지도 모른다. 이는 인간을 포함한 동물들 사이의 지능 차이가 뇌의 속성과는 어느 정도나 상관이 있을 수 있는가에 관한 중심 질문에 답하는 데 사용될 것이다.

2.4 의식

의식이 어떻게 진화했을까 하는 질문을 다루면서, 우리는 오래전부터 뜨겁게 논의되어 온 한 분야로 들어간다. 이 분야가 각별히 격론의 대상이 되어온 이유는 고전적으로 대부분의 철학자가 의식과 마음을 이성과 더불어 인간과 인간 이외의 동물을 가장 뚜렷하게 구별하는 속성이라고 여겨왔기 때문이다.

인간에게 있는 의식은 매우 다른 현상들을 포괄하며, 유일한 공통점은 우리가 그것을 **주관적으로 자각한다**는 사실이다. 의식에는 각성 또는 경계처럼 분명한 내용이 없는 일반적 의식 상태가 있는데, 기타 일반적 의식 상태로는 피곤함, 어지러움, 불안함, 배고픔, 편안함, 지속 시간과 공간 배치에 대한 자각 등이 있다(Metzinger, 1995; Koch, 2004; van Gulick, 2004). 이 조건들은 더 특정한 유형의 의식을 위한 배경을 형성한다. 특정한 유형의 의식에는 내 주변 세계와 내 몸 안쪽에서 일어나고 있는—양상, 하위양상(질), 양, 강도, 시공간에서의 위치, 내용과 의미가 제각기 다른—사건들에 대한 **의식적 지각**이 포함된다. 사고, 기억, 상상, 계획과 같은 **정신 활동**도 특정한 의식 상태의 한 종류로서 대개 지각과는 다르게 경험되며, 의식되는 **정서**도 마찬가지다. '배경' 유형의 의식에는 **몸 동일성 자각**(body-identity awareness, 나는 나를 둘러싸고 있는 것처럼 보이는 몸에 속한다는 믿음), 자서전적 의식(autobiographic consciousness, 나는 어제도 그보다 훨씬 전에도 이미 존재했던 그 사람이라는 확신), 실재 자각(reality awareness, 내 주위에서 일어나는 것으로 보이는 일은 실제로 일어나는 일이지 꿈이나 착각이 아니라는 믿음), 운동과 활동을 내 마음대로 통제한다는 자각, 내가 내 사고와 행동의 지은이라는 자각, 마지막으로 자기자각(self-awareness, 자기인식 및 자기반성의 능력)이 포함된다. 주의(attention)는 의식이 또렷하게 집중된 상태(또는 그런 의식과 밀접하게 연관된 상태)로서 밖에서 주도할 수도 있고 안에서 주도할 수도 있다. 후자의 경우는 지각력도 따라서 향상된다(예컨대 시각이 예민해지거나 작은 소리도 잘 들린다).

많은 생물학자도, 동물이 인간에서 발견되는 의식에 견줄 수 있는 의식을 최소한 몇 종류라도 소유하는지, 소유한다면 어느 정도나 소유하는지 아직까지 결정하지 못하고 있고(예 : MacPhail, 1982), 최근까지도 그 질문에 믿을 만하게 답하기는 불가능한 것 같았다. '3인칭 의식'의 문제는 근본적인 성격의 문제라서 동물뿐만 아니라 동종의 인간에게도 적용된다. 나는 '1인칭' 의식 자체다/나는 '1인칭' 의식을 가지고 있다거나 또는 내가 의식적으로 그것을 한다는 사실은 그것을 직접 경험하는 나 자신만 안다, 나의 동종도 나와 같은지 어떤지는 원리상 여전히 불확실하다. 그가 어떤 것을 하는 동안 나처럼 의식이 있는지 어떤지는 동종의 행동을 관찰해 결론을 내린다. 여기서 우리가 이용하는 것은 일상생활의 경험과 과학적 개연성이다(Koch, 2004; Seth et al., 2008 참조). 의식에 관한 증거는 다음 사실들에서 나온다.

첫째, 인간은 의식이 없어도 또는 곁에 있기만 할 때에도(예 : 반사와 매우 자동화된 활동만 가지고도) 많은 것을 할 수 있다. 또한 너무 약하거나 너무 짧아서 의식적으로 지각되지 않는 자극['역하(subliminal)' 자극] 또는 다른 자극에 의해 '차폐된(masked)' 자극도 (특히 반복되면) 우리의 행동에 영향을 준다는 사실을 믿을 만하게 입증할 수 있다. 둘째, 우리가 어떤 것을 의식적으로 지각할 수 있지만 2~3초 뒤에 잊어버리는 이유는 우리의 뇌가 그것을 더 이상 처리할 만큼 중요하거나 의미가 있다고 여기지 않기 때문이다. 최근 연구로 밝혀진 바에 따르면, 충분히 새로운 동시에 중요한 지각만이 무의식적으로 작동하는 우리 뇌의 단계들에 의해 연합피질로 보내지고, 여기서 마침내 서술 기억과의 상호작용을 통해 의식되게 된다. 심리학자들은 예컨대 동작을 계획하거나, 복잡한 언어 정보의 내용을 이해하거나, 과거 사건의 세부사항을 회상하는 맥락에서 복잡한 정보를 융통성 있고 상세하게 다루려면, 의식이 절대적으로 필요함을 입증한다. 그러나 복잡한 정보와 동작도 자동화하자마자 상세한 의식에 덜 의존하게 되므로, 긴 훈련 뒤에는 비교적 복잡한 상황도 최소한의 의식과 자각만으로 감당할 수 있다.

대부분 작업 기억에서 일어나는(위 참조) 새롭고 중요한 정보처리와 의식이 그토록 단단히 연결되어 있기 때문에, 의식의 존재와 용량을 다양한 동물에서 검증할 수 있다. 그러기 위해서는 꿀벌, 문어, 까마귀, 코끼리, 마카크원숭이와 같은 다양한 동물이 마주하는 과제가 반드시 인간이 오로지 완전히 자각하거나 의식하고 있는 동안에만 해결할 수 있는 복잡한 과제여야 한다. 그러한 실험은 아마도 원숭이를 훈련시켜 화면에서 복잡하게 변화['모핑(morphing)']하는 대상을 주의 깊게 따라 보다가 일정한 모양이 다시 나타날 때마다 단추를 누르는 등 일정한 행동으로 반응하도록 하는 내용으로 이루어질 것이다. 침팬지를 가르쳐서 시선으로 가능한 궤도를 좇아 '마음속으로' 미로에서 빠져나가는 길을 찾도록 할 수도 있다. 새를 훈련시켜서 도구로 사용할 물건을 선택하도록 할 수도 있다(제12장 참조). 물론 무의식적 조건형성이나 순수한 우연 등으로 해석될 여지를 없애는 것이 중요하다. 이 접근법은 인간이 의식이 있을 때에만 실행할 수 있는 복잡한 과제를 동물이 의식 없이도 할 수 있을 가능성은 별로 없다는 합당한 논증을 기초로 한다.

시험되는 동물의 뇌가 우리의 뇌와 비슷한 모든 경우(대부분 영장류의 경우)에는 그러한 복잡한 과제를 다룰 때 뇌의 어떤 부분이 각별히 활성화되거나 억제되는가를 연구할 수 있다. 만일 인간의 뇌 부위와 본질적으로 같은 부위, 예컨대 배외측(dorsolateral) 및 내측(medial) 전전두피질(prefrontal cortex)과 후두정피질(posterior parietal cortex) 영역이 인간의 경우와 같은 방식으로 관여하는 것이 발견된다면, 이 동물은 의식적으로 과제를 위해 노력한다고 가정해도 안전하다. 따라서 동물에게 의식 경험이 존재함을 뒷받침하는 시험이 동물과 인간의 유연관계가 가까울수록 하기 쉽고, 멀수록 하기 어려운 이유는 뇌가 더 비슷하거나 덜 비슷하기 때문이다. 꿀벌이 복잡한 학습 과제를 수행하는 동안 꿀벌의 버섯체(mushroom body, 제7장 참조)가 매우 활발하게 활동함을 입증할 수 있다면 이는 버섯체가 이 과제에 관여한다는 뜻이지만, 버섯체는 우리의 대뇌피질과 구조적으로 매우 다르기 때문에, 나아가 꿀벌이 이 학습 행위를 의식적으로 경험한다는 결론을 이끌어낼 수는 없다. 이는 우리가 어려운 작업 기억 과제를 수행 중인 마카크원숭이를 연구하면서 뇌전도나 기능성 자기공명영상과 같은 적당한 방법으로 진행 중인 뇌 활동을 기록하는 상황과는 다르다. 후자의 상황에서 우리는 우리가 주의를 집중할 때 전형적으로 보이는 것과 같은 행동 반응을 원숭이에게서 발견할 뿐만 아니라, 인간이 같은 과제를 수행하는 동안 관찰되는 것과 같은 식의 활발한 활동을 원숭이 피질의 배측(등쪽) 전두엽 부분과 후두정엽 부분에서도 관찰할 것이다. 따라서 이 과제를 수행 중인 원숭이에게 의식이 있다고 보아도 안전하다. 그러나 동물의 주관적 경험이 우리의 경험과 똑같거나 적어도 매우 유사한가는 아마도 풀 수 없는 문제일 것이고, 이는 인간 개체들 사이에서도 일어나는 문제다(제17장 참조).

2.5 마음-뇌 이론들

그러한 연구의 결과들이 우리로 하여금 이른바 마음-뇌 문제, 즉 '정신' 상태와 과정 및 '물질-신경' 상태와 과정의 관계를 철학적 관점에서도 다루고 신경생물학적 관점에서도 다룰 수 있도록 해주기를 바랄 뿐이다. 오늘날 '심리철학'이라 불리는 이 문제는 오래전부터 철학적 사고의 역사에서 기본 문제였고, 신경과학이 정신 상태와 그것의 신경생물학적 기초를 연구하는 한 신경과학 입장에서도 대단히 중요한 문제다(개관은 Guttenplan, 1994; McLaughlin and Beckermann, 2011 참조).

영혼-몸, 또는 (더 현대적인 용어를 쓰자면) 마음-뇌 이론에 관해서는 **일원론**과 **이원론**이라는 정반대의 두 입장이 있는데, 각 입장에서도 많은 변형이 나온다. 이원론에서 보는 마음, 영혼 또는 의식은 '물질' 상태, '물리적-생물학적' 상태, '자연' 상태와는 근본적으로 또는 '존재론적으로' 달라서 자연법칙을 따르지 않고, 대신 '비물질적 존재'로서 자연법칙을 초월하는 정신 상태다. 그러나 이원론은 종류를 불문하고, 비물질적인 무언가가 물질적인 사건(예 : 뇌 과정)에 영향을 미치거나, 반대로 물질적인 사건이 비물질적인 무언가에 영향을 미치면서도 에너지 보존 법칙이나 인과적 폐쇄의 원리와 같은 물리 법칙과 기본 원리를 어기지 않을 수 있는가, 그럴 수 있다면 어떻게 그럴 수 있는가 하는 문제로 고심한다. 철학에서는 이를 '정신적 인과'의 문제라 부른다(Davidson, 1970 참조). 부수현상론을 지지하는 이원론자는 정신 상태란 뇌 상태의 인과적 결과가 아닌 부산물이라는, 전혀 그럴 법하지 않은 가정으로 이 문제를 피해가는 반면, 상호작용론을 지지하는 이원론자는 정신 상태의 인과적 관련성을 인정함으로써 정말로 어려운 문제들을 다루어야 하는 대가를 치른다.

저명한 프랑스의 철학자 르네 데카르트(1596~1650)가 처음으로 전개한 근대 개념의 '상호작용 이원론'은 '정신' 세계와 우리 몸을 포함한 '물질–자연' 세계가 존재론적 지위는 다름에도 불구하고 정말로 상호작용한다는 의미를 담고 있다. 우리가 팔을 움직이려 하면, 우리의 정신–비물질 상태가 그런 방향으로 우리 뇌에 작용해서 적당한 근육들을 활성화한다. 우리가 겁나는 무언가를 보거나 손가락을 베이면, 물질–신체 사건이 일어난 다음 지각(시각)과 정서(공포 또는 통증)라는 비물질 감각으로 바뀐다.

데카르트는 심신이 송과체(pineal organ), 즉 뇌상수체(epiphysis)에서 상호작용한다고, 일종의 접속점인 그곳에서 정신 상태가 물질 상태로, 물질 상태가 정신 상태로 변환된다고 믿었다. 이 송과체의 개념은 그의 미완성작인 인체 묘사(La Description du Corps Humain)에서 1647년부터 제시되었다. 데카르트는 뇌 안에 있는 이 기관의 구조와 기능을 오해했고, 마찬가지로 고대의 뇌실 모형도 오해했다. 뇌실 모형에서는 대략 송과체의 위치에 있는 '충부(vermis)'가 제1뇌실에서 (마음과 영혼의 자리로 주장된) 제2뇌실로 향하는 정보의 흐름을 조절했는데 말이다. 데카르트에 따르면 생각과 의지의 행위는 송과체를 진동시킬 것이었고, 그래서 다른 신경들이 활성화하면 신경을 채우고 있다고 (잘못) 이해되었던 신경액 또는 소체가 마침내 근육을 부풀릴 것이었다. 데카르트의 관점에서 정신세계와 뇌를 포함한 물질–신체 세계 사이의 이 상호작용은 물리적 인과율 너머에서 일어나므로, 결과적으로 자연법칙의 지배를 받지 않는다. 뇌 활동에 영향을 미치는 것은 '정신적 인과율'이다. 데카르트는 문제 — 그러한 정신적 인과율이 어떻게 물리 법칙을 어기지 않고 작동할 수 있을까 — 를 답이 없는 채로 남겨두었다.

위대한 독일의 철학자 빌헬름 라이프니츠(1646~1716)는 이 심각한 문제를 깨닫고 두 세계 사이에 실제적 상호작용이 있다는 생각을 철저히 부인함으로써 문제를 피하려 했다. 상호작용처럼 보이는 것은 신이 맨 처음부터 주선한, 둘 사이의 '예정된 조화'의 산물이었다.

또 다른 저명한 철학자 임마누엘 칸트(1724~1804)는 이 문제와 심신 문제 일반에 대해 세계에는 물리 법칙에 매이지 않는 초자연적 또는 '지성에 의해서만 알 수 있는' 세계(예지계)와 물리 법칙을 따르는 자연계, 두 종류가 있다는 말로 또 다른 해답을 제시했다. 칸트의 관점에서, 인간은 '두 세계의 시민'이다. 도덕적으로 사고하고 행동할 때의 우리는 '예지계'의 시민이지만, 모든 심리 상태(!)를 포함한 우리 삶의 다른 모든 측면에서 우리는 뉴턴이 뜻하는 인과율과 결정론을 특징으로 하는 자연계의 시민이다 (칸트는 뉴턴을 대단히 숭배했다). 그러나 이 두 세계 사이의 관계는 여전히 불명확하다. 따라서 이원론의 개념 안에서 비물질적인 정신적 행위가 어떻게 물리적 사건을 일으킬 수 있는가 하는 문제는 그대로 남는데, 도덕성이 우리의 실생활에 영향을 미쳐야 한다면, 먼저 물리적 세계에서 신체 활동으로 바뀌어야 비로소 인간이 도덕적으로 행동할 수 있기 때문이다.

현대판 상호작용 이원론을 제안한 신경생리학자 존 에클스(1903~1997)는 1963년에 노벨 생리의학상을 수상했지만 아마추어 철학자라고 부를 만한 인물이었다. 이원론자인 에클스의 관점에서, 정신적인 것과 물질적인 것은 근본적으로 다른 두 세계에 속했고, 이는 칸트의 관점과 같았지만, 그는 정신적 사건과 물질적-신경생리적 사건이 서로에게 영향을 줄 수 있다고 믿음으로써 데카르트의 뒤를 따랐다. 특히 우리의 의지(예 : 팔을 움직이려는)가 '물질화'하려면, 즉 실제로 팔을 움직이려면 (정말 이상하게도) 신경생리적 과정이 필요하며, 내가 손가락을 베이면 그것이 내 마음이나 영혼에서 통증의 감각을 유발한다고 생각했다. 에클스의 관점에서 이 상호작용은 '연결 뇌(liaison brain)'에서 일어나는데, 연결 뇌는 현대판 데카르트의 송과체이지만 이번에는 주로 피질의 배측 전두엽(dorsal frontal lobe), 즉 '보조운동영역(supplementary motor area)'에 위치했다(Eccles, 1994).

이원론은 우리가 사고, 상상, 기억 등과 같은 정신 상태를 물질세계에 속하는 대상이나 과정과는 '근본적으로 다른' 무언가로 경험한다는 의미에서 통속심리학과 잘 부합하지만, 정신 상태는 우리의 신체 상태와도 묘하게 다르다. 특히 정서와 같은 상태는 정신 상태와 물질 상태가 다소 뒤섞여서 나타나는 것 같다. 물질 상태는 과학적 방법을 써서 조사할 수 있고 명백히 자연법칙의 지배를 받지만, 정신 상태에는 그러한 접근법을 적용할 수 없는 것 같다. 정신 상태는 세계 안에 정확한 위치도 없는 것 같고, 시간 속성도 알쏭달쏭하고, 공간적 외연이나 무게도 없는 것으로 보이기 때문이다. 물리학적 의미에서 보편적으로 인정되는 마음이나 정서의 '법칙'은 존재하지 않는 것 같다. 많은 심리학자는 우리의 정신 활동에도 결코 '법칙이 없지' 않다고 주장하겠지만, 만일 사고와 기억의 법칙이 있다면 그것은 예컨대 게슈탈트 심리학이 묘사하는 법칙들처럼, 물리학 법칙과는 다를 것 같다(Metzger, 1975 참조).

이원론과 자연주의-일원론(아래 참조)의 특별한 혼합물로 '창발론'이 있다. 과학철학자들은 '창발(emergence)'이라는 개념을 오래도록 논의하는 과정에서 '강한' 창발과 '약한' 창발을 구분하기도 했다(McLaughlin, 1997; Beckermann et al., 1992 참조). 영국 철학자 C. D. 브로드가 1925년에 출간한 영향력 있는 저서 마음과 자연에 있는 마음의 자리(The Mind and its Place in Nature)에서 정의한 속성의 '강한' 창발은 계의 속성을 성분들의 속성으로는 결코 설명할 수 없다는 뜻이다. 성분들의 상호작용에 의해 '완전히 새로운' 무언가가 일어난다. 오스트리아 태생의 영국인 철학자 칼 라이문트 포퍼(1902~1994)는 '창조적 우주'와 (바깥의 신이 아니라) 본질적 목적이 주도하는 진화라는 틀 안에서 그러한 '강한 창발론'을 채택했다. 포퍼는 친구인 에클스와 달리, 마음의 기원은 자연에 있다고 인정했다. 그러나 인간의 뇌가 진화하는 동안 출현해 마음을 구성하는 속성들은 '완전히 새로워'서 자연의 물질세계를 초월한다. 따라서 이 속성들은 물리학 법칙으로 환원할 수도 없고 설명할 수도 없다(Popper and Eccles, 1984). 이렇게 해서 마음은 뇌 안의 물질적 조건으로부터 '해방'된다. 오스트리아 태생의 독일인 생물학자이자 철학자로서 노벨상을 수상한 콘라트 로렌츠(1903~1989)는 인간이 진화하는 동안 마음이 그렇게 도약한 것을 가리켜 '섬광(fulguration)'이라는 용어를 사용했다. 최근에는 미국의 인류학자 테렌스 디콘(Deacon, 1997, 2011)이 생명과 마음에 관해 그러한 강한 창발론을 제안했다.

반대로, **일원론적, 자연주의적, 물리주의적** 마음-뇌 개념들은 정신세계와 물질/자연/물리 세계 사이에 존재론적 차이가 **없다**는 일반 가정에서 출발한다. 따라서 세계는 적어도 원리상으로는 자연과학의 용어와 방법만을 써서 묘사할 수 있다. 따라서 정신적 사건은 자연법칙을 어기는 것이 아니라 '따른'다. 알려진 원리에 따라 상호작용하는 갖가지 독립체로 구성된 세계는 하나밖에 없는 동시에, 일원론의 여러 입장들 사이에는 상당한 차이가 존재한다.

가장 급진적인 입장은 패트리샤 처칠랜드와 폴 처칠랜드 부부의 '제거적 유물론

(eliminative materialism)'이다(Patricia Churchland, 1986; Paul Churchland, 1995 참조). 이 두 저자는 마음과 의식의 실존을 부인한다. 마음과 의식이라는 표현은 단지 통속심리학에서 가져온 표현이므로 '제거'하고 더 정확한 뉴런 과정의 묘사("사랑이란 …와 같은 뉴런의 사건에 지나지 않는다.")로 대체해야 한다. 미국의 철학자 대니얼 데닛(Dennett, 1991)과 같은 다른 '동일론자(identist)'들은 정신 상태 또는 의식 상태의 존재를 부인하지는 않지만, 그것이 뇌 상태와 존재론적으로 다르다는 발상은 거부한다. 의식 상태란 정보처리의 맥락에서 뇌 안에 붙인 꼬리표와 같은 무언가로서 제기되지만, 뇌 상태 자체일 뿐 그것이 현상적으로 유별나다는 생각은 착각이라는 데까지 나아간다.

이원론과 마찬가지로, '강한 환원론'도 온갖 심각한 문제에 부닥친다. 정신-의식 상태와 뉴런 상태를 우리가 근본적으로 다른 것으로 경험한다는 사실은 부인할 수 없다. 내가 신경과학자로서 정신 상태의 기초라 가정하는 뇌 과정을 연구할 때, 나는 이 정신 상태에 직접 접근해 그 상태를 자각하지 못한다. 정신 상태와 뉴런 상태의 관계를 조사하기 위해 내가 하는 일은 실험 대상이 인간인 경우는 말로 하는 보고를 참조하고 대상이 인간 및 동물인 경우는 행동 반응을 참조하는 것이다. 이는 심지어 내가 나 자신의 뇌를 (뇌전도나 기능성 자기공명영상으로) 기록하면서 나 자신의 정신 상태(지각, 상상, 의지의 행위 등)를 자각하고 있는, 자기실험의 경우에도 해당된다. 이 정신 상태를 경험하면서 기록되는 데이터를 지켜보는 동안에도, 내가 보는 것은 둘의 동일성이 아니라 기껏해야 엄격한 상관관계다. '1인칭' 경험과 '3인칭' 경험이라는 두 영역은 현상적으로 겹치지 않는다. 3인칭 관점의 영역에서는 다르다. 이 영역에서 동일성을 보여주는 두 가지 유명한 철학적 예를 들자면, 나는 아침의 별인 샛별이나 저녁의 별인 개밥바라기별이 금성과 동일하다거나 마크 트웨인과 새뮤얼 랭혼 클레멘스가 동일인이라는 사실을 지각할 것이다.

일원론-자연주의의 영역에서 많이 논의되는 개념으로 '수반론'이 있다(Davidson, 1970; Kim, 1993; McLaughlin and Bennett, 2005). 다소 기묘한 용어인 '수반(supervenience)'의 요지는 정신 수준처럼 높은 수준의 일정 속성은 물리-신경 수준처럼 낮은 수준의 해당 속성이 엄격하게 결정한다는 것이다. 그래서 두 사람의 물리-신경 속성이 같으면 정신 속성도 같지만, 정신 속성이 같다고 해도 물리 속성은 다를 수 있는데, 왜냐하면 정신 속성을 서로 다른 물리-신경 문제들로 '예시'할 수 있을 것이기 때문이다. 이 경우, 정신 속성은 물리 속성에 '수반'될 것이다.

심신 문제에 관한 수반의 개념은 오스트레일리아 태생으로 미국에서도 활동하는 철학자 데이비드 차머스의 영향력 있는 책 의식하는 마음. 근본 이론을 찾아서(The Conscious Mind. In Search of a Fundamental Theory)의 초점이었다(Chalmers, 1996). 그의 중심 신조는 설사 우리가 자연주의의 관점을 채택해 불멸의 영혼과 같은 형이상학적 존재는 없다고 믿는다 해도, 우리가 현상적으로 경험하는 마음의 속성을 물리학의 법칙과 속성으로 설명(또는 환원)할 수는 없다는 것이다. 이유는 마음과 의식이 물리학의 법칙과 속성으로부터 논리적으로, 즉 필연적으로 뒤따르는 것은 아니기 때문이다. 우리의 속세에서는 아마도 정신적-현상적 경험[철학자들이 '감각질(qualia)'이라 부르는 색깔, 소리 등의 감각]이 뇌의 상태 및 과정과 엄격히 연결되어 있겠지만, 엄격한 상관관계가 반드시 감각질이 어떻게 일어나는지, 실제로 무엇인지, 도대체 왜 존재하는지를 설명하지는 않을 수도 있을 것이다. 차머스가 볼 때, 물리 세계에서 그러한 설명이 원리적으로 가능한 때는 화합물(예 : 물)의 속성이 성분(예 : 산소와 수소)의 속성으로부터 반드시 뒤따를 때, 다시 말해 전자가 후자에 '수반'될 때뿐이다.

차머스는 이것이 마음의 경우에는 불가능하다고 보는데, 이유는 정신적 현상(감각질)의 독특한 본성이 물리적-신경적 사건의 본성과는 근본적으로 다르기 때문이다. 우리는 마음이 어떤 물리적-신경적 성분으로 환원될 수 있을지조차 알지 못할 것이다. 따라서 최소한 현상 및 설명 수준에서, 물질적 세계와 정신적 세계는 완전히 다르다. 하지만 현상적 이원론 또는 속성 이원론이라 부르는 이 개념이 차머스에게 반드시 존재론적 이원론을 함축하지는 않는데, 마음과 물질은 단지 숨겨져서 알아볼 수 없는 세계의 두 가지 다른 측면일 수도 있기 때문이다.

자신의 관점을 예시하기 위해 그는 '좀비 세계'라는 각본을 전개한다. 이 세계에는 마음도 없고 의식도 없지만 물리적인 모든 면에서 마음과 의식이 있는 사람과 동일한 (구분할 수 없는) 사람들이 존재한다. 그러한 '좀비 세계'를 뒷받침하는 경험적 증거가 없다는 사실은 차머스도 인정하지만, 그는 우리가 어떤 모순도 마주치지 않고 그것을 그려볼 수 있기 때문에 이 세계가 논리적으로 가능하다고 강변한다. 형이상학적 가능성을 그려볼 수 있다는 점에서 나오는 이 결론은 논쟁의 여지가 많지만, 이로써 차머스는 스스로도 인정하듯이, 어떤 면에서는 일종의 속성 이원론 또는 '부수현상론'으로 되돌아간다. 정말로, 행동을 포함한 모든 면에서 좀비를 마음이 있는 사람과 구분할 수 없다면, 최소한 물리적 세계 안에서는 마음에 인과적 결과가 없을 것이다. 흥미롭게도, 차머스는 범심론(아래 참조)에서 이원론과 부수현상론 둘 다의 위험을 극복할 가능성을 본다.

이런 어려움을 피해보려는 여러 유형의 일원론이 있는데, 일례가 '비환원론적 물리주의'다[스탠퍼드 철학백과사전에서 '물리주의(physicalism)' 항목 참조]. 여기서 '물리주의'란 정신 상태와 현상이 알려진 물리 상태와 상호작용하면서도 에너지 보존 법칙과 같은 기초 물리 법칙이나 원리를 어기지 않는 한 물리 상태로 간주할 수 있다는 뜻이다. 정신 상태를 '물리적으로' 그려보기 위해 정신 상태의 속성을 알려진 물리학의 용어로 완전히 설명할 수 있어야 하거나 다른 물리 상태(예 : 고체물리학이나 전자기론)로 환원할 수 있어야 하는 것은 아니다. 정신 상태가 다른 물리 상태와 상호작용하는 동안 알려진 물리 법칙을 어기지 않음을 증명할 수 있으면 충분하다. 우리는 정신 상태를 위해서만 타당한 '특별법'을 인정할 수 있고, 우리가 아직까지 이해하지 못하는 정신 상태들이 있다는 사실만 가지고도 얼마든지 살 수 있다.

그러므로 오늘날의 물리학은 '정신물리학'이라는 새로운 영역에 의해 확장되어야 할 것이다. 그동안에도 물리학의 역사에서는 비슷한 확장이 여러 번 일어났다(예컨대 전자기론이나 양자물리학의 경우는 저마다 특정한 법칙들이 있다). 만일 어떤 실험이 예컨대 에너지 보존과 같은 알려진 물리 법칙이나 원리와 의심할 여지 없이 모순되는 현상을 보여준다면 상황은 완전히 다를 것이다. 그러나 아직까지 그런 경우는 없었다.

이원론과 환원론 둘 다에서 벗어나는 또 한 가지 매력적인 방법은 조르다노 브루노, 베네딕트 스피노자, 고트프리트 빌헬름 라이프니츠, 윌리엄 제임스, 버트런드 러셀, 에른스트 헤켈, 알버트 아인슈타인과 나의 스승 베른하르트 렌슈와 같은 저명한 철학자와 과학자들이 가르치는 '범심론(panpsychism)'이다. 범심론에 따르면, 물질과 마음은 맨 처음부터, 심지어 복잡성이 가장 낮은 원소 입자의 수준에서부터 동시에 발생하며, 물질과 (원시)마음이 둘 다 증가하면 계 안에서 복잡성도 함께 증가한다. 렌슈는 이 관점의 특징을 저서인 생물철학(Biophilosophie)(1968b)에서 다음의 글로 묘사한다. "우리는 모든 '물질'에 대해 원시정신의 본성을 묘사해야 한다. 원소 입자들이 원자와 분자를 형성하는 동안 원소 입자의 원시현상들이 새로운 관계를 조성한 결과로 계에 새로운 속성이 생긴다. 하지만 뉴런이라는 복잡한 구조 수준에서만 감각이 기원할 수 있고, 더 큰 중추신경계 안에서만 이 감각들이 의식이라는 연속 과정을 형성하고 기억을 생성한 다음 상상, 자기의식, 자아자각이 일어날 수 있고, 이것이 마침내 최고의 계통발생적 발달 수준에서 논리적 추리와 결합해 세계에 대한 객관적 지식에 도달할 수 있다"(p. 236, 저자의 영문 번역을 중역).

범심론은, 정신적 상태는 반드시 물질적/물리적 상태와 함께 발생한다고, 또는 물질적/물리적 상태의 다른 측면일 뿐이라고 가정함으로써 위에 언급한 이원론의 문제뿐만 아니라 동일론/환원론의 문제도 피해간다. 두 상태 모두 복잡성이 커져 나란히 더 고등한 형태로 진화한다. 그러나 렌슈를 비롯한 범심론자들은 원소 입자, 원자, 분자의, 그리고 마침내 뉴런상의 어떤 속성에서 마음이 기원하는지는 설명하지 않으며, 분자들의 일정한 속성을 이온통로라 부르거나 막을 '원시정신'이라고 부르는 것은 단지 말장난에 지나지 않는 것으로 보인다. 게다가 소뇌에서 볼 수 있는 것과 같은 뉴런의 복잡성 자체에서 자동으로 의식이 생기지는 않으며, 의식이 출현하기 위한 조건은 매우 특정한 것 같다.

2.6 이게 다 무슨 말일까?

내가 이 책에서 마음의 진화에 관해 쓰면서 신경계와 뇌의 진화를 관련시킬 때 사용하는 '마음'이라는 용어는 의식되는 경험이라는 좁은 의미가 아니라, 단순한 형태의 학습으로부터 통찰, 문제 해결, 지식 귀인(knowledge attribution), 상징적 표상, 사고–추리에 이르는 인지 기능이라는 넓은 의미다. 이 다양한 인지 기능이 '지능'의 중심 측면인 행동 유연성과 혁신 능력을 대변한다. 그러한 능력은 인간의 경우에만 연구할 수 있는 것이 아니라, 동물의 경우에도 실험실 조건뿐만 아니라 야생 조건에서도 연구할 수 있다. 근래에 이러한 연구 분야가 엄청나게 진보했다.

이렇게 정의되는 마음은 의식되는 경험을 포함할 수도 있지만, 그럴 필요는 없다. 인간 이외의 동물에게 의식이 존재한다는 것을 입증하거나 반증하기는 오래도록 불가능해 보였지만, 새로운 방법과 경험적 데이터를 이용할 수 있게 되면서 상당수의 동물에게 최소한 일정 상태의 의식이 존재할 가능성이 매우 높아졌다. 출발점은 우리 인간이 복잡한 과정 재인하기, 새로운 문제 해결하기, 거울에서 자기재인하기, 중장기 활동 계획하기, 상세한 지시를 이해하고 그에 따라 행동하기와 같은 일정한 인지 과제를 해낼 수 있는 때는 오로지 우리가 이 과제들을 자각하고 있을 때라는 사실이다. 동시에, 우리 뇌의 특정한 부분들이 활동한다. 동물이 이에 맞먹는 인지 과제를 해낼 수 있고 뇌의 거의 같은 부분이 활동하는 것을 발견한다면, 우리가 우리 동종에게 하듯이 이 동물에게도 의식이 있기 때문이라고 생각해도 정당할 것으로 보인다. 물론 이 동물이 우리와 유연관계가 가까울수록 그러기가 더 쉽다.

이번 장의 마지막 부분에서는 요즈음 '심리철학'이라는 제목 아래 논의되는 심신 관계 또는 마음-뇌 관계에 관한 주요 입장들을 이원론과 일원론의 개념에서 출발해 물리주의를 거쳐 범심론까지 매우 간략하게 거론했다. 이 책의 끝에서는 경험 데이터와 신경생물학적 개념들이 마음과 뇌의 관계라는 '영원한' 문제에 답하거나, 아니면 최소한 문제를 더 명확히 하는 데 어느 정도나 도움이 될지를 자문할 것이다.

| 제3장 |

진화란 무엇인가?

주제어　다원주의 · 신다원주의 · 자연선택 · 비다원주의 진화 · 대멸종 · 협량화 · 계통수의 복원 · 깊은 상동성 · 불계적 유사성 · 수렴 진화

신경계와 뇌의 진화를 연구하고 이것과 마음의 진화(그러한 진화가 있다면)의 관계를 연구하려면 생물학적 진화의 원리에 관한 무언가를 말해야 한다. 그러나 이는 쉬운 일이 아닌데, 앞으로 보겠지만 신경계와 뇌의 진화는커녕 진화에 대해서도 만장일치로 합의된 개념이 없기 때문이다. '고전적인' 신다원주의에서 말하는 진화생물학의 개념이 궁금하면, 푸투이마의 **진화학**(라이프사이언스, 2008)을 참조하라(소개한 책은 초판의 번역본이고, 원서 *Evolution*은 2013년에 3판이 나왔다 ─옮긴이).

3.1 진화 개념의 역사

생물학적 진화를 연구할 때 다루는 3대 주제는 (1) 생명의 기원[**생물발생(biogenesis)**], (2) 종 분화의 기제를 포함해 기존의 종이 생겨난 기원[**분계분화(cladogenesis)**], (3) 시간이 가면서 유기체의 형태, 기능, 행동이 변화하는 기제[**계통분화(anagenesis)**]이다. 전통적으로도 그랬지만 오늘날조차도 사람들은 그러한 변화와 생물학적 진화 전반을

G. Roth, *The Long Evolution of Brains and Minds*, DOI: 10.1007/978-94-007-6259-6_3,

ⓒ Springer Science+Business Media Dordrecht 2013

싸잡아 단순한 상태에서 복잡하고 더 좋은 상태로 가는 단선적 진보로 이해하는 경우가 많다. 우리는 그러한 관점이 옳지 않음을 보게 될 것이다. 신경계와 뇌의 진화에서는 2차 단순화와 같은 '역진화'의 사례가 복잡성 증가를 뜻하는 '정진화'의 사례와 최소한 같은 만큼 많이 드러나고, 절대다수의 사례에서는 유기체도, 유기체의 신경계와 뇌도 흔히 수백만 년에 달하는 오랜 기간 동안 거의 변하지 않은 채로 유지되기 때문이다.

현대 용어로 최초의 자연주의 생물학자라고 할 수 있는 그리스의 철학자 아리스토텔레스(기원전 384~기원전 322)를 비롯해 그의 뒤를 잇는 많은 신학자와 철학자들은 현대에 와서도 생물에게는 등급이 있다고, 다시 말해 당시에 알기로 가장 원시적인 유기체(예 : 지렁이)에서 출발해 인간으로 끝나는 (때로는 다양한 계급의 천사를 넘어서 신까지 계속되는) 자연의 계단(scala naturae)이 있고 이 형태들은 서로와 무관하게 존재한다(또는 창조되었다)고 가정했다(Lovejoy, 1936). 그러한 관점이 18세기까지 유행했다. 이 형태들은 신이 창조했기 때문에 제각기 완벽하다고 여겨졌다. 그러므로 변형이나 멸종 따위는 ― 당시 철학자들의 눈에는 ― 신의 뛰어난 창조력과 모순될 것이기 때문에 필요하지 않았고 상상조차 할 수 없었다. 스웨덴의 저명한 생물학자로서 현대 생물분류학을 창시한 칼 린네(1707~1778)조차도 종의 불변성을 인정했다. 그는 해부 구조와 형태의 유사성을 기초로 동물 집단을 분류했지만, 그러한 유사성이 어디에서 올까는 묻지 않았다. 형제자매가 서로 비슷한 이유는 공통의 혈연 때문이지만, 생물 분류군들 사이에는 이러한 공통의 혈연이 존재하지 않았다.

19세기까지도 우세한 관점은 모든 유기체가 동시에 창조되었거나 존재하게 되었다는 것이었다. 북아일랜드 아마의 대주교였던 제임스 어셔(1581~1656)는 그 시점이 기원전 4004년(더 정확히는 10월 23일)이라고 계산했다. 하지만 18세기와 19세기에는 '화석', 즉 돌같이 굳어진 동물의 유해(대부분 뼈)가 점점 더 많이 발견되었고, 흔히 충격적일 만큼 현생 동물과 형태가 유사함을 볼 수 있었다. 처음에는 그러한 화석들을 기존 형태의 '기형'으로 해석했지만, 그 가운데 점점 더 많은 수가 비교적 정상으로 보였으므로, 그렇다면 이는 수천 년 전이나 심지어 수백만 년 전에도 현생 동물을 닮은 여러 형태의 동물이 존재했지만 멸종했음이 틀림없다는 뜻이었다. 일부는 깊고 오래된 지층에서 발견되었고, 일부는 그보다 위쪽의 근래 지층에서 발견되었기 때문에, 이들이 모두 다 같은 시기에 존재했을 수는 없었다. 그러나 여러 형태의 유기체가 서로 무관하게 발생해 별개의 진화 계통을 구성했는지, 아니면 공통의 조상을 기초로 가계도나 나무처럼 발생했는지의 문제는 여전히 남아 있었다.

19세기 전반에 이 문제는 형태들이 독립적으로 진화했다는 발상의 추종자들과 모든 현생 형태에는 공통의 기원이 있다, 그리고/또는 기존 형태들은 한 조상의 변형이 축적된 결과 차이가 점점 더 벌어져 생겨났다는 발상의 추종자들 사이에서 극적인 논쟁의 대상이 되었다. 프랑스의 고생물학자 조르주 퀴비에(1769~1832)가 전자를 가장 두드러지게 주창했고, 프랑스의 생물학자 에티앙 조프루아 드 생틸레르(1772~1844)가 후자를 주도했다. 퀴비에는 화석이 존재함에도 불구하고 진정한 진화는 없었다고 보았는데, 그동안 규칙적으로 재난이 일어나 기존 유기체가 멸종하고 뒤이어 새로운 형태가 저절로 형성되었다고 생각했기 때문이다. 이 논쟁에서 또 한 명의 중요한 인물인 장 바티스트 라마르크(1744~1829)는 진화란 서로 다른 독립적 계통의 유기체에게서 형태와 기능이 향상되는, 공통의 기원이 없는 과정이라고 믿었다. 라마르크에 따르면, 유기체 사이에 존재하는 차이는 환경의 차이, 생존을 위해 필요한 것의 차이에서 생기는 기관 사용법의 차이를 물려줄 수 있게 된 데서 비롯된다('용불용설'로 불리는 개념). 흥미롭게도, 라마르크는 유기체에 들어 있는 '신경액'이 진화를 앞으로 또는 위로 몰아간다고 믿었다.

공통의 기원, 종의 분화, 유기체 변화의 기제에 관한 이 논쟁은 판결이 나지 않다가 마침내 찰스 다윈(1809~1882)이 1859년에 종의 기원에서, 그리고 앨프리드 러셀 월리스(1823~1913)도 같은 시기에, 멸종 동물과 현생 동물 모두에게 공통의 기원이 있다는 포괄적 개념을 제시했다. 두 과학자 모두 종 분화는 물론 '자연선택'으로 알려진 진화적 변화 바탕의 기제에 관해서도 이론을 제안했다. 다윈의 경우, 이 자연선택의 개념은 다음 전제들에서 출발한다. (1) 유기체는 희소한 자원으로 생존시킬 수 있는 수보다 많은 자손을 낳는다. (2) 한 개체군이라도 자손에게 전해지는(유전적으로 조절되는) 동시에 생존에 중요한 형질(시력, 팔다리의 길이, 체표의 색깔 등)은 개체마다 다르다. (3) '생존 경쟁'을 하는 동안 그러한 차이가 생존율과 번식률의 차이로 이어져 일부 개체가 다른 개체보다 더 많이 생존하고 더 많은 자손을 남길 수 있으므로 더 훌륭하게 '적응'한다. (4) 이 선택 과정이 여러 세대에 걸쳐 반복되면 더 유리한 형질을 지닌 개체의 수가 증가하고 덜 유리한 형질을 지닌 개체의 수는 감소하다가 마침내 사라진다. 이를 가리켜 개체군의 유전자 풀 안에서 주어진 형질이 고정(fixation)되었다고 한다.

다윈의 (어느 정도는 윌리스의 것이기도 한) 공통 기원이라는 발상이 즉시 인정을 받은 이유는 고생물학, 비교해부학, 발생학에서 나오는 압도적 증거가 있었기 때문이지만, 당시의 많은 전문가는 여전히 자연선택의 개념에 강하게 반대했는데, 무엇보다도 유전되는 형질 변화가 정확히 어떤 기제로 일어나는지는 여전히 불분명했기 때문이다. 멘델의 형질 유전 법칙이 20세기 초에 재발견되면서 유전의 기본 단위로서 '유전자'라는 개념이 생겨났지만, 이 개념에 분자와 기능 수준에서 정확한 의미가 주어진 것은 먼저 염색체가 발견된 뒤, 지난 세기의 1950년대에 유전 정보의 전달자인 리보핵산 (RNA)과 디옥시리보핵산(DNA)의 분자 구조가 해독된 다음이었다. 오늘날 '유전자'가 가리키는 DNA와 RNA의 가닥들은 단백질 생산을 부호화하면서 이와 함께 일정 구조의 형성 또는 일정 기능의 조절을 부호화하거나, 다른 유전자 발현의 조절을 부호화한다(조절 유전자). DNA의 구조가 이중나선이기 때문에, 대부분의 유기체에서는 모든 유전자가 '대립유전자(allele)'라 불리는 두 가지 형태로 나타난다.

3.2 신다윈주의와 그것의 문제점

다윈의 선택 이론과 현대 유전학을 이어주는 '신다윈주의(Neodarwinism)' 또는 '현대 종합론(Modern Synthesis)'이라 불리는 연결고리는 1930~1950년 사이에 로널드 피셔, 존 버든 샌더슨 홀데인, 베른하르트 렌슈, 줄리언 헉슬리, 테오도시우스 도브잔스키, 에른스트 마이어와 같은 저명한 집단유전학자 및 진화생물학자들의 상호작용으로 개발되었다. 이 시기의 연구 성과는 주어진 개체군에서 일어나는 유전자(또는 대립유전자) 빈도의 변화가 진화의 주축임을 이해한 것이었다. 일정한 유전자나 대립유전자는 '적응도(fitness)'가 높아서 널리 퍼지는 반면, 적응도가 낮은 유전자나 대립유전자는 사라진다는 말이다. 이 과정의 기초는 형질의 유전적 변이가능성이다. 변이는 유전자의 분자 구조, 즉 유전자 염기쌍의 서열이 바뀌면 생길 수 있는데, 염기쌍 서열의 변화는 방사선, 바이러스, 수평적 유전자 흐름, 돌연변이를 유발하는 화학물질에 의해 일어나기도 하고, 세포가 감수분열하는 동안이나 DNA가 복제되는 동안, 또는 ─ 가장 많은 경우 — 부모의 유전자가 재조합되는 동안 오류가 일어난 결과로 유발되기도 한다. 유전자 자체는 변함없이 그대로이지만 유전자 발현의 기제가 바뀐 결과로 유기체 안에서 구조와 기능이 달라지는 경우도 일어날 수 있을 것이다.

이러한 '현대 종합론' 창시자들의 강한 신조는 **점진주의**, 즉 진화는 꾸준한 자연선택에서 비롯되는 약간의 변화들을 기초로 한다는 믿음이었다. 진화에는 도약도 없고 소진화와 대진화 사이의 차이도 없다는 이 믿음은 독일 태생의 미국인 유전학자 리처드 골트슈미트(1878~1958)가 같은 시기에 '희망적 괴물', 즉 대돌연변이(macromutation)의 개념과 함께 내놓은 믿음과 대치되었다.

진화유전학이 분자적 기초를 해명하는 데서 크게 성공했다고 해서, 유기체가 진화하는 바탕의 기제 대부분은 오늘날까지도 모르고 있다는 사실을 숨길 수는 없다. 가장 잘 입증된 것은 모든 생물이 하나의 공통 조상 또는 유전자 풀에서 유래했다는 개념이다. 이 개념을 통해서만 모든 유기체가 세포의 구조와 생리, 번식 및 대사 경로의 기제 면에서 서로 비슷하다는 사실을 만족스럽게 설명할 수 있다. 반면에 유전적 변이가능성과 조합된 자연선택이 과연 진화적으로 일어나는 형태 및 기능 변화의 유일한 기초는 아니라도 최소한 우세한 기초인가에 관해서는 논쟁이 있다.

이와 같은 가정을 비판해온 다른 생물학자들은 그러한 '다윈주의' 선택이 설명할 수 있는 것은 이른바 '소진화(microevolution)', 즉 작은 보폭의 형질 변화뿐이라고 강조한다. 이 소진화는 세균, 초파리, 제브라피시처럼 세대교체가 빠른 유기체를 이용해 많은 세대에게 강한 선택압을 가하는 방법으로 실험실에서 재현할 수 있다. 신다윈주의자는 다수의 작은 변화가 더해져 큰 변화가 되면 마침내 새로운 종이 출현하며, 지리적 고립이 결합되면 특히 쉽게 출현한다고 믿는다. 이들의 관점에서는 대진화 — 새로운 구성 원리, 즉 **'몸 설계(bauplan)'**를 가진 문(門) 또는 강(綱)과 같은 상위 생물 분류군의 기원 — 도 개체군 또는 종 수준의 소진화와 같은 원리와 기제를 기초로 한다.

(신)다윈주의의 가장 결정적인 개념인 동시에 가장 말썽 많은 개념 중 하나가 바로 '적응(adaptation)'이다. 신다윈주의자들 사이에서조차 '적응'을 **형질(trait)**로 이해해야 하느냐 아니면 **과정(process)**으로(또는 둘 다로. Dobzhansky, 1970 참조) 이해해야 하느냐가 논란이 된다. 형질로서의 적응은 유기체가 주어진 환경에서 생존과 번식을 촉진하는 것으로 보이는 어떤 형질을 소유하고 있다는 뜻이다. 그러므로 우리는 '적응력

있는' 형질 또는 형질의 '적응성'이라는 표현을 쓸 수 있을 것이다. 이러한 정의가 비교적 말썽이 없는 이유는 많은 경우 우리가 형질과 생활 조건 사이의 대응관계를 분명히 (감각의 영역에서는 특히 더 분명하게) 보여줄 수 있기 때문이다(제11장 참조). 그러나 적응력 있는 형질과 번식 성공의 상관관계는 경험적으로 입증되어야 하는데, 이런 일은 지금까지 대부분의 경우 일어난 적이 없다.

과정으로서의 적응은 유기체가 자연선택을 원동력으로 서식지에 더 잘 적응하게 되는 진화 과정을 의미한다. 문제는 여기에서 시작된다. 첫째, 신다원주의자의 관점에서는 적응과 적응도(즉 번식 성공) 사이에 밀접한 연관성이 있다. 그러나 일정한 환경 조건에 대해 단기적으로 적응도를 높인 형질은 최소한 진화를 멀리 보면, 즉 환경 조건이 극적으로 바뀌면 적응도가 떨어지는 경우가 많다. 특화종, 즉 적응을 더 잘한 종이 먼저 멸종하게 된다. 그런 의미에서 — 너무도 자주 언급되어왔듯이 — 자연선택은 언제나 기회주의적으로 '최소 저항 경로'를 따라 단기적으로 작동하지, 장기적으로 작동하지 않는다.

정통 신다원주의에 대해 빈번하게 제기되는 반론은, 적응의 개념은 본질적으로 순환 논증을 기초로 한다는 것이다. 우리는 어떤 동물 종이 그것의 서식지에(예 : 올빼미는 야간 먹이 사냥에, 약전기어는 진흙탕에서 사는 데) '잘 적응되어 있다'고 말할 것이다. 이로부터 이 적응성은 특정한 '선택압'을 받아 진화했으므로 이러한 적응 형질이 없는 동물은 번식에 덜 성공한다는 결론이 내려지지만, 대개의 경우 이 결론은 입증되지 않는다. 이런 식으로, 자연선택이 적응성을 설명하는 가상의(관찰할 수 없는) 원인이 된다. 이는 고전적인 '선결문제 요구의 오류'다. 관찰된 현상을 바탕으로 결론 내린 가상의 요인이 그 현상을 설명하는 요인으로 탈바꿈한다는 말이다. 이로부터 종종 "이 놀라운 형태적 형질은 아직까지 알려지진 않았으나 매우 강한 선택압을 받아 진화했음이 틀림없다."와 같은 진화생물학자들의 우스꽝스러운 공식들이 나온다. 이 선택압이 알려져 있지 않다면 그것은 적응성을 설명하는 데 이바지할 수 없다.

특히 감각기관의 형태와 기능에서 뚜렷하게 드러나는 부인할 수 없는 현상으로서, 환경에 대한 적응(제11장 참조)은 여러 과정에 의해 나타났을 수 있다. 첫째는 다윈의 자연선택이다. 유전자와 표현형에 변이가 있으면 일정한 형질의 전달자가 더 성공적으로 번식하는 식으로, 유전적 변화가 개체군 안에 고정되게 된다는 말이다. 그 형질의 전달자가 개체군 안의 경쟁에서 승리하고 그 개체군의 서식지를 차지해왔다. 자주 일어나는 것으로 보이는 또 한 과정은 어떤 형질이 변형된 덕분에 그 형질의 전달자가 경쟁자는 접근할 수 없는 새로운 서식지를 공략함으로써 주어진 서식지 안에서의 팽팽한 경쟁으로부터 **탈출**할 수 있게 되는 과정이다. 이 과정 역시 꽤 자주 일어났을 것이다. 예컨대 우리는 우리 조상들이 열대우림을 떠났을 때 사바나에서 대를 이을 수 있었고 (제14장 참조), 동물들은 날개를 개발했을 때 공중을 잠식할 수 있었다.

범적응주의를 바로잡는 데 유용한 개념으로 '적정만족(satisfycing)'이라는 개념이 있다. '만족시키다(satisfy)'와 '충분하다(suffice)'를 조합한 이 용어는 심리학자 허버트 사이먼이 1956년에 의사 결정의 맥락에서 도입한 용어다(Simon, 1956). 사이먼이 가리키려 한 것은 대부분의 의사 결정 상황에서 최적의 결정을 내릴 수 없는 까닭은, 무엇이 최적인지를 몰라서이거나 어떤 이유로든 최적에 도달할 수가 없어서라는 점이었다. 현실적 조건에서 인간은 '합리적 선택'의 개념과는 분명히 반대로, 더 나은 답이 존재할 공산이 커도 당장 '쓸 만한' 답을 받아들인다. 진화에서 이는 '적응'이 대부분의 경우 생존을 위한 최적의 답이 아니라 '쓸 만한' 답에 도달할 것임을 의미할 것이다(Nonacs and Dill, 1993). 이는 진화가 '기회주의적'이라거나 '최소 저항 경로'를 택한다는 관점과 동일하다.

형질의 진화적 변화라는 맥락에서 또 하나의 유용한 개념은 스티븐 굴드와 엘리자베스 브르바(Gould and Vrba, 1982)가 내놓은 '**창출적응(exaptation)**'의 개념이다. 이는 어떤 기능에 이바지하던 형질이 진화 도중에, 특히 처음 기능이 쓸모없어지거나 덜 중요해지면 큰 변화 없이 기능을 바꾼다는 뜻이다. 창출적응의 과정은 진화에서 꽤 자주 일어난다. 고전적 일례가 처음엔 체온조절을 위해 진화한 것으로 보이는 새의 깃털이다. 다시 말해, 기존 형질이 새로운 기능을 위해 차출된다. 그러므로 어떤 진화생물학자들은 '창출적응' 대신 '**기능보충(co-option)**'이라는 용어를 선호한다. 생물학자들은 얼핏 불완전한 형질('적응도'가 낮은)이 살아남아 복잡한 새 형질로 발달할 수 있었던 이유를 창출적응 또는 기능보충으로 더 잘 설명할 수 있다.

3.3 자연선택을 넘어서는 진화의 개념들

소진화와 대진화 둘 다에 바탕이 된다고 널리 인정되는 한 과정은 유전자(또는 대립유전자) 부동(genetic drift)이다. 이 현상은 한 종에 속하는 소수의 구성원, 극단적인 경우 한 마리의 수태한 암컷이 지금까지는 불안정했던 소생활권에 들어가 새로운 개체군을 창시할 때 일어난다. 어떤 유전자 또는 대립유전자가 '창시 유전자 풀' 안에 존재하느냐는 완전히 제멋대로이겠지만, 어떤 경우든 그 유전자는 창시자가 속했던 원래 유전자 풀의 극히 일부만을 대표한다. 그래서 형성된 유전적 병목 안에서는 원래의 유전자 또는 대립유전자 풀 가운데 선택된 소수만이 자연선택의 대상이 될 수 있으므로, 이 과정의 결과는 강하게 편향될 것이다.

오늘날 유전자 부동의 개념은 이른바 중립 진화의 맥락에서 논의되는 경우가 많다. 일본의 진화생물학자 기무라 모토가 처음 전개한 이 개념에 따르면, 대부분의 유전자 변화는 적응도에 대해 중립적이다. 변화한 유전자가 그 유전자를 전달하는 동물의 생존에 긍정적 효과도 부정적 효과도 미치지 않는다는 뜻이다. 그러한 중립 유전자는 유전자 부동에 의해 어느 개체군의 유전자 풀 안에 '고정'될 수 있다. 많은 진화생물학자들은 유전자 부동과 '창시자 효과'뿐만 아니라 다른 요인들도 대진화에 관련된다고 가정한다. 이 추정되는 요인들 중 하나가 바로 발달적 및/또는 구조적–기능적 '제약'으로 인한 진화적 변화의 '협량화(狹量化, canalization)'다(Waddington, 1956; Gould, 1977). 주어진 유기체가 지어져 기능하거나 개체발생적으로 발달하는 방식은 더 이상의 진화적 변화를 동등한 확률로 허락하는 것이 아니라, 어떤 변화와 발달적–진화적 계통은 더 그럴 법하게 만들고 어떤 계통은 덜 그럴 법하게 만든다. 그 결과로 수백만 년 동안 지속되는 진화적 경향(예 : 몸 크기가 늘거나 줄거나, 팔다리의 수가 줄거나, 신경계의 복잡성이 늘거나 주는)이 생기는 경우가 많다. 협량화의 효과를 가장 잘 입증하는 것은 존재하는 모든 동물 문, 그리고 이와 함께 기본적인 유기체의 설계가 약 5억 3,000만 년 전 이른바 캄브리아 폭발 또는 방산에서 기원한 이후로는 새로운 문이 생겨나지 않았다는 사실이다. 아문, 강, 과의 기원에 대해서도 분류군이 내려갈수록 진화의 역동성이 줄어드는 인상을 준다는 의미에서 같은 말을 할 수 있다.

이 과정은 일정한 적응적 변화는 더 이상의 적응적 변화 가능성을 제한할 수 있음을 보여주는 기능형태학에 관한 연구로 예시할 수 있다. 새나 박쥐와 같은 척추동물이 앞다리를 이용해 날개를 형성하는 것이 그런 경우다. 이는 새로운 생태적 지위(공중)를 정복하는 데는 매우 유리하지만, 설치류나 특히 영장류와 같은 많은 포유류가 전형적으로 정교하게 사용하는 손을 쓰지 못하게 한다. 게다가 서로와 무관하게 생겨난 일정한 구조적 형질이나 기능적 형질이 서로 얽히게 되어서, 두 형질이 동시에 더 이상 최적화하기는 더 어려워질 수 있다. 한 형질의 효율이 커지면 다른 형질의 효율은 떨어질 것이기 때문이다. 데이비드 웨이크를 비롯한 몇몇 동료와 내가 연구한 일례는 도롱뇽에서 호흡과 섭식 모두에 아가미설골(hyobranchial apparatus)이 필요하기 때문에 폐에 의한 호흡과 혀에 의한 섭식이 구조적으로도 기능적으로도 결합되어 있는 경우다. 허울만 그럴듯하고 폐가 없는 도롱뇽인 무폐도롱뇽과(Plethodontidae) 집단은 폐를 잃고서야 아가미설골을 투사되는 혀로—아마도 여러 차례 독립적으로—발전시킬 수 있었다(Roth and Wake, 1989). 개구리는 섭식에는 근육질 혀끝만 사용하고 아가미설골은 호흡 및 호출을 위해 특화시킴으로써 두 기능을 다른 방식으로 분리시켰다. 척추동물 뇌의 높은 보수성 중에서 많은 부분은 구조적, 기능적, 유전적 결합에서 나온 결과로 이해할 수 있다.

많은 생물학자들의 관점에서, **협량화**의 각별한 사례는 뇌를 포함한 동물 몸의 기본 조직을 결정하는 '호메오 유전자(homeotic gene)'를 포함해 유기체의 개체발생적 발달에서 찾아볼 수 있다. 이러한 발생생물학자 및 유전학자들에게 진화란 개체발생에서 일어나는 일련의 변화이고, 이 관점을 '진화발생생물학(evolutionary developmental biology)', 줄여서 '이보디보(evo-devo)'라 한다(Kirschner and Gerhardt, 2005; Mueller and Newman, 2003; Schlosser and Wagner, 2004). 동물 개체발생의 초기 단계, 예컨대 수정란, 즉 **접합자**(zygote)의 맨 처음 세포분열은 포배나 낭배 단계로 넘어가 '원장(archenteron)'이라 불리는 원시 창자를 형성하고, 몸의 등과 배를 잇는 축 및 입과 꼬리를 잇는 축과 팔다리를 결정하므로 '진화의 병목'으로 여겨진다. 이 초기 단계에서 일어나는 변화는 유기체의 기능성 전반을 위협할 수 있기 때문에 대단히 중요하다.

그렇다면 유기체의 '청사진' 또는 '몸 설계'에 일어나는 모든 진화적 변화는 이 병목과 양립해야 한다. 여기서 나오는 결과가 바로 (소수의 초기 과정을 제외한) 초기 발생 단계는 후기 발생 단계보다 더 보수적인 경향이 있다는 사실이다. 이를 가장 잘 보여주는 것이 유기체의 역사인 계통발생과 개체의 발달사인 개체발생 사이의 인상적인 유사성이다. 카를 에른스트 폰 베어(1792~1876)가 처음 발견해 묘사한 이 유사성을 나중에(1874) 에른스트 헤켈(1834~1919)이 '생물발생 법칙(biogenetic law)' 또는 '반복발생론(theory of recapitulation)'이라 불렀다. 19세기 말과 20세기 초의 가장 영향력 있는 생물학자들 가운데 한 사람이던 헤켈은 개체발생이 계통발생을 축약해서 반복한다고 보았다. 이 개념은 오랫동안 강하게 비판되었지만, 동물계(심지어 식물계) 전역에서 형태와 기능의 '깊은 상동성'(아래 참조)을 구성하는 보편적 '몸 설계 유전자'가 발견됨으로써 부활을 경험했다. 한마디로, 진화의 매우 초기에는 일정한 발생 기제들이 더 이상의 변이를 제한했다.

한 가지 흥미로운 진화 과정은 유전체 크기의 증가인데, 이는 동식물 모두에서 거듭 일어났지만 척추동물 중에서는 폐어와 양서류에서 많이 일어났고, 양서류 중에서는 도롱뇽에서 두드러지게 많이 일어났다. 폐어와 일부 도롱뇽은 평균적인 척추동물보다 유전체 크기가 100배쯤 더 큰데, 이 과정은 적응이 아니라고, 다시 말해 중립적인 유전체 진화의 일례라고 이해된다. 유전체 크기, 즉 DNA의 양은 세포 크기의 증가, 세포 대사의 감소와 상관이 있으므로 아마도 직접적 결과로서 뉴런을 포함한 세포의 분열 주기, 세포의 발생 및 분화의 지연과도 상관이 있을 것이다. 그래서 유전체가 큰 동물은 뉴런을 포함한 세포들이 크기는 훨씬 더 크고 수는 훨씬 더 적으므로, 후기 발생 단계가 지연되거나 종종 잘못되는 것을 볼 수 있다(Roth et al., 1993). 폐어와 양서류, 특히 도롱뇽과 무족영원류의 뇌에서 이는 형태의 이차 단순화로 이어진다. 즉 세포의 이동과 분화가 제한되므로, 예컨대 중뇌덮개(mesencephalic tectum), 반고리둔덕(torus semicircularis), 소뇌(cerebellum), 종뇌의 외투(telencephalic pallium) 안에 층상이 제대로 형성되지 않거나 전혀 형성되지 않는다(Dicke and Roth, 2007 참조).

대진화의 과정에서 의심할 여지 없이 중요한 요인은 기존의 종들이 높은 비율로 사라진 대멸종(mass extinction)이다. 이러한 큰 재난의 원인으로는 소행성 충돌, 극적인 기후 변화(예 : 빙하기), 화산작용, 산소 고갈 등 많은 후보가 거론되고 있다. 현재는 아래에 보이는 여섯 번의 대멸종이 인정된다.

1. 캄브리아기에서 오르도비스기로 넘어가는 시기에 있었던 일련의 대멸종.

2. 모든 과의 27%와 모든 속의 57%를 없애버린 오르도비스기 대멸종(실은, 두 차례의 대멸종).

3. 유기체의 약 70%가 사라진 데본기 말 대멸종.

4. 사상 최대로 알려진 약 2억 4,800만 년 전의 대멸종으로서 과의 57%와 속의 83%를 멸종시킨 페름기-트라이아스기 대멸종. 이 사건이 발판이 되어 공룡이 중생대를 지배하게 되었다고 믿어진다.

5. 약 2억 년 전, 과의 23%와 속의 48%를 없애버린 트라이아스기-쥐라기 멸종.

6. 약 6,500만 년 전 백악기에서 제3기로 넘어가는 시기를 뚜렷하게 표시하며 과의 약 17%와 속의 50%를 파괴한 백악기 말(K-T) 대멸종. 공룡의 지배를 종식시키고 포유류와 조류가 더욱 진화하도록 길을 열어주었다.

이 대멸종들은 지질시대의 과도기 대부분을 뚜렷하게 표시한다. 대멸종은 유기체에게 무차별하게 영향을 미친 것이 아니라, 한 번은 주로 육상 동물군에게 타격을 주고, 다른 때에는 주로 해양 동물군에게 타격을 주었다. 생태적 특화종이 일반종보다, 몸집이 큰 동물이 작은 동물보다 생활 조건의 극적인 변화로 더 많은 고통을 받았다고 가정하는 것이 그럴듯하다. 대멸종은 다른 집단의 지배를 받아온 집단에게 기회를 주었다. 포유류가 여섯 번째 백악기 말 재난으로 공룡이 사라진 뒤에야 번성하기 시작한 것도 그런 경우다. 의심할 여지 없이, 대멸종은 소진화로 결정되지 않는 대진화의 새로운 방향을 제시했다.

3.4 계통수와 진화의 복원

지구상의 모든 유기체는 약 36억 년 전에 존재했던 하나의 공통 조상으로부터 끊임없이 가지를 치면서 내려왔다는 생각은 이제 일반적으로 받아들여진다. 그 과정에서 멸종된 종의 수가 현생 종의 수보다 훨씬 더 많아서, 어떤 전문가들은 99%가 멸종했다고 이야기할 정도다. 그러나 대멸종으로 파괴된 것이 아니라면, 동물 집단이 도대체 왜 자취를 감추었는지는 아직도 불분명하다. 단세포 원핵생물 — 세포핵이 없는 세균과 고세균 — 이 먼저 생겨난 것은 분명하다. 약 27억 년 전에서 16억 년 전에는 최초의 진핵생물, 즉 세포핵과 함께 미토콘드리아나 엽록체와 같은 세포소기관을 가진 단세포 유기체들이 기원했다. 이 사건은 아마도 서로 다른 유형의 세균 및/또는 고세균이 융합하는—'내부공생(endosymbiosis)'이라 불리는—과정을 통해 일어났을 것이다 (Margulis, 1970).

이 책에서 우리는 신경계와 뇌의 진화 및 인지 기능의 진화를 다룬다. 그렇게 함으로써 동물 집단들 사이에서 어떤 구조와 기능(예: 눈에 관련된)이 유사성을 보이는 이유가 (아버지와 아들의 많은 형질이 서로 닮은 것처럼) 조상이 같아서인지 아니면 서로와 무관하게 생겨났지만 비슷한 선택압을 받아서인지 평가하는 것이 중요하다. 전자의 경우 상동성(homology) 때문에 상동(homologous) 형질이 나타난다고 이야기하고, 후자의 경우는 불계적 유사성(homoplasy) 때문에 불계적 유사(homoplasious 또는 homoplastic) 형질이 나타난다고 이야기한다. 불계적 유사성은 비슷한 발생유전적 기제를 기초로 평행 진화(parallel evolution)한 결과로 발생할 수도 있고 서로 다른 기제를 기초로 수렴 진화(convergent evolution)한 결과로 발생할 수도 있다(Wake et al., 2011 참조).

유사한 구조와 기능이 상동 진화의 결과냐 수렴 진화의 결과냐에 답하려면, 비교되는 유기체의 진화적 유연관계에 관한 '탄탄한', 즉 믿을 만한 정보가 필요하다. 신경계와 뇌의 경우, 맴도는 결론을 피하려면 이 정보는 신경과 무관한 형질을 기초로 해야 한다. 진화가 일어나는 동안 현장에 있었던 사람은 아무도 없으므로, 우리는 진화적 유연관계를 복원해야만 한다. 흔히 끈기를 요구하는 이 절차를 '계통발생학(phylogenetics)'이라 한다. 그러한 복원의 가장 오래된 기초는 화석(보존된 동식물의 유해)을 고생물학적으로 분석하는 것이다. 척추동물의 화석은 대부분 골격의 일부이고, 동물 전체가 완전히 광물화(또는 '석화')하거나 화석 수지(resin), 즉 '호박(琥珀)'으로 에워싸인 경우는 이보다 드물다. 현대과학의 역사 초기에 일정한 화석은 일정한 암층에서 발견된다는 사실이 관찰되었고, 19세기에는 지질학자들이 이를 바탕으로 지질연대를 유추함으로써 고생물학자들로 하여금 어떤 화석이 먼저 오고 어떤 화석이 나중에 오는지를 결정하도록 해주었다. 나중에 개발된 방사선측정법은 지질학자와 고생물학자들로 하여금 지층 및 지층에 포함된 화석의 연대도 결정하도록 해주었다.

그러나 (인간 조상을 포함한) 주어진 동물군의 화석 기록은 빈약한 경우가 많으므로, 오늘날 계통발생학은 대부분 분자 데이터, 예컨대 단백질이나 DNA 서열을 이용해 계통수를 복원한다. 이 분자 데이터는 살아 있는 유기체로부터 얻을 수 있을 뿐만 아니라, 이제는 염기서열분석 기법이 발전한 덕분에 멸종한 형태의 잘 보존된 체조직을 써서 분자 데이터를 추출하는 것도 가능하다. 다양한 수학적 방법을 사용하면 확률이 높든 낮든 계통수를 복원할 수 있다.

오늘날 상동 형질과 수렴/평행 형질을 구분하는 데 가장 많이 쓰이는 방법은 '분계학(cladistics, '가지'를 뜻하는 그리스어 'klados'에서 유래)'이다. 분계학은 독일의 곤충학자 빌리 헤니히(1913~1976)의 작업에서 기원했다. 그의 방법은 종을 '분계군(clade)'이라는 집단으로 분류한다. 분계군은 조상 유기체와 그 유기체의 모든 후손을 포함하는데, 분계군이 이들만으로 형성되면 단계통군(monophyletic group)이라 한다(Hennig, 1950). 단계통군들이 모여서 계통발생적 유연관계의 나무인 '분계도(cladogram)'를 형성한다. 그러한 분계도의 일례가 〈그림 3.1〉에서 제시된다. 현생 석형류, 즉 파충류와

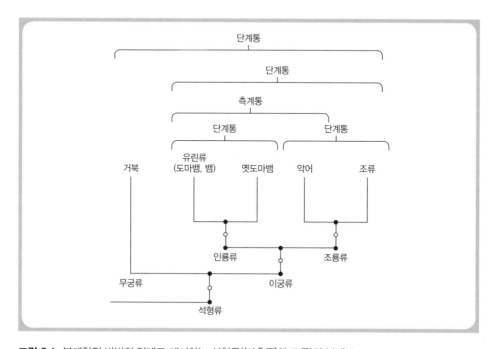

그림 3.1 분계학적 방법의 일례로 제시하는 석형류('파충류'와 조류)의 분계도.
자세한 설명은 본문 참조.

조류는 양서류를 닮은 '원시–석형류'를 공통 조상으로 공유하는데, 이 조상은 양서류를 닮았으되 나중에 포유류가 될 조상과는 이미 달랐다. 따라서 석형류는 단계통군을 형성한다고 여겨진다. 그러나 석형류 안에서, 전통적으로 '파충류'라 부르던 집단은 단계통군이 아니라 **측계통군**(paraphyletic group)에 해당한다. 악어는 다른 '파충류'인 유린류(도마뱀과 뱀), 옛도마뱀[뉴질랜드에 두 종이 살고 있는 옛도마뱀속(*Sphenodon*)], 거북보다 조류와 유연관계가 더 가까운데도, 파충류에는 '악어'까지만 포함되고 조류는 제외되기 때문이다. 조류와 악어는 '조룡'이라는 단계통군을 형성하며, 유린류와 옛도마뱀은 '인룡'이라는 단계통군을 형성하고, 단계통군으로 추정되는 '거북'은 현생하는 모든 수생거북, 육지거북, 자라로 구성된다. 최근 분석은 수생거북이 조룡의 자매군임을 시사한다.

분계도를 복원하기 위해서는 모두 다 현생 종에서 얻은 형태적·생리적·분자적–유전적 형질 및 데이터를 사용해, 다양한 수학적–통계적 방법을 수단으로 두 갈래로 가지를 치는 도식을 확립한다. 적어도 이상적으로라면, 이 도식에서는 각 계통이 더도 말고 오로지 두 갈래의 새로운 계통으로 갈라질 수 있다. 모든 분기점은 **파생형**(apomorphic)이라 불리는 새로운 형질이 최소한 하나 출현함을 상징하는데, 그동안 나머지 형질은 보유되거나, 두 가지 새로운 형질이 생겨난다면 둘 다 파생형이 된다. 이는 또한 새로운 형질(들)이 공통된 조상 형질에서 기원했다는 뜻이다. 이러한 분계도는 계통유연관계를 반영할 뿐 현생 종이 거쳐온 진화적 변화의 기간과 강도에 관해서는 아무 말도 하지 않는다. 그러나 일정한 기준 데이터를(예 : '중립' 유전자의 돌연변이율을 일종의 '분자시계'로) 사용하면, 분기한 시점을 추정해 그 결과를 '거리'로 표현할 수 있으므로 추정되는 계통발생의 연대기적 순서를 상당히 높은 확률로 결정할 수 있다.

그러나 형질의 진화적 변화에 관해 구할 수 있는 모든 정보를 쓴다 해도, 100% 확률의 단계통군만으로 구성된 분계도 단 한 장에 도달하는 것이 아니라, 결국은 서로 다른 확률의 분계도 몇 장 내지 여러 장에 도달한다. 이 경우는 흔히 '최대절약법(maximum parsimony principle)'을 적용해왔다. 가장 적은 수의 진화적 변화를 가정하는 계통수를 확인하는 이 절차는 단순한 해답이 복잡한 해답보다 더 그럴듯하다는, 비록 언제나 옳지는 않지만 합당한 가정을 기초로 한다. 가장 순조로운 경우는 '가장 짧은' 또는 가장 그럴 법한 나무를 하나만 찾지만 흔히 같은 확률의 나무가 여럿이거나 매우 많다. 나무들이 똑같이 그럴 법한 경우를 위해 가장 쓸 만한 나무를 선택하는 데 사용할 수 있는 다른 기준들이 있다. 최대절약법의 한 가지 주요한 문제는 불계적 유사성(아래 참조)의 수가 커 보인다는 것이다. 계통수를 복원하기 위한 절차로는 최대절약법 말고도 베이즈 통계학과 같은 다른 절차들이 존재한다.

신경계와 뇌의 진화를 복원하는 맥락에서 우리는 신경계와 뇌를 포함한 무른 조직은 화석화하지 않는다는 사실에 부닥친다. 그러나 다행히도 많은 척추동물의 경우, 신경계와 뇌의 크기와 표면은 두개강의 크기와 뇌 표면에 만들어진 인상화석을 통해 추정할 수 있다. 이는 해리 제리슨이 광범위하게 사용해온 방법이다(Jerison, 1973 참조). 뇌의 진화를 비교할 때에는 여러 종에서 발견되는 주어진 뉴런의 형질이 '원시적' 형질인지 아니면 '유래한' 형질인지, 다시 말해 조상으로부터 물려받은 '선조형(plesiomorphic)'인지 아니면 새로이 진화한 '파생형'인지 묻는 것이 결정적이다.

이 질문의 답을 결정하려면 잘 확립된 계통수에다 고려하는 형질을 대입해보아야 한다. 일례로, 좁은 의미의 포유류[진수류(Eutheria), 다른 말로 태반류(Placentalia), 제9장 참조] 전부는 아니지만 대부분에서 발견되는 여섯 층의 대뇌피질['신피질(neocortex)' 또는 더 정확하게 말하자면 '동종피질(isocortex)'이라 불리는 — 제10장과 제14장 참조]이 진수류 포유류의 마지막 공통 조상에게서 발견되는 선조형 형질인지, 아니면 독립적 진화의 산물인지 묻기로 하자. 전자의 경우라면, 식충류(고슴도치 등)나 고래류(고래, 돌고래, 참돌고래 등)처럼 본질적으로 피질이 다섯 층인 일부 포유류에게 이 형질이 없는 이유는 조상의 여섯 층이 (어떤 이유로든) 일부만 떨어져 나갔거나 단순화한 데 있을 것이 틀림없다. 그러나 식충류와 고래류에서 발견되는 다섯 층 피질이 원시-조상 조건에 해당하고, 여섯 층 피질은 나중에 기원했다고 가정할 수도 있다. 이 경우는 두 가지 가능성이 있다. 첫째는 여섯 층 피질을 나타내는 포유류 집단들이 공통의 조상을 가진 결과로 태반 포유류 안에서 단계통군을 형성한다는 것이다. 그러나 이것은 맞지 않는데, 고래류는 포유류에 들어가는 유제류(발굽이 있는 동물)에서 기원한다고 가정되지만, 식충류는 유제류나 고래류와 관계가 없는 것이 확실하고 조상 포유류의 조건을 닮은 것으로 여겨지기 때문이다. 그렇다면 두 번째 가능성은 여섯 층 피질의 단순화가 식충류와 고래류에서 독립적으로 일어났다고 가정하는 것이다.

하지만 여섯 층 피질은 더 근래에 진수류 포유류가 식충류를 닮은 기반 포유류에서 갈라져 나온 이후에 기원했고, 식충류에서 발견되는 여섯 층이 아닌 피질은 단순히 조상 조건에 해당했을 수도 있을 것이다. 이 질문에는 자매군 비교를 하면 답할 수 있다. 자매군이란 주어진 분류군과 유연관계가 가장 가까운 분류군이다. 진수류-태반 포유류의 경우, 자매군은 후수류[Metatheria, 다른 말로 유대류(Marsupialia), 즉 주머니가 있는 포유류]다. 이 동물들이 여섯 층 피질을 소유하므로(Wong and Kaas, 2009 참조), 진수류 및 후수류 포유류의 공통 조상이 이미 여섯 층 피질을 소유했으며, 식충류에서 발견되는 상황은 단순화가 원인이고 고래류에서는 독립적으로 일어났다고 가정하는 편이 더 경제적이다. 후수류가 진수류 포유류와 무관하게 여섯 층 피질을 발달시켰다는 가정은 덜 경제적으로 보인다. 그러나 이 결론에 더욱더 설득력을 부여하려면, 수류+진수류의 자매군인 원수류[Prototheria, 다른 말로 단공류(Monotremata), 즉 알을 낳는 포유류]를 볼 수 있다. 이 자매군도 여섯 층 피질을 보이므로, 이들이 그것을 독립적으로 발달시켰다고 가정하기보다는 모든 포유류(원수류, 후수류, 진수류)의 마지막 공통 조상이 이미 여섯 층 피질을 가지고 있었다고 가정하는 편이 매우 그럴 법하다.

이제 질문은 여섯 층 피질이 포유류보다도 더 오래되었는가, 그렇다면 육상 척추동물인 양서류, 석형류, 포유류의 '발명품'이었는가가 될 수 있을 것이다. 포유류와 석형류는 자매군이며, 양서류 내지 파충류를 닮은 서로 다른 조상에서 유래했다고 알려져 있다. 비교해보면, 석형류도 양서류도 여섯 층 피질을 가지고 있지 않다. 육상 척추동물을 넘어 이들과 유연관계가 가장 가깝고 어류를 닮은 척추동물인 폐어까지 살펴볼 수도 있을 것이다. 여기서 우리는 폐어 역시 여섯 층 피질을 가지고 있지 않고, 다른 모든 경골어류 및 연골어류도 마찬가지라는 사실을 발견한다. 따라서 우리는 여섯 층 피질이 원수류, 후수류, 진수류 포유류의 진화와 함께 생겨났다는, 그리고 식충류와 고래류에서 발견되는 층이 여섯 개 이하인 피질은 단순화에서 비롯되었을 가능성이 가장 높다는 결론에 도달한다.

이 예는 우리에게 형태와 기능의 유사성을 공통 조상에서 비롯되는 상동성으로 여겨야 하는가, 아니면 수렴진화에서 비롯되는 불계적 유사성으로 여겨야 하는가 하는 질문에 어떻게 답할지를 알려준다. 그러나 여기에는 단서가 있다. 우선, 놀랍도록 비슷하지만 발생하는 종이 무관해서 독립적 진화 또는 불계적 유사성의 결과라고, 예컨대 같거나 매우 비슷한 선택압의 결과라고 여겼던 구조와 기능들이 많이 있다(예 : 팔다리를 닮은 신체 부속지 또는 수정체 눈). 그러나 이 진화 과정의 바탕이 되는 것으로 보이는 조절유전자 또는 발생유전자 망(예 : '호메오 유전자') 안에서 '깊은 상동성'이 발견된 이후로 상동 형질과 불계적 유사 형질의 엄격한 대비는 약해져 왔다. 이러한 발생 프로그램을 돌리면 문어의 눈과 척추동물의 눈처럼 매우 비슷한 형태가 나올 수도 있고, 문어 및 척추동물의 수정체 눈과 절지동물의 복안(겹눈)처럼 '비슷하지 않은' 답이 나올 수도 있다. 어쨌든 우리는 그 결과로 이 '깊은' 발생유전적 프로그램이 전에 생각했던 것보다 훨씬 강하게 구조와 기능의 발달을 **협량화**한다고 가정한다. 그러나 유전적 발생의 기초가 같은 형질이라도 형태적으로는 불계적 유사 형질로 여겨질 것이다. 수렴진화의 빈도와 중요성 및 공통 호메오 유전자를 기초로 한 '깊은 상동성'의 역할은 진화생물학에서 '뜨거운 주제'가 되고 있으며(Wake et al., 2011) 뇌의 진화를 이해하는 데도 매우 중요하다.

3.5　이게 다 무슨 말일까?

이 책에서 우리는 신경계와 뇌의 진화 및 지능-인지 기능의 진화 사이의 관계를 살펴본다. 그러기 위해 나는 진화 관련 개념들의 현 상태를 간략하게 요약하고자 했다. 모든 생물에게 공통의 기원이 있다는 생각은 널리 인정되지만, 관찰되는 진화적 변화에 바탕이 되는 기제에 관해서는 다윈 이래로 논쟁이 계속되고 있다. 많은 '신다윈주의자'는 점진주의 개념을 제안해 작은 변화들('소진화')이 마침내 큰 변화('대진화')를 낳으며, 이 과정은 주로 자연선택 또는 '다윈의' 선택을 기초로 한다고 말한다. 다른 진화생물학자들은 자연선택 또는 '적자생존'의 원리는 유전자 부동과 더불어 다른 많은 요인 가운데 하나일 뿐이고 대부분 소진화에서 발견되는 반면, 대진화 과정은 주로 대멸종, 중립 진화, '협량화'와 같은 다른 요인들(특히 이 요인들이 유기체의 개체발생에 영향을 미칠 때)에 의해 지배된다고 주장한다. 이 책의 끝에서는 이 다양한 요인이 신경계와 뇌의 진화를, 그리고 결과적으로 인지 기능의 진화를 어느 정도나 결정해왔을지 보게 될 것이다.

　신경계와 뇌의 진화를 복원하려면 먼저 신경과 무관한 형질을 기초로 계통수를 탄탄히 해야, 그것을 써서 어떤 뉴런 또는 행동의 특성을 공통 조상에게서 비롯된 상동 형질로 여겨야 하는지, 아니면 독립적 진화의 결과로 여겨야 하는지 판정할 수 있다. 지금까지 배웠듯이, 그러한 추정을 하기 위한 비교적 믿을 만한 방법들이 있다. 그러나 독립적으로 또는 불계적으로 유사하게 진화한 듯한 비슷한 형질 이면에 '깊은 상동성'을 구성하는 발생유전자나 조절유전자가 있을 가능성은 언제나 있다. 애초에 복잡했던 구조가 이차적으로 단순화한 경우가 최소한 애초에 단순했던 구조가 복잡해진 경우만큼 흔할 가능성도 인정해야 한다.

| 제4장 |

마음은 생명과 함께 시작된다

주제어) 생기론 · 생물계 · 자기생산 · 자기유지 · 자기조직 · 생명의 기원

현대 신경생리학의 창시자 에밀 뒤 브와 레이몽(1818~1896)은 1880년 베를린에서 했던 유명한 연설에서, 의식이 어떻게 뇌에서 생겨날 수 있는가의 문제를 비롯해 '생명의 기원'을 포함하는 '세계 7대 불가사의'의 목록을 제시했다. 약 130년이 지난 지금까지도 우리는 생명이 정확히 어디에서 어떻게 기원하는지 알지 못하는 대신, 과학자들 대다수는 이 문제를 더 이상 '세계 불가사의'로 여기지 않고 끈질긴 연구를 통해 한 발짝씩 해결할 수 있고 해결될 문제라고 여기므로, 이 문제는 최소한 불가사의 한 매력을 잃었고, 이 일은 의식에 대해서도 일어날 수 있다.

4.1 생명이란 무엇인가?

옛날부터 사람들은 생명이란 무엇인가, 어떻게 기원했는가, 무생물과는 어떻게 구분할 수 있는가 하는 문제에 관해 많은 것을 생각하고 써왔다. 현대까지 가장 널리 인정된 시각은 프뉴마(*pneuma*), 아니마(*anima*), 스피리투스(*spiritus*) 따위로 불리는 특정한 원리나 힘에 의해 유기체가 생명을 얻게 되었다는 것이었다. 이 모든 단어는 '숨'

G. Roth, *The Long Evolution of Brains and Minds,* DOI: 10.1007/978-94-007-6259-6_4

ⓒ Springer Science+Business Media Dordrecht 2013

또는 '생명의 숨'을 뜻하다가 나중에 '영혼' 또는 '마음'이라는 의미를 얻었다. 아리스토텔레스가 생각한 유기체는 식물계, 동물계, 인간계의 순서로 올라가는 세 가지 '계(kingdom)'로 나뉘는 것을 볼 수 있다. 식물은 최하위의 생명에 해당해 영양을 섭취하고 번식하는 능력밖에 없다. 이 능력에 바탕이 되는 원리는 나중에 '식물혼(anima vegetativa)'이라 불렸다. 동물에게서는 이 밖에도 스스로 운동하고 지각할 능력이 보이는데, 이는 나중에 '동물혼(anima animalis)'이라 불렸다. 마지막으로 인간은 '이성혼(anima rationalis)'을 하나 더 가지고 있다. 따라서 인간은 다른 모든 유기체에게는 없는 어떤 것, 즉 이성과 통찰(ratio 또는 intellectus)을 가지고 있다.

이 프뉴마 또는 아니마의 개념과 관계가 있는 것이 현대의 **생기론**(vitalism)이다. 생기론의 옹호자들은 예나 지금이나 생명이 '생기(vis vitalis 또는 élan vital, 후자는 프랑스의 철학자 베르그송에 따름)'라 불리는 특정한 힘을 기초로 한다고 믿는다. 고대의 프뉴마 개념과 달리 이 힘은 알려진 물리화학적 원리를 넘어서 작용하고 자연법칙으로 설명되지 않는다고 믿어졌다. 20세기의 벽두에조차 독일의 한스 드리슈(1867~1941)와 같은 저명한 발생학자들이 ─ 아리스토텔레스에게 직접 의지해 ─ '엔텔레키(entelechy)'라 불리는 개념을 일종의 생명력으로 제안했다. 18세기와 19세기의 생기론과 밀접하게 연결되어 있는 것이 바로, 유기체에서 발견되어서 '유기화학'이라 불리는 화학 과정은 '무기화학'이라 불리는 '죽은' 물질의 화학과 근본적으로 다르다는 관념이었다. 그러나 1828년, 독일의 화학자 프리드리히 뵐러가 무기물인 시안화암모늄(NH_4CNO)에서 출발해 유기 화학물질인 소변의 구성성분 요소를 만들어냈다. 지금은 '뵐러 합성'이라 부르는 이 과정의 성공이 흔히 '자연철학'의 전환점으로 해석되어 왔다. 오늘날의 '유기화학'이라는 용어는 탄소 화합물의 화학을 나타낸다. 하지만 심지어 뵐러 이후에도, 유명한 루이 파스퇴르를 비롯한 많은 생물학자와 물리학자들이 생물은 과학적 설명의 범위를 초월하는 독특한 능력이나 힘으로 특징지어진다는 관점을 고수했다.

오늘날 최소한 과학자들 사이에서 일반적으로 인정되는 관점은, 생명은 무생물 성분의 매우 특정한 배열이나 '조직'에 의해 가능해진다는 것이다(Alberts et al., 2002). 주요 성분은 수소, 산소, 탄소, 질소, 황, 인을 비롯한 나트륨, 칼륨, 염소, 철, 요오드, 칼슘, 마그네슘이다. 이 물질들, 특히 수소와 탄소가 길게 연결된 구조물인 핵산, 단백질, 지방산, 탄수화물 등은 대개 매우 특수한 기능을 드러내고 특정한 방식으로 상호작용한다.

이 기존 생명의 화학 성분이 꼭 필요한가(즉 대안이 없는가) 아니면 다른 성분을 기초로 한 생명도 존재할 수 있는가 하는 문제는 아직도 판정이 나지 않았다. 수소와 산소의 대안으로 거론되어온 성분으로는 규소나 알루미늄을 들 수 있을 텐데, 둘은 지구상에 얼마든지 있고 구조 형성 능력도 비슷하지만, 그 밖의 화학적 성질들 때문에 지구 생명체에 견줄 만한 계를 구성하기에는 알맞지 않다. 생명의 대체 화학을 모르기 때문에, 화학적 조성을 기초로 생명을 만족스럽게 정의하기는 불가능하다. 지구상에 현재 존재하는 형태의 생명은 단 한 번 기원한 것으로 보이지만, 이 형태가 공존하던 다른 생명 형태들을 제거했을 가능성도 있다 — 혹은 그랬을 가능성이 높기까지 하다. 마찬가지로 지구 생명체와는 완전히 다른 형태의 생명체가 다른 행성에 존재할 가능성도 있다. 이 문제는 우리를 다른 접근법으로 이끌어서, 생명을 물질적으로 정의하는 대신 **형식적으로**, 즉 특정한 무생물 화학 성분의 특정한 상호작용 패턴으로 정의하게 한다. 기본적으로, 유기체는 **자기생산**하고 **자기유지**하는 계로 정의할 수 있다. 이는 자기생산과 자기유지가 생물을 공식적으로 정의하는 속성이라는 뜻이다(an der Heiden et al., 1984, 1985a, b).

자기생산은 생겨나는 일정한 질서 상태가 주로 계를 구성하는 성분들의 내적 상호작용을 통해 구현되고 외적 동인은 결정적 요인이 아니라는 뜻이다. 거의 예외 없이 유기체는 자신의 성분을 생산하고, 이 성분들이 '자기조직' 방식으로 조립되어 구현한 구조와 기능의 질서 덕분에 생명을 얻는다. 뿐만 아니라 다세포 유기체는 — 최소한 일정 기간 동안 — 이 질서를 끊임없이 수리하고 복구하는 능력을 지니고 있다가 마침내 분해된다. 예외적으로, 단세포 유기체는 자신에게 생명을 주는 질서를 완전히 수리할 수 있으므로, 잡아먹히거나 다른 경로로 파괴되지 않는 한 영원히 살 수 있다. 따라서 우리는 생물의 세 가지 중요한 속성이 자기 성분의 생산, 이 성분의 올바른 조립, 끊임없는 자기 질서 수리 및 자기 존재 유지라는 사실을 깨닫는다. 칠레의 생물학자 마투라나와 바렐라는 이 현상을 '자생(autopoiesis)'이라 불렀다(Maturana and Varela, 1980).

복잡한 질서 상태의 자기생산은 유기체의 전유물이 아니라, 무생물 자연에도 자기생산 현상에 가까운 많은 과정이 있지만, 유기체는 자기유지를 포함하는 특별한 경우의 자기생산을 개발한 것이다. 생물이 발생하기 이전에 질서 상태가 자기생산되는 방식을 이해하려면 **질서**라는 어려운 관념을 훨씬 더 자세히 다룰 필요가 있다.

4.2   질서, 자기생산, 자기유지

질서는 정적일 수도 있고 동적일 수도 있다. 물론 우리 우주 안에 절대적으로 정적인 것은 하나도 없다. 어떤 것은 빨리 변하고 어떤 것은 느리게 변할 뿐 모든 것이 변하지만, 최소한 거시물리 수준에서는 그 모두가 결국은 붕괴할 것이다. 우리 우주 안의 거시물리 수준에서는 단 한 존재, 즉 생물만이 이 보편적 붕괴를 견디는 듯하다. 약 36억 년 전에 기원하여 지구상의 모든 재난을 이기고 살아남은 생명이 지구 자체가 끝나기 전에 지구에서 완전히 사라질 기미는 전혀 없다. 종의 일부나 다수가 자취를 감추게 된다 해도―그리고 인간도 얼마든지 그 사이에 낄 수 있지만―세균이나 지렁이와 같은 다른 종들은 살아남을 것이다.

결정(crystal)과 달리, 유기체(organism)는 정적인 계가 아니라 매우 동적인 계다. 유기체는 존재하고 자신을 유지하는 동안 변화를 겪지만 이 변화는 자기유지와 양립할 필요가 있다. 더 정확히 말하자면 이 끊임없는 변화는 반드시 필요한데, 수리와 성장을 위해 물질과 에너지가 끊임없이 흘러야만 유기체가 다른 방법으로는 피할 수 없는 붕괴에 맞설 수 있기 때문이다. 이 기본 과정의 원리를 오스트리아 태생의 생물학자이자 '일반체계이론(General Systems Theory)'의 창시자인 루트비히 폰 베르탈란피(1901~1972)는 '유동평형'이라고 불렀다. 이 동적인 준정상(準定常)상태에서는 물질과 에너지가 끊임없이 계로 들어가고 반응 생성물이 계로부터 제거된다. 따라서 조성과 분해 사이에는 항상성(homeostasis)이라 불리는 평형이 존재하고, 이 연속적 수리는 언제나 상태를 원래대로 돌려야 하는 것이 아니라 사소한 변화를 허용함으로써 길게 보면 중요한 변화도 허용한다.

유기체는 자기생산과 자기유지를 하는 것으로 알려진 유일한 계인 반면, 자기생산을 하는 일부 무생물계도 최소한 일정 기간 동안은 자기유지의 징후를 보여준다. 이는 시공간 패턴을 나타내는 모든 동적인 물리화학적 계에서 찾아볼 수 있다. 이 패턴이 생기는 원인은 복잡한 화학 과정들이 일어나 서로에게 **순환적**으로 영향을 미침으로써 일정 시간 뒤에는 초기 상태로, 그러나 이전 초기 상태와 완전히 동일할 필요는 없는 상태로 돌아간다는 사실에 있다. 자기조직하는 화학적 계는 양성 되먹임 과정, 음성 되먹임 과정, 자가촉매 과정이 포함되어 있는 반응–확산 방정식으로 기술할 수 있다. 이 모두가 벨루소프–자보틴스키 반응(Belousov–Zhabotinsky reaction, BZR), 윈프리 진동자(Winfree oscillator), 레일레이–베나르 대류(Rayleigh–Bénard–convection)와 같은 종류의 비평형 과정에 속하지만, 구름 형성, 결정 성장, 촛불의 불꽃과 같은 잘 알려진 자연 현상들도 이 유형의 동적 계에 속한다.

전형적으로, 자기조직하는 무생물의 동적 질서 상태는 한동안 지나면 붕괴하는데, 동적 질서 상태가 빠르고 복잡할수록 열역학적으로 '있을 법하지 않은' 높은 질서 상태를 나타내기 때문에 더 쉽게 붕괴한다. 생물 역시 열역학적으로 '있을 법하지 않은' 높은 질서 상태를 나타내지만, 이미 언급했듯이 생물은 스스로에게 물질과 에너지를 공급할 뿐만 아니라 환경을 희생시켜 질서를 '도입'하기 때문에 질서를 오래도록 유지할 능력이 있다. 이는 보통, 계의 안에서 질서가 증가하면 계의 밖에서는 질서가 감소한다는 의미로 해석된다. 생물은 속임수처럼 보이는 이 능력으로 자율성, 즉 환경으로부터의 (상대적) 독립성을 확보하지만, 자기조직하는 무생물 독립체는 물질과 에너지 공급을 연속해서 보장할 수 없기 때문에 단기간 뒤 내부 질서가 붕괴한다는 의미에서 타율적이다.

이른바 '베나르 세포'는 바닥 층을 가열하면 따뜻해진 액체가 솟아올라 생기는 구조로서 밑에서 가열을 멈추자마자 사라진다. 이 계는 가열이라는 외부 요인에 결정적으로 의존하기 때문에 타율적이다. 비선형 화학 진동자의 예인 벨루소프–자보틴스키 반응이나 윈프리 진동자의 경우도 마찬가지다. BZR은 칼륨 브롬산과 말론산이 충분히 있는 동안에만 색깔이 왔다 갔다 하므로, 두 물질은 밖에서 다시 채워주어야 한다. 촛불은 초를 심지와 밀랍과 함께 써버리는 동안에만 타오른다. 베나르 세포는 그것이 결정적으로 의존하는 가열을 제어하지 않고, BZR은 칼륨 브롬산과 말론산을 (또한 필요한 다른 물질도) 자급하지 않고, 촛불은 심지를 생산하고 밀랍을 자급하지 않는다는 점이 중요하다. 만일 그렇게 한다면 이 현상들도 우리가 생물이라고 정의한 자기조직하고 자기유지하는 계, 곧 '자생하는' 계에 접근할 것이다.

그러한 '자생하는' 계의 중요한 특징은 계의 성분들이 상호작용하는 동안 변화를 겪을 것이고, 그렇게 해서 '철저하게 새로운' 계의 속성이 '창발'할 수도 있으리라는 점이다(제2장). 이는 흔히 '전체'로서의 계가 성분들에게 미치는 '하향 효과'로 잘못 해석되어왔다(Deacon, 2011). 그러나 이 해석은 오해를 낳기 쉬운데, '전체로서의 계'는 단일 성분들이 상호작용할 때 하는 일 이상은 아무것도 할 수 없기 때문이다. 복잡계 안에서 성분들이 상호작용한 결과로 성분들이 변할 수 있는 현상은 신경계와 뇌 관점에서는 가소성의 맥락에서 각별히 중요하다.

비판적인 사람은 유기체도 완전히 자율적인 것은 아니라고 이의를 제기할 것이다. 유기체 가운데 다수는 직접적으로든 간접적으로든 햇빛의 에너지에 의존하므로 태양이 한동안 비치지 않으면 죽을 것이고, 이 일이 햇빛에 직접 의존하는 유기체인 광독립영양 단세포 유기체와 식물에게 일어나면, 그 결과로 모든 종속영양 유기체, 즉 광독립영양 유기체를 먹고 사는 동물과 균류를 비롯해 이 종속영양 유기체를 먹고 사는 동물과 균류에게도 같은 일이 일어날 것이다. 햇빛과 무관하게 존재하면서 다른 에너지원(대개 황화수소와 같은 고에너지 화합물)을 이용하는 유기체도 있지만, 이들도 전적으로 이 에너지원에 의존하기는 마찬가지다. 생물은 외부에서 에너지를 공급받지 않고 스스로 필요한 에너지를 생성해 작동할 수 있는 공상 속의 **영구운동** 기관이 아니라, 환경 안의 에너지원을 이용한다. 생물과 위에 언급한 물리적으로나 화학적으로 자기생산하고 자기조직하는 계의 결정적 차이는, 전자는 자신이 존재하는 데 필요한 에너지와 물질의 공급을 **적극적으로** 관리하는데, 후자의 경우는 그것을 또 다른 동인(대부분의 경우, 인간)이 전달해야 한다는 사실에 있다.

가장 유리한 경우는 눈앞의 환경에 에너지와 물질이 풍부해서 유기체가 둘 다를 끌어들이기만 하면 된다. 물질이 필요한 경우는 외부(고농도)와 내부(저농도) 사이에 **농도 기울기**가 있어야 이 기울기를 따라 물질이 막을 통과하여 유기체 안으로 들어간다. 그러나 이롭지 않거나 심지어 해로운 물질도 있을지 모른다. 그러므로 유기체에게는, 어떤 물질은 통과할 수 있고 어떤 물질은 그럴 수 없다는 의미에서 일정한 물질에 대해 **선택적인 막**이 필요하다.

그러나 흔히, 필요한 물질은 언제나 눈앞의 환경에 존재하는 것이 아니라 어느 정도 떨어져서 발견되며, 이는 유기체가 물질을 향해 움직여야 하거나 그것을 근처로 가지고 오는 메커니즘을 가지고 있어야 한다는 뜻이다. 하지만 **무릉도원**, '젖과 꿀이 흐르는 땅'에서의 삶에 상당히 가까운 삶을 살아가는 유기체도 있다. 예컨대 식물은 공기에서 이산화탄소를 추출하고 흙에서 물을 추출한 다음 광합성 과정에서 햇빛을 사용해 이산화탄소와 물로부터 포도당과 대사에너지를 생산한다. 식물은 빛에 따라 낮밤 주기로 굴광성과 굴지성을 나타낸다. 즉 빛 또는 중력이 이끄는 대로 몸 전체나 일부의 방향을 태양을 향해(잎의 경우) 돌리거나 땅속을 향해(뿌리의 경우) 돌린다. 또 다른 예는 촌충처럼 숙주의 대사에 '붙어 사는' 이른바 체내 기생충이다. 앞으로 보겠지만, 이 체내 기생충은 모두 다 신경계와 감각기관이 매우 단순하다. 먹이가 직접 자기에게로 오기 때문이지만, 아무리 쉽게 에너지와 물질이 공급되어도 약간의 기본적 정보처리 및 교신 기제는 필요하다.

4.3 생명, 에너지 획득, 대사

동적 비선형계인 생명체는 물질과 에너지를 끊임없이 들여오고, 처리하고, 내보내는 대사(metabolism)에 의존한다(Alberts et al., 2002). 대사에는 한편으로 고에너지 물질을 분해해 에너지를 얻는 '이화(異化, catabolic)' 대사가 있고, 다른 한편으로 단백질과 핵산 등 수리와 성장에 필요한 세포의 구성요소를 조립하는 '동화(同化, anabolic)' 대사가 있다. 이화작용의 가장 초기 형태는 **화학영양(chemotrophism)**이다. 여기서 에너지원은 황화수소, 제1철, 암모니아와 같은 고에너지 무기화합물이다. 이 화합물이 '깨어져', 즉 산화되어 방출한 에너지를 특정한 기제가 건네받는다. 중요한 것은 전자와 양성자(H^+)를 얻는 것이다. 유기체 안에서 공통된 에너지 수용체와 에너지 운반체는 보통 뉴클레오시드 인산인데, 이들이 전자와 양성자를 지체 없이 받아들이고 방출하기 때문이다. 예컨대 아데노신과 구아노신의 인산에는 삼인산(ATP, GTP), 이인산(ADP, GDP), 일인산(AMP, GMP)이 있는데, 고에너지 형태인 삼인산이 이인산으로, 그리고 마침내 일인산으로 분해될 때 방출하는 에너지를 세포 구조를 조립하는 데 사용할 수 있다. 따라서 ATP와 GTP뿐만 아니라 ADP와 GDP도 매우 좋은 에너지 운반체이고, NADH로 환원될 수 있는 NAD^+(니코틴아미드-아데닌 디뉴클레오티드)도 마찬가지다.

대부분의 유기체는 햇빛이 주된 에너지 공급자다. 식물은 '빛을 이용한 영양공급'이

라는 의미로 광영양(phototropism)이라 불리는 과정에서 물 분자(H_2O)를 깨뜨리기(산
화시키기) 위해 광에너지를 사용한다. 이는 매우 교묘한 과정이다. 최초로 광영양을
사용한 유기체는 아마도 시아노박테리아('남세균')였을 텐데, 이는 생물학적 진화에 엄
청난 결과를 가져온 사건이었다. 첫째, 햇빛은 사실상 무한한 에너지원에 해당하고,
둘째, 광영양의 핵심인 광합성 과정에서 이산화탄소와 수소가 포도당으로 전환되는 동
안 '폐기물'로 산소(O_2)가 방출된다. 산소는 그런 다음 질소와 함께 우리 대기의 주성
분이 되고, 식물과 인간을 포함한 동물은 이 대기가 없으면 살 수 없다.

포도당과 산소는 둘 다 매우 정교한 방법으로 사용된다. 먼저 포도당은 에너지
를 저장하고 공급하는 역할로 필요하다. 필요할 때 포도당 분자를 피루브산으로 분
해하면 포도당 분자에 저장되어 있던 에너지가 방출되며, 이 과정을 해당(解糖)작용
(glycolysis)이라 한다. 방출된 자유에너지는 고에너지 화합물인 ATP와 NAD를 형성하
는 데 사용된다. 해당작용에서는 포도당 분자 하나당 ATP 두 분자가 나오는데, 이는
산소 대기 없이 사는 모든 유기체에게 전형적인, 다소 야박한 에너지 예산이다. 이른바
산화적 대사(oxidative metabolism, 시트르산 회로 더하기 산화적 인산화)에서는 포도
당 분자 하나당 — 물과 이산화탄소 말고도 — ATP 분자가 36개나 나오므로, 해당작용
에 비하면 에너지 이득이 엄청나다. 따라서 시아노박테리아의 활동을 통해 산소를 구
할 수 있게 되자마자, 다른 단세포 및 다세포 유기체들은 에너지를 얻고 저장하는 훨
씬 더 나은 방법을 가지게 되었다.

4.4 최초 생명의 기원

생명의 기원에 관해 전문가들끼리 완전하게 합의한 적은 없지만, 지금은 지구가 생겨
난 지 대략 10억 년 뒤였을 약 36억 년 전에 지구상에 생명이 기원했다고 인정된다. 또
한 대부분의 전문가는 메탄, 암모니아, 물, 황화수소, 일산화탄소, 이산화탄소와 같은
단순한 분자들이 반응해 아미노산이나 뉴클레오티드와 같은, 유기 단량체라 불리는
작은 화합물이 합성됨으로써 지구상에서 생명이 다소 느린 속도로 생겨났다고 믿는
다. 아미노산과 뉴클레오티드는 다음 차례로 자기들끼리 뭉쳐서 펩티드나 핵산(RNA
와 DNA)처럼 기다란 끈 모양의 분자가 되는 경향이 있다. 그 모두가 정확히 어떻게

일어났는가는 논쟁이 된다. 일부 전문가는 유기 단량체가 어떤 조건에서였는지는 아직 모르지만 지구상에서 형성되었다고 믿는 반면, 다른 일부는 유기 단량체나 심지어 단순한 형태의 생명체가 우주로부터 우리에게로 왔다고 믿지만(아래 참조), 이 생각도 생명의 기원 문제를 우주 안의 다른 장소로 이동시킬 뿐이다.

찰스 다윈은 이미 '존재하는 온갖 종류의 암모니아와 인산염, 빛, 열, 전기 등이 화학적으로 단백질 화합물을 형성한 다음 더욱더 복잡한 변화만을 기다리고 있는 따뜻하고 작은 연못'에서 생명이 기원했으리라는 의견을 비쳤다. 오래도록 우위를 차지하고 있는 유사한 관점이 바로 지구상의 원시 대기에 암모니아, 메탄, 수소가 풍부했다는 관점이다. 1953년, 헤럴드 유리 교수와 그의 학생이었던 스탠리 밀러가 유명한 실험을 실시했다. 그들은 수소, 메탄, 암모니아, 수증기로 구성한 '원시 수프'에서 출발해, 전기 스파크를 가해서 뇌우가 번쩍이는 상황을 모방했다. 마침내 그들은 포름알데히드, 시안화수소산, 아미노산, 긴 사슬 형태의 탄수화물과 같은 유기화합물들을 발견했다. 뿐만 아니라 단량체들이 중합되어 긴 분자 사슬을 형성하는 모습도 보일 수 있었고, 복잡한 생물학적 구조들이 유리한 에너지 조건에서 자발적으로, 자기조직 방식으로 형성될 수 있다는 사실도 입증했다. 이렇게 해서 아미노산으로부터 짧은 단백질이, 뉴클레오티드로부터 RNA와 DNA 가닥이, 적당한 길이의 인지질로부터 인지질 막의 이중층이 생겨날 수 있다. 그러한 구조는 세포막으로서 유기체가 더 진화하는 데 대단히 중요했다. 그러나 밀러-유리 실험에서 가정한 대로 고에너지 조건이 지구상에 존재하기는 했는지, 또는 유기 단량체가 정말로 형성되어서 더 긴 분자 사슬을 낳고 마침내 매우 복잡한 구조와 기능을 낳았는지는 논쟁이 된다.

마이클 J. 러셀이 내놓은 다른 가설은 고에너지 및 고온 조건 또는 자외선 방사에 의존하지 않고, 심해에 있는 이른바 열수분출공 가까이에서, 즉 지하에서 수소가 풍부한 물줄기가 분출되어 이산화탄소가 풍부한 바닷물과 만나는 곳에서 생명이 기원했을 거라고 제안한다(Russell and Hall, 1997). 독일의 화학자 귄터 베히터스호이저(Wächtershäuser, 1988, 2000)가 제안한 또 다른 대안은 '철황 세계(iron-sulfur world)'에서 금속 또는 광물 화합물이 에너지를 공급하여 자발적으로 형성된 거대분자들이 마침내 자기복제를 이루었다는 발상을 기초로 한다.

어떤 경우든, 지구상에 생물이 생겨나려면 먼저 핵산(RNA, DNA)이 서로를 복제해야 했고 아미노산과 단백질이 합성되기 위한 기제가 있어야 했다. 그러나 여기에는 경쟁하는 두 가지 개념이 있다. 첫 번째 개념은 생명이 RNA 또는 유사 RNA 분자에서 시작되었다고, 이유는 RNA 분자 특유의 구조가 정보를 저장하고 자기를 복제할 능력을 둘 다 가지고 있기 때문이라고 말한다. 그러한 'RNA 세계'에는 DNA도 단백질도 존재하지 않았다. 특정한 조건, 예컨대 미소구체(microsphere, 아래 참조) 안쪽 또는 점토 표면에서 리보자임(ribozyme)이 생겨나 스스로의 반응을 촉진하는 촉매가 될 수 있었다. 여기에서 문제는 RNA의 네 가지 뉴클레오티드가 어떻게 존재하게 되었는지를 설명하는 것이다. RNA 뉴클레오티드를 구성하는 염기인 아데닌, 구아닌, 시토신, 우라실 가운데 나중의 두 염기가 생물 이전의 조건에서 어떻게 생겨날 수 있었을지는 여전히 불분명하기 때문이다. 가정에 따르면, 이 자기복제하는 RNA가 나중에 효소로 작용할 수 있는 단백질을 만나서 리보자임보다 더 효율적으로 RNA를 합성할 수 있게 되었다. 그러한 RNA-단백질 조합에서 마침내 단백질을 생산하는 자리인 리보솜이 생겨났다. RNA와 단백질의 상호작용은 독일의 화학자이자 노벨상 수상자 만프레트 아이겐과 그의 오스트리아인 동료 페터 슈스터의 '초주기(hypercycle)' 이론을 구성하는 중심 요소다(Eigen and Schuster, 1979). 나중에 진핵생물과 일부 원핵생물에서 RNA의 일부가 두 가닥이라 화학적으로 더 안정한 DNA로 교체되었다. 한 가닥인 RNA는 전령RNA와 운반RNA로서 아직도 존재한다.

다른 개념은 '대사 먼저'의 가설, 즉 생물 이전 세계에는 RNA도 DNA도 없었다는 발상에서 출발한다. 소련의 생화학자 알렉산더 오파린과 미국의 생화학자 시드니 폭스가 전개한 기본 발상은 '코아세르베이트(coacervate)' 또는 '미소구체'가 자발적으로 형성된다는 것이다. 코아세르베이트와 미소구체는 일종의 막이 단순한 대사를 에워싸고 있는 작은 공으로 생각된다. 이 작은 공이 일정 크기에 도달한 뒤 분할되어 새로 생긴 각 부분이 나름대로 대사를 할 수 있었다. 가정에 따르면, 나중에서야 RNA와 DNA가 형성되어 유전 정보를 전달하기가 훨씬 더 쉬워졌다.

현재 지지자가 많이 보이는 또 다른 이론은 생명의 무기물 성분도 생명 자체도 지구상에서 생겨난 것이 아니라 먼 우주나 화성으로부터 운석에 실려 왔다는 발상에서 출발한다. 생명이나 최소한 생물 이전 상태가 외계에서 기원했다는 개념은 우주에 유기성분이 흔하고, 특히 우리 태양계의 바깥 부분에서는 그러한 성분이 햇빛의 온기에 의해 즉시 파괴되지 않는다는 사실에 의해 힘을 얻는다.

4.5 단순한 생명체로의 발전

지구상의 유기체는 세균, 고세균(둘을 합치면 원핵생물), 진핵생물이라는 세 개의 큰
역(域, domain)으로 나뉜다(그림 4.1). 구할 수 있는 모든 증거는 우리에게, 최초의 생
명이 어디에서 어떻게 생겨났든, 이 세 가지 기본 형태의 생명이 공통의 기원을 가지
고 있다고 말해준다. 최초로 화석화한 유기체인 원핵생물은 역사가 최소한 35억 년은
되었다. 원핵생물은 막으로 둘러싸인 세포핵도 없고, 역시 막으로 둘러싸인 (광합성에
필요한) 엽록체나 (에너지 대사에 필요한) 미토콘드리아와 같은 세포소기관도 없다.
이러한 유기체에서는 광합성이나 산화적 인산화와 같은 대사 과정이 세포막에서 직접
일어난다.

원핵생물의 대사는 굉장히 다양하다. 원핵생물은 에너지를 얻는 방법으로 진핵생물
이 전형적으로 이용하는 광합성과 유기화합물의 분해 말고도, 무기화합물을 이용할
수 있다. 그래서 남극의 눈, 온천, 심해의 열수분출공처럼 진핵생물이 생존할 수 없는
소생활권에서도 살 수 있다.

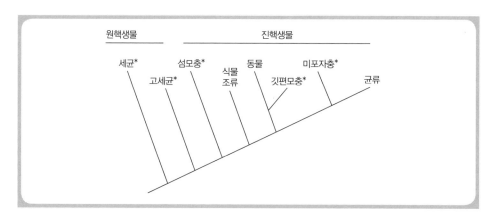

그림 4.1 가상의 '생명의 나무.'
모든 유기체가 세포핵이 없는 단세포 유기체인 원핵생물과 핵을 지닌 진핵생물로 나뉘며, 진핵생물은 단
세포 유기체(별표로 표시)일 수도 있고 다세포 유기체(균류, 식물, 동물)일 수도 있다.

　진핵생물은 아마도 내부공생에 의해, 즉 몇몇 원핵생물 개체가 융합함으로써 기원했을 것이다(Margulis, 1970). 진핵생물은 최소한 17억 년 동안 존재했고, 어쩌면 30억 년 동안 존재했을지도 모른다. 생명의 세 역―세균, 고세균, 진핵생물―사이의 계통 유연관계는 불분명하다. 생명의 기초에 해당하는 것이 세균이냐 아니면 고세균이냐도 논쟁이 된다. 전문가 대부분이 지금 인정하는 관점은 세균(약 9,000종이 기술돼 있지만, 실제로는 훨씬 더 많은)이 먼저 기원했고 거기서 고세균(약 260종이 기술돼 있는)과 단세포 진핵생물(원생동물)이 생겨났고, 그런 다음 원생동물이 기타 원생동물, 균류, 식물, 동물이라는 큰 역(계)으로 갈라졌다는 것이다(그림 4.1).

　진핵생물의 핵심적인 혁신은 막으로 덮인 세포소기관(특히 세포핵, 미토콘드리아, 소포체, 골지체, 그리고 식물에서는 엽록체)을 가지게 된 것이다. 진핵생물이 세포분열[유사분열(有絲分裂), mitosis]할 때에는 모든 염색체 쌍(한 벌은 아비 유기체로부터 받고, 한 벌은 어미 유기체로부터 받은)이 복제된 다음 쌍을 이룬 염색체 두 벌이 분리된다. 배우자(생식세포), 즉 정자와 난자 세포를 생산하기 위한 특수한 유형의 세포분열인 감수분열(減數分裂, meiosis)에서는 염색체 안의 유전자들이 다시 조합되어 다른 조합의 유전자가 들어 있는 배우자를 생산하게 된다. 유전자 돌연변이뿐만 아니라 감수분열 도중의 이 유전자 재조합도 진화의 중요한 기초에 들어간다.

　다세포 유기체는 세균(예 : 시아노박테리아)과 원생동물 가운데에서 독립적으로 여러 번 나타났다고 가정된다(Rokas, 2008). 제6장에서 설명하겠지만, 깃편모충을 기점으로 후생동물이 진화해 해면동물, '강장동물', 좌우대칭동물이 생겨났다고 믿어진다.

4.6   이게 다 무슨 말일까?

고대에서 현대에 이르기까지 철학자들 대부분은 유기체와 같이 매우 질서 있고 복잡한 존재가 창조주나 그에 상당하는 신비한 힘(생기력) 없이 생겨날 수 있다고는 상상도 할 수 없었다. 그러나 일부 철학자는 이미 어떤 유리한 조건에서는 질서가 자발적으로 형성될 수 있다는 생각을 가지고 있었다. 칸트의 판단력 비판에는 유기체란 '자기 조직하는' 계라는 유명한 말이 들어 있다. 오늘날 우리는 생물 발생 이전의 것이든 생물의 것이든 구조가 생겨나는 데 바탕이 되는 물리적 원리들을 명명하고 연구할 수 있다. 그 모두가 매우 복잡해서 많은 세부사항은 아직까지 이해하지 못하지만, 에밀 뒤 브와 레이몽이 '세계 불가사의'라 부른 진정한 수수께끼는 하나도 없다.

　나는 유기체를 자기생산하고 자기유지하는, 다시 말해 '자생하는' 계로 특징지었다. 질서 있는 상태나 과정이 자발적으로 일어나는 사례는 자가촉매 과정, 진동하는 화학 계, 불꽃처럼 생물과 무관한 자연에서도 이미 발견되고, 유기체는 이에 더해 물질과 에 너지의 능동적 공급과 끊임없는 자기 구조 수리를 기초로 하는 자기유지 능력이 있을 뿐이다. 연속적 수리는 최소한 한동안 작동하는데, 그것이 우리 자신의 생식세포를 포 함해 현존하는 모든 단세포 유기체에서 세포분열과 결합했을 때는 이 일이 이미 수십 억 년 동안 지속된 다음이었다.

　자기생산하고 자기유지하는 계로서 유기체가 지닌 가장 중요한 특징들 중 하나는 계의 성분들이 상호작용하는 동안 변화를 겪으면 결국 상호작용의 패턴이 변하고 이 와 함께 전체로서의 계가 지닌 속성들의 패턴도 변할 것이라는 점이다. 이러한 가소성 이 모든 성분에서 같을 필요는 없다. 다시 말해, 기초대사에 중요한 성분과 같은 많은 성분은 비교적 일정하게 유지되는 반면, 근육이나 무엇보다도 뉴런과 같은 성분은 매 우 쉽게 바뀔 수 있다(제5장). 성분 중 최소한 일부의 가소성은 계의 '창발적 속성'의 주된 공급원 가운데 하나다. 그러나 그러한 과정에 신비한 것은 전혀 없으며, '계는 속 성들의 합 이상이다'라는 많이 인용되는 말은 핵산과 단백질 같은 계의 성분들이 **분리 되어 있을** 때에는 드러나지 않는 어떤 속성들이 다른 성분들과 상호작용하는 동안에만 떠오른다는, 거의 자명하지만 동시에 중요한 사실을 다루고 있다.

　오늘까지도, 생명은 지구상에 어떻게 존재하게 되었는가, 또는 필요한 화합물의 최 소한 일부는 우주로부터 도착했는가에 대해 보편적으로 인정되는 관점은 없다. 마찬 가지로, 생명이 현재의 지구상에 존재하는 형태로만 존재할 수 있는지, 아니면 자기생 산과 자기유지의 원리를 구현하는 물리화학적 대안이 있는지도 불분명하다. 물질과 에너지를 끊임없이 공급하는 능력 말고도, 정보를 수집하고 처리해 행동으로 변환하 는 능력도 필수 전제조건이다. 어떤 유기체도 감각 기제를 가지고 행동의 길잡이로 사 용할 최소한의 감각 정보를 처리하지 않고는 존재할 수 없다. 이것이 바로 내가 마음 이 생명과 함께 시작되었다고 말할 때 전하려는 의미다.

제5장

뉴런의 언어

주제어 신경세포의 구조 · 막 흥분성 · 이온통로 · 뉴런의 전송 · 시냅스 · 활동전위 · 뉴런의 정보처리

앞장에서 논의했듯이, 생명은 에너지와 물질의 연속 공급을 기초로 한다. 이 연속 공급을 보장하고 기타 생존에 필요한 기능을 유지하려면, 유기체는 환경에 관한 정보를 수집하고 처리해 적당한 행동으로 바꿔야 한다. 그러나 '정보'란 널리 사용되지만 명확히 정의되지 않는 관념이다. '정보'의 엄격한 정의는 기록, 전송, 저장되는 일련의 정돈된 기호라는 전문적 의미로만 존재한다. 정보 이론의 '창시자' 섀넌과 위버 (Shannon and Weaver, 1949)가 이미 말했듯이, 이 일련의 신호는 본래 의미가 없거나 임의의 의미를 가질 수 있다.

문제는 심리학은 물론 생명과학과 신경과학에서도 '정보'의 관념을 의미 있는 신호로 이해하는데, 동시에 일반적으로 인정되는 의미로서의 정보의 이론은 없다는 점이다. 이 책에서 나는 정보 내용, 다시 말해 (몸을 포함한) 환경에서 오는 신호(또는 일련의 신호)에 들어 있는 의미란 신경계에 영향을 미쳐 일정한 내부 상태를 유발한 결과로 조만간 일정한 행동을 낳는 그 정보 내용의 효과라는 의미로 '정보'의 조작적 정의를 사용할 것이다. 신호는 신경계의 다른 부분(예 : 기억이나 변연계)에서 올 수도 있을 것이다. 더 정확히 말하자면, 의미는 들어오는 신호와 현재의 인지 및/또는 정서 상태의 상

G. Roth, *The Long Evolution of Brains and Minds*, DOI: 10.1007/978-94-007-6259-6_5,
© Springer Science+Business Media Dordrecht 2013

호작용을 통해, 대개 인지적 또는 정서적 평가 과정을 통해 신경계 또는 뇌에 의해 지어진 다음, 현 상태를 변형시킨다. 그 결과로 도달한 의미 있는 상태는 의식을 동반할 수도 있지만 그럴 필요는 없고, 의식의 상태는 행동에 영향을 미치는 한에서만 의미가 있다. 환경이나 몸, 신경계의 다른 부분에서 오는 신호가 내부 상태와 행동에 그러한 변화를 유발하지 않는다면, 그 신호는 정보가 들어 있지 않은 것이므로 무의미하다. 이러한 조작적 정의는 결코 '정보' 및 '의미'와 관련된 현상의 전체 스펙트럼을 포괄하지 못하는 것은 분명하지만, 현재의 맥락을 위해서는 충분할 것이다.

5.1 신경세포의 구조

환경에 관한 정보를 수집하고 처리한 다음 이 과정의 결과를 행동으로 변환하는 일은 신경계와 뇌의 소관이다. 신경계와 뇌는 크게 신경세포(nerve cell)와 신경교세포(glial cell)라는 두 가지 유형의 세포로 지어져 있다(Zimmermann, 2013). 신경교세포는 신경세포에 영양소와 산소를 공급하기도 하고, 신경세포와 신경세포 사이를 절연하기도 하고, 해로운 물질을 파괴하기도 하고, 죽은 뉴런을 제거하기도 하는 등 기능이 상당히 다양하다. 정확히 어떤 역할을 하는지 완전히 이해된 것은 아니지만, 신경교세포는 신경전달에도 참여한다(Götz, 2013).

신경세포 또는 뉴런(neuron)이란 감각, 변연계, 인지, 운동 관련 기능을 하거나 분비선을 활성화하는 맥락에서 신호를 처리하고 전송하는 세포다. 대개 망을 형성한다. 형태는 다소 다양하지만 대부분 기본 구조가 있는데, 포유류의 대뇌피질에서 발견되는 피라미드세포(pyramidal cell)를 보여주는 〈그림 5.1〉에서 이를 예시한다. 세포체(soma)에 수상돌기(dendrite)와 축삭(axon)이라 불리는 부속물이 달려 있다. 대개 나무처럼 여러 갈래로 가지를 치는 구조인 수상돌기는 신호를 받아 세포체로 운반한다. 그러나 이는 척추동물의 신경세포에만 해당되는데, 무척추동물에서는 세포체가 신호 처리에 참여하지 않기 때문이다. 축삭이란 소속된 신경세포에서 다른 신경세포나 효과기(분비선, 근육 등)로 신호를 나르는 가느다란 돌기다. 축삭이 출발하는 자리를 축삭소구(axon hillock)라 한다. 축삭은 짧을 수도 있고($2 \sim 3 \mu m$) 길 수도 있으며(큰 동물의 경우 수 미터), 나뉘어 축삭곁가지(axon collateral)를 낼 수도 있지만 끝에 가서는 다른 신경세포의 수상돌기, 세포체나 축삭과 접촉한다. 뉴런이 얼마간 떨어져 있는 다른 뉴런으로 (대부분 긴 편인) 축삭을 '투사한다'고 말하고, 이 뉴런을 **투사뉴런(projection neuron)**이라 부른다. 어떤 뉴런은 축삭이 아예 없지만, 어떤 뉴런은 축삭이 하나 이상이다. 그러한 곁가지들은 목적지가 서로 다를 것이므로 한 뉴런의 축삭이 다른 많은 세포로 투사될 수 있다. 축삭이 짧아서 뉴런 곁을 떠나지 않거나 축삭이 아예 없는 뉴런은 **개재뉴런(interneuron)**이라 한다. 신경세포는 유형이나 기능별로 집합체를 형성해서 눈으로 구분할 수 있는 경우가 많다. 이 세포 집합체가 무척추동물 안에 있을 때(어떤 경우는 척추동물 안에 있을 때에도) '신경절(ganglia, 단수는 ganglion)'이라 부르고, 척추동물의 뇌 안에 있을 경우는 '핵(nuclei, 단수는 nucleus)'이라 부른다. 핵과 신경절은 세포들의 축삭 다발을 통해 대개 연결되어 있는데, 흔히 쌍방으로 연결되어 있어서, 즉 핵 A가 핵 B로 축삭을 투사하고 핵 B도 핵 A로 축삭을 투사하므로 서로에게 쌍방으로 영향을 미친다. 대부분의 경우 한 핵이 몇몇 또는 다수의 다른 핵으로 연결되어 연결 패턴을 복잡하게 만든다.

신경세포는 〈그림 5.1〉에서 보듯이, **시냅스(synapse)**를 통해 서로와 접촉한다. 시냅스는 시냅스이전(presynaptic) 부분과 시냅스이후(postsynaptic) 부분으로 이루어진다. 시냅스는 축삭과 수상돌기 사이, 축삭과 세포체 사이, 축삭과 다른 축삭 사이에서 일어나고, 수상돌기들 사이에서도 일어날 수 있다. 시냅스에는 전기적 시냅스와 화학적 시냅스, 두 유형이 있다. 전기적 시냅스에서는 시냅스이전 세포막과 시냅스이후 세포막이 매우 가까이 붙어 있고 통로, 즉 **간극결합(gap junction)**에 의해 연결되어 있어서, 이를 통해 전류가 통과해 시냅스이후 세포에서 전압 변화를 유발할 수 있다. 이 일은 거의 지연 없이 일어날 수 있지만, 그러한 신호 전송을 조절하는 기제는 두세 가지밖에 없다. 화학적 시냅스에서는 시냅스이전 구간과 시냅스이후 구간이 폭 $1\mu m$ 미만의 작은 세포외 공간인 **시냅스틈새(synaptic cleft)**에 의해 분리된다. 시냅스이전 부분에 들어있던 **신경전달물질(neurotransmitter)**이라 불리는 화학적 신호 전송 물질이 틈새로 방출된 다음 시냅스이후 부분의 막에 위치한 수용체와 결합한다. 이 신경전달물질과 수용체의 결합은 직접적일 수도 있고 간접적일 수도 있는데, 다양한 방식으로 시냅스이후 세포에 영향을 미친다.

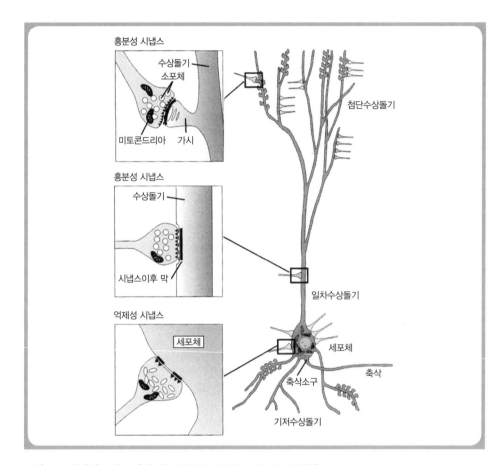

그림 5.1 신경세포, 즉 포유류 대뇌피질의 피라미드세포를 이상화한 구조.
첨단수상돌기(apical dendrite)와 기저수상돌기(basal dendrite)는 다른 신경세포로부터 활동을 수집하는
역할을 하고, 축삭은 다른 신경세포로 활동을 전달하는 역할을 한다. 왼쪽에는 세 가지 유형의 시냅스가
보인다. 위는 '수상돌기가시(dendritic spine)'와 접촉하고 있는 흥분성 시냅스(가시 시냅스), 중간은 일차
수상돌기와 접촉하고 있는 흥분성 시냅스, 아래는 세포체와 접촉하고 있는 억제성 시냅스다. Roth(2003).

5.2 막 흥분성의 원리

전기적 물질과 화학적 물질을 수단으로 한 세포들 사이의 교신은 보편적이라서 신경
세포에서만 발견되지는 않는다(Zimmermann, 2013). 그러므로 유기체 대부분의 신경
계에서 화학적 신호를 통한 교신과 전기적 신호를 통한 교신이 조합되어 있는 것을 볼
수 있다. 하지만 전기적 신호 전송에도 '이온(ion, '방랑자'를 뜻하는 그리스어)'이라 불

리는 대전된 원자나 분자 형태의 화학적 신호가 관련된다. 이러한 이온들은 신속하게 (수 마이크로초 안에) 열렸다 닫혔다 할 수 있는 특정한 **이온통로**를 통해 세포막을 가로질러 이동할 수 있다(Egger and Feldmayer, 2013). 뉴런들 사이의 교신에서 중요한 역할을 하는 이온으로는 양으로 대전된 나트륨 이온(Na^+)과 칼륨 이온(K^+), '2가' 양이온인 칼슘 이온(Ca^{++}), 음으로 대전된 염소 이온(Cl^-)이 있다(그림 5.2).

　이온에는 두 가지 특이한 속성이 있다. 첫 번째 속성은 반대 전하를 가진 이온들끼리 서로를 끌어당기고 같은 전하를 가진 이온들끼리 서로를 밀친다는 사실과 관계가 있다. **전기긴장력**(electrotonic force)이라 불리는 이 힘이 막에 걸리는 전위차(또는 전압)를 형성한다. 두 번째 속성은 한 종류의 이온은 농도가 높은 곳에서 농도가 낮은 곳으로, 즉 **농도 기울기**(concentration gradient)를 따라 이동하는 경향이 있다는 사실을 기초로 한다. 이 이온들은 다른 종류의 힘인 **삼투력**(osmotic force) 또는 **확산력**(diffusion force)에 의해서 움직이는데, 이 이동은 막의 양쪽에서 동등하지 않은 분포(기울기)가 사라질 때까지 일어난다. 그러나 신경세포 막에서 위에 언급한 이온 유형들의 분포를 측정해보면, 실제로는 평형에 도달하는 것이 아니라 나트륨 이온(Na^+)은 막의 안쪽보다 바깥쪽에 훨씬 더 많은 반면, 칼륨 이온(K^+)은 그 반대임을 알게 된다. 이는 세포의 안쪽 대 바깥쪽 전위차가 $(-75)\sim(-50)$mV로 측정된다는 사실과 일치한다. 이 상태에서는 이온의 알짜 이동이 없기 때문에 이 전압을 **안정막전위**(resting membrane potential)라 부른다.

　하지만 이렇게 이온이 동등하지 않게 분포하는 원인은 무엇이며, 막을 가로지른다던 이온의 능력은 어째서 이 불균형을 깨뜨리지 않는 것일까? 그 이유는 전기긴장력과 삼투력이 서로를 상쇄하기 때문이다. K^+ 이온의 분포를 예로 들자. 이미 언급했듯이, K^+ 이온은 세포 바깥쪽보다 안쪽에 훨씬 더 많으므로 예상대로라면 농도 기울기가 사라질 때까지 세포 밖으로 이동하는 경향이 있을 것이다. 그러나 이 경향에 맞서 세포 안쪽에서 음으로 대전된 큰 유기 이온들이 전기긴장력을 발휘한다. 이 음이온은 크기가 크기 때문에 막의 통로를 통해 이동할 수도 없지만, 동시에 양으로 대전된 K^+ 이온들을 붙잡아두기도 한다. 그 결과로, 칼륨 이온은 조금만 세포를 떠나도 전기긴장력과 삼투력 사이에 평형 또는 상쇄가 이루어진다.

　우선 칼륨 이온만 고려하면, 전기긴장력과 삼투력 사이에 평형이 이루어진 상태의

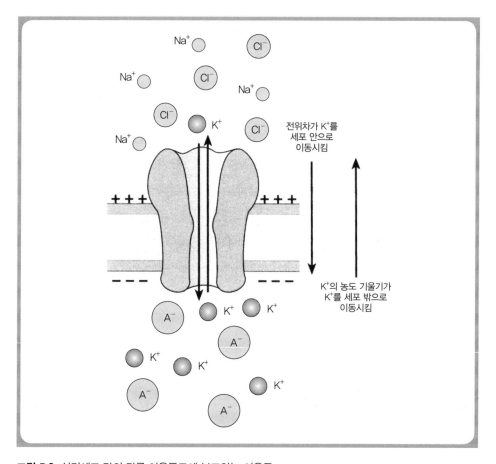

그림 5.2 신경세포 막의 칼륨 이온통로에 분포하는 이온들.
양으로 대전된 나트륨 이온(Na⁺)과 칼륨 이온(K⁺)의 특정 분포뿐만 아니라 음으로 대전된 염소 이온(Cl⁻)과 유기 이온(A⁻)의 특정 분포도 전위차와 칼륨 이온의 농도 기울기가 균형을 이룬 결과다. Kandel et al.(2000)에 따라 Roth(2003)에서 수정.

칼륨 평형전위[흔히 '칼륨 역전전위(potassium reversal potential)'라고도 불리는]는 $(-85) \sim (-75)$mV로 측정될 것이다. Cl⁻ 이온은 이 상황에서 큰 역할을 하지 않고, 칼륨 분포에 따라 수동적으로 분포한다. 하지만 막의 안쪽보다 바깥쪽에 훨씬 더 높은 농도로 존재하는 나트륨 이온은 어떨까? 안쪽의 커다란 유기 음이온들에 의해 끌려야 하지 않을까? 여기서 개입하는 것이 바로 안정 상태에서는 칼륨 통로 대부분이 열려 있어서 칼륨 이온은 막으로 침투할 수 있지만, 나트륨 통로는 대부분 닫혀 있어서 나트륨 이온은 '밖에 갇혀 있다'는 발상이다. 막을 건너가 안쪽을 덜 음으로 만들 수 있는 나트륨 이온은 매우 소수밖에 없다는 뜻이다. 그 결과, 안정 상태에서 막의 칼륨 평형전위와 나트륨 평형전위를 합치면 칼륨만의 전위에 가까운 −70mV 정도가 된다.

그러나 이 '안정 상태'란 아무 일도 일어나지 않는다는 뜻은 아닌데, 막이 절연되는 것은 이상적이지 않으므로 막을 통해 나트륨 이온과 칼륨 이온이 '누출'되어 약간의 나트륨 이온은 세포 안으로 들어가고 약간의 칼륨 이온은 세포를 떠나기 때문이다. 막을 건전지로 생각하되, 양극이 서로와 충분히 절연되지 않아서 누전이 일어나 끊임없이 재충전해야 하는 건전지라고 생각하라. 막의 경우, 재충전은 나트륨-칼륨 펌프에 의해 이루어진다. 펌프는 끊임없이 나트륨 이온 세 개를 퍼내고 칼륨 이온 두 개를 세포 안으로 들여보내는데, 들여보내는 양이온보다 퍼내는 양이온이 더 많기 때문에 막의 전압을 음의 상태로 안정화한다. 이 펌프는 ATP가 배달하는 에너지를 많이 요구하므로 신경세포의 전체 대사 에너지 가운데 약 2/3를 소비한다. 펌프가 망가지면 결국 신경세포의 흥분 능력이 사라진다.

5.3 이온통로와 신경전달

이온통로는 세포막을 통해 신호를 빠르게 전송하려면 기본적으로 존재해야 한다. 세포막은 두 겹의 지질이라 많은 수용성 물질을 가로막는 매우 효율적인 장벽이 되는데, 이온은 모조리 물의 껍질에 박혀 있어서 수용성 물질에 속하기 때문이다. 이온이 이온통로를 통해 침투하는 속도는 특화된 펌프(예 : 나트륨-칼륨 펌프)를 통해 운반되는 속도보다 1,000배쯤 더 빠르고, 온전한 세포막을 통해 순수하게 확산되는 속도보다는 1억 배나 더 빠르다. 따라서 이온통로가 없다면 행동을 빠르게 제어하는 일은 불가능할 것이다.

그러므로 아무리 단순한 유기체라도 모든 유기체가 막에 이온통로를 지니고 있다는 것은 놀랄 일이 아니다(Hille, 1993; Strong et al., 1993; Anderson et al., 2001; Ghysen, 2003). 세균과 고세균에서도 진핵생물의 것과 흡사한, 기계적 자극을 감지하는 이온통로가 발견된다. 세균도 그러한 통로의 도움을 받아 자신이 장애물에 부딪혔음을 감지할 수 있고(제6장), 짚신벌레(*Paramecium*)와 같은 진핵 단세포 유기체도 이미 다양한 유형의 이온통로를 갖추고 있어서, 칼슘 통로 말고도 외향정류(outward rectifier) 통로(K), 변칙정류(anomalous rectifier) 통로(A), 내향정류(inward rectifier) 통로(IR), 칼슘의존(calcium-dependent) 통로(KCa)라는 네 가지 다른 종류의 칼륨 통로를 지니고 있다. 식물과 균류에서도 소수 유형의 칼륨 통로와 몇몇 유형의 칼슘 통로가 발견되지만, 전압개폐식(voltage-gated) 나트륨 통로는 세균, 고세균, 균류에는 없고, 자포동물(해파리)의 수준에서 원시적 형태로 처음 발견되며, '진정한' 나트륨 통로는 편형동물(납작벌레)의 수준에서 발견된다.

이온통로의 원형은 칼륨 이온을 안쪽으로 이동시키는 일을 맡고 있는 내향정류 유형의 칼륨 통로인 것으로 보인다(그림 5.3). 이 통로는 막을 여러 번 관통하는 펩티드의 사슬로 구성되어 있다. 가장 단순한 형태일 때 이러한 **영역**은 막을 관통하는 부분들로 구성되며, 이 부분들이 에워싸고 있는 중심의 구멍을 통해 이온이 이동할 수 있다. 이 원시적 형태의 이온통로가 발전해 여섯 부분으로 구성되고 여섯 부분 가운데 두 부분이 구멍을 형성하는 하나의 영역이 되었다. 이 형태는 그런 다음 더 발전해 막을 여섯 번 관통하는 영역이 네 번 반복되어 구성되는 하나의 통로가 되었고, 그런 다음 아래에 더 묘사하는 기본 유형의 전압의존 나트륨 통로 및 칼륨 통로가 되었다(그림 5.3 참조).

이온통로의 대다수를 구성하는 칼륨 통로는 지금까지 기술된 유형만 100가지가 넘는데, 그 가운데 다수는 아직도 기능을 모른다. 그다음으로 수가 많은 것은 칼슘 통로다. 진화 과정에서 나중에 생겨난 나트륨 통로(그림 5.3 위 참조)는 유형의 수가 훨씬 적지만, 숫자에 이러한 차이가 있는 이유는 불분명하다. 칼륨 통로는 안정막전위를 유지하고 복원하는 데서 특별한 역할을 하는 반면, 나트륨 통로는 (칼륨 통로의 지원을 받아) 대부분 막전위를 더 빨리 변화시키는 일에 관여하고, 앞으로 배우겠지만 막전위의 변화가 빨라진 덕분에 활동전위가 생겨난다. 칼슘 통로는 일정한 종류의 활동전위를 형성하는 데 관여하는 외에도 세포내 칼슘 수준을 조절하는 데 매우 중요하고, 이는 결국 뉴런의 가소성과 기억 형성에 매우 중요하다.

진핵 단세포 유기체(원생동물)에서는 대부분 칼슘 이온이 전하를 안으로 운반하고 신경임펄스의 기초가 되는 것을 볼 수 있는 반면, 자포동물과 유즐동물('강장동물') 및 편형동물에서는 이 기능을 나트륨 이온이 인수한다. 그래서 나트륨 통로는 칼슘 통로

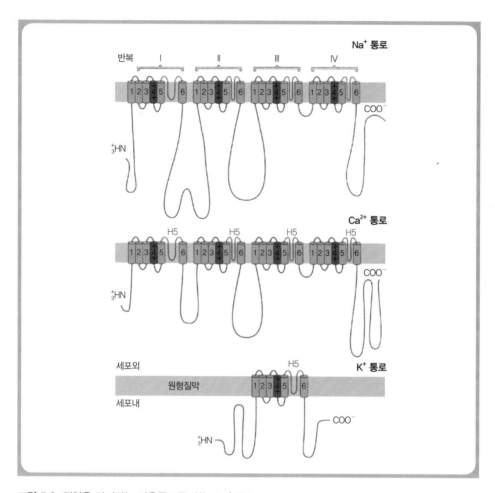

그림 5.3 전압을 감지하는 이온통로들. 위는 Na⁺ 통로.
중간은 Ca⁺⁺ 통로, 아래는 K⁺ 통로다. Na⁺와 Ca⁺⁺ 통로에는 막을 관통하는 여섯 부분으로 구성되는 반복 영역이 네 개(I∼IV)가 들어 있고, K⁺ 통로에는 여섯 부분으로 구성되는 영역이 한 개밖에 들어 있지 않다. 4번 부분(빨간색)이 전압 감지기의 구실을 해 통로가 열리도록 한다. 통로의 구멍(H5)은 5번 부분과 6번 부분 사이에 위치한다. Dudel et al.(1996/2000).

에서 생겨났다고 가정된다. 전압개폐식 나트륨 통로의 진화는 활동전위가 축삭을 따라 빠르게 전도될 수 있도록 만들었으므로, 신경계와 뇌의 진화에서 결정적인 단계였다.

5.3.1 이온통로의 기능

이온통로에는 크게 전압개폐식 통로, 리간드개폐식 통로, 대사성 통로의 세 종류가 있다(Zimmermann, 2013 ; Egger and Feldmeyer, 2013). 전압의존 이온통로로도 알려져 있는 전압개폐식 이온통로는 막전위와 막전위의 변화가 개폐에 영향을 주는 통로다 (그림 5.3). 이 이온통로에는 전압 변화를 감지하는 부분이 있어서 전기 신호가 일정한 문턱을 넘자마자 통로 분자의 형태를 변화시켜 구멍을 여닫는다. 이 집단에서 가장 유명하고 가장 중요한 구성원 가운데 하나인 전압개폐식 나트륨 통로의 한 유형은 곧 배우게 될 방식으로 활동전위를 일으키는 데 바탕이 된다. 전압개폐식 칼슘 통로도 있는데, 이 통로는 근육 수축을 비롯해 전달물질을 방출하는 데서도 중요한 역할을 한다. 마지막으로, 다양한 종류의 전압개폐식 칼륨 통로가 있는데, 일부는 활동전위에 뒤따르는 세포막의 재분극에 관여한다(아래 참조).

리간드개폐식(ligand-gated) 이온통로(그림 5.4a)는 어떤 유형의 화학물질(예 : 신경전달물질)이 통로의 단백질 구조와 결합하면 투과성이 크게 증가하는 통로다. 신경계 안에서는 시냅스이후 자리에서 발견되는데 이를 여닫는 것은 시냅스이전 축삭종말에서 방출하는 전달물질이다. 리간드개폐식 이온통로가 전달물질보다 종류가 훨씬 많은데, 한 유형의 신경전달물질은 한 유형 이상의 이온통로에 결합할 수 있고, 이온통로는 한 유형 이상의 전달물질에 반응할 수 있기 때문이다.

마지막으로, 대사성(metabotropic) 이온통로(그림 5.4b)는 리간드개폐성 이온통로의 경우처럼 뉴런 바깥쪽에서 오는 어떤 것이 활성화하는 것이 아니라 뉴런 안쪽에서 오는 이차 전령이 활성화하거나 불활성화한다. 여기서 신경활성물질을 감지하는 수용체는 세포 안에 들어 있거나 이온통로에 붙어 있는 것이 아니라 이온통로와 공간적으로 분리되어 있다. 수용체가 구아닌-뉴클레오티드(GDP 또는 GTP) 결합 단백질('G단백질')과 결합하면, G단백질은 예컨대 흥분 효과(Gs)나 억제 효과(Gi)를 일으킬 것이다. 이 효과는 예컨대 아데닐 사이클라아제로 신호를 전송해 아데닐 사이클라아제가 아데노신삼인산을 고리형 아데노신일인산(cAMP)으로 바꾸도록 함으로써, 차례로 세포내 '이차전령 연쇄반응'을 촉발한다. cAMP는 이차전령물질로서 마침내 인산화를 통해 이온통로를 여는 것으로 알려져 있다. G단백질이 촉발하는 다른 세포내 경로들은 이노시톨삼인산(IP3)과 디아실글리세롤(DAG)이 관련되고 결국 세포내 칼슘 수준을 변

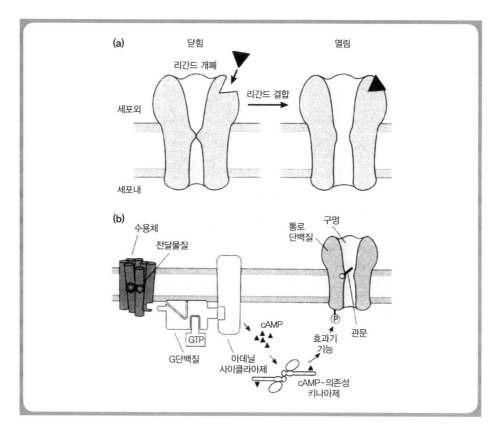

그림 5.4 (a) 리간드개폐식 이온통로. 전달물질(검은 세모)이 통로의 특정한 자리인 수용체에 결합하면 열린다. (b) 대사성 이온통로.

여기서는 수용체가 통로와 공간적으로 분리되어 있다. 전달물질 분자와 수용체가 결합하면 연쇄적인 화학 과정이 일어나 마침내 통로가 인산화되면서 열리게 된다. GTP : 구아노신삼인산, G단백질 : 구아닌뉴클레오티드결합단백질, cAMP : 고리형 아데노신일인산, P : 무기인산. Kandel et al.(1991)에 따라 Roth(2003)에서 수정.

화시킨다. 일련의 세포내 대사 과정이 관련되기 때문에 이러한 통로들을 '대사성'이라 부른다.

이온통로는 뉴런의 신호 전송을 일으키고 조절할 능력이 있다. 이온통로는 막전위를 조절해 뉴런을 [탈분극(depolarization)에 의해] 들어오는 신호에 더 민감하게 만들거나 [과분극(hyperpolarization)에 의해] 덜 민감하게 만들고, 활동전위(또는 연발되는 활동전위)의 생성과 시간 구조를 제어한다.

5.3.2 활동전위의 기원

'신경임펄스' 또는 '극파(spike)'라고도 불리는 활동전위(action potential)는 신경 신호를 빠르게 전파하기 위한 신경계의 가장 중요한 기제다. 이는 음의 안정전위가 몇 밀리초 범위에 들어가는 매우 짧은 시간에 오르내리는 탈분극과 재분극 더하기 과분극을 기초로 한다(그림 5.5). 이 과정은 대개 뉴런 막의 일부, 예컨대 전압개폐식 이온통로(대부분 Na$^+$ 통로)가 집중되어 있는 축삭소구가 탈분극되어 이전까지 닫혀 있던 나트륨 통로의 일부를 급속히 열면서 시작된다. 그 결과로, 나트륨 이온들이 세포 안으로 흘러 들어가 음의 안정전위를 덜 음으로(더 양으로) 만든다(**탈분극**시킨다). 탈분극이 일정한 정도, 이른바 **발화 역치**(firing threshold, 대개 −50mV 부근)에 도달하면, 전압개폐식 나트륨 통로의 다수가 빠른 속도로 '폭주'하듯이 열린다. 열리고 있는 통로가 다른 통로를 흥분시켜 여는 것이다. 이어서 막전위가 탈분극된 결과로 전압이 나트륨 안정전위(+55mV. 위 참조)의 방향으로 +30~40mV까지 더 오를 것이다. 그러나 열린 나트륨 통로들은 밀리초 범위 안에서 열려 있다가 자발적으로 닫힘('불활성화함')으로써 더 이상의 나트륨 이온 유입을 멈추는 동시에 그때까지 닫혀 있던 칼륨 통로들의 대부분을 연다. 그 결과로 칼륨 이온들이 세포를 떠나면 나트륨 통로가 닫히면서 세포의 내부는 급속히 음으로 돌아간다. 이를 **재분극**이라 한다. 마침내 막전위는 잠깐 동안

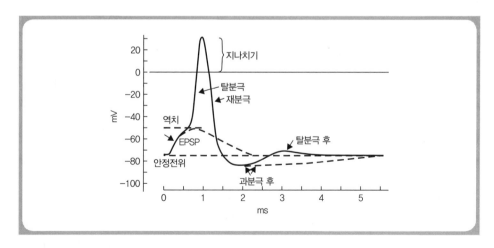

그림 5.5 활동전위의 개시와 과정.

안정막 전위는 임의로 −75mV로 설정. 자세한 설명은 본문 참조. EPSP : 흥분성시냅스이후전위. Roth(2003).

'과녁을 지나쳐(overshoot)' 더욱더 음으로 가는 이른바 **과분극**을 보였다가, 조금 더 양으로 가면서 안정전위를 회복한다. **무반응기(refractory phase)**라 불리는 이 무감한 기간이 끝난 뒤에만 새로운 활동전위가 방출될 수 있다. 따라서 우리는 활동전위의 일주기를 상승기, 절정기, 하강기, 무반응기로 구분하고, 합쳐서 2~20ms인 지속 시간은 과분극과 재분극의 길이, 결국 관련된 칼륨 통로의 속성에 결정적으로 의존한다.

막의 탈분극이 '발화 역치'를 지나가기만 하면 막전위는 언제나 최대 탈분극('정점')인 약 +30~40mV에 도달했다가 과분극과 재분극을 거쳐 음의 안정전위로 다시 떨어진다는 의미에서, 활동전위는 전형적으로 **전부 아니면 전무인** 신호다. 따라서 활동전위의 진폭은 똑같이 유지되고, 많은 활동전위가 연달아 급속히 뒤따르는 동안에만 진폭이 약간 떨어질 것이다. 그런 의미에서 활동전위는 '디지털 신호'다. 그러나 변하는 것은 활동전위의 **빈도**, 즉 초당 활동전위의 수다. 이 빈도의 일부는 뉴런을 자극하는 강도, 결국 방출되는 전달물질의 양에 의존하고, 일부는 무반응기의 길이에 의존한다. 전자는 시냅스이후 막이 '발화 역치'에 도달하는 속도를 결정하고, 후자는 다음 활동전위가 일어날 수 있는 가장 **빠른** 시점을 결정하는데, 이 시점은 과분극과 재분극에 관여하는 칼륨 통로들의 시간 동역학이 결정한다. 관여하는 통로의 수가 적거나 작동하는 속도가 느리면, 자극이 아무리 강해도 시냅스이후 세포는 느리게 발화한다. 따라서 활동전위를 생산하는 전 공정은 빈도 조절이다. 자극의 강도든 진폭이든 활동전위의 빈도로 부호화되기 때문이다.

활동전위는 보통 축삭이 출발하는 축삭소구에서 생성된다. 여기에는 비교적 약한 탈분극으로도 열리는 전압의존 나트륨 통로들이 많이 있다. 축삭은 자기생성 방식으로 활동전위를 전파한다. 수초(myelin sheath)가 감기지 않은 축삭에서는 이 일이 나트륨 통로가 열리면 이웃하는 나트륨 통로도 흥분해 덩달아 열리는 방식으로 일어난다. 그렇게 해서 활동전위가 축삭을 건너 퍼져나간다. 원리상 이 일은 양방향으로 일어날 수 있겠지만, 겨우 1ms 전에 열렸던 통로는 무반응기에 들어가 있어서 즉시 열릴 수 없으므로 흥분은 (축삭소구에서 멀어져 축삭종말을 향하는) 한 방향으로만 달리며, 이를 '**정방향 전도(orthodromic conduction)**'라 한다. 활동전위가 축삭을 따라 퍼지는 속도를 가리키는 **축삭 전도속도**는 축삭의 굵기에 의존한다. 이 축삭이라는 섬유에서 전도속도는 직경의 제곱근에 비례한다. 이 전도 유형은 무척추동물 신경계에 들어 있는 축삭 대부분의 전형이지만, 척추동물에서도 예컨대 자율신경계에서 자주 발견되고, 뇌의 안쪽에서도 '가는' 신경섬유를 구성하고 있다. 최대 전도속도는 초당 0.1~1m 범위에 들어간다.

축삭이 수초로 덮이면 상황이 달라진다. 수초란 축삭을 겹겹이 둘러싸는 절연막이다. 유수축삭(myelinated axon)은 방금 묘사한 가느다란 무수축삭(unmyelinated axon)과 함께 대부분 척추동물에서 발견된다. 수초는 약 1mm 거리마다 규칙적으로 끊겨서 이른바 랑비에 결절(nodes of Ranvier)을 형성하므로, 이 부분에서는 축삭이 2~3μm 동안 '알몸'이다. 여기서 수많은 전압개폐식 나트륨 이온통로가 발견된다. 수초에 가로막힌 이온은 축삭으로 들어가지도 못하고 축삭을 떠나지도 못하므로 전류가 하는 수 없이 하나의 랑비에 결절로부터 다음 결절로 '건너뛰도록' 한다. 그러면 다음 결절에서 나트륨 통로가 흥분해서(열려서) 새로운 활동전위가 생기는 과정이 반복된다. 이런 식으로 랑비에 결절마다 새로운 활동전위가 생성되고 활동전위는 축삭을 따라 한 결절에서 다른 결절로 건너뛰므로, 이 기제를 '도약 전도(saltatory conduction)'라 한다. 그 결과, 유수축삭의 전도속도는 무수축삭에 비해 훨씬 더 빠른 초당 1~150m 범위에 들어가고, 무수 섬유에서처럼 섬유 직경의 제곱근에 비례하는 것이 아니라 유수 섬유의 직경에 비례해서 커진다고 믿어진다. 이 사실은 중요한데, 이 유형의 축삭 전도는 다른 유형보다 훨씬 더 빠를 뿐만 아니라 에너지 효율도 훨씬 더 높기 때문이다. 무수축삭의 경우는 일부 무척추동물에서 발견되는 것처럼 1mm에 달하는 엄청난 직경의 '거대 섬유'가 되어야만 활동전위를 빠른 속도로 전도할 수 있는 반면, 유수축삭은 3μm 전후의 훨씬 더 가는 직경으로도 같은 전도속도에 도달한다. 앞으로 보겠지만, 이는 담고 있는 많은 뉴런을 효율적으로 연결할 필요가 있는 척추동물의 뇌에서는 엄청난 의미가 있다.

5.3.3 신경전달물질과 기타 신경활성물질

활동전위의 기점을 둘러싼 모든 사건은 대개 축삭소구의 자리에서나 축삭을 따라 일어난다. 시냅스에서는 상황이 다르다. 시냅스하막(subsynaptic membrane)에는 전압개폐식 통로가 없는 대신 리간드개폐식 나트륨, 칼슘, 염소, 칼륨 통로들이 있어서, 위에 언급했듯이 신경전달물질과 같은 일정한 화학물질이 통로의 수용체 자리에 결합하면 통로가 열린다(Lüscher and Petersen, 2013).

척추동물과 무척추동물 대부분의 신경계에서 '고전적 전달물질'이라고도 불리는 가장 흔한 신경전달물질로는 (1) 글루탐산, 아스파르트산, 감마아미노부티르산(약칭 'GABA'), 글리신과 같은 아미노산, (2) 도파민(DA), 노르에피네프린(NE, 노르아드레날린, NA라고도 함), 에피네프린(아드레날린, A), 히스타민, 세로토닌(5-히드록시-트립타민, 5HT)과 같은 모노아민과 기타 생물기원의 아민, (3) 아세틸콜린(ACh)이 있다. 신경계에 들어 있는 기타 신경활성물질로는 내인성 아편유사제와 같은 펩티드(지금까지 50가지 이상이 발견됨)가 있는데, 이는 흔히 전달물질과 함께 '공동 방출'된다.

뇌 안쪽에서 글루탐산, GABA, 글리신은 밀리초 범위 안에서 수용체 자리에 직접 작용하므로 '빠른' 전달물질이라 부른다. 반대로, 노르아드레날린, 세로토닌, 도파민, 아세틸콜린은 이온성 수용체에 직접 작용하기도 하지만 '신경조절물질(neuromodulator)'로 작용할 수도 있다. 빠른 전달물질의 효과를 몇 초 범위 안에서 변화(강화 또는 약화)시킬 수 있다는 뜻이고, 그래서 그것을 '신경조절물질'이라 부른다. 신경조절물질은 흔히 시냅스에서 직접 방출되는 것이 아니라 시냅스 근처에서 방출된 다음 더 폭넓게 효과를 미친다. 신경전달물질은 보통 '흥분성'(글루탐산처럼) 아니면 '억제성'(GABA처럼)으로 불리지만, 전달물질의 효과는 전적으로 그것이 활성화하는 수용체의 성질에 달려 있기 때문에 이는 정확하지 않다. 앞으로 배우겠지만, 아세틸콜린과 기타 신경조절물질도 관련된 수용체와 통로의 유형에 따라 흥분성으로 작용할 수도 있고 억제성으로 작용할 수도 있다.

신경전달물질과 조절물질은 세포체, 축삭, 축삭종말에 들어 있는 화학적 전구체로부터 합성된 다음 포장되어 축삭종말의 시냅스이전 막 밑에 모여 있는 시냅스 소포체로 들어간다. 신경임펄스가 축삭종말에 도달하면 전압을 감지한 칼슘 통로들이 열리고, 칼슘 이온들이 종말로 들어가면 복잡한 일련의 화학반응이 소포체를 시냅스이전 막 쪽으로 이동시키고, 막과 융합한 소포체는 신경전달물질을 시냅스틈새로 방출한다(그림 5.6 참조). 방출되는 전달물질의 양은 전형적으로 축삭종말의 전기적 활동도인 활동전위의 빈도에 의존한다. 따라서 여기서 활동전위의 빈도를 전달물질의 양으로 번역하는, 디지털-아날로그 부호화로 여길 만한 또 한 유형의 뉴런 부호화가 추가된다.

전달물질은 시냅스틈새를 건너서 시냅스하막에 있는 수용체에 결합하는 동시에 수

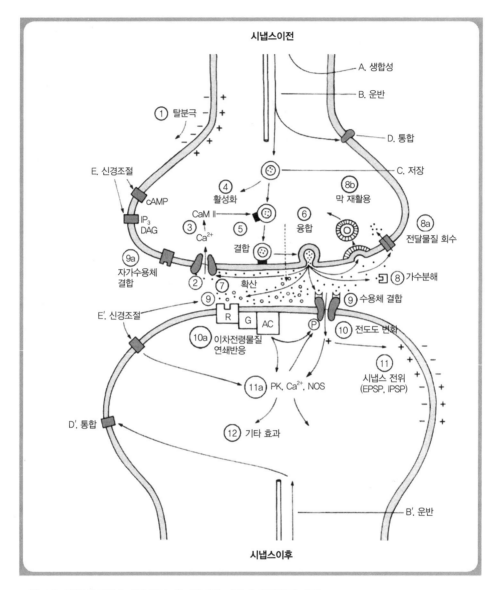

그림 5.6 화학적 시냅스에서 일어나는 전기적 과정과 생화학적 과정.

1~12번은 시냅스에서 전기적 신호를 처리하고 전송하는 동안 일어나는 밀리초 범위의 빠른 과정들을 표시한다. A~E(시냅스이전)와 B', D', E'(시냅스이후)는 전달물질과 조절물질을 합성, 운반, 저장하고 통로 단백질과 수용체들을 막으로 통합해 조절 효과를 내는 초 범위의 과정을 표시한다. AC : 아데닐사이클라아제, cAMP : 고리형아데노신일인산, Ca²⁺ : 칼슘 이온, CaMII : 칼모듈린–의존성 단백질키나아제 II, DAG : 디아실글리세린, EPSP : 흥분성시냅스이후전위, G : 구아닌 뉴클레오티드결합 단백질, IP3 : 이노시톨삼인산, IPSP : 억제성시냅스이후전위, NOS : 일산화질소합성효소, P : 무기인산, PK : 단백질키나아제, R : 수용체. Roth(2003)에서 수정.

용체의 형태를 바꿔 수용체를 활성화한다. 그러면 리간드개폐식 통로의 경우는 직접, 대사성 수용체의 경우는 세포내 연쇄 과정을 통해 간접적으로 통로를 열어 이온을 안이나 밖으로 확산시킨다. 많은 통로가 쌍방으로 열릴 수 있다. 그러면 통로의 성격에 따라 시냅스하막이 탈분극되거나 과분극될 것이다. 시냅스하막에 나트륨 이온이 유입되어 탈분극되는 경우는 축삭소구에서처럼 활동전위가 생기는 것이 아니라, 이 경우는 전압개폐식 이온통로가 없기 때문에 (전부 아니면 전무인 대신) 국지적이고 점진적인 탈분극이 일어나 흥분성시냅스이후전위(excitatory postsynaptic potential), 줄여서 *EPSP* 의 형태를 띤다.

GABA 수용체와 통로의 경우는 칼륨 이온이 유출되고 염소 이온이 유입되어 막을 과분극시키고 억제성시냅스이후전위(inhibitory postsynaptic potential), 줄여서 *IPSP*를 일으킴으로써 막이 뒤이어 쉽게 흥분하지 않도록 잠시 억제한다. EPSP 또는 IPSP의 강도는 흥분되는 시냅스하 수용체의 수에 비례하고, 이 수용체의 수는 시냅스틈새로 방출되는 전달물질의 양에 비례한다(이 전달물질의 양은 축삭종말에 도달하는 활동전위의 빈도에 비례한다). 누진되는 전위인 EPSP와 IPSP는 디지털 활동전위와 대비되는 아날로그 신호다.

이 국지적 시냅스하 흥분이 바로 옆의 막을 활성화하면, 옆의 막이 차례로 옆 동네를 흥분시키기를 반복함으로써 흥분이 뉴런 막으로 더 넓게 퍼진다. 그러나 전압개폐식 나트륨 통로가 없으므로, 같은(또는 다른) 시냅스하막에서 당장 흥분이 뒤따라와서 보강하지 않으면 흥분은 자기유지되지 않고 얼마 못 가서 약해진다. 게다가 수상돌기의 막은 '누전'이 일어나 전압을 떨어뜨린다. 그러므로 흥분은 뉴런의 축삭소구까지 도달해 활동전위를 방출할 수도 있고 방출하지 않을 수도 있다(아래 참조).

시냅스틈새로 방출된 전달물질은 매우 짧은 시간 뒤에 수용체에서 떨어져 나오고, 그러면 수송을 전담하는 기제가 시냅스틈새에서 전달물질을 회수해 시냅스이전종말로 들여보낸다(이를 전달물질의 재흡수라 한다). 전달물질은 시냅스이전종말에서 화학적으로 분해되었다가 결국 재합성된 다음 소포체 안으로 운반되어 다시 방출될 준비를 한다.

가장 흔한 신경활성물질들과 각각의 효과를 더 가까이 들여다보자. 글루탐산(gluta-mate)은 일종의 아미노산으로, 인간을 포함한 동물의 신경계와 뇌 안의 빠른 흥분성 시냅스에서 가장 흔히 발견되는 전달물질이다. 글루탐산은 평소에 시냅스 전달에 관여하는 것 외에도 뉴런의 가소성, 즉 학습과 기억에 관여한다. 글루탐산 수용체에는 두 가지 주종이 있다. 첫 번째 유형인 이온성 수용체는 AMPA(알파-아미노-3-히드록시-5-메틸-4-이속사졸프로피온산)라는 물질 또는 퀴스콸산(quisqualate)이 글루탐산 자체와 같은 방식으로 이 글루탐산 수용체를 활성화할 수 있다[그래서 이 물질들을 '작용제(agonist)'라 한다]는 점이 특징이다. 이 글루탐산 수용체가 여는 이온통로는 Na^+와 K^+를 투과시킬 수 있지만 칼슘에는 비교적 둔감하다.

NMDA(N-메틸 D-아스파르트산의 약어) 수용체라 불리는 두 번째 유형은 전압개폐식 통로이자 리간드개폐식 통로이고 나트륨/칼륨 및 칼슘 둘 다의 통로이기도 하다. 평소에는 마그네슘 이온이 이 NMDA 통로를 막고 있는데, 이 방해물이 치워지는 경우는 오로지 강한 탈분극[예컨대 시냅스 가소성의 중요한 한 형태인 장기증강(long-term potentiation, LTP)에서 일어나는]이 일어난 다음뿐이다(Lüscher and Petersen, 2013 참조). 따라서 NMDA 수용체와 통로는 가소성, 즉 학습과 기억 형성에서 중요한 역할을 하는데, 무엇보다도 NMDA 통로가 열리면 칼슘 이온이 뉴런 안으로 쏟아져 들어오고, 그러면 세포내 과정들이 활성화해 시냅스 결합의 기능과 구조를 변화시킬 수 있기 때문이다.

역시 일종의 아미노산인 GABA는 글루탐산에서 합성된다. 뇌 전역에서 빠른 억제성 시냅스 전달을 주도하는 전달물질이고 다양한 수용체 복합체를 통해 효과를 미치지만, 그 수용체 복합체들 중에서 GABA_A와 GABA_B만 간단히 논의할 것이다. GABA가 GABA_A 수용체에 직접 결합하면 (리간드개폐식) 염소 통로가 열려서 빠른 과분극(억제)이 일어난다. 이 수용체에는 알코올, 흡입 마취제나 벤조디아제핀, 바르비투르산염과 같은 정신작용물질이 결합하는 자리가 있는데, 정신작용물질은 진정 및 불안 완화 효과가 있지만 과용하면 죽을 수도 있다. GABA가 GABA_B와 결합하면 대사성 칼륨 통로가 열려서 '더 느린' 과분극(억제)이 일어난다. 그러나 두 효과 모두 밀리초 범위에 들어간다. 신경조절물질인 도파민과 세로토닌, 신경펩티드인 물질P를 방출하는 시냅스이전종말에서 흔히 발견되는 GABA 수용체는 이 조절성 전달물질의 방출을 조절할 수 있다. 척추동물(그리고 무척추동물)의 뇌에서는 GABA가 발견되지만, 척수에서 과분극을 일으키는 (GABA에 해당하는) 주된 전달물질은 글리신이다.

신경전달물질 아세틸콜린의 수용체에는 두 유형이 있는데, 둘이 신경계에서 하는 역할은 매우 다르다. 니코틴성 아세틸콜린 수용체라 불리는 첫째 유형은 식물 알칼로이드인 니코틴을 감지하는 리간드개폐식 수용체로서 중추신경계뿐만 아니라 자율신경계에서도, 운동신경과 근육을 연결하는 신경근접합부에서도 발견된다. 잘 알려진 '화살 독'인 쿠라레, 뱀의 독액인 알파-붕가로독소를 비롯한 동물의 독은 이 신경근의 시냅스에서 아세틸콜린의 전달을 막아('마비시켜') 꼼짝 못하고 죽게 만든다. 뇌의 안쪽과 이른바 부교감신경계에서는 아세틸콜린이 무스카린(muscarine)이라는, 광대버섯(*Amanita muscaria*)이 만들어내는 물질을 감지하는 대사성 수용체인 무스카린성 아세틸콜린 수용체에 결합한다. 여기서 아세틸콜린은 예컨대 학습과 주의에 관여하는 전뇌기저부(basal forebrain)에서, 신경조절성 전달물질로 작용한다.

도파민은 카테콜아민에 속한다. 아미노산인 L-티로신에서 출발해 L-DOPA라는 물질을 거쳐 합성되지만, 도파민 자체도 전달물질인 아드레날린(에피네프린) 및 노르아드레날린(노르에피네프린)의 전구체다. 도파민은 학습, 주의, 동기유발, 보상과 처벌의 예측과 평가라는 맥락에서 인지 기능을 포함한 뇌의 많은 과정에 관여할 뿐만 아니라 활동을 수의 조절하는 데도 관여한다. 도파민은 복측피개영역(ventral tegmental area, VTA)과 흑색질치밀부(substantia nigra pars compacta)(둘 다 중뇌덮개에 들어 있다)에서, 그리고 기타 핵들 중에서도 특히 시상하부의 궁상핵(nucleus arcuatus)에서 생산된다.

도파민은 최소한 다섯 가지 유형의 수용체에 영향을 미치는데, 모든 유형이 대사성이다. 여기서는 D_1수용체와 D_2수용체만 고려할 것이다. D_1수용체는 전적으로 시냅스이후에만 위치하며, 활성화되면 세포내 칼슘 수준이 높아지면서 흥분이 일어난다. D_2수용체는 시냅스이전에서도 (자가수용체로서) 발견되고 시냅스이후에서도 발견되며, 자극하면 칼륨 이온의 유출이 증가한 결과로 억제가 일어난다.

노르아드레날린(노르에피네프린)도 도파민과 같은 카테콜아민이고, 도파민을 히드록시화해서 합성한다. 척추동물의 뇌 안에서는 주로 뇌간(brainstem)의 청반(locus ceruleus)에서 만들어진다(제10장 참조). 곤충의 신경계에는 노르아드레날린이 없는 대신 전달물질인 옥토파민이 인지를 포함한 많은 기능에서 동등한 역할을 한다. 노르아드레날린과 아드레날린(에피네프린)은 둘 다 α 및 β 수용체에 결합한다. 하위유형인

α_1에 결합하면 G_q단백질 과정 및 몇몇 다른 화학 과정을 거쳐 세포내 Ca^{++} 농도를 높이는데, 칼슘은 세포내 저장소에서 가져오기도 하고 전압개폐식 Ca^{++} 통로를 열어서 들여오기도 한다. α_1과 결합한 주된 효과는 중추신경계가 아니라 말초신경계에서 일어나며, 심장 수축을 자극하는 등 심혈관계가 하는 일에서 결정적 역할을 할 뿐만 아니라 스트레스 반응 따위의 맥락에서 호르몬 분비를 조절하는 데도 관여한다. α_2와 결합하면 억제성 G단백질(G_i)과 아데닐사이클라아제가 활성화되어 cAMP의 생산을 억제한다. 다른 하위유형은 G_o를 통해 전압을 감지하는 칼슘 통로를 억누르고, 제3의 하위유형은 칼륨 통로를 직접 자극하거나 이차전령물질의 연쇄반응을 거쳐서 간접적으로 K^+ 통로를 열어 억제를 유도한다. β수용체를 자극하면 G단백질(G_s)이 자극을 받아 Ca^{++} 통로를 직접 활성화해 흥분 효과를 일으키거나, 이차전령 연쇄반응을 통해 K^+ 통로를 간접적으로 활성화해 억제 효과를 일으킨다. 이렇게 해서 결과적으로 자율신경계를 조절한다.

세로토닌(5-히드록시트립타민, 5HT)은 아미노산인 트립토판에서 합성되는 모노아민 신경전달물질이다. 대다수(90%)는 장에서 만들고 나머지를 뇌에서 만드는데, 척추동물의 경우는 주로 뇌간의 봉선핵(raphe nucleus)에서 만든다. 봉선핵에서 출발한 세로토닌성 뉴런의 섬유는 사실상 뇌의 모든 부분으로 투사되는데, 피질 중에서는 주로 복측(배쪽) 전전두 영역으로 투사된다(제10장). 뇌에는 다양한 종류의 5HT 수용체가 있는데 $5HT_3$ 수용체(리간드개폐식 이온통로)를 제외한 나머지는 대사성 수용체로서 G단백질에 결합해 세포내 전령 연쇄반응을 활성화함으로써 이온통로에 영향을 미친다. $5HT_1$ 수용체는 cAMP 세포 수준을 낮추는 과정을 거쳐 억제 효과를 일으키는 반면, $5HT_2$ 수용체는 흥분 효과를 일으킨다.

시냅스에서는 흔히 한 유형 이상의 전달물질이나 신경펩티드를 '공동방출'한다. 덕분에 시냅스 전달 과정에서 더 복잡한 효과를 낼 수 있다. 예컨대 선조체(corpus striatum)의 뉴런에서는 GABA가 내인성 아편유사제 또는 물질P와 공동방출된다. 유사하게, GABA와 글리신, 도파민과 글루탐산, 아세틸콜린과 글루탐산 또는 혈관작용성장펩티드(VIP)도 공동방출된다.

5.4 뉴런이 정보를 처리하는 원리

뉴런은 뉴런이 하는 정보처리의 기본 요소다(Druckmann et al., 2013). 뉴런이 신호를 받고, 생성하고, 걸러내고, 증폭하고, 줄이고, 신호의 공간 및 시간 속성과 전파를 조절한다. 대부분의 뉴런에는 연장되는 수상돌기 나무 한 그루가 있고 하나 이상의 축삭이 시냅스를 통해 수천 또는 수만 개의 다른 뉴런과 연결되어 신경망(neuronal network)을 형성한다. 따라서 뉴런 하나하나의 활동에 다른 많은 뉴런의 활동이 매우 복잡한 방식으로 직접 영향을 미친다.

탈분극하는 시냅스의 경우 두 가지 중요한 원리는 **공간가중**(spatial summation)과 시간가중(temporal summation)이다. 뉴런의 시냅스 하나가 EPSP를 통해 접촉하는 뉴런의 시냅스이후 막을 탈분극시키는 정도는 1mV에 훨씬 못 미쳐서, 예컨대 운동뉴런에서는 0.2~0.4mV밖에 되지 않는다. 활동전위를 방출하려면 최소한 10mV의 탈분극이 필요한데, 그렇게 작은 EPSP는 대개 축삭소구에 도달하지 못할 것이다. 탈분극이 붕괴하다 흩어져 없어지기까지 세포막을 건너 **수동적으로** 퍼지는 거리는 결정적으로 막의 **길이상수**(length constant, 그리스 문자 '람다'로 표시하는)에 달려 있는데, 길이상수는 막의 저항은 물론 내부구조에도 의존한다. 람다가 클수록 EPSP가 막을 건너 축삭소구를 향해 더 멀리 퍼지고, 활동전위가 생기는 데도 더 많이 기여한다.

방금 언급했듯이, 보통 한 번의 탈분극으로는 활동전위를 유발하기에 충분하지 않다. 운동뉴런의 경우, 최소한 50개의 시냅스가 동시에 발화해야만 축삭소구의 막을 충분히 탈분극시킬 수 있다. 시냅스 하나가 활동전위를 발생시키는 데 기여하는 정도 역시 축삭소구와의 거리에 달려 있다. 다시 말해, 뉴런상에서 시냅스가 충돌하는 부위가 축삭소구로부터 멀수록, 예컨대 이른바 원위수상돌기(distal dendrite)에 있다면, 길이상수가 같아도 발생하는 EPSP의 효과는 약해진다. 이는 보통 조건에서 어떤 뉴런이 다른 뉴런을 발화시키려면, 한 뉴런이 충돌하는 상대 뉴런에 여러 번 연접하거나, 여러 뉴런이 상대 뉴런에 연결되어 동시에 발화해야 한다는 뜻이다. 이 효과를 **공간가중**이라 한다.

시간가중은 하나의 시냅스에서 발생한 각각의 EPSP가 충분히 빠르게(완전히 붕괴되기 전에) 서로를 뒤따르면 합산될 수 있다는 사실을 기초로 한다. 이는 막의 시간상수

(time constant, 그리스 문자 '타우'로 표시하는)가 결정하는데, 시간상수는 막의 저항과 정전용량에 결정적으로 의존한다. 시간상수가 충분히 크면 EPSP가 탈분극을 충분히 축적해 축삭소구에 도달한다. 이 시간가중의 효과는 최소한 원리적으로는 단 하나의 시냅스를 통해서 일어날 수도 있고, 보통 조건에서 그렇듯 여러 뉴런에서 오는 많은 시냅스를 통해 일어날 수도 있다. 막의 길이상수와 시간상수가 큰 뉴런은 EPSP를 더 빨리 축삭소구로 운반해서 뉴런이 발화할 확률을 높이는 반면, 거리상수와 시간상수가 작은 뉴런은 다른 뉴런에 의한 자극에 강하게 저항할 것이 분명하다. 이렇게 해서 뉴런은 유입되는 흥분에 대해 강한 여과 기능을 발휘할 것이다.

시냅스는 시냅스이후 뉴런을 흥분시키기도 하지만 억제하는 효과도 낼 수 있다. 억제성 시냅스가 축삭소구에 가까울수록 흥분성 시냅스가 유도한 흥분을 축삭소구로 달려가지 못하도록 차단하는 효과가 더 강하다. 억제성 시냅스가 일차수상돌기의 분기점에 있으면 그 부분을 지나는 수상돌기 나무의 흥분 전체를 차단할 수 있고, 최소한 척추동물의 경우는 축삭소구에 매우 가까운 곳인 세포체에 충돌할 때 가장 강한 영향력을 발휘할 수 있다. 따라서 평균적으로, 흥분성 시냅스는 수상돌기 나무의 축삭소구로부터 더 '원위'에서 발견되고, 억제성 시냅스는 축삭둔덕에 더 가까운 '근위'에서 발견되는 것은 놀라운 일이 아니다. 따라서 흥분성 시냅스와 억제성 시냅스의 비, 뉴런과 충돌하는 시냅스 각각의 강도와 자리가 뉴런의 종합적 능력을 가늠하는 데 가장 중요한 요인에 속한다. 억제성 시냅스는 접촉하는 자리에 따라 뉴런의 흥분 작업을 정교하게 조정할 수 있다. 축삭둔덕에서 마지막 가중이 일어나 활동전위를 방출하기는 할지, 방출한다면 어떤 빈도로 방출할지를 결정한다.

더 정교한 수준에서는 신경망 곳곳에 흥분의 흐름을 조절하는 다른 요인이 수없이 많은데, 대부분 시냅스 전달과 관계가 있다. 가장 중요한 요인은 (1) 시냅스이전 자리에서 방출되는 전달물질의 양, (2) 전달물질에 대한 시냅스하막의 감도, (3) 시냅스틈새 안에 전달물질이 존재하는 시간이다. 첫째 요인은 들어오는 활동전위에 의해 시냅스이전 부분이 흥분되는 강도와 전달물질의 입수 가능성에 의존하고, 전달물질의 입수 가능성은 전달물질의 합성 속도와 시냅스이전 막을 향해 이동해서 막과 융합한 다음 전달물질을 시냅스틈새로 방출하는 전달물질 소포체의 수에 의존한다.

둘째 요인은 시냅스하막에 있는 전달물질 특유의 수용체 및 이온통로의 수와 감도에 의존한다. 다시 말해, 수용체와 이온통로의 수와 감도가 클수록 전달물질 분자가 수용체에 더 효과적으로 결합해 이온통로를 열고, EPSP나 IPSP도 더 강하다. 이 두 과정은 독립적으로 변할 수 있다. 즉 수용체의 수가 적어져도 감도는 커질 수 있고, 수가 많아져도 감도는 작아질 수 있다.

셋째 요인은 특정한 재흡수계의 효력에 의존한다. 전달물질이 시냅스틈새에 머물다가 수용체에 결합하기까지의 시간을 재흡수계가 결정하기 때문이다. 마지막으로 중요한 요인은 진달물질을 분해하고 재합성하는 속도다. 많은 정신약리학적 약물이 이 두 가지 후기 과정을 표적으로 삼는다. 즉 세로토닌 등 일정한 전달물질을 운반하는 기제의 작동을 늦추거나 재합성하는 속도를 높여 전달물질이 시냅스틈새에 존재하는 시간을 연장시킨다.

신경계와 뇌 안에서는 몇몇 내지 다수의 뉴런이 흔히 양방향으로 연접해 보통 크고 작은 망 또는 **집합체**를 형성한다. 이 망에는 투사뉴런을 통해 다른 망에서 정보(예 : 감각 정보)가 입력되기도 하고 이 망에서 다른 망으로 정보가 출력되기도 한다. 한 뉴런이 다른 뉴런 다수(때로는 수천)로부터 입력되는 흥분성 및/또는 억제성 정보를 수집한 다음 자신의 활동을 시냅스 접촉을 통해 다른 뉴런으로 퍼뜨린다는 면에서, 이 망 안에서는 **수렴**도 이루어지고 **발산**도 이루어진다. 수렴과 발산의 조합이 신경계와 뇌 안 정보처리의 결정적 기초인 이유는 한편으로 다양한 종류의 정보가 한 뉴런으로 수렴하면 무엇보다도 그 뉴런의 시간가중 및 공간가중 속성에 따라 정보를 다양한 방식으로 **통합**할 수 있기 때문이고, 다른 한편으로는 뉴런이 자신의 활동을 수천 또는 수십만의 다른 뉴런으로 **분산**시킬 수 있기 때문이다. 수렴과 발산의 정도 사이의 비율은 엄청나게 다양할 수 있다. 아주 조그만 뇌(예 : 작은 벌레들의 뇌)에서는 신경계 대부분을 수렴(예 : 감각기관에서 운동 중추로 보내는 정보의 수렴)이 차지하는 반면, 큰 뇌에서는 대개 발산이 수렴보다 훨씬 더 자주 일어나며, 이는 감각부위와 운동부위 사이의 정보처리가 훨씬 더 복잡하다는 뜻이다. 인간의 뇌에서는 발산이 수렴보다 최소한 다섯 자릿수는 더 많이 일어난다.

신경계와 뇌의 정보처리에서 똑같이 결정적인 것은 최소한 일부 뉴런이 단기 및/또는 장기적으로 처리 속성이 바뀌는 능력이다. 바뀌는 속성은 대부분 시냅스 전달의 속성과 관계가 있지만, 수상돌기를 따라 EPSP가 전파되는 속성(즉 시간가중 및 공간가

중)과도 관계가 있다. 신경가소성(neuronal plasticity)은 학습과 기억을 위한 기초이고, 계의 성분들은 다른 성분과 상호작용하는 동안 바뀔 수 있다는, 앞 장에서 논의한 현상의 으뜸가는 일례다. 여기서 나오는 결과가 바로 신경계와 뇌는 성분들이 상호작용할 때마다 끊임없이 변한다는 사실이다.

5.5   이게 다 무슨 말일까?

유기체는 매우 복잡한 전기적·화학적 기계다. 그러므로 신경계와 뇌 안에서는 언제나 화학적 전달과 전기적 전달이 상호작용하고 있다. 신호 생성, 처리, 전송의 기초는 뉴런의 막도 다른 모든 생체막과 마찬가지로 안팎에 이온이 비대칭으로 분포해서 전위(또는 전압)를 나타낸다는 사실에 있다. 이온의 분포가 변하기 때문에 국지적으로 전위가 생겨나 비교적 느리게 막을 건너가기도 하고, 활동전위가 축삭을 통해 비교적 빠르게 다른 뉴런 또는 근육이나 분비선 등의 효과기로 운반되기도 한다.

특히 인상적인 것은 화학적 전달을 돕는 화학물질과 수용체와 이온통로 및 이와 관련된 세포내 신호 전파 경로가 대단히 다양하다는 점이다. 전달물질은 '빠른' 전달물질인 글루탐산과 GABA처럼 국지적으로 작용할 수도 있고, 신경조절물질(예: 아세틸콜린, 세로토닌, 도파민)처럼 광역적으로 작용할 수도 있다. 신경조절물질은 흔히 널리 분산된 패턴의 축삭들이 뇌의 여러 부위에서 방출한다. 이렇게 해서 주어진 정보를 동시에 많은 부분으로 보낼 수 있고, 그런 다음 수용체의 특이성과 공간적 분포를 통해 국지적 특이성에 도달한다. 동시에, 신경조절물질 대부분이 그 물질의 영향을 받는 수용체의 유형과 이온통로에 따라 흥분 효과도 낼 수 있고 억제 효과도 낼 수 있으므로 이 방법으로 빠른 전달물질의 활동을 조절한다.

뉴런은 뇌 안에서 한 개씩 눈에 띄는 것이 아니라 보통 크고 작은 집합체를 형성하고 있다. 흔히 해부학적으로 구분할 수 있는 이 집합체를 **신경절**(보통 무척추동물의 신경계와 뇌, 척추동물의 말초신경계에 들어 있을 때) 또는 **핵**(보통 척추동물의 뇌에 들어 있을 때)이라 부른다. 포유류의 대뇌피질과 같은 층상 구조의 일부에서는 **영역**도 구분할 수 있다. 이러한 구조들이 하나의 단위로 행동하는 이유는 신경절, 핵, 영역의 바깥쪽 뉴런보다 안쪽의 뉴런이 다른 뉴런들과 더 치밀하게 연결되어 있기 때문이다. 영역은 차례로 다른(흔히 많은) 신경절 및 핵과 연결되는데, 쌍방으로 연결되는 경우가 상당히 많고, 이 일은 뇌의 한 부분에 위치하는 신경절, 핵, 영역에서 (더 자주) 일어날 뿐만 아니라 서로 다른 부분에 위치하는 신경절, 핵, 영역에서도 일어나므로, 긴 '상행'(대부분 감각) 또는 '하행'(대부분 전운동 또는 운동) 섬유 경로가 필요하다.

　따라서 단세포에서 시작한 다음, 세포 집합체로 이루어진 신경절, 핵, 영역들이 뇌의 주요 부분(예 : 중뇌) 또는 하위 부분(예 : 덮개)으로 들어가고, 마침내 전체로서의 뇌에 도달하는 해부학적 · 기능적 위계를 알아볼 수 있다. 그러한 위계 수준들 내부나 사이에서 이루어지는 정보처리는 위에 묘사했듯이 발산–수렴 및 병렬 방식으로 진행되고, 여기에 많은 되돌이 경로가 더해진다. 뉴런 하나의 정보처리 능력은 비교적 잘 알려져 있는 반면, 핵, 신경절, 영역 내부와 사이에서 세포 집합체들이 주고받는 작용은 충분히 알지 못한다. 겨우 200~300개의 치밀하게 연결된 뉴런들로 구성된 작은 집단조차도 엄청나게 복잡한 활동을 낳을 수 있는데, 현재로서는 이 활동을 해명할 수도 없고 수학으로 자세히 묘사할 수도 없다. 작업을 할 만한 수학적 도구가 없기 때문이다. 작은 집합체가 총체적 수준에서 하는 일은 상당히 잘 흉내 낼 수 있지만, 단세포들의 상호작용에서 어떻게 일정한 패턴의 활동이 생기는지는 잘 모른다.

　그러나 이는 모든 복잡계(날씨를 생각하면 된다)에 흔한 일인데 여기서 비롯되는 현상들을 철학자들은 예측되지 않거나 수수께끼 같은 무언가라는 의미로 '창발'이라 부르는 경향이 있고, 신경망이 클수록(특히 망이 정보처리 위계를 형성하면) 상호작용의 결과는 더욱더 예측되지 않는 '수수께끼'처럼 보인다. 이 맥락에서, 뉴런이 정보처리와 해부학적 속성을 장 · 단기로 변화시키는 능력인 가소성이 근본적인 역할을 한다. 신경가소성은 계 안의 성분들이 상호작용을 통해 서로를 변화시켜 전체 계의 속성을 끊임없이 바꾸는 현상의 훌륭한 일례다. 꿀벌의 뇌처럼 작은 뇌조차도 믿기 힘들 만큼 복잡함을 고려하면, 우리는 작은 뇌가 해낼 수 있는 일을 대단히 과소평가하고 성급하게 그것을 설명할 수 없거나 심지어 신비한 무언가로 여기는 경향이 있다.

| 주제어 | 세균 · 고세균 · 대장균 · 편모 모터 · 원생동물 · 짚신벌레 · 클라미도모나스 · 다세포 유기체 의 기원 |

제6장

세균, 고세균, 원생동물 : 신경계 없이 성공한 생명체

생물학에서는 흔히, 유기체가 성공적으로 살려면 복잡한 신경계를 가지고 있는 것 이 유리하다고 가정하는데, 이유는 신경이 복잡할수록 적응력이 큰 것처럼 보이 기 때문이다. 진화 과정에서 복잡성이 보편적으로 증가하는 듯한 양상을 달리 어떻게 설명해야 할까? 이 가정이 전반적으로 타당하지 않다는 사실을 쉽게 입증하는 것은 존 재한 기간, 종의 수, 생태와 생리의 다양성 면에서 가장 성공한 유기체인 단세포 유기 체가 정의에 의해 신경계가 아예 없다는 사실이다. 이번 장에서는 그런데도 단세포 유 기체가 어떻게 용케 — 어쩌면 다른 어떤 유기체보다도 더 훌륭하게 — 살아남는가를 물을 것이다.

6.1 세균과 고세균

약 36억 년 전(또는 그보다도 일찍), 생물의 진화는 세포핵이 없는 단세포 유기체로 시 작되었다. 세포핵이 그리스어로 'karyon'이므로 이 유기체를 '원핵생물(prokaryote)'이

G. Roth, *The Long Evolution of Brains and Minds*, DOI: 10.1007/978-94-007-6259-6_6,
© Springer Science+Business Media Dordrecht 2013

라 부른다. 이 유기체는 아마도 현생 세균과 가장 흡사했을 것이다. 세균은 가장 단순
할 뿐만 아니라 가장 다양하기도 한 유기체다. 지금까지 기술된 세균과 고세균은 약
9,300종이지만, 추정되는 종의 수는 1,000만~10억의 범위에 들어간다. 모든 생물이
그렇듯, 원핵생물도 물질과 에너지를 자급하므로 그러려면 가능성 있는 식량원을 알
아보고 찾아내거나, 불리한 사건을 확인해 자신을 보호하거나, 장애물을 피하거나 통
과하거나 할 필요가 있다. 다만, 단세포 유기체인 세균은 신경계가 없는데, 그렇지만
물론 자극을 재인하고 정보를 처리하기 위한 기제는 가지고 있고, 이 기제는 이미 더
복잡한 유기체의 원리들(앞 장 참조)에 따라 작동한다. 이번 장에서 배우겠지만, 세균
은 심지어 일종의 기억도 가지고 있다. 이는 이 매우 단순한 단세포 유기체는 '반사 기
계'에 지나지 않는다는 흔한 관점과 모순된다. 변화하는 환경 조건에 대한 적응으로
최소한 단기적으로나마 행동을 바꾸는 것이 생존의 필수 전제조건이기 때문에 진정한
반사 기계는 살아남지 못할 것이다.

잘 연구된 세균은 우리 장에 믿기 힘들 정도로 많이 살고 있는 대장균(*Escherichia coli*)이다. 대개 *E. coli*라 부르는 대장균은 길이가 2~3µm(마이크로미터, 백만분의 1m)
밖에 되지 않으므로 맨눈으로는 보이지 않고, 무게도 1pg(피코그램, 1조 분의 1g)밖
에 나가지 않는다(Berg, 1999; Alberts, 2002). 30nm(나노미터, 10억분의 1m) 두께의
지질다당류 세포막이 원형질을 둘러싸고 있고, 원형질 안에 있는 유전물질이라고는
DNA 한 가닥뿐인데 이 DNA는 세포핵으로 싸여 있지 않다. 대장균의 막에는 10여 가
지 유형의 화학수용체가 실려 있어서 당이나 아미노산과 같은 먹이와 기타 물질뿐 아
니라 중금속과 같은 유독물질도 알아보는 구실을 하고, 기계수용체도 있어서 세균이
이를 통해 장애물을 탐지할 수 있다.

이러한 수용체들을 통해 수집한 환경에 관한 정보가 유기체의 행동, 즉 운동 패턴을
안내한다. 대장균은 다른 많은 세균과 마찬가지로 **편모**(flagellum)를 돌려서 움직이지
만, 스피로헤타와 같은 세균은 몸을 '나사처럼 비틀어서' 환경을 뚫고 나가고, 또 다른
세균은 표면 위를 기어서 움직인다. 대장균의 경우 여섯 개를 가지고 있는 편모는 시계
방향으로 돌 수도 있고 반시계 방향으로 돌 수도 있는 15~20nm 두께의 단백질 섬유
다. 편모를 구동하는 것은 직경이 45nm밖에 안 되는 막 안쪽의 편모 모터다. 이 모터
는 스무 종류의 부품으로 구성되어 있다. 터빈처럼 양성자 흐름에 의해 구동되고 최대

수백 헤르츠까지 돌아갈 수 있다. 편모들이 뭉쳐서 하나의 '초편모(superflagellum)'를 형성한 다음 관절처럼 반시계 방향으로 돌면 전진하지만, 초편모가 풀어져 편모들이 제각기 시계 방향으로 돌자마자 세균은 순간적으로 제자리에서 몸을 '굴려' 아무렇게나 방향을 바꾼다. 다음 순간 편모들이 초편모로 다시 합쳐져 동기(同期)적으로 반시계 방향으로 돌기 시작하기 때문에 세균은 다시 헤엄을 시작하지만 이번에는 다른 방향으로 헤엄친다.

운동 방향을 조절하는 것은 포도당이나 아스파르트산의 수용체처럼 '먹이'의 신호를 보내는 화학수용체들이다. 수용체가 먼저 먹이 농도가 짙어지고 있는지 아니면 옅어지고 있는지 '검사'하면, 세균은 전자의 경우 계속 같은 방향으로 헤엄치지만 후자의 경우는 몸을 '굴려' 마침내 다른 방향으로 헤엄친다. 화학수용체가 다시 먹이 농도가 짙어지고 있다는 신호를 보낼 때까지 이 과정이 반복된다. 이렇게 해서 대장균은 먹이 기울기를 따라 움직일 수 있다. 비슷한 방식으로, 유독물질의 기울기를 탐지하면 세균은 그로부터 물러난다. 기계수용체는 장애물과 닿으면 자극을 받아 구르기를 유도함으로써 세균이 다른 방향으로 헤엄쳐 마침내 장애물에서 멀어지도록 한다.

대장균에게는 공간 방위가 없다. 거리나 자신의 속도를 측정하기는 고사하고 상하좌우를 구분하거나 자신의 운동 방향을 감지할 수도 없다는 뜻이다. 주어진 순간의 수용체 활동을 3초 전의 활동과 비교한다는 의미에서, 대장균의 방위는 단지 시간 정보를 기초로 한다. 비교한 결과로, 이 짧은 시간 안에 있을 수 있는 변화(예 : 일정한 물질의 농도 변화)에 관한 정보를 얻는다. 그러기 위해 대장균에게는 단기 기억이 있고, 이는 2~3초밖에 지속되지 않지만 환경에서 유기체의 방위를 정하는 데는 충분하다.

우리는 이미 대장균에서 ─ 모든 다세포 동물에서 그렇듯 ─ **감각부위(sensorium)**와 **운동부위(motorium)**가 분리되어 있음을 발견한다. 동시에 이 하위계통은 둘 다 최소한 한 방향으로는 교신할 필요가 있다. 즉 감각하는 부분이 운동하는 부분에게 다음에 할 일을 말해주어야 한다. (해면을 제외한) 다세포 유기체에서는 이 일이 뉴런을 통해 일어나지만, 세균에게는 뉴런이 없다는 게 걸린다. 그래서 대장균에서는 어떻게 환경에 관한 정보가 편모 모터에 도달할까?

〈그림 6.1〉에서 예시되듯이, 이 일은 세포내 교신 경로를 통해 일어난다. 이 경로는 아스파르트산에 의한 자극의 맥락에서 훨씬 더 자세히 연구되어왔다. 세균의 환경에

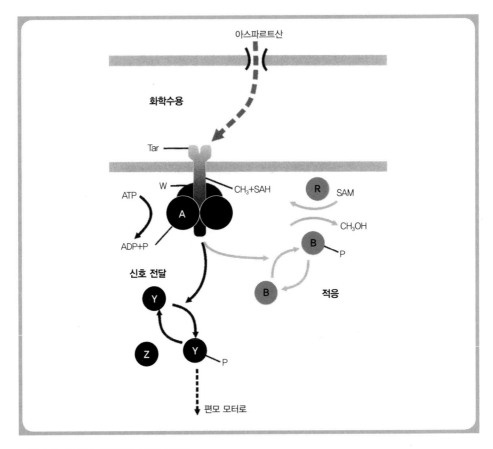

그림 6.1 세균인 대장균의 주화성 조절.

그림은 아미노산인 아스파라트산이 유발하는 주화성의 주요 과정을 묘사한다. 수용체 복합체는 W와 A라는 두 종류의 분자, 원형질막에 걸쳐진 타르로 구성된다. 아스파르트산 분자가 타르 화학수용체에 결합하면 Y분자가 인산화되어(Y-P) 편모 모터를 활성화한다. 적응은 메틸화-탈메틸화 과정(오른쪽)을 통해 일어난다. 자세한 설명은 본문 참조. ATP : 아데노신삼인산(인산 공여자), SAM : S-아데노실메티오닌(메틸 공여자), ADP : 아데노신이인산, SAH : S-아데노실호모시스테인, CH_3 : 메틸기, CH_3OH : 메탄올, P : 무기인산. Berg(1999)에 따라 수정.

있는 아스파르트산 분자는 특정한 '타르(Tar)' 수용체에 결합한다. 이 수용체 복합체는 *CheA* 분자와 *CheW* 분자 두 쌍으로 구성되어 있고, 두 가지 상태를 띨 수 있다. 한 상태는 결국 편모를 시계 방향으로 돌려서 **구르기**를 유도하고, 다른 한 상태는 편모를 반시계 방향으로 돌려서 앞으로 헤엄치기를 유도한다. 수용체를 활성화하는 아스파르트산 분자가 많을수록 앞으로 헤엄치는 시간이 길어지는 반면, 수용체를 자극하는 아스파르트산 농도가 옅어지면 구르게 된다. 이 일이 일어나는 방식을 화학적으로 설명하면 다음과 같다. 단백질 *CheY*의 인산화된 형태(Y-P)가 편모 모터의 단백질 복합체에 결합하면 시계 방향으로 돌면서 구르게 되는 반면, 그러한 *CheY*-P 결합이 일어나지 않거나 끝나면(Y) 반시계 방향으로 돌면서 앞으로 헤엄치게 된다. 이번에는 *CheA*가 이 *CheY*의 인산화-탈인산화 과정에 영향을 미쳐서 탈인산화를 강화한다. 그러면 아스파르트산 기울기를 따라 앞으로 헤엄치는 시간이 길어진다.

하지만 자기가 옳은 방향으로 헤엄치고 있는 줄을 대장균이 어떻게 알까? 그러려면 대장균은 아스파르트산 농도가 짙어지고 있는지 아니면 옅어지고 있는지를 검사해야 하고, 그러려면 농도의 변화를 측정해야 한다. 동시에 수용체는 해당 물질의 농도가 아무리 크게 변해도 언제나 최적의 감도를 유지해야 한다. 〈그림 6.1〉에 예시한 기발한 화학 과정이 두 가지 문제를 모두 해결한다. 이 과정은 SAH를 붙이면 수용체에 묻혀 있는 글루탐산이 메틸화되는 정도(메틸기 CH₃)를 조정할 수 있다는 사실을 기초로 한다. SAM은 여기서 SAH의 '공여자'로 작용한다(그림 6.1 오른쪽). 글루탐산에 메틸기가 많이 붙을수록 타르 수용체가 아스파르트산에 더 민감해진다. 수용체는 메틸전이효소B(메틸기를 전달하는 효소)의 억제를 통해 메틸화 과정을 조절할 수 있는데, 수용체가 활성화될수록 이 과정은 더 강하게 일어난다. 아스파르트산 농도가 짙어지면 수용체는 무뎌지고, 농도가 옅어지면 수용체는 예민해진다. 수용체에 나름의 음성 되먹임 또는 적응 기제가 있는 셈이다. 이 메틸화와 탈메틸화의 되먹임이 일어나는 데는 2~3초가 걸리므로, 여기서 방금 전에 일어난 일에 대한 '단기 기억'이 생긴다. 다른 영양소나 유독물질을 재인할 때에도 비슷한 일이 일어난다.

우리는 이 전 과정을 자연에 있다고 알려진 목표 지향적 행동들 가운데 가장 단순한 예로 해석할 수 있다. 목표 지향적이라 함은 그 행동이 유기체로 하여금 생존에 유용한 대상(예 : 먹이)에 접근하고 유해한 대상(예 : 유독물)은 피하도록 함으로써 생존을 보장―최소한 단시간 동안―한다는 뜻이다. 대장균은 신경계도 없고 이성이나 통찰도 없으므로 행동 목록도 더없이 간단하다. 2~3초 이상 무언가를 '마음에 둘' 수 없어서―원생동물과 달리―개체의 경험을 기초로 새로운 행동을 학습할 수 없긴 하지만 대장균에게는 단기 기억이 있다. 행동에 더 실질적인 변화가 있다면, 그런 일은 몇 세대에 걸친 변화에 의해 일어나고, 개체의 일생 동안에는 일어나지 않는다. 그럼에도 대장균은 지구상에서 가장 성공한 유기체 가운데 하나다.

어떤 원핵생물들은 더 복잡한 감각운동 기제를 개발했다. 이들 가운데 하나가 염전이나 염지에 사는 호염균인 할로박테리움 살리나룸(*Halobacterium salinarum*)이다. 이름은 세균을 뜻하는 박테리움이지만, 지금은 고세균으로 여겨진다. 매우 기초적인 시각계를 가지고 있어서 스펙트럼의 주황색 부분에서 빛을 흡수한다. 감광색소인 균로돕신(bacteriorhodopsin)은 척추동물의 망막에서 발견되는 로돕신과 분자 구조가 비슷하고, 척추동물의 망막에서 로돕신이 그렇듯 균로돕신도 망막에 해당하는 부분에서 광자를 흡수하면 입체형상이 변한다. 이 감광 기제는 대장균에서 화학수용체가 하듯이 운동 기관에 작용해 유기체로 하여금 빛을 탐지하고 빛을 향해 몸을 돌릴 수 있도록, 즉 주광성을 보이도록 해준다. 할로박테리움이 속해 있는 고세균이 흥미로운 이유는 고세균의 다수가 극한 조건에서, 예컨대 매우 높거나 낮은 온도에서나, 고압에서나, 할로박테리움처럼 고염 환경에서나, 강한 산성 환경에서도 살기 때문이다.

6.2 원생동물

원핵생물에서 진핵생물로 가는 과도기에 환경에 대한 정향(定向, orientation)이 크게 한 발을 내딛으면서, 이와 함께 인지 및 실행 기능도 크게 진보하는 것을 볼 수 있다. 진핵생물에게는 핵을 비롯해 미토콘드리아나 엽록체(식물의 경우)처럼 특화한 세포소기관들이 있다. 엽록체에게는 햇빛에서 에너지를 얻은 다음 그것을 써서 물 분자를 수소와 산소로 가르는 중요한 능력이 있는 반면, 미토콘드리아는 포도당을 산화해 고에너지 분자인 아데노신삼인산(ATP)을 생산하는 진핵생물 세포들의 '발전소'다(제4장 참조).

원생동물은 세균이나 고세균보다는 훨씬 크지만, 그래도 여전히 너무 작아서 맨눈으로 볼 수 있는 원생동물은 거의 없다. 혼자 살거나 군체 또는 유사(類似) 다세포 유기체를 형성한다. 유사(有絲) 세포분열을 통해 무성생식을 하기도 하고, 두 핵을 융합시켜 유성생식을 하기도 한다. 다수는 독립영양생물(대부분 광영양생물)이지만, 일부는 식물이나 동물에서 취한 유기물을 먹고 사는 종속영양생물이고, 다른 일부는 다른 동물을 '잡아먹는' 포식 생활을 한다. 원생동물 중에서는 생김새와 생활양식이 식물에 가까운 유기체도 발견되고 동물에 가까운 유기체도 발견된다. 후자는 섬모나 편모 또는 위족을 써서 이동한다.

진핵생물이 에너지를 얻기 위해 사용하는 체계는 원핵생물의 것보다 훨씬 더 효율적이어서 모든 다세포 유기체가 보유해왔다. 이것이 새로운 감각 기제와 운동 기제를 기초로 더 복잡한 행동을 하도록 해준다(Armus, 2006). 섬모충인 짚신벌레(그림 6.2)와 같은 많은 원생동물은 섬모 형태의 새로운 운동 기제를 가지고 있는데, 섬모와 세균의 편모는 구조가 근본적으로 다르다. 섬모에는 진핵생물의 원형질막에 해당하는 표면(외피)이 있고 그것이 섬유 다발을 에워싸고 있는데, 섬유 다발은 중심에 있는 한 쌍의 미세소관과 이를 둘러싸는 아홉 쌍의 미세소관으로 이루어져 있다. 움직일 수 있는 섬모의 이 9+2 구조는 모든 다세포 유기체에서 발견된다. 짚신벌레의 경우는 섬모가 계란형 몸의 표면 전체를 덮고 있다. 세균의 편모는 위에 묘사한 대로 프로펠러처럼 두 방향으로 도는 것과 달리 섬모는 마치 노처럼 물을 때리면서 전진도 하고 후진도 한다. 섬모들이 물결처럼 동시에 뒤쪽으로 노를 저으면 앞쪽으로 이동하고, 동시에 앞쪽으로 노를 저으면 뒤쪽으로 이동하게 된다. 그러나 섬모는 (180°가 아니라) 120° 각도로 노를 저으므로, 짚신벌레는 보이지 않는 축을 중심으로 나선을 그리면서 물을 통과한다.

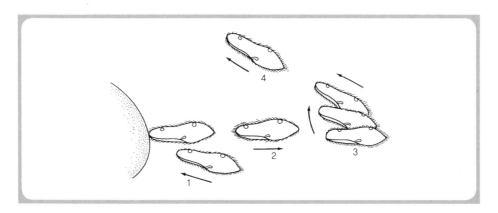

그림 6.2 장애물을 마주친 원생동물 짚신벌레의 행동.

1~4번은 각각 다른 행동 반응을 가리킨다. 1 : 장애물에 충돌한다. 2 : 뒤로 헤엄친다. 3 : 약간 몸을 돌린다. 4 : 방향을 바꾸어 앞으로 헤엄친다. Hille(1992)에 따라 수정.

짚신벌레는 앞쪽 끝에서 먹이[대부분 세균, 조류(藻類), 균류]를 모아 섬모를 써서 '입'으로 운반하는 구구(입고랑, oral groove), 항문, 삼투압을 조절하고 가는 도관을 통해 표면과 연결되어 있는 수축포를 가지고 있다. 짚신벌레는 자극을 받으면 섬모포(trichocyst)가 튀어나가는데, 이 세포소기관이 방출하는 긴 실 모양의 단백질이 먹이를 붙잡거나 유기체를 표면에 정박시키는 닻의 구실을 할 수 있다.

짚신벌레는 장애물에 부딪히면 뒤로 물러났다가, 살짝 몸을 돌려, 다시 앞으로 나아간다. 장애물을 지나갈 수 있을 때까지 이 과정을 반복할 것이다(그림 6.2). 이 전략을 쓰려면, 짚신벌레에게는 막의 전위를 기초로 하는 적당한 감각 기제가 필요하다. 열린 칼륨 통로의 작업으로 막에 음전위가 걸리면 짚신벌레는 앞으로 나아간다. 짚신벌레가 장애물에 부딪히면, 기계적 힘을 감지하는 칼슘 통로가 열려서 막을 탈분극시키고 섬모의 노 젓는 방향을 뒤집어 짚신벌레가 뒤로 헤엄치게 한다. 여기서 칼슘 활동전위가 생성된다. 1초쯤 지나면 칼슘 통로가 닫히고 칼륨 통로가 다시 열리면서 막이 재분극된다. 그 결과로 섬모는 뒤쪽으로 노를 젓고 짚신벌레는 다시 앞쪽으로 헤엄친다. 만일 뒤쪽 끝이 장애물에 부딪히면, 뒤쪽에 있는 칼륨 통로가 열리면서 과분극이 일어나 앞으로 나아가게 된다(Hille, 1992).

녹조류에 속하는 원생동물 클라미도모나스(*Chlamydomonas*)는 통로로돕신(channelrhodopsin)이라 불리는 광개폐식 이온통로를 기초로 한 단순한 시각계를 가지고 있다. 통로로돕신은 488nm 주변의 청록색 파장에 가장 민감해서, 이 파장의 빛이 흡수되면 척추동물의 망막에서처럼 망막의 입체형상이 바뀐다. 클라미도모나스는 앞쪽 끝에 섬모가 두 개 있는데, 짚신벌레에서 볼 수 있는 것과 같은 '9+2' 이중 미세소관 구조를 가지고 있다. 섬모가 앞뒤로 노를 저으며 '시각계'의 통제를 받아 주광성을, 즉 광원을 향한 움직임을 가능하게 한다. 모든 단세포 유기체가 그렇듯 클라미도모나스도 주화성을 가능하게 하는 화학수용체를 가지고 있지만, 클라미도모나스의 수용체는 세균의 수용체와는 기능이 다르다. 세균은 너무 작아서 화학적 기울기를 직접 이용하지 못하고 위에 묘사했듯이 단기 기억을 써서 기울기를 측정하는 반면, 진핵세포는 훨씬 더 크므로 표면 전체에 분산되어 있어서 화학적 기울기에 의해 다르게 자극되는 화학수용체들을 이용할 수 있다. 이렇게 해서 원생동물은 대장균처럼 시행착오에 의해서가 아니라 직접적 지각을 통해 기울기를 따라 이동할 수 있다.

모든 원생동물이 이동에 섬모를 사용하는 것은 아니며, 아메바와 같은 다수는 손가락을 닮은 위족이라는 구조를 뻗어서 앞으로 기어간다. 화학적 기울기는 화학수용체를 통해 탐지되고, 화학수용체는 세포내 연쇄 신호를 통해 유기체 안의 액틴필라멘트(actin filament)를 수축시켜 '아메바성' 운동 패턴을 유도한다.

원생동물은―세균과 고세균에 비해―어느 정도나 학습을 할 수 있는가는 예전부터 논의되어왔다. 습관화나 민감화와 같은 비연상 학습은 할 수 있는 것으로 보이지만, 관(管)에서 탈출하는 행동의 맥락에서 그것이 연상 학습의 증거라는 주장은 입증되지 못했다.

6.3 다세포 유기체는 왜 진화했을까?

위에 거론했듯이, 원핵 단세포 유기체와 진핵 단세포 유기체는 지극히 성공한 유기체였고 아직도 그렇다. 그렇다면 다세포는 도대체 왜 진화했을까 하는 의문이 든다. 흥미롭게도, 다세포 유기체는 여러 차례 독립적으로 (원핵생물 안에서는 방선균, 남세균, 점액균에서, 진핵생물 안에서는 식물, 균류, 동물 및 볼복스형 녹조류가 기원할 때) 진화한 것으로 보인다(Rokas, 2008). 저자들은 다세포성의 이점으로 다음을 제안해왔다. (1) 잡아먹힐 가능성을 줄인다. (2) 먹이 소비의 효율을 높인다. (3) 더 효과적인 확산 수단이 되어준다. (4) 비협조적인 개체들과의 상호작용을 제한한다. (5) 기능을 특화한다. 다세포성의 첫째 사례로는 이미 세포 유형이 구분된 상태로 약 25억 년 전에서 21억 년 전에 출현한 실 모양의 남세균(*Cyanobacteria*), 20억 년 전에서 19억 년 전에 기원한 것으로 보이는 다세포 방선균(*Actinobacteria*), 훨씬 더 나중인 약 10억 년 전에 기원한 것으로 보이는 다세포 점액균(*Myxobacteria*)을 들 수 있을 것이다. 최초의 단세포 진핵생물은 18억 년 전에서 12억 년 전에, 최초의 다세포 진핵생물은 12억 년 전 이전에 출현했고, 식물, 동물, 균류의 조상은 10억 년 전 무렵에 출현했다고 추정된다.

동물의 다세포성과 발생의 기초인 '유전자 도구상자'는 세포 분화, 세포 교신, 세포 부착의 세 가지 핵심 과정과 관련해 진화해왔다고 믿어진다. 이 도구상자에는 (1) 분절 등 유기체의 기본 구조를 결정하는 혹스(Hox) 유전자 전사인자(gene transcription factor), (2) 배아와 성체에서 세포끼리 교신하고 수용체인 티로신 키나아제가 세포 '스위치'로 작용하는 맥락에서 세포 표면의 수용체로부터 세포핵 안의 DNA로 신호를 전달하는 단백질들의 연락망인 Wnt 신호전달 경로, (3) 세포 부착에 관여하는 카드헤린(cadherin)과 인테그린(integrin)이라는 유전자군 따위가 들어 있다. 좌우대칭동물의 유전체는 도구상자 구성이 다소 비슷한 것이 특징이다. 세포 부착 분자들은 동물이 기원하기 전부터 존재했겠지만, 세포 신호전달 및 세포 분화 유전자는 동물의 기원과 동시에 또는 이후에 곧 진화했을 것이다(Rokas, 2008).

다세포 동물의 기원에 관해, 지금은 해면동물, 자포동물-유즐동물, 좌우대칭동물이 매우 짧은 시간 안에 기원했다는 의미에서 이 일이 '진화적 방산(evolutionary radiation)'을 통해 일어났다고 믿어지며, 그래서 초기에 갈라진 동물들 사이의 정확한 유연관계는 결정하기가 어렵다(Rokas, 2008).

6.4 이게 다 무슨 말일까?

원핵생물, 즉 세균과 고세균은 가장 단순한 유기체로서 생물이 진화를 시작한 이래로 언제나 존재하고 있다. 겉보기에는 단순하지만, 환경에서 방향을 결정하기 위한(결국 생존하기 위한) 비교적 복잡한 기제를 갖추고 있다. 영양분과 유독물질을 감지하는 감각 수용체, 분리된 감각부위와 운동부위, 마지막으로 화학적 기울기를 탐지하는 데 이바지하는 단기 기억도 발견된다. 다세포 유기체 수준에서 발견되는 세포 신호의 재인 및 처리 기제들 중 다수(활동전위를 포함한)와 세포 이동 기제들(섬모, 위족 등)은 진핵 원생동물의 수준에서도 이미 존재한다. 이러한 기제를 가진 다세포 후생동물들은 다름 아닌 진핵 단세포 유기체의 집합체이기 때문에 이는 하나도 이상할 것이 없다. 앞 장에서 보았듯이, '뉴런의 언어'는 신경계와 뇌보다 훨씬 더 일찍 발달했다.

다세포성은 세균과 진핵생물 가운데에서 되풀이해 진화했고, 진핵생물로부터 다세포 유기체인 식물, 균류, 동물이 생겨났다. 다세포성을 위한 핵심 사건은 세포들 사이의 신호전달과 교신, 세포 분화, 세포 부착을 책임지는 유전자들이 진화한 것이었고, 이 유전자들은 10억 년 전 이후로 거의 똑같이 남아 있다.

일부 철학자뿐만 아니라 생물학자들도 원핵생물이 살아 있는 존재로서 보여주는 어떤 행동은 목표를 향하거나 목적이 있다는 의미에서 분명 '목적률'을 따른다고 묘사하는 경향이 있다. 이들은 서둘러 '목적률(teleonomy)'은 계획하거나 의도한 활동을 함축하는 '목적론(teleology)'과 다르다고 선을 긋지만(Mayr, 1974 참조), '목적률'이라는 관념조차도 유기체가 뭔가를 하게 하는 '원동력'은 어떤 내적 상태라는 생각을 기초로 한다. 최소한 대장균의 경우는 목표를 지향한다고 추정되는 행동 바탕의 분자 기제(의 대부분)를 깔끔하게 확인할 수 있으므로, 분자들의 상호작용을 제외한 '원동력' 같은 것은 없다. '목적률'의 지지자들은 그러한 종류의 행동을 '강한 창발'로 여기거나(실제로 그렇게 여기는 저자들도 있다) 범심론적 의미에서 구성 분자들이 이미 목표를 지향한다고 인정해야 한다. 최소한 대장균의 경우는 두 가정 모두 세균의 행동을 묘사하기 위해 불필요한 뭔가를 가정하므로 최대절약법을 어기는 것이 분명하다.

물론 동물과 동물의 신경계 또는 뇌의 조직화가 어느 수준에 이르면 비형이상학적 의미에서 '지향성(intentionality)'이 있다고 말해도 되는가 하는 문제는 여전히 남는다. (내적 상태에 관한 모든 추측을 거부하는) 과격한 행동주의의 입장으로 자신을 구속하고 싶지 않다면, 지향성을 위해서는 장기 기억, 평가, 동기부여 체계와 미래 사건의 내적 표상이 존재할 필요가 있다고 주장할 수 있을 것이다. 이 노선에 따르면, 원생동물은 '지향적'이라고 여겨지지 않을 테고, 꿀벌은 어쩌면, 조류와 포유류는 확실히 지향적이라고 여겨질 터이다. 그러므로 지향성은 서서히 창발하는 현상으로 여길 수 있을 것이다.

제7장

무척추동물과 이들의 신경계

> **주제어** 무척추동물-선구동물의 신경계 · 해면동물 · 강장동물 · 촉수담륜동물 · 환형동물 · 연체동물 · 두족류 · 문어의 뇌 · 탈피동물 · 선형동물 · 절지동물 · 협각류 · 곤충 · 꿀벌 · 버섯체

앞장에서는 원핵 및 진핵 단세포 유기체와 이들의 '생존경쟁'을 다루었다. 이번 장에서는 10억 년 전쯤에 기원한 다세포 유기체인 **후생동물**(*Metazoa*)을 살펴볼 것이다. 오늘날 가장 널리 인정되는 후생동물의 계통유연관계가 〈그림 7.1〉에서 제시된다. 후생동물은 기본적으로 좌우대칭 조직을 보이지 않는 동물과 보이는 동물로 나뉜다. 비좌우대칭동물의 대표자는 해면동물과 '강장동물'이고, 다른 모든 동물은 좌우대칭동물(bilaterian)이다. 그러므로 좌우대칭동물과 비좌우대칭동물은 분류학적으로 자매군으로 여겨야 한다. 좌우대칭동물은 기본적으로 **선구동물**(protostome)과 **후구동물**(deuterostome, 척추동물 포함)로 나뉜다. 흔히 모든 후구동물을 '무척추동물'과 '척추동물'로 나누기도 하는데, 무척추동물이란 단순히 척추가 없는 동물을 뜻하기 때문에 이는 엄격한 분류학적 관점에서는 잘못이다. 엄밀히 말하자면, 무척추동물은 ('파충류'와 같은) '측계통군'(제3장 참조)인데, 해면동물, 강장동물과 모든 선구동물 말고도 극피동물, 반척삭동물, 두삭동물, 미삭동물은 물론 심지어 먹장어와 같은 후구동물 분류군도 척추가 없으므로 무척추동물에 들어갈 것이기 때문이다. 그러나 '무척추동물'은

G. Roth, *The Long Evolution of Brains and Minds*, DOI: 10.1007/978-94-007-6259-6_7,
ⓒ Springer Science+Business Media Dordrecht 2013

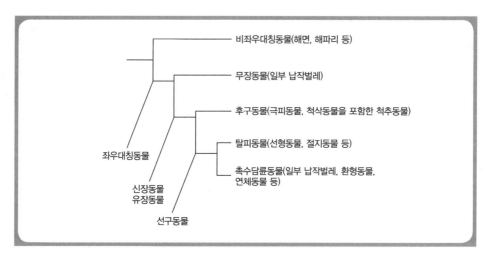

그림 7.1 후생동물, 즉 다세포 유기체의 계통수.
후생동물은 해면동물과 강장동물처럼 좌우대칭으로 조직되지 않은 유기체와 좌우대칭으로 조직된 유기체로 나뉜다. 후자로는 2차 '체강'이 없는 유기체(무장동물)와 체강이 있는 유기체(유장동물)가 있다.

선구동물 더하기 (최소한) 자포동물과 유즐동물을 가리키는 용어로 꽤 자주 쓰이므로, 나도 이 책에서 때로는 이 용어를 사용할 것이다.

이번 장에서는 먼저 해면동물과 '강장동물'(자포동물과 유즐동물)을 다룬 다음 가장 큰 동물군인 선구동물을 다룰 것이다.

7.1 비좌우대칭동물

7.1.1 해면동물

해면동물(*Porifera*, 8,000~9,000종)은 종이 하나뿐인 수수께끼 같은 속(屬)인 판형동물(*Placozoa*)과 함께, 가장 원시적인 형태의 후구동물로 여겨진다. 독일의 진화생물학자 에른스트 헤켈이 처음 공식화한 현재 관점에 따르면, 다세포 유기체는 편모를 가진 조상들로부터 진화했다. 그 조상은 현생 깃편모충류(choanoflagellate, Rokas, 2008 참조)처럼, 속이 빈 공 등의 형태로 뭉쳐서 군체를 형성했다. 나중에 진화 과정에서 단세포들이 여러 방식으로 특화하면서 함께 머물러 하나의 다세포 유기체를 형성했다.

해면동물은 크기가 2~3mm에서 3m까지 될 수 있고, 자유롭게 헤엄치는 유생 단계를 거치지만, 성체 단계에서는 고착(표면 위에 정박)한다. 물을 걸러서 먹이를 얻고 수천 년 동안 살 수 있다. 해면동물의 체조직은 다른 모든 후구동물의 체조직과 다른데, 전자는 '배엽층(germ layer)'이 외배엽(ectoderm)과 내배엽(endoderm) 둘뿐이지만 후자는 중배엽(mesoderm)이 하나 더 있어서 배엽층이 셋이다. 외배엽과 내배엽 사이에는 간충질(mesohyl)이라는 물질이 젤리처럼 '샌드위치' 되어 있다. 해면동물의 표면은 많은 구멍으로 덮여 있는데('구멍을 가진 자'라는 뜻의 *Porifera*라는 이름이 여기서 유래한다), 이 구멍은 몸을 관통하는 수로와 같은 구조인 '해면강(spongocoel)'으로 통하는 입구들이다. 이 수로를 통해 물이 흘러서 산소와 영양분(세균 또는 물속의 다른 입자들)을 나르는데, 대부분의 해면동물에서는 이 물을 폐기물과 함께 출수공(osculum, '작은 입')을 통해 분출한다. 수로의 벽에 붙어 있는 깃세포(choanocyte)들이 자기 몸의 중심에 달려 있는 한 가닥의 편모를 일사불란하게 움직여 수류를 강화한다. 깃세포들이 어떻게 알아서 협력하는지는 모르지만, 전기적 흥분이 세포와 세포 사이를 건너뛸 가능성이 높다. 해면동물은 구멍을 여닫거나 구멍 모양을 바꾸는 행동으로 환경에 반응하므로, 깃세포와 함께 수류를 조절할 수 있다. 해면동물에게 진정한 뉴런이 있는지는 논쟁이 된다. 양극성 및 다극성의 뉴런이 존재한다고 믿는 저자들도 있지만, 이를 부인하는 저자들도 있다. 그러나 근세포(myocyte)라는 '독립적 효과기 세포'가 존재한다는 사실은 의심되지 않는다. 근세포는 감각 기능과 운동 기능을 모두 가지고 있어서 자극에 대해 국지적으로 반응할 수 있지만, 전기 자극에는 무감하다. 몸의 형태가 더 크게 바뀌기도 하지만 이 일이 어떻게 이루어지는지는 불분명하다. 만일 세포들 사이에서 전기 신호가 전도된다고 해도 이 일은 고작 2~3mm에 걸쳐서 일어날 것이므로 이 현상의 원인일 수는 없다. 오스트리아의 동물학자 폰 렌덴펠트는 신경활성물질을 나르는 이동성 세포가 자극된 자리로부터 반응하는 자리로 이동해 감각기와 효과기 사이에서 정보를 전송할지도 모른다는 의견을 내놓았다.

7.1.2 강장동물

'강장동물'이라는 용어는 몸에 빈 구멍이 있는 동물을 뜻한다. 오늘날 이 용어는 쓰이지 않게 되었는데, 예전에 강장동물문(*Coelenterata*)을 형성하던 두 집단인 자포동물

(Cnidaria)과 유즐동물(Ctenophora)이 지금은 두 개의 독립적인 문에 해당하는 것으로 여겨지기 때문이다. 양 문의 구성원들은 7억 년 전 이전에 해면을 닮은 조상으로부터 진화했고 최초의 진정한 후생동물에 해당한다. 양 문의 구성원들은 대부분 해면동물과 마찬가지로 몸이 외배엽과 내배엽으로 구성되어 있고 둘 사이에 중교층(mesogloea)이 있지만, 이들이 소유하는 근육을 닮은 조직은 다른 무척추동물과 척추동물에서는 중간층인 중배엽에서 생겨나므로, 자포동물은 층이 세 개인 조상으로부터 진화해서 중간층을 잃었다고 가정되어왔다. 그러나 슈타인메츠 등(Steinmetz et al., 2012)의 최근 데이터는 자포동물과 좌우대칭동물에서 횡문근이 독립적으로 진화했음을 시사한다.

자포동물문은 산호충강(Anthozoa, 말미잘, 산호, 바다조름), 해파리강(Scyphozoa, 진정한 해파리), 상자해파리강(Cubozoa, 상자해파리), 히드라충강(Hydrozoa, 민물 자포동물, 히드라, 포르투갈군함 등)에 속하는 최대 11,000종으로 구성되어 있다. 자포동물은 번식하려면 흔히 폴립 단계도 있고 해파리 단계도 있는 복잡한 한살이를 거쳐야 한다. 해파리와 상자해파리의 경우는 자유롭게 헤엄치는 유생이 존재하다가 마침내 고착해 폴립으로 변형된다(그림 7.2a). 폴립이 성장해 촉수들을 흡수한 다음 일련의 원반으로 갈라지는, 횡분열(strobilation)이라 불리는 과정을 거쳐 어린 해파리가 된다. 어린 해파리가 헤엄쳐 나와 서서히 성숙해가는 동안 다시 폴립이 성장해 주기적으로 횡분열을 계속할 것이다. 해파리는 유성생식으로 유생을 낳고 유생은 폴립으로 변형되기를 계속한다. 그러나 민물에 사는 폴립형 히드라(Hydra, 아래 참조)와 같은 일부 히드라충과 모든 산호충은 해파리 단계를 잃어버렸다.

해파리형이 된 우산 또는 종 모양의 해파리는 중심에 위강이 있고 위강 끝에 입이 있다(그림 7.2b). 대부분은 종의 가장자리에 자포(cnidocyte 또는 nematocyst)를 장착한 촉수들이 술처럼 달려 있고 입 주위도 촉수들이 둥글게 둘러싸고 있다. 제트 추진을 하듯이 종을 수축시켜 물을 짜내는 방법으로 움직인다. 자포는 작살처럼 찌르거나 독액을 주입해서 무기 구실을 하므로, 해파리에 쏘이면 매우 아프거나 심지어 죽을 수도 있다.

바다에만 살고 자유유영하는 유즐동물은 종이 100종도 안 되는 작은 집단이다. 유즐동물은 자포가 없을 뿐만 아니라, 자유유영하던 유생이 직접 (변태를 거치지 않고) 성

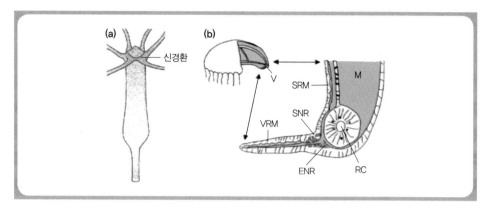

그림 7.2 (**a**) 신경환을 가진 폴립형 히드라의 신경계, (**b**) 히드로해파리 우산의 방사상 단면.
ENR : 외산신경환, M : 중교, RC : 환상관, SNR : 내산신경환, SRM : 내산환상근, V : 연막, VRM : 연막
환상근. Roth and Wullimann(1996/2000)에 따라 수정.

체 형태로 발달하기 때문에 폴립 단계도 없다. 자포동물과 유즐동물 사이의 계통유연
관계는 밝혀지지 않았지만, 자포동물이 좌우대칭동물과 더 가깝다고 믿어진다.

자포동물을 비롯한 유즐동물은 진정한 뉴런을 소유하는 최초의 후생동물이다
(Bullock and Horridge, 1965). 최초 뉴런의 진화적 기원은 논쟁이 된다. 한 이론은 감
각세포와 뉴런이 신경근육세포에서 기원했다고 가정하는 반면, 감각세포, 뉴런, 근육
세포가 상피세포에서 따로따로 기원했다고 가정하는 저자들도 있다. 파커와 동료들이
20세기 초에 전개한 '파라뉴런(paraneuron)'의 개념은 뉴런이 분비세포에서 진화했다
는 의견을 제시한다. 이미 언급했듯이 뉴런의 많은 특징, 예컨대 막전위, 전달물질을
비롯한 신경활성물질, 막 수용체, 이온통로, 뉴런의 정보처리와 관련된 많은 화학 과
정은 물론 활동전위까지도 뉴런과 신경계보다 역사가 더 오래되었고 원생동물, 식물,
뉴런이 아닌 세포에서 이미 발견되므로 10억 년 이전부터 있었을 것이다.

자포동물은 중추신경계는 물론 뇌조차도 없는 대신 산만한 신경망 또는 신경환을
가지고 있다. 가장 단순한 유형의 신경계(신경망)도 있고 비교적 복잡한 형태인 방사
대칭 신경계도 있다는 말이다(그림 7.2). 민물에 사는 폴립형 히드라와 같은 고착성 히
드라충의 경우 표피에서는 신경망이 발견된다. 이 동물의 입과 육경(육질의 자루) 주
위에는 신경이 고리 형태로 집중되어 있다. 촉수들이 먹이를 입 쪽으로 날라야 하니,

이는 이해가 간다. 복잡한 감각기관은 없지만 히드라는 기계적, 화학적, 시각적, 온도 자극에 반응한다.

반대로 자유유영하는 해파리형의 해파리(일반적으로 '해파리'라 부르는)는 동물계의 다른 복잡한 신경계와는 무관하게 진화한 것으로 보이는 복잡한 신경계를 가지고 있다. 해파리형은 우산 테두리에 복잡한 환상신경계를 가지고 있다. 이 환상신경계는 신경섬유가 가늘어서 전도 속도가 느린 외산(exumbrellar)신경환과 신경섬유가 굵어서 전도 속도가 빠른 내산(subumbrellar)신경환으로 이루어져 있다. 외산신경환에 끼어드는 신경절에는 작은 다극성 감각세포들이 들어 있어서 감광세포, 입, 촉수와 접촉하고 있고, 내산신경환에는 큰 양극성 '유영운동뉴런'이 많이 있어서 우산을 동기적으로 수축시킨다. 이 고리는 평형세포인 평형포(statocyst)로부터 정보를 받는다(그림 7.2b). 두 환상신경계는 서로 연결되어 있다.

이 신경환계에서의 신호 전달은 다른 동물에서의 신호 전달과 다른데, 전기적 시냅스가 화학적 시냅스보다 우세하기 때문이다. 그래서 신호를 빠르게 전도할 수 있지만, 모든 전기적 시냅스가 그렇듯 신호 전달을 조정하는 데는 한계가 있다. 존재 여부가 오래도록 논란이 된 화학적 시냅스도 있긴 하지만, 화학적 전달을 행하는 것은 대개 소수의 신경펩티드(예 : FMRF-아미드와 RF-아미드)다(Grimmelikhuijzen et al., 1992 참조). 다른 자포동물 종에서는 콜린, 세로토닌, 도파민, 글루탐산에 의한 전달도 이루어진다는 증거가 있긴 하지만 말이다(Anderson et al., 2001 참조).

해파리형에서 발견되는 감각기관으로는 시각기관인 색소반점(pigment spot), 술잔형 단안(cup ocellus), 또는 심지어 양면볼록 수정체가 달린 '눈', 평형기관인 평형포, 흔히 광수용기나 화학수용기와 결합해 해파리형의 율동적 수축을 유발하는 복잡한 곤봉 모양의 평형기관인 '촉수포(rhopalium)' 등이 있다. 요컨대, 자포동물과 유즐동물에서 이미 매우 발달한 시각계가 발견되고, 이는 다른 모든 복잡한 신경계에 빼어난 대안이 있음을 상징한다.

7.2 좌우대칭동물

좌우대칭동물은 무장동물문(*Acoelomorpha*), 선구동물문(*Protostomia*), 후구동물문(*Deuterostomia*)이라는 세 개의 큰 문으로 구성된다. 모두 외배엽, 내배엽, 둘 사이의 중배엽, 이렇게 세 개의 배엽층을 가지고 있다. 무장동물은 구멍이 없거나 한 군데가 뚫린 소화관 형태의 1차 체강만 있는 반면, 선구동물과 후구동물은 2차 체강을 가진 모든 유기체로 구성되므로 '유장동물(Coelomata)'이라 부르며, 신장이 있어서 '신장동물(Nephrozoa)'로 부를 때도 있다. 체강은 일부 또는 전체가 중배엽 조직으로 덮여 있다. 그러나 2차 체강은 진정후생동물 사이에서 진화했다가 여러 번 독립적으로 사라졌을 것이다. 현재 가장 널리 인정받는 계통유연관계는 〈그림 7.1〉에 제시되어 있다.

유장동물은 선구동물과 후구동물로 나뉘는데, 차이는 배(胚)의 발생에 있다. 선구동물에서는—여러 번 도전을 받긴 했지만 최소한 통상적인 관점에서 말하자면—배의 '입'이 그대로 고유한 의미의 체강(coelom)인 2차 체강으로 들어가는 입구가 되고, 배의 반대쪽에 두 번째로 항문이 형성된다. 후구동물에서는 배의 입이 항문이 되고, 체강으로 들어가는 입구로서의 입은 두 번째로 형성된다. 선구동물과 후구동물을 구분하는 또 한 가지 중요한 특징은 중추신경계(CNS)의 위치다.

7.2.1 무장동물

무장동물은 좌우대칭으로 조직된 가장 단순한 동물로 여겨지며, 납작벌레를 닮은 매우 작은 좌우대칭동물들이 여기에 들어간다. 그래서 최근까지 편형동물문(*Platyhelminthes*, 아래 참조)으로 포함되었지만 지금은 별개의 문으로 여겨진다. 표피 밑에 가장 단순한 형태의 좌우대칭 신경계에 해당하는 히드라의 신경망을 닮은 산만신경망을 가지고 있다. 그러한 표피하 산만신경망은 납작벌레를 닮은 다른 유기체들에서도 발견되므로, 이 유형이 모든 좌우대칭 신경계의 조상 형태에 해당하는지 아니면 2차 단순화의 산물로 여겨져야 하는지는 논쟁이 된다. 후자라면, 먼저 모든 좌우대칭동물(모든 '무척추동물'과 '척추동물')의 뇌의 조상 상태가 이미 비교적 복잡했다(삼분된 조직을 보였다)고, 또한 많은 무척추동물의 신경계와 뇌가 2차 단순화를 겪었다고 가정해야 할 것이다(Hirth and Reichert, 2007). 그러나 복잡한 유형은 단순한 유형에서 독립적으로 발달했다고 주장하는 저자들도 있다(Moroz, 2009).

7.2.2 선구동물

대부분 유전자 데이터를 기초로 하는 최근의 분류학인 '계통유전체학(phylogenomics)'
에 따르면, 선구동물은 촉수관(lophophor, 촉수 '왕관')이 있거나 담륜자(trochophora)
유생을 거치는 촉수담륜동물상문(*Lophotrochozoa*)과 탈피(ecdysis, 아래 참조)하는 탈
피동물상문(*Ecdysozoa*)으로 분류된다. 편형동물문의 계통발생 및 분류학적 지위는 불
분명하다. 어떤 저자들은 편형동물을 촉수담륜동물에 집어넣고, 어떤 저자들은 편형
동물이 촉수담륜동물의 자매군으로서 둘이 함께 나선동물(*Spiralia*)이라는 상위군을
형성한다고 여긴다.

촉수담륜동물

분류학적 명명 방식이 나타내듯이, 촉수담륜동물은 입 주위에 촉수관이 있는 촉수
관동물과 특징적인 모양의 담륜자 유생을 거치는 담륜동물로 나뉜다. 촉수관동물
(*Lophophorata*)에는 태형동물문(*Bryozoa* 또는 *Ectoprocta*), 추형동물문(*Phoronida*),
완족동물문(*Brachiopoda*), 내항동물문(*Entoprocta*)이 들어가고, 편형동물문과 윤형
동물문(*Rotatoria*)은 들어가거나 빠지는 반면, 담륜동물(*Trochozoa*)에는 유형동물문
(*Nemertea* 또는 *Nemertini*), 연체동물문(*Mollusca*), 성구동물문(*Sipuncula*), 의충동물
문(*Echiura*), 환형동물문(*Annelida*)이 들어간다. 그러나 저자에 따라 이와 다르게 분류
하기도 한다.

편형동물

분류학적 지위가 불분명한(위 참조) 편형동물문(*Platyhelminthes* 또는 *Plathelminthes*,
납작벌레류 2만 5,000~3만 종)은 예전에 '와충강(*Turbellaria*)'이라 불리던 몇몇 종[나
머지 '와충류'는 지금은 무장강(*Acoela*)에 포함된다], 내부기생충인 촌충강(*Cestoda*,
촌충류 3,500종), 흡충강(*Trematoda*, 흡충류 약 2만 종)으로 구성된다.

'와충류' 편형동물의 일부 형태(약 3,000종)는 무장강에서 발견되는 표피하 산만신
경망을 닮은 매우 단순한 신경망을 가지고 있다. 다른 형태에서는 표피하신경망에 더

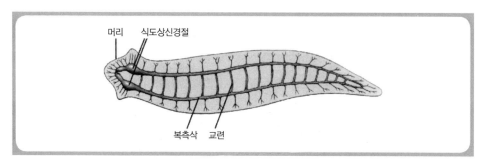

머리   식도상신경절

복측삭   교련

그림 7.3 납작벌레의 신경계와 뇌.
자세한 설명은 본문 참조.

해 식도상신경절(supraesophageal ganglion)이 있는데, 〈그림 7.3〉에서 보이듯이 이 신경절에서 출발해 배측과 복측을 세로로 통과하는 두 가닥의 신경삭(nerve cord)을 교차 연결하는 교련(commissure) 신경로가 연결하고 있다. 세로 방향의 신경삭은 전부 다 섬유로 구성될 수도 있고, 국지적으로 뉴런이 밀집된 신경절이 규칙적으로 배열된 형태로 구성될 수도 있다. 이 유형의 중추신경계는 좌우대칭동물에서 발견되는 더 복잡한 모든 중추신경계의 진화적 출발점으로 여길 수도 있고, 많은 분류군에서 독립적으로 일어난 2차적 감축의 산물로 여길 수도 있다(Hirth and Reichert, 2007 참조).

일부 납작벌레 분류군에서는 더 복잡한 형태의 뇌가 발견된다. 이 뇌는 좌우대칭동물 뇌의 조상 상태(다른 뇌들은 2차 단순화를 겪는 동안 유지된, 위 참조)에 해당할 수도 있고, 독립적으로 진화했을 수도 있다. 가장 복잡한 형태는 노토플라나(*Notoplana*)와 스틸로코플라나(*Stylochoplana*)와 같은 포식성 플라나리아에서 발견되는데, 이들의 뇌신경절은 서로 다른 다섯 덩어리로 이루어져 있다. 이들의 감각 장비는 인상적이다. 다시 말해, 납작벌레는 머리와 온몸에 접촉 또는 화학물질을 감지하는 수용기가 있고, 평형포도 있고, 광수용기 수백 개가 들어 있는 내향안(inverse eye) 또는 외향안(everse eye)도 있는 등 다양한 감각기관을 가지고 있어서 몸을 움직여 대상을 지각하는 데 필요한 정보를 입력할 수 있다(그림 7.4). 어떤 눈은 머리에 달린 한 쌍의 단안(홑눈)으로 발견되고, 육지에 사는 어떤 납작벌레들은 단안이 1,000개가 넘는다.

촌충과 흡충은 내부기생충이라는 생활양식 때문에 단순하거나 **단순화한 신경계**를 가지고 있는데, 단순한 식도상신경절(또는 '뇌')과 몸을 세로로 통과하는 가변적인 수(대

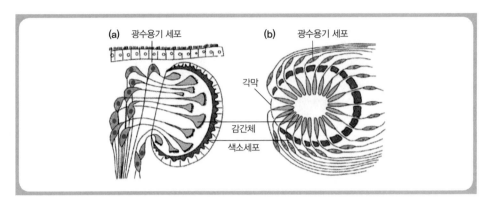

그림 7.4 '와충류' 납작벌레들의 눈. (**a**) 민물 플라나리아의 색소세포가 있는 술잔형의 내향안, (**b**) 육상
플라나리아의 외향안.

Roth and Wullimann(1996/2000)에 따라 수정.

부분 세 가닥)의 섬유로로 구성된다. 입 부위에 신경종말을 빽빽하게 갖추고 있다. 약
간의 광수용기와 기계수용기가 있지만, 화학수용기는 없는 것으로 보인다.

촉수관동물

완족동물(340종)은 바다에 사는 고착성 동물로, 단단한 껍질 때문에 이매패 연체동물
(조개)과 흡사하지만 조개와는 달리 몸을 표면에 고정시키는 육경과 물에서 입자들을
걸러내는 촉수관을 가지고 있다. 매우 단순한 (또는 단순화한) 이들의 신경계는 식도
를 둘러싸는 신경환과 배측에 있는 작은 신경절 및 복측에 있는 큰 신경절로 이루어져
있다(일부 종의 성체에는 신경절이 배측에만 있다). 신경절이나 신경환에서 출발하는
복측 신경삭이 몸, 촉수, 외투, 판막의 근육에 신경을 공급한다. 접촉 수용기와 평형포
도 있다.

 태형동물[이끼동물 또는 외항동물(*Ectoprocta*)이라고도 함, 4,000~5,000종]과 내항
동물('항문이 안에 있다'는 뜻, 약 150종)은 촉수관을 써서 먹이를 걸러 먹는 매우 작은
동물이다. **추형동물**(10종)은 자기가 지은 관 안쪽에 살면서 먹이를 걸러 먹지만, 50cm
길이까지 자랄 수 있다. 셋 다 단순한 신경계를 가지고 있는데, 완족동물처럼 신경절
은 있거나 없고 식도 신경환과 신경삭이 있으며, 신경삭의 일부에는 빠르게 움츠리기
위한 '거대' 축삭이 달려 있다.

담륜동물

담륜동물 집단에는 유형동물 말고도 환형동물과 연체동물이라는 큰 집단뿐만 아니라 **성구동물**('땅콩벌레', 약 300종)과 **의충동물**('주걱벌레', 150종)이라는 갯지렁이를 닮은 동물들의 작은 집단이 포함된다. 모두 비교적 단순하게 살아서 — 원래부터든 2차 단순화의 결과로든 — 매우 단순한 신경계를 가지고 있다. 중추신경계에는 작은 식도상신경절과 식도하신경절이 들어 있는데, 이 신경절들은 표피하신경망은 물론 촉수에 실려 있는 평형포, 안점, 기계수용기와 같은 소수의 감각세포들과도 연결되어 있다.

유형동물('끈벌레' 또는 '주둥이벌레', 약 1,200종)은 납작벌레의 친척으로 여겨지지만, 기생충이 아니라 바다에 살면서 흔히 화려한 색을 뽐내는 포식자로서 크기가 2~3cm에서 30m에 달한다(최대 54m — 지금까지 발견된 가장 긴 동물!). 매우 멀리 내밀 수 있는 주둥이(proboscis)라는 구조를 써서 환형동물, 조개, 갑각류를 먹고 산다. 입 위쪽의 '주둥이함(rhynchodeum)'에 들어 있던 주둥이가 튀어나가 독으로 먹이를 잡는다.

포식을 하는 생활양식의 맥락에서, 유형동물의 신경계는 앞에 언급한 형태들보다 더 복잡하다. 신경계를 구성하는 뇌는 신경절 네 개(배측신경절 한 쌍과 복측신경절 한 쌍)가 고리를 형성하고 있는데, 벌레를 닮은 다른 무척추동물의 경우처럼 인두를 둘러싸는 것이 아니라 주둥이함을 포함한 체강인 주둥이강(rhynchocoel)을 둘러싸고 있다. 최소한 한 쌍의 복측신경삭이 뇌에서 출발해 몸길이를 따라 달리지만 신경절로 분절되지는 않는다. 대부분의 유형동물은 화학수용기가 있고 머리에 색소를 가진 술잔형의 단안이 달려 있지만, 일부 형태는 수정체 눈을 가지고 있다.

환형동물 환형동물(고리를 둘렀거나 마디로 나뉜 벌레, 1만 6,000~1만 8,000종)은 가장 큰 담륜동물 집단의 하나다. 다모강[Polychaeta, '강모(chetae)'라 부르는 '털이 많은 벌레', '측각(parapodium)'이라 부르는 다리 모양의 부속지도 가지고 있다]과 빈모강(Clitellata)으로 나뉘며 빈모강을 구성하는 지렁이아강(Oligochaeta)과 거머리아강(Hirudinea)은 둘 다 털과 측각이 없다. 환형동물의 몸은 마디로 조직되어 다수의 동일한 부분마다 복측 신경계의 한 부분을 포함해 같은 기관들을 한 벌씩 담고 있고, 대부분의 다모강에서는 보행에 쓰이는 한 쌍의 측각도 담고 있다.

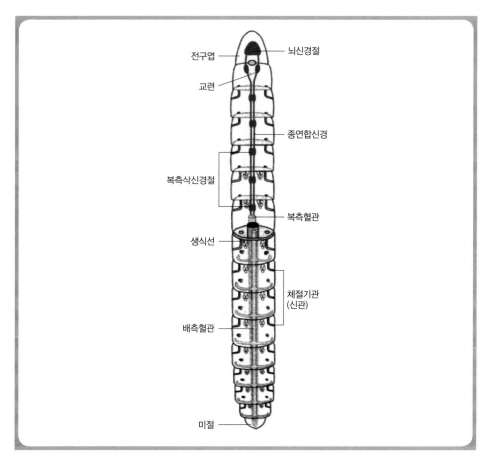

그림 7.5 환형동물의 '줄사다리' 중추신경계.
Roth and Wullimann(1996/2000)에 따라 수정.

　10여 년 전까지만 해도 환형동물은 가장 큰 동물군인 절지동물과 계통유연관계가 가깝다고 가정되었는데, 특히 절지동물 집단의 모든 구성원 역시 분절된 몸 설계를 가지고 있고, 둘의 신경계가 몇몇 세부사항에서 서로 닮았기 때문이다. 그러나 오늘날 환형동물문은 촉수담륜동물에 포함되고 편형동물 및 연체동물에 더 가까운 반면, 절지동물문은 이제 탈피동물(아래 참조)에 속한다. 몸의 분절에 관해서도 우리는 뇌의 경우와 같은 질문에 부닥친다. 즉 분절된 몸은 모든 선구동물(어쩌면 모든 좌우대칭동물)의 조상 상태에 해당하는데 몸이 분절되지 않은 모든 문에서 잃어버린 것일까, 아니면 촉수담륜동물, 탈피동물, 척삭동물(어쩌면 모든 후구동물)에서 독립적으로 여러 번 진화한 것일까?

환형동물에서는 분절된 몸 설계와 함께 '줄사다리' 중추신경계가 발견된다(그림 7.5). (조상 상태이건 파생 상태이건) 가장 단순한 상태에서, 이 구조는 동물의 '머리', 즉 '전구엽(prostomium)'에 위치하는 식도상신경절(또는 뇌신경절)과 식도를 둘러싸는 신경환으로 구성되며, 여기서 출발한 한 쌍의 신경삭이 복측으로 달리고 체절마다 한 쌍의 신경절이 횡연합신경에 의해 '문합(anastomose)'되어 있다. 삭의 일부는 직경이 매우 큰 '거대 섬유'를 형성하므로 전도 속도가 빨라서 동물의 머리에서 뒤쪽 끝까지 정보를 빠른 속도로 전달한다.

일부 다모류 분류군에서는 뇌신경절이 복잡한 조직을 드러낸다. 포식하는 종에게는 곤충 뇌의 전대뇌(protocerebrum), 중대뇌(deutocerebrum), 후대뇌(tritocerebrum)(아래 참조)와 흡사하게 삼분되는 뇌가 있는데, 이는 모든 선구동물(심지어 모든 좌우대칭동물)의 조직이 실제로 그렇게 삼분되어 있었음을 가리킬지도 모른다. 이뿐만 아니라 일부 지렁이류에서는 복측신경삭의 첫 부분들이 융합되어 식도하신경절이 되어 있는 경우가 많다. 포식성 다모류는 전대뇌에 곤충의 버섯체를 닮은 구조를 포함하고 있지만, 두 구조가 상동인지(최소한 '깊은 상동성'의 의미에서) 아니면 독립적으로 진화했는지는 논쟁이 된다. 환형동물에서는 이 '버섯체'가 촉수와 유사한 촉염(palp)에서 정보를 받는 중추, 시각중추, 중대뇌의 촉각중추와 연결되어 있으므로, 곤충의 버섯체와 마찬가지로 다중감각 통합중추에 해당하는 것으로 보인다. 이 기본 조직이 빈모류에서는 약간, 거머리류에서는 대단히 단순화되어 있는 것을 볼 수 있다.

환형동물은 다양한 종류의 촉각 및 화학감각기관, 즉 촉각, 촉염, 섬모가 달린 '목덜미기관(nuchal organ)' 따위를 가지고 있는데, 아마도 제각기 먹이에 대한 화학적 감응 및/또는 빛의 탐지에 관여할 것이다. 그 밖의 감광기관도 매우 단순한 색소반점과 오목눈(pit eye)에서 복안을 거쳐 일부 포식성 다모류에게 있는 원근조절 기제를 갖춘 수정체 눈에 이르기까지 다양하지만, 다른 동물군이 지닌 비슷한 유형의 눈들과는 무관하게 진화했다(그림 7.6).

연체동물 연체동물은 가장 큰 촉수담륜동물 집단이다(약 10만 종이 기술되었지만 훨

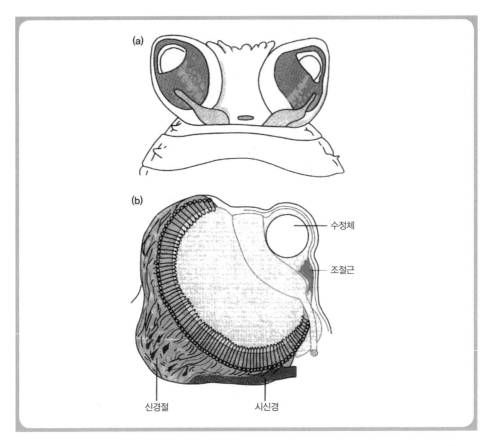

수정체

조절근

신경절　　　　　시신경

그림 7.6 수정체 조절 기제를 가진 다모류 알키오페(*Alciope*, 부채발갯지렁이목의 한 과 — 옮긴이)의 사진기 눈. (**a**) 복측에서 본 그림, (**b**) 광축을 통과하는 단면.
Roth and Wullimann(1996/2000)에 따라 수정.

씬 더 많이 존재할 것이다). 계통유연관계는 논쟁이 된다. 더 작은 집단이 몇 개 더 있지만, 크게 복족강(*Gastropoda*, 달팽이와 민달팽이 등 약 7만 종이 기술), 이매패강(*Bivalvia*, 조개, 굴, 홍합, 가리비 등 약 2만 종이 기술), 두족강(*Cephalopoda*, 오징어 등 약 800종) 세 개의 분류군으로 나뉜다.

　연체동물의 신경계는 무장류에서 발견되는 것을 닮은 비교적 단순한 (또는 단순화한) 형태에서부터 무척추동물 중 두족류에서 발견되는 가장 복잡한 형태에 이르기까지 다양하다. 기본 패턴은 뇌신경절로부터 배측으로 달리는 두 가닥의 측내장신경삭

(pleurovisceral nerve cord), 복측으로 달리는 두 가닥의 족신경삭(pedal nerve cord)으로 구성된 4신경 신경계다(그림 7.7a). 조상 상태에서는 신경의 세포체가 신경절에 집중되어 있는 것이 아니라 삭 전체에 분산되어 있다. 그러므로 연체동물에 신경절이 형성되어 있는 상태는 조상 상태일 수도 있고 환형동물이나 절지동물과 같은 다른 형태에서 일어난 신경절 형성과 무관하게 파생된 상태일 수도 있으며, 심지어 연체동물 안에서도 독립적으로 여러 번 발생했을 수도 있다고 여겨진다(Moroz, 2009).

복족류 : 달팽이와 민달팽이의 4신경계는 최대 여섯 쌍의 신경절과 함께 대개 쌍을 이루지 않는 하나의 내장신경절을 보인다(그림 7.7a). 삭들은 대부분 교련으로 연결되어 있다. 교련으로 연결된 한 쌍의 뇌신경절은 식도 주위에 자리 잡고 눈, 평형포, 머리에 달린 촉수, 입술의 피부와 근육, 머리, 때로는 음경 부위로부터 오고 가는 정보를 처리한다. 교련으로 이어진 한 쌍의 구강(buccal)신경절은 식도 밑에 자리 잡고 인두, 침샘, 식도의 신경총과 위(胃)로 신경을 분포시킨다. 교차 연결되지 않는 한 쌍의 측신경절(pleural ganglion)은 삭에 의해 뇌신경절, 구강신경절, 벽내장신경절(parietal-visceral ganglion)과 연결되어 있다. 족신경절(pedal ganglion)은 발 근육과 피부로 신경을 분포시킨다. 뇌신경절, 측신경절, 족신경절이 모여 뇌 덩어리를 형성한다. 장상(supra-intestinal) 및 장하(sub-intestinal) 신경절은 아가미, '후검기(osphradium)'(후각기관), 외투와 피부의 일부로 신경을 분포시키고, (모든 복족류에 존재하지는 않는) 한 쌍의 벽신경절은 몸의 외측 벽에 신경을 분포시킨다. 마지막으로, 쌍을 이루지 않는 내장신경절은 장의 꼬리 부위, 항문, 피부와 체벽의 이웃하는 부위들, 생식기관, 신장, 간, 심장에 신경을 공급한다. 이렇게 해서 '내장환(visceral loop)', 즉 측신경절에서 내장신경절에 이르는 신경절과 삭의 사슬이 완성된다.

대부분 '내장환'으로 나타나는 신경절의 융합은 많은 복족류, 예컨대 공기를 호흡하는 육지달팽이에서 관찰된다. 가장 발달한 복족류의 뇌는 부르고뉴 또는 로마의 달팽이라 불리는 헬릭스 포마티아(*Helix pomatia*)에서 발견된다. 이들의 뇌는 공 모양과 치밀한 그물 모양의 신경을 가진 전대뇌, 측엽(pleural lobe)과 족엽(pedal lobe)을 가진 중대뇌와 후대뇌로 구성되어 있다. 이 조직 방식은 복잡한 뇌를 가진 다른 무척추동물의 것과 놀랍도록 비슷하지만, 아마도 이들과는 무관하게 진화했을 것이다.

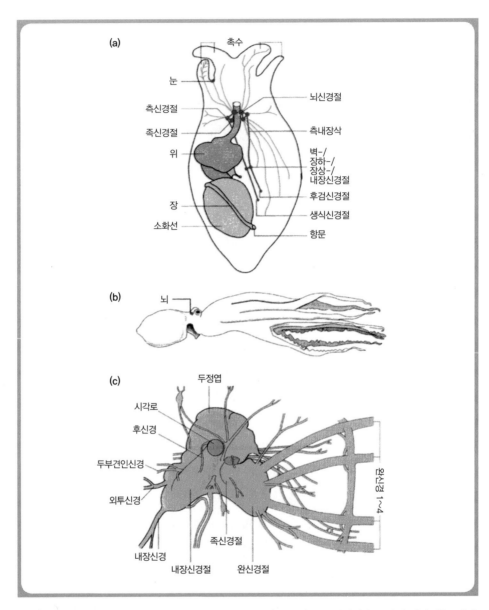

그림 7.7 연체동물의 중추신경계. (**a**) 바다민달팽이 군소(*Aplysia*)의 신경계, (**b**) 문어의 뇌가 있는 자리, (**c**) 문어의 뇌와 신경들.

Roth and Wullimann(1996/2000)에 따라 수정.

복족류는 화학수용 및 기계수용 감각기관이 온몸에 분산되어 있다. 복잡한 감각기관으로는 평형포, 넓게 벌어진 오목눈[삿갓조개(*Patella*)], 바늘구멍 눈[밤고둥(*Trochus*)]에서 수정체 눈[헬릭스(*Helix*)]에 이르는 다양한 눈, 아가미 근처 외투에서 화학물질을 감지하는 후검기 등이 있다.

일부 바다민달팽이는 현대 신경생물학에서 명성을 얻었다. 예컨대 최대길이가 75cm에 달하는 캘리포니아 '군소', 아플리시아 칼리포르니카(*Aplysia californica*)는 맨눈으로 알아볼 수 있는 매우 큰 뉴런을 가지고 있어서 (미국의 노벨상 수상자 에릭 캔들이 했듯이) 뉴런의 정보처리 및 학습 과정을 연구하는 데 적합하다(Kandel, 1976 참조).

이매패류 : 이매패류(약 2만 종)는 두 번째로 큰 연체동물 집단을 형성한다. 고착해서 살아가는 동물답게 다들 매우 단순하거나 단순화한 신경계를 가지고 있다. 신경절이 세 쌍뿐이고 내장신경절이 특히 두드러지는데, 내장신경절은 흔히 측신경절과 융합되어 있다. 대부분의 종에서 입쪽 끝에 있는 신경절은 뇌신경절, 측신경절, 구강신경절이 융합된 것이다. 일부 이매패류, 예컨대 가리비(*Pecten*)는 외투막 테두리에 눈이 달려 있는데, 이 눈은 복잡한 해부구조(예 : 원위망막과 투명한 반사판을 포함한 근위망막)를 가질 수 있지만, 그것이 특별히 어떤 기능을 하는지는 불분명하다.

두족류 : 두족류(멸종한 1만 종과 700종이 약간 넘는 현생 종)는 계통발생적으로 오래된 집단으로서 약 5억 년 전 캄브리아기에 기원했다. 일부 집단, 가령 유명한 암모나이트는 현생 앵무조개(아래 참조)와 흡사했고 오르도비스기에서 백악기 말인 6,500만 년 전까지 매우 번성한 것으로 보인다. 오늘날은 두족강 중에서 두 개의 아강만 존재한다. 앵무조개아강(*Nautiloidea*)에는 여섯 종으로 구성된 앵무조개속(*Nautilus*)과 이종 앵무조개속(*Allonautilus*)이 있고, 나머지 모든 두족류로 구성되는 초형아강(*Coleoidea*)에는 팔이 열 개인 갑오징어목(*Sepiida*)과 살오징어목(*Theutida*)의 오징어들이 속해 있는 십완상목(*Dekabrachia*)과 팔이 여덟 개인 문어목(*Octopoda*)이 주요 집단인 팔완상목(*Octobrachia*)이 있다.

두족류는 바다에만 살고 심해저평원에서 표면에 이르기까지 다양한 깊이에서 산다. 모두 물을 분사하는 추진력으로 비교적 빠르게 움직일 수 있다. 머리에서 촉수가 나온다고 해서 다리 달린 머리를 뜻하는 '두족류'라는 이름이 붙었는데, 금세 늘일 수 있는 이 촉수들은 먹이를 잡아서 입으로 끌어당기는 데에도 쓰이고 서서히 움직이는 데에도 사용된다. 촉수는 흔히 빨판이 덮인 곤봉 형태로 끝난다. 살오징어의 경우는 촉수를 8m까지 뻗을 수도 있다. 모든 두족류는 위턱과 아래턱이 있는 앵무새 부리 모양의 주둥이를 가지고 있는데, 대부분 혀와 비슷한 치설(radula)을 가지고 있다. 두족류는 두드러지게 수명이 짧다. 앵무조개는 수명이 약 20년이므로 오래 사는 편이지만, 초형아강의 종들은 대부분 간신히 1년을 살고, 최대 수명이 5년이다. 성장이 빠르므로 성적으로도 일찍 성숙한다.

두족류는 일반적으로 매우 발달한 신경계를 가지고 있는데, 신경절들이 융합한 다음 엽(葉)으로 발달해 식도 주위에 복잡한 뇌를 형성하는 것이 특징이다. 다른 연체동물의 뇌신경절, 구강신경절, 하순(아랫입술, labial)신경절, 측신경절, 내장신경절에 해당하는 엽들도 가지고 있지만, 중추의 시신경절, 후신경절, 각(다리, peduncular)신경절을 비롯해 말초의 인두(branchial)신경절, 성상(별, stellate)신경절과 같은 다른 구조들도 새로이 형성되어 있다.

'진주 배'(올리버 웬델 홈스의 시 "앵무조개"에 나오는 표현 — 옮긴이)로 유명한 앵무조개는 살아 있는 화석이다. 아마도 약 5억 년 전 캄브리아기에 살았던 두족류의 조상 형태에 해당할 것이기 때문이다. 다소 역설적으로, 6,500만 년 전 백악기 말 대멸종에서는 단 한 속의 소수 종만 살아남았지만, 진화생물학의 관점에서는 지극히 성공한 집단으로 여겨야 한다.

앵무조개는 여러 칸의 방을 가진 껍질을 두르고 있는데, 이 아름다운 진주 배는 끝에 새로운 방을 덧붙이면서 일생 동안 자란다. 동물은 최근에 형성된 방에서 산다. 방 안의 기체 함량을 조절해서 부력을 조정하지만, 기체를 교환해야 하므로 살 수 있는 깊이는 100~400m로 제한된다. 앞으로 헤엄치려면, 물을 끌어들여 마지막 방 밖으로 내보낸다. 60개(수컷)에서 90개(암컷)에 달하는 짧지만 강한 촉수가 있는데, 촉수는 빨판이 없지만 끈끈하다. 대부분 작은 갑각류를 잡아먹는다.

앵무조개는 겉으로 보이는 식도상엽은 없고 융합되지 않은 식도하엽들만 있는 비교적 단순한 뇌를 가지고 있는데, 이는 아마도 두족류의 조상 상태에 해당할 것이다(Grasso and Basil, 2009). 그러나 영(Young, 1971), 닉슨과 영(Nixon and Young, 2003)에 따르면, 이 고리를 닮은 삭 구조는 다섯 종류의 부위로 이루어진 복잡한 내부

구조를 가지고 있다. 대뇌삭이 연결하고 있는 외측의 대뇌엽들은 촉수, 아가미, 눈, 후각계로부터 정보를 받아 처리한다. 위아래로 나뉘어 있는 구강신경절은 인두와 입 부분으로 신경을 분포시킨다.

십완상목 살오징어목[흔한 오징어인 유럽화살꼴뚜기(*Loligo vulgaris*)를 포함한 약 250종]은 탁 트인 대양에서 사는데, 일부는 심해층에 거주한다. 매우 커질 수도 있어서, 예컨대 대왕오징어(*Architeuthis*)는 촉수의 폭이 20m나 되고 무게가 0.5톤이 넘는다(이들에 관한 무시무시한 이야기가 많을 수밖에!). 살오징어는 갑오징어처럼, 그리고 앵무조개와 달리 겉껍질이 없지만, 몸속에 뿔과 같은 조각이 들어 있어서 몸을 안정시킨다. 빨판으로 덮인 여덟 개의 짧은 팔과 두 개의 긴 팔을 써서 먹이를 잡은 다음 주둥이와 치설로 먹이를 부순다. 몸뚱이는 외투로 덮여 있고, 외투강의 앞쪽에는 흡관이 들어 있다. 모든 두족류가 그렇듯, 살오징어도 외투강과 흡관을 써서 물을 분사하는 추진력으로 움직인다. 매우 빠르게 움직일 수 있어서 수면 위로 뛰어오르기까지 한다. 일부 종은 동물계에서 가장 큰, 엄청나게 큰 — 직경이 20cm에 달하는 — 눈을 가지고 있다.

갑오징어목(120종)은 열대와 아열대 대양의 연안에서, 수면에서 400m 깊이에서 산다. 60cm, 10kg까지 자랄 수 있다. 부력을 내기 위해 속껍질, 즉 갑오징어 뼈를 지니고 있다. 작은 연체동물, 게, 새우, 물고기, 문어, 지렁이, 다른 갑오징어를 먹지만, 살오징어처럼 빠른 수영선수가 아니라 숨어 있다가 먹이를 덮치는 쪽이다. 빨판이 덮인 여덟 개의 팔로 먹이를 잡고 그보다 짧은 두 개의 촉수를 써서 먹이를 주둥이와 입으로 가져간다.

살오징어와 갑오징어의 뇌는 신경절이 더 많이 융합되어 식도 주위에 집중되어 있는 모든 초형아강의 전형적인 조직을 보여준다. 식도하 부위는 세 부분으로 구성되어 있는데, 앞부분은 촉수에 신경을 공급하고, 여러 개의 엽으로 이루어진 중간 부분은 색소체(이 동물을 유명하게 만든 변색의 출처)와 흡관에 신경을 분포시키고, 꼬리 부분은 주로 외투와 아가미에 신경을 공급한다. 이 식도하 부분들은 식도의 외측에서 식도의 일부를 둘러싸고 있는 대세포엽(magnocellular lobe)들과 상호작용한다.

뇌, 다시 말해 식도상신경절은 아가미로 신경을 분포시키는 구강신경절을 포함해 겉으로 보이는 많은 엽들로 구성되어 있다. 바닥에 있는 엽들은 운동을 통제하고, 배측 부분에 들어 있는 화학-촉각계와 시각계는 저마다 네 개의 엽으로 구성되어 촉수와 눈에서 오는 정보를 처리한다. 살오징어도 문어와 마찬가지로 두정엽(vertical lobe)을 가지고 있는데, 여기서도 두정엽은 고등한 인지 기능의 자리다(아래 참조). 전체 뇌부피에 비하면(절대 부피는 그렇지 않지만), 두정엽은 문어의 것이 훨씬 더 크다.

갑오징어의 눈은 문어의 눈과 마찬가지로 동물계에서 가장 발달한 눈에 속한다. W모양의 동공과 두 개의 중심와(오목, fovea)를 가지고 있는데, 하나는 앞을 보기 위한 것이고 하나는 뒤를 보기 위한 것이다. 포유류처럼 수정체의 모양을 바꾸는 대신 눈 자체의 모양을 통째로 바꿔서 초점을 옮긴다. 갑오징어의 눈은 외향안이다. 광수용기가 수정체와 빛 쪽을 가리킨다는 뜻이다.

문어목(약 300종. 그림 7.7b)은 많은 전문가가 가장 발달한 연체동물이자 가장 영리한 무척추동물이라고 여긴다. 겉껍질도 속껍질도 없어서 작은 구멍도 미끄러져 통과할 수 있다. 살오징어와 갑오징어처럼 문어도 화려한 변색 능력을 보여주는데, 이는 위장에 이바지하거나 정서적 각성(예 : 번식 행동을 하는 동안)을 신호한다. 모든 문어에 독이 있지만, 인간에게 치명적인 것은 오스트레일리아에 사는 파란고리문어(*Hapalochlaena maculosa*)의 독뿐이다.

문어의 가장 두드러진 특징인 여덟 개의 긴 팔은 빨판으로 덮여 있고 머리에서 생겨나며 먹이(대부분 갑각류)를 잡을 때와 표면 위를 천천히 움직일 때 쓰인다. 빠르게 이동할 때는 머리를 앞에 두고 분사 추진한다. 무게는 15~75kg이지만, 매우 큰 놈은 270kg이 넘을 수 있고, 지름이 9m에 달하는 팔이 발견된 적도 있다.

모든 초형아강이 그렇듯, 문어도 수명이 짧다. 최소 2~3개월(작은 종)부터 길어야 5년(더 큰 종)까지 산다. 보통 번식을 하고 나면, 즉 알을 낳고 나면 죽는데, 먹기를 그만두기 때문이다. 시각 분비선과 관계있는 어떤 물질이 방출되는 게 원인인 것 같다. 산란한 뒤에 이 분비선을 제거하면 다시 먹기 시작해서 대단히 오래 살기 때문이다. 문어의 짧은 기대수명이 흥미로운 이유는 뇌가 크고 복잡하며 영리한 동물은 오래 산다는 규칙에 어긋나기 때문이다. 암컷 문어가 새끼를 잠깐밖에 보살피지 않는 것도 규칙에 어긋나는 또 한 가지 예외이고, 그 때문에 문어는 자손에게 경험을 전달하지 못한다. 이들은 혼자 살고 무척추동물 대부분이 그렇듯 알을 많이(최대 20만 개) 낳는다.

문어의 신경계와 뇌(그림 7.7c와 그림 7.8)는 존 재커리 영과 공동연구자들의 선구

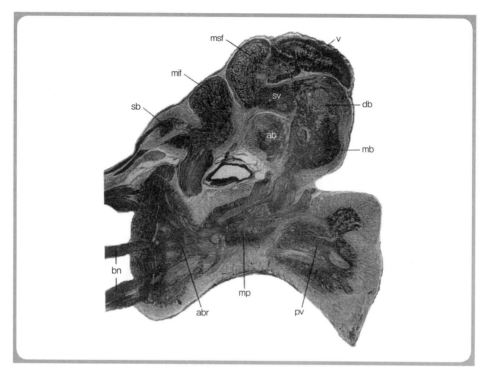

그림 7.8 왜문어(*Octopus vulgaris*) 뇌의 단면. 다양한 엽들이 모여 식도 위아래에 덩어리를 형성하고 있는 모습.

ab : 전기저엽, abr : 전완엽, db : 복측기저엽, mb : 정중기저엽, mif : 정중후엽, mp : 정중족엽, msf : 정중상전두엽, pv : 외투내장엽, sb : 구강상엽, sv : 두정하엽, v : 두정엽. Nixon and Young(2003)에서 수정.

적인 작업 덕분에 자세히 연구되었다(Young, 1971 참조). 문어의 신경계에는 약 5억 5,000만 개의 뉴런이 들어 있는데, 그 가운데 3억 5,000만 개는 여덟 개의 팔 안에, 약 1억 6,000만 개는 거대한 시각엽 안에, 4,200만 개는 뇌 안에 들어 있다. 팔 신경계는 자율성이 커서 뇌의 도움 없이도 정형화된 운동을 할 수 있다.

식도를 둘러싸고 있는 뇌 덩어리 전체는 수많은 신경절이 융합되어 형성되었고, 영과 동료들(Young, 1971)의 고전적 묘사에 따르면, 38개의 엽으로 구성되어 있다(그림 7.8). 식도상 부분, 다시 말해 진정한 뇌는 16개의 엽으로 나뉘고 뉴런 덩어리를 담고 있다. 복측의 운동 부분을 구성하는 여러 개의 엽은 섭식, 보행, 변색의 통제에 관여하고, 배측 부분은 감각 정보 처리와 더 고등한 인지 기능을 수행한다. 눈과 시각엽으로부터 시각 구심신경(afferent)을 받을 뿐만 아니라 팔에 있는 접촉 및 맛의 수용기로부터 촉각-화학감각 정보를 받는다. 이러한 감각-인지 계들은 제각기 네 개의 엽으로 나뉘어 아랫줄과 윗줄을 형성한다. 시각계와 촉각-화학감각계는 서로 밀접하게 연결되어 있다.

두정엽은 문어의 뇌에서 가장 복잡한 부분으로 여겨진다(Young, 1979; Hochner et al., 2006). 포유류 피질의 회(이랑, gyrus)와 비슷한 다섯 개의 소엽(lobuli)으로 구성되며, 약 2,600만 개의 뉴런(뇌 안에 있는 뉴런의 절반 이상)을 담고 있다. 크게 두 유형의 뉴런만으로 구성되어 있다. 즉 문어의 뇌 안에서 가장 작은 뉴런인 조그만 개재뉴런이 2,600만 개 가까이 있고, 큰 투사뉴런이 6만 5,000개쯤 있는데, 전자가 후자로 수렴한다. 앞으로 보게 되듯, 포유류의 대뇌피질도 크게 두 유형의 뉴런, 즉 큰 투사뉴런(피라미드세포)과 작은 개재뉴런만으로 구성되어 있지만, 포유류의 대뇌피질에서는 둘의 비가 문어의 두정엽과 반대여서 투사뉴런이 80%이고 개재뉴런이 20%라는 차이가 있다.

두정엽은 주로 시각계의 윗줄에 속하는 이른바 정중상전두엽(median superior frontal lobe)으로부터 구심신경을 받는다. 이 구심신경은 180만 개의 섬유로 구성된 뚜렷한 신경로를 형성하고, 두정엽의 껍질에서 종지한다(Hochner et al., 2006). 두정엽에 있던 2,600만 개에 가까운 개재뉴런의 돌기들이 그 신경로에 직각으로 침투해 '지나는 길에' 신경로와 접촉한다(그림 17.2 참조). 쇼므라트 등(Shomrat et al., 2008)에 따르면, 바로 이 자리에서 장기증강이 일어나 장기 기억이 형성된다. 문어의 '고등한' 인지 능력을 위한 주요 중추인 두정엽은 약 80만 개의 뉴런을 포함하는 두정하엽(subvertical lobe)과 투사뉴런을 통해 긴밀하게 연결되어 있고, 두 엽은 수백만 개의 섬유가 인상 깊게 규칙적으로 교차하는 망의 작업을 기초로 상호작용한다. 두정하엽은 그런 다음 수많은 섬유를 시각엽으로 돌려보낸다.

포유류의 망막과 피질을 닮은 다섯 층의 신경망을 보여주는 거대한 시각엽도 마찬가지로 복잡하다. 시각엽은 커다란 수정체 눈에서 도착하는 시각 정보를 처리한다. 눈은 문어의 주된 감각기관이다. 문어의 눈은 눈알을 움직이기 위한 외근, 원근과 동공을 조절하기 위한 내근을 지니고 있고, 명순응과 암순응을 위해 광수용기들 사이에서 색소가 이동하기도 한다. 이 눈은 척추동물의 눈과 두드러지게 닮았지만, 척추동물의 눈과는 발생학적으로 다른 물질로 지어진다. 또한 문어의 눈은 **외향안**이다. 광수용기가 수정체와 빛 쪽을 가리킨다는 뜻이고, 그래서 시신경이 망막의 뒤에서 출발하기 때문에 '맹점'이 없다. 이 차이는 눈 형성의 차이와 관계가 있다. 다시 말해, 문어의 눈은 머리 표면이 함입되어 형성되는 반면 척추동물의 눈은 뇌, 더 정확히는 간뇌가 연장되어 생겨난다.

뇌와 식도하신경절 사이에서 발견되는 대세포엽에서는 거대한 섬유들이 뻗어 나와 빠른 방어 및 도주 반응을 중재한다. 문어의 '운동 뇌'인 식도하신경절은 전완엽(prebrachial lobe)과 완엽(brachial lobe)으로 구성되는 앞부분, 중간 부분인 족엽(pedal lobe), 진정한 뇌로 여겨지는 뒷부분으로 나뉜다. 식도하신경절에서는 팔의 신경이 출발하고, 동시에 팔에서 오는 구심신경도 여기에서 끝난다.

탈피동물

탈피동물은 각피(cuticula)라 불리는 단단한 몸 표면을 지닌 모든 무척추동물로 구성된다. 각피는 몸과 함께 자라지 않으므로, 이 동물들은 호르몬의 영향을 받아 규칙적으로 외골격을 벗어버린다. 곤충에게 있는 이 호르몬을 엑디손(ecdysone)이라 하고, 이 과정을 '탈피'라 한다. '탈피동물(*Ecdysozoa*)'이라는 용어는 예전 용어인 '체절동물(*Articulata*)'의 일부를 대체한다. 체절동물의 기초이던 환형동물이 빠져서, 위에 언급했듯이 지금은 촉수담륜동물의 일부가 되었기 때문이다. 새로운 상문인 '탈피동물'은 환신경동물(*Cycloneuralia*)과 범절지동물(*Panarthropoda*)로 구성된다. 전자는 대부분의 저자에 따르면 선형동물문(*Nematoda*, 선충), 유선형동물문(*Nematomorpha*, 말총벌레), 새예동물문(*Priapulida*, 자지벌레), 동문동물문(*Kinorhyncha*), 동갑동물문(*Loricifera*)을 포함하고, 후자는 절지동물문(*Arthropoda*), 유조동물문(*Onychophora*, 우단벌레), 완보동물문(*Tardigrada*)을 포함한다. 완보동물은 유조동물과 함께 때로는 '엽족동물(lobopod)'로 불리고 둘 다 또는 최소한 유조동물은 절지동물의 기반군(stem group)으로 여겨진다.

동문동물(150종)은 바다에 사는 2~3mm 길이의 벌레로, 몸이 분절되어 있고 팔다리는 없다. 진흙 속에서 살지만, 조류(藻類)나 해면에 붙어서 살기도 한다. 신경계는 여러 개의 엽이 식도를 둘러싸고 있는 신경환과 체절마다 신경절이 하나씩 있는 복측신경삭으로 구성되어 있다. 접촉의 수용기인 조그만 강모들이 온몸을 덮고 있고 안점 또는 단안도 있다. 유선형동물(약 320종이 기술되었지만 훨씬 더 많이 존재할)은 가늘고 지극히 긴(최대 1m) 기생충으로, 유생 단계에서는 절지동물의 몸속에서 살지만 성체가 되면 자유롭게 산다. 대부분의 기생충과 마찬가지로 신경계는 매우 단순한데, 아마 단순화했을 것이고, 식도를 둘러싸는 신경환과 항문 가까이에 신경절이 하나 있는 복측삭으로 구성되어 있다. 각피 밑에 단순한 감각기와 빛을 감지하는 구덩이가 있다.

선형동물(2만 5,000~2만 8,000종)은 지구상에서 가장 수가 많은 다세포 동물에 속하며 바다와 육지의 거의 모든 소생활권에서 발견된다. 대개 가늘고 2~3mm 길이이지만, 일부는 현미경으로 보아야 보인다. 종의 절반 이상이 기생충이고, 나머지는 청소부 또는 포식자다. 다수는 십이지장충, 사상충, 요충, 편충처럼 위험한 체내 기생충이다. 주로 기생 생활을 하는 동물답게 식도를 둘러싸는 신경환과 이 고리에 연결된 몇 개의 신경절로 구성된 매우 단순한 신경계(그림 7.9)를 가지고 있다. 고리에서 출발하는 4~12개의 복측삭을 몸의 반쪽에 걸치는 교련들이 불규칙하게 연결하고 있다. 꼬리쪽 창자와 항문 부위에서 국부적으로 신경절과 신경이 발견된다. 일부 신경은 식도신경환에서 감각유두(sensory papilla)나 강모와 같은 머리 부위의 감각기관으로 연장된다. 그 밖의 감각기관으로는 '쌍기(amphid)'라 불리는 화학수용기관이 있다. 일부 자유롭게 사는 선충에게는 색소를 가진 술잔형의 단안 형태로 쌍을 이룬 눈이 있고, 눈에 수정체가 있을 때도 있다.

아주 조그만 선충인 예쁜꼬마선충(*Caenorhabditis elegans*)도 '군소'처럼, 남아프리카의 분자 신경생물학자 시드니 브레너와 동료들의 연구 덕분에 분자 및 발생 신경생물학계에서 명성을 얻었다. 정확히 302개의 뉴런으로 구성된 매우 단순한 신경계를 가지고 있기 때문에 신경계의 연결 관계가 완전히 지도화되었다(Brenner, 1974). 뒤이어 연구자들은 예쁜꼬마선충이 보여주는 주화성, 주열성, 짝짓기 행동과 같은 다양한 행동을 담당하는 신경 기제를 탐구했다. 예쁜꼬마선충은 분자유전학과 발생유전학을 위한 모형 유기체로서도 중요한 역할을 해왔다.

일부 저자들이 절지동물과 밀접한 관계라고 여기는 완보동물('물곰' 또는 '이끼 미니돼지'라고도 불리는 800~1,000종)은 길이 1mm 이하의 아주 조그만 동물이다. 이끼, 즉 지의류를 얇게 덮고 있는 물의 안쪽에서 살지만, 모래 언덕, 바닷가, 바닷물, 민물

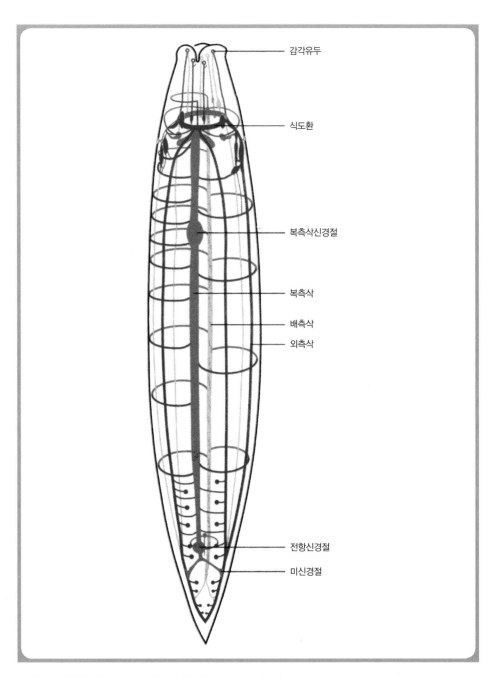

감각유두

식도환

복측삭신경절

복측삭

배측삭

외측삭

전항신경절

미신경절

그림 7.9 선충동물 회충(*Ascaris*)의 복측에서 본 중추신경계.
Roth and Wullimann(1996/2000)에 따라 수정.

에서도 잔뜩 발견된다. 온도가 매우 높거나 매우 낮아도, 압력을 받아도, 물이 없어도, 유독한 환경에서도, 자외선을 받아도, 심지어 진공과 같은 극한의 환경 조건에서도 견디는 것으로 유명하다. 식도상신경절과 이보다 작은 식도하신경절이 신경환으로 연결되어 구성된 비교적 큰 뇌를 가지고 있다. 뇌에서 출발하는 두 가닥의 복측삭이 네 개의 신경절을 가진 사슬을 형성해 네 쌍의 다리를 통제한다.

절지동물

약 120만 종이 기술되었고, 1,000만 종 이상일 것으로 추정되는 절지동물은 압도적으로 가장 크고 가장 다양한 동물군이다. 많은 저자들이 절지동물을 원시절지동물(proto-arthropod, 유조동물을 가리키지만 완보동물을 포함할 수도 있다)과 진정절지동물[eu-arthropod, 협각아문(*Chelicerata*), 갑각아문(*Crustacea*), 다지아문(*Myriapoda*), 곤충/육각아문(*Hexapoda*)을 가리키며, 후자의 세 분류군을 합쳐서 '대악아문(*Mandibulata*)'이라 부른다]로 나누지만, 어떤 저자들은 유조동물을 협각아문에 더 가깝게 놓는다(Withington, 2007 참조).

절지동물도 환형동물처럼 '줄사다리' 신경계, 즉 규칙적으로 분절된 복측신경삭을 가지고 있다. 위에 언급한 선구동물의 새로운 분류체계를 기초로 하면, 이 조직은 '원시좌우대칭동물'의 신경계에 이미 존재했을 수도 있고(Hirth and Reichert, 2007), 분절되지 않은 조상 상태와 무관하게 촉수담륜동물과 탈피동물에서 진화했을 수도 있다.

모든 절지동물에서는 맨 처음 신경절들이 융합되어 복잡한 뇌가 되었다. 대악류의 뇌는 크게 전대뇌, 중대뇌, 후대뇌 셋으로 나뉜다. 전대뇌는 쌍을 이루고 있는 시각엽과 연관되고, 중대뇌는 제1촉각 쌍과, 후대뇌는 제2촉각 쌍(있다면)과 연관된다. 대악류에서는 맨 처음 복측신경절 세 개가 융합해 식도하신경절을 형성했다. 식도하신경절은 입 부위와 대악(mandible)[갑각류에서는 제1 및 제2 소악(maxilla), 곤충에서는 대악, 소악, 하순(labium)]에 신경을 공급한다. 복측삭의 미측(꼬리쪽) 신경절들은 융합해서 특화한 복측 구조를 형성하는 경향이 강하다.

유조동물   유조동물(약 150종)은 분절된 몸에 여러 쌍의 다리가 달려 있고, 길이는 0.2~20cm이고, 밤에 매복하는 포식자로서 대부분 남반구의 열대와 아열대에서 살고 있다. 잘 알려진 발톱벌레(*Peripatus*)는 5억 7,000만 년 동안 (오늘날까지) 변함없이 남아 있는 '살아 있는 화석'이다. 유조동물의 뇌는 (다른) 진정절지동물의 뇌를 닮았는데, 특히 앞부분(전대뇌)에서 버섯체가 발견되기 때문이다. 일부 저자들은 이 버섯체가 협각류의 버섯체와는 흡사하지만 대악류(갑각류와 곤충)의 버섯체와는 다르다고 본다 (Strausfeld et al., 2006). 기계수용기인 강모들을 싣고서 전신을 덮고 있는 수많은 유두, 화학수용기로서 입에서 발견되는 감각기, 두 개의 촉각, 수정체와 각막을 가진 눈이 있는데, 일부 저자들은 이 눈이 절지동물의 정중안(median eye)(단안)과 상동이라고 추정한다.

협각아문 현생 협각아문(약 10만 종이 기술되었고, 훨씬 더 많을 수도 있다)은 거미강(*Arachnida*, 거미, 전갈, 진드기 등), 바다거미목(*Pantopoda*, 바다거미), 검미목(*Xiphosura*, 투구게)으로 구성된다. 모든 구성원이 두 번째 머리 체절에서 기원하는 협각(chelicere)이라는 섭식 전문 부속지를 지니고 있고, 독니로 먹이에 독을 주입한다. 촉각은 없다(개관은 Foelix, 2010 참조).

협각류의 중추신경계(그림 7.10)는 (촉각이 없기 때문에) 중대뇌가 없고 후대뇌가 협각에 신경을 공급하는 것이 특징이다. 검미류, 전갈류, 거미류에서 개체발생 도중에 신경절이 융합되는 경향이 커지는 것을 볼 수 있다. 이 집단의 많은 종에서는 복측신경절의 사슬 전체가 입을 중심으로, 거미류에서는 뇌 밑에서 단단한 덩어리를 형성한다.

협각류의 최대 집단인 거미강(약 10만 종)은 주로 거미목(*Aranea*, 고전적인 의미의 거미), 전갈목(*Scorpiones*, 전갈), 통거미목(*Opiliones*, 장님거미), 앉은뱅이목(*Pseudoscorpiones*, 게벌레), 진드기아강(*Acari*, 진드기)으로 구성된다. 몸은 네 쌍의 다리를 지닌 전체부(prosoma) 또는 두흉부(cephalothorax)와 후체부(opistosoma) 또는 복부(abdomen), 두 마디로 나뉜다(그림 7.10a).

거미의 뇌(식도상신경절)는 전대뇌와 후대뇌로 구성되어 있다. 전대뇌의 전정중부에서 발견되는 버섯체는—곤충의 것과 달리—전적으로 부안(secondary eye)과 연관되는 시각 신경망이다. 후배측에서 발견되는 중심체(central body)는 아마도 주안(main eye)에서 오는 시각 정보를 통합하는 중추일 것이다. 거미의 버섯체와 중심체가 둘 다 곤충의 것과 상동인지는 의심스럽지만, 근래의 연구들은 모든 선구동물, 어쩌면 모

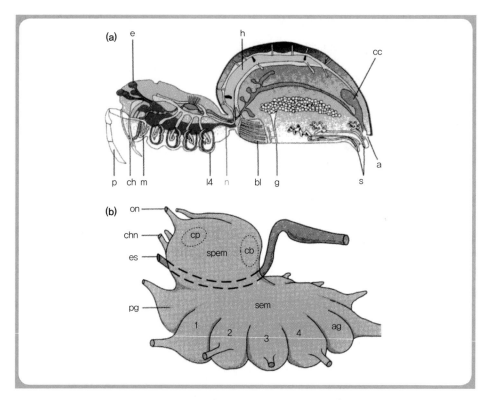

그림 7.10 거미류의 중추신경계. (a) 집가게거미(*Tegenaria*)의 몸에서 중추신경계의 자리(파란색)를 옆에서 본 그림, (b) 중추신경계를 더 가까이에서 본 그림.

1~4 : 각신경절, a : 항문, ag : 복부신경절, bl : 서폐, cb : 중심체, ch : 협각, cp : 유병체, cc : 배설강, chn : 협각신경, e : 식도, g : 생식선의 구멍, l4 : 4번 다리의 삽입부, m : 입, n : 배로 가는 신경, on : 시신경, p : 각수(다리수염), pg : 각수신경절, s : 방적돌기, spem : 식도상부, sem : 식도하부. Roth and Wullimann(1996/2000)에 따라 수정.

든 좌우대칭동물의 최근 공통 조상에게 '깊은 상동성'이 존재했을 가능성을 시사한다(Strausfeld and Hirth, 2013). 후대뇌는 협각과 연결되는 신경절이고 흔히 다리에 신경을 공급하는 식도하 부분과 융합되어 있다. 뇌 밑에서 발견되는 이 식도하 부분은 매우 가변적인 수(거미에서는 16개)의 융합된 복측신경절들로 이루어져 있다.

거미는 다양한 감각기관을 가지고 있다. 진동과 고유감각을 탐지하는 데 관여하는 금형기관(lyriform organ)도 있고, 다리와 몸의 외측 및 배측에는 공기의 진동과 흐름을 탐지하는 데 관여하는 '흡구모(귀털, trichobothrium)'라 불리는 감각기도 있다(제

11장 참조). 종의 차이는 주안과 부안의 수에 있다. 주안은 곤충의 단안과, 부안은 곤충의 복안과 상동이라고 여겨진다.

진드기아강(약 5만 종)은 대부분 매우 (또는 현미경으로나 보일 정도로) 작고, 흙 속이나 물속에서 자유롭게 살기도 하고 식물이나 동물에 기생하기도 한다. 식도를 둘러싸고 하나로 뭉친 '복합신경절(synganglion)'의 형태를 띤 이들의 뇌는 무척추동물 중에서 가장 높은 집중도를 보여준다.

거미목(약 4만 종)은 대부분 포식자다. 발톱을 써서 먹이에 독을 주입하는데, 일부는 소화 효소를 먹이에 주입한 다음 액화된 조직을 장으로 빨아들이는 반면, 일부는 먹이를 으깨서 곤죽으로 만든다. 대부분 끈끈한 거미줄을 쳐서 곤충을 잡지만 모두 다 그러는 것은 아니며, 일부는 한 가닥의 실 끝에 매우 축축하고 끈끈한 실이 큰 공 모양으로 매달린 사냥용 '올가미'를 써서 먹이를 잡는다. 이러한 올가미 거미들은 나방의 페로몬과 비슷한 화학물질을 방출해 먹이를 유인한다. 깡충거미과(*Salticidae*, 5,000종 이상)는 눈이 네 쌍이라 시력이 뛰어난데, 그중에서도 앞쪽의 정중안이 가장 탁월하다.

거미의 뇌는 문어에서 발견되는 것과 흡사한 방식으로, 식도를 둘러싸고 융합되어 단단한 덩어리를 형성하는 식도상신경절과 식도하신경절로 이루어져 있다(그림 7.10b). 뇌는 비교적 커서 두흉부의 최대 10%를 차지한다. 뇌와 마찬가지로, 뒷몸에 있는 복측신경삭의 신경절들도 한 덩어리로 융합되어 있다.

갑각아문   갑각류(게, 바닷가재, 가재, 새우, 크릴새우, 따개비 등 5만 종 이상) 역시 엄청나게 다양한 형태와 생활양식을 보여준다. 곤충 및 다지류와 더불어 대악류, 즉 대악(협각 대신)을 가진 절지동물군을 형성하지만, 기관(氣管) 대신 아가미로 호흡하고 촉각이 한 쌍이 아니라 두 쌍이라는 점이 곤충 및 다지류와 다르다. 가장 큰 갑각류 집단으로는 연갑강(*Malacostraca*), 즉 십각목(*Decapoda*, 게, 바닷가재, 가재), 등각목(*Isopoda*, 쥐며느리, 주걱벌레 등, 약 1만 종), 단각목(*Amphipoda*, 7,000종), 난바다곤쟁이목(*Euphausiacea*, '크릴새우')과 같은 '고등한' 갑각류를 비롯해 요지강(*Remipedia*), 새각강(*Branchiopoda*), 패충강(*Ostracoda*, 개형충), 만각하강(*Cirripedia*, 따개비) 등이 있다.

갑각류는 이들의 조상 형태인 전형적 줄사다리 신경계를 가지고 있다. 뇌(식도상신경절)는 두 군데의 결합신경을 통해 복측신경삭과 연결되어 있다. 전대뇌는 두 개의 외측시각엽으로 구성되는데, 전대뇌 정중부에는 전시신경망 및 후시신경망, 전대뇌 각, 중심체가 들어 있다. 시각엽의 신경망은 매우 가변적이지만, 언제나 원위 신경절 층을 가지고 있다. 십각목 갑각류(예 : 게)의 경우는 시각엽 안에 시신경망이 추가로, 즉 종말수질(terminal medulla)과 이른바 반타원체(hemi-ellipsoid body)가 들어 있다. 둘 다 가변적인 수의 복잡한 신경망을 포함하는데, 대부분 사구체(glomerulus)가 들어 있다. 반타원체와 신경망의 일부는 중대뇌의 부엽(accessory lobe) 및 후각엽(olfactory lobe)과 연결되어 있다. 후대뇌에는 제1촉각에서부터 전정감각과 기계감각이 입력되는 내측 및 외측 신경망, 후각엽과 후각방엽(후각옆엽, parolfactory lobe, 후자에 어떤 정보가 입력되는지는 모른다), 외측사구체가 들어 있다. 후대뇌는 제2촉각으로부터 정보를 받고 운동신경을 돌려보낸다. 복측삭의 신경절들이 융합하는 정도는 차이가 심하다. 입의 부속지들을 제어하는 식도하신경절은 많은 연갑강에서 발견되지만, 다른 많은 갑각류에서는 이것이 매우 작거나 심지어 없는 경우도 있다. 복측삭 신경절들은 융합하는 경향이 강한데, 게에게서 가장 강하다.

갑각류는 다수의 감각기관을 가지고 있지만, 그중에서도 눈과 촉각이 두드러진다. 쌍을 이루지 않은 노플리우스(갑각류의 초기 유생) 눈(nauplius eye) 하나, 앞부분의 단순한 눈들, 복안들이 발견되는데, 복안은 다른 유형의 눈처럼 머리에 박혀서 움직이지 못할 수도 있고, 움직이는 자루에 붙어 있을 수도 있다. 복안은 수천 개의 개안 (낱눈, ommatidium, 아래 참조)으로 이루어질 수 있다. 원위의 사지와 촉각을 포함한 몸 표면은 감각기나 강모를 가진 기계수용기 및 화학수용기로 덮여 있다. 촉각은 두 쌍이 있는데, 이들의 정보는 중대뇌(첫 번째 쌍)와 후대뇌(두 번째 쌍)에서 처리한다. 전정기관은 연갑강에만 있다. 다리의 마디에는 고유감각 기계수용기인 현음기관 (chordotonal organ)이 있다.

곤충강(육각아문)   곤충은 진정후생동물 가운데 단연 종이 가장 많은 집단으로, 100만 종 이상이 기술되었고 최대 1,000만 종으로 추정된다. 갑각류와 달리, 대부분 육지에서 서식한다. 크기는 분류군에 따라 차이가 크다. 가장 작은 곤충은 기생말벌 디코모르파 에크메프테리기스(*Dicomorpha echmepterygis*)로, 몸길이가 139μm이다. 가장 큰 곤충은 일명 '걸어 다니는 막대기' 포베티쿠스 차니(*Phobaeticus chani*)로, 총길이가 57cm에 달한다. 곤충의 몸은 두부, 흉부, 복부로 분절된다. 두부에는 한 쌍의 촉각, 눈, 구기(口器), 즉 소악, 대악, 상순(윗입술, labrum), 하순이 달려 있다. 흉부는 전흉부, 중흉부, 후흉부로 나뉘는데, 여기서 세 쌍의 다리가 기원하고(다리가 여섯 개 달린 동물을 뜻하는 '육각류'라는 다른 이름이 여기서 나왔다), 날개 ─ 있다면 ─ 는 중흉부와 후흉부에서 기원한다. 날개가 한 쌍뿐인 파리목(*Diptera*)에서는 중흉부에만 날개가 달려 있고 후흉부에는 북채처럼 생긴 평형곤(halteres)이라는 기관이 달려 있다. 육지에 사는 곤충은 기관(氣管)을 통해 호흡하고, 물에 사는 곤충과 이들의 애벌레는 아가미가 발달했다.

곤충의 중추신경계는 뇌(식도상신경절)와 신경절을 가진 복측신경삭으로 구성되어 있다(그림 7.11a. 개관은 Mobbs, 1985 참조). 맨 처음 세 개의 신경절이 융합해 형성된 뇌는 큰 전대뇌, 작은 중대뇌, 매우 작은 후대뇌로 이루어져 있다. 섬유로가 이 뇌를 복측신경삭 중에서 맨 처음 세 개의 신경절이 융합해 형성된 식도하신경절과 연결하고 있다. 전대뇌는 두 개의 반구로 구성되어 있는데, 두 반구는 복안에서 입력되는 정보를 처리하는 외측시각엽과 이어져 있다. 전대뇌의 정중부에서는 **중심체**(또는 **중심복합체**)와 버섯체가 발견된다. 전대뇌 정중부의 뒤쪽에서는 단안에서 오는 신경의 종말부가 발견된다.

반구에 가까운 버섯체의 악부(萼部, calyx)와 이른바 무사구체 전대뇌[외측각(lateral horn)으로도 불리는]는 촉각에서 출발해 중대뇌에 위치하는 촉각엽(antennal lobe)과 촉각대뇌로(antenno-cerebral tract)를 거쳐 버섯체로 입력되는 후각 정보를 받는다. 시각에 심하게 의존하는 파리와 잠자리에서는 버섯체가 확 줄어들어 있는 반면, 벌목(*Hymenoptera*, 벌, 말벌, 개미)에 있는 버섯체는 매우 크다. 이들의 감각 입력은 감각 양상에 따라 정돈되어 있다. 다시 말해, 입술고리(lip ring) 부위는 후각 정보를 받고, 깃고리(collar ring)는 시각 정보를 받고, 바닥고리(basal ring)는 기계감각과 후각이 혼합된 정보를 받는다(제11장 참조). 전대뇌 정중부에서 발견되는 중심복합체와 시각결절(optic tubercle)도 마찬가지로 시각엽으로부터 시각 정보를 받는다. 이 구조들은 하행로(descending tract)를 거쳐 복측삭과 연결된다. 전대뇌보다 작은 중대뇌는 촉각에서 출발해 중대뇌의 배측엽에서 끝나는 기계수용 섬유들을 받는다. 중대뇌의 촉각엽

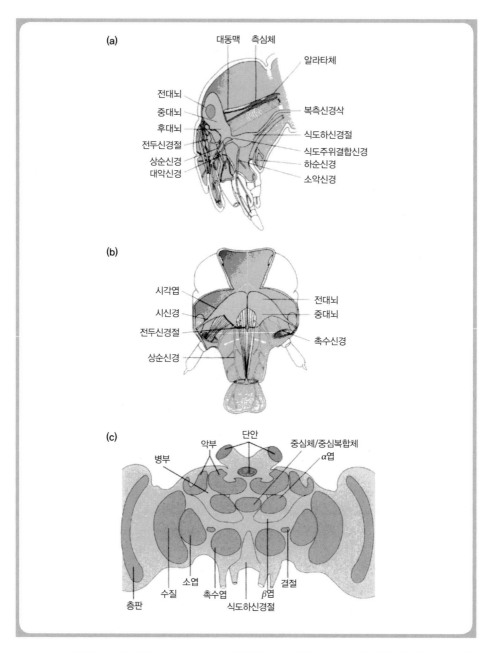

그림 7.11 곤충의 뇌. 밑들이(*Panorpa*)의 뇌와 신경계를 (**a**) 외측에서 본 그림, (**b**) 복측에서 본 그림, (**c**) 꿀벌 뇌의 도식적 그림.

Roth and Wullimann(1996/2000)에 따라 수정.

도 마찬가지로, 촉각에서 출발하는 후각 구심신경들이 다수의 사구체 안에 정돈되어 있는, 이 후각신경들의 종말부에 해당함을 볼 수 있다. 촉각엽의 투사뉴런들은 촉각 대뇌로를 통해 버섯체와 전대뇌엽으로 축삭을 보낸다. 중대뇌에서 감각 및 운동 촉각 신경이 나온다. 조그만 후대뇌는 전두결합신경(frontal connective)과 상순신경(labral nerve)의 출발점이다.

복측삭신경절의 사슬은 식도하신경절, 측신경절, 복신경절로 구성된다. 식도하신경절은 대악, 소악, 하순뿐만 아니라 목의 근육계로도 신경을 분포시킨다. 침샘, 알라타체(*corpora allata*, 유생 호르몬을 생산하는 내분비선), 전두신경절의 신경분포에도 관여하고, 행동을 유발하고 제어하는 고위 운동 중추로 여겨진다. 대부분의 곤충이 전측신경절, 중측신경절, 후측신경절, 세 개의 측신경절에서 다리로, 날개가 있다면 날개로도 감각 신경과 운동 신경을 공급한다. (배아 단계에서 11개인) 복부신경절은 발생하는 동안 줄어들어 융합된다.

곤충의 시각계는 복안의 망막(제11장 참조)과 세 개의 시신경망인 층판(lamina), 수질(medulla), 소엽(lobula)의 복합체로 구성되어 있는데, 파리와 나비에서는 소엽이 소엽과 소엽판(lobula plate)으로 나뉜다. 곤충에는 복안 말고도 배측에 단안들이 있는데, 이 단순한 수정체 눈은 걷고 나는 동안 방향을 조종하는 기능을 한다고 생각된다.

촉각(더듬이)은 기계적 힘, 냄새, 습도, 온도를 감지하는 수용기를 싣고 있다. 중대뇌에 있는 촉각엽의 신경망에는 종마다 고유한 숫자의 사구체가 들어 있고, 사구체 안에서 감각 구심신경과 개재뉴런이 접촉한다. 일부 수컷 곤충에서 발견되는 대사구체(macroglomerulus)는 성(性)페로몬의 배출과 관계가 있다. 투사뉴런의 축삭들이 형성하는 촉각대뇌로는 전대뇌엽과 버섯체로 달린다.

쌍을 이룬 버섯체는 곤충의 뇌에서 가장 눈에 띄는 구조로서 악부와 병부(柄部, peduncle)로 구성되어 있는데, 악부는 많은 곤충에서 한 쌍이지만 벌목에서는 두 쌍(내측과 외측에 한 쌍씩)이고 병부는 벌목과 바퀴벌레의 경우 α엽과 β엽, 두 개의 엽으로 구성되어 있다(그림 7.11b, 그림 17.13). 꿀벌에서는 버섯체가 뇌 부피의 약 절반을 차지한다(시각엽은 없다. Mobbs, 1985). '케년세포(Kenyon cell)'라 불리는 뉴런(R. 멘젤에게 개인적으로 알아본 바에 따르면, 꿀벌 안에 약 30만 개가 있는)이 자체의 축삭('케년섬유')으로 병부를 형성하는데, 곤충들 가운데에서 발견되는 가장 작은 뉴런으로서 충전 밀도가 척추동물의 뇌에서 발견되는 최고 밀도보다 15배 더 높다. 케년세포는 촉각엽의 800개쯤 되는 투사뉴런으로부터 약 100만 군데의 시냅스이전 접촉 더하기 약 10군데의 시냅스이후 접촉을 통해 정보를 얻는다(Menzel, 2012). 케년세포는 대부분 악부 중에서도 술잔 모양으로 우묵하게 들어간 곳에 들어 있지만, 일부 세포체는 악부의 바깥 테두리 주위에도 있다. 케년세포의 축삭들은 병부에서 갈라져 한 가지는 α엽으로 들어가고 다른 한 가지는 β엽으로 들어간다. 꿀벌에서는 악부가 세로로 배열된 세 부위를 보여주는데, 입술고리 부위는 후각에서 입력되는 정보를 처리하고, 깃고리 부위는 시각에서 오는 정보를, 바닥고리 부위는 후각과 기계감각에서 오는 혼합된 정보를 처리한다(Menzel, 2012).

α엽과 β엽이 약 400개의 투사 또는 출력 뉴런으로 섬유들을 보내면, 이 뉴런들은 차례로 두 버섯체 사이의 전대뇌 정중부로, 다음엔 버섯체 외측의 전대뇌엽, 그 반대쪽 버섯체, 시각결절을 거쳐 다시 자기 버섯체의 악부들로 섬유를 투사한다. 벌목에서는 버섯체가 매우 복잡한 다양상 중추에 해당해서, 후각 및 시각 정보를 처리하고 통합하는 신경적 기초를 형성해 복잡한 인지 기능(대부분 후각 및 시각 기능)과 경로 찾기와 같은 복잡한 행동을 학습할 수 있도록 해준다(제8장 참조). 버섯체의 출력은 감각 입력을 다시 부호화하므로 학습을 기반으로 한 감각 정보의 평가에 해당한다.

곤충의 중심체/중심복합체는 네 개의 신경망, 즉 전대뇌각, 상부[초파리(Drosophila)에서는 부채꼴체라 불리는], 하부(초파리에서는 타원체라 불리는), 한 쌍의 소절(nodule)로 구성되어 있다. 시각 및 기계감각 정보가 강하게 입력되지만, 버섯체에서 입력되는 정보는 약하다. 아마도 경로 찾기(예: 태양을 나침반으로 이용하기 위한 기준으로서 시간을 보정한 하늘의 편광 패턴을 표상하기), 연쇄적 운동의 유발과 억제 및 탈억제를 포함한 제어, 습관 형성과 관련된 감각 부호화에 관여할 것이다. 곤충의 중심체/중심복합체는 척추동물의 대뇌기저핵(basal ganglia)과 기능(예: 도파민의 역할)이 두드러지게 비슷하므로, 일부 저자들은 둘 사이에 '깊은 상동성'이 있다고 가정한다(Strausfeld and Hirth, 2013).

절지동물에서 버섯체와 중심체/중심복합체의 상동성은 불분명하다. 곤충과 갑각류의 중심체는 상동으로 짐작되지만, 협각류와 다른 후구동물들의 중심체도 상동인지는 논쟁이 된다(위 참조). 마찬가지로 곤충과 갑각류의 버섯체(갑각류에서는 반타원체라 불리는)와 협각류의 버섯체 사이의 상동성도 논쟁이 되는데, 협각류에서는 중심체가 시각 입력만 받기 때문이다. 그럼에도 불구하고 이는 '깊은 상동성'의 또 다른 사례일 수 있을 것이다.

7.3 이게 다 무슨 말일까?

폴립에서 발견되는 산만신경계가 보통 모든 진정한 후생동물에서 발견되는 가장 원시적인 상태의 신경계로 여겨진다. 이 출발점에서 근본적으로 다른 두 갈래의 진화 경로가 출발했다. 한 경로는 자포동물과 유즐동물의 복잡한 환상신경계로 이어졌는데, 여기서는 펩티드성 신경 신호 전달이 우위를 보여준다. 다른 경로는 좌우대칭동물로 이어졌다. 이 가운데 산만신경망은 무장류에서 발견되고, 두부신경절과 함께 3~6쌍의 복측삭이 불규칙한 거리를 두고 교련에 의해 연결되어 있는 단순한 좌우대칭 신경계는 플라나리아에서 발견되며, 일부 플라나리아에서 발견되는 것처럼 삼분된 복잡한 뇌는 다모류 환형동물, 연체동물, 절지동물에서 발견된다. 좌우대칭 무척추동물의 큰 집단 가운데 하나인 촉수담륜동물에서는 고착하거나 기생하는 동물에서 활동적인 포식자에 이르는 엄청나게 다양한 생활양식이 발견되고, 그래서 신경계와 뇌의 구조 및 기능에서도 단순한 식도상신경절과 단순한 복측삭 계통을 비롯해 문어와 같은 두족류에서 발견되는 가장 복잡한 무척추동물의 뇌에 이르는 큰 차이가 발견된다.

　탈피동물에서는 대부분 고착하거나 기생하는, 벌레를 닮은 다수의 분류군에서 다시 단순한 신경계가 발견될 뿐만 아니라, 삼분되어 복안처럼 매우 정교한 감각기관과 결합된 매우 복잡한 뇌도 발견된다. 이 삼분된 뇌는 다양한 절지동물 집단에서 상당한 변이가능성을 보여준다. 즉 협각류, 갑각류, 곤충이 무척추동물―두족류를 제외한― 에서 발견되는 가장 복잡한 뇌를 보여준다. 높은 수준의 학습 능력과 기타 잘 발달된 인지 기능은 특화된 뇌 중추들, 즉 오징어와 문어의 뇌에 있는 두정엽 및 곤충에서 발견되는 버섯체와 밀접한 상관관계가 있다. 제8장에서 이 기관들이 다중감각 정보의 통합, 학습, 기억 형성, 추상적 사고를 위한 중추임을 배우게 될 것이다.

　촉수담륜동물과 탈피동물의 이 복잡한 뇌들이 최초의 좌우대칭동물에게 있던 단순한 조상 상태와는 무관하게 진화했는지, 아니면 모든 좌우대칭동물의 마지막 공통 조상이 이미 비교적 복잡한 삼분된 뇌를 가지고 있었는지는 지금도 뜨겁게 논쟁이 된다 (위 참조). 후자가 맞는다면, 선구동물 분류군 사이에서 2차 단순화가 일어난 별개의 사례들이 많다고 가정해야 할 것이다. 제9장에서 이 문제로 돌아올 것이다.

| 제8장 |

무척추동물의 인지와 지능

주제어 곤충의 지능 · 꿀벌의 학습 · 초파리의 학습 · 공간적 경로 찾기 · 추상적 사고 · 꿀벌의 8자 춤 · 기생말벌의 학습 · 문어의 지능 · 문어의 관찰을 통한 학습

무척추동물의 신경계와 뇌를 다루었으니, 이제는 이 동물들이 얼마나 영리한가를 물을 것이다. 이 질문이 각별히 흥미로운 이유는 행동과학계에서조차 많은 저자가 지능은 '고등동물'에게만, 즉 척추동물이나 심지어 포유류 또는 영장류에게만 있다고 생각하는 경향이 있기 때문이다. 많은 생물학자가 무척추동물은—문어는 예외인 듯하지만—순수한 '반사 기계'라서 학습이 아닌 본능의 지시를 따른다고 여긴다. 그러나 우리가 지능을 환경의 변화에 대해 생존에 유리한 방식으로 유연하게 반응하는 일반적 능력으로 이해한다면, 세균, 고세균, 원생동물조차도 지능이 있다고 보아야 하는데, 왜냐하면 우리가 제6장에서 보았듯이 이들도 단기 학습 및 기억을 기초로 자신의 행동을 수정할 수 있기 때문이다. 이는 흔히 고착해서 살거나 느리게 움직이는 단순한 동물에게도 해당된다. 이들도 습관화와 민감화는 물론 파블로프의 (고전적) 조건형성까지 보인다는 사실이 플라나리아, 지렁이, 민달팽이에서 입증되었다(하지만 자포동물이나 해면동물에서는 입증되지 않았다). 조작적 조건형성을 비롯해 맥락 학습과 같은 '고등한' 형태의 학습은 척추동물에서는 잘 입증되지만 무척추동물에게는 드물어

G. Roth, *The Long Evolution of Brains and Minds*, DOI: 10.1007/978-94-007-6259-6_8,
ⓒ Springer Science+Business Media Dordrecht 2013

서, 설득력 있게 보여준 사례는 곤충과 두족류에서만 보인다. 다음에서는 이 두 집단
의 동물에게 집중할 것이다.

8.1 곤충의 학습, 인지 능력, 지능

일부 곤충, 그중에서도 꿀벌은 섭식, 공간 정향('경로 찾기'), 사회적 행동과 교신 행동
의 영역에서 인상적인 행동 목록을 보여주고 학습 속도도 매우 빠르며, 꽃의 색깔과
냄새의 연관성을 특히 빠르게 학습할 수 있다. 이는 높은 행동 유연성을 암시한다(개
관은 Menzel et al., 2007; De Marco and Menzel, 2008; Pahl et al., 2010 참조).

꿀벌은 보상을 이용하면 인공적 조건(예 : 꿀벌이 시험 기구 안에서 꼼짝도 못하고
촉각과 구기, 즉 대악과 주둥이만 움직일 수 있을 때)에서도 냄새에 대해 효율적으로
조건화시킬 수 있다. 벌의 주요 후각기관은 촉각이지만, 꿀이나 설탕물은 주둥이로 빨
아들인다. 배고픈 벌은 촉각이 설탕물에 닿으면, 반사적으로 주둥이를 내밀어 자당(설
탕, sucrose)을 빨아들인다. 실험 경험이 없는 동물은 촉각에 낯선 냄새나 자극이 와도
그러한 주둥이신장반응(proboscis extension response)을 내보내지 않는다. 그러나 고
전적 조건형성 실험 과정에서 자당을 제시하기 **직전**에 냄새 A를 제시하면(이를 '순행
짝짓기'라 한다), 냄새와 자당이 연합되어 냄새만으로도 주둥이신장반응이 튀어나오
는 반면, 전에 자당과 짝지은 적이 없는 다른 냄새 B는 반응을 유발하지 않을 것이다.
고전적 조건형성의 관점에서 냄새 A는 연합된 조건자극(CS+)이고, 자당은 강화하는
무조건자극(US), 그리고 냄새 B는 연합되지 않은 자극(CS-)이다. 따라서 벌은 냄새
A(CS+)에 반응하고 냄새 B(CS-)에 반응하지 않도록 학습된 것이다. 꿀벌에서 그러
한 고전적 조건형성은 '순행 짝짓기' 또는 '순행 조건형성'일 때에만 성공한다는 점, 즉
조건자극(CS+)이 시간적으로 무조건자극(US)에 선행해야 한다는 점에 주목하는 것이
중요하다(제2장 참조).

일련의 볼 만한 실험에서, 독일 베를린자유대학교의 신경생리학자 마르틴 하머(안
타깝게 요절하였다)와 란돌프 멘젤은 벌의 식도하신경절에 위치한 'VUMmx1'['소
악 신경분절 1의 복측에 있는 쌍을 이루지 않는 정중 뉴런(ventral unpaired median
neuron of the maxillary neuromere 1)'을 의미]이라는 특화된 뉴런 한 개의 활동이 척

추동물의 뇌에 있는 변연계와 같은 평가 체계에 해당함을 입증했다(Hammer, 1993; Menzel and Giurfa, 2001 참조). VUMmx1 뉴런의 활동은 식욕을 연상시키는 후각 학습에서 먹이 보상의 뉴런 표상(neuronal representation)으로 기능한다. 이 유형의 뉴런에는 후각 경로만 연결되어 있고 꿀벌의 뇌 안에 있는 다른 감각 경로들은 연결되어 있지 않으므로, 이 뉴런의 안쪽을 전기로 자극하는 행위는 보상으로 무조건자극(자당)을 주는 행위와 완전히 동등하다.

이처럼 단순한 조건형성 과정을 외형(configural) 학습, 예컨대 부적 형태화 변별(negative patterning discrimination)의 맥락에서 더 복잡하게 만들 수도 있다. 이 맥락에서는 두 자극 A+와 B+를 따로따로 강화하는 동안 두 자극을 조합한 AB는 강화하지 않고 내버려둔다. 꿀벌은 보통 자극의 조합에 더 강하게 반응하지만, 이 경우는 강화가 없기 때문에 정확히 그 반응을 억누르도록 학습된다. 나아가 꿀벌은 장소와 조건에 따라 다른 종류의 행동을 하도록 맥락 학습(contextual learning)을 시킬 수도 있다. 마지막으로, 꿀벌은 범주 학습(categorical learning)도 할 수 있다. 즉 모양이 다른 대상들을 일정한 기본형(타원형 또는 사각형, 대칭 또는 비대칭)으로 배정하거나, 패턴(예 : 세로줄 또는 가로줄)이 같은 대상들을 함께 묶거나, 새로운 대상을 두 범주 가운데 한 범주로 배정하도록 학습시킬 수 있다. 이는 코끼리처럼 거대한 뇌를 가진 동물들도 간신히 숙달하거나 전혀 숙달하지 못하는 과제들이다(제12장 참조). 같은 식으로, 꿀벌은 '같다-다르다'의 범주를 학습하고 이 개념을 새로운 자극을 정리하는 데 적용할 능력이 있다. 귀르파와 멘젤은 동료들과 함께 이러한 범주 학습의 과정에서 뚜렷한 '유레카 효과'가 일어남을, 즉 처음엔 학습 효과가 느리다가 갑자기 도약해서 학습 성공도가 높아지는 때가 있음을 입증했다(Giurfa, 2003 참조).

멘젤 연구진의 실험들은 또한 꿀벌이 자극에 선택적으로 주의를 기울이는 모습을, 즉 이들이 특정 자극에 '집중'해 이 정보를 적극적으로 처리하는 동안 무관한 자극을 무시할 수 있음을 드러낸다. 꿀벌은 선천적으로 싫어하는 일정한 색깔들에 초점을 맞추도록 훈련시킬 수 있는데, 이렇게 하면 감각으로 색을 변별하는 능력이 유의미하게 커진다. 또한 꿀벌은 이른바 지연표본대응(delayed match-to-sample) 또는 그 반대인 지연표본비대응(delayed non-match-to-sample) 과제도 숙달한다(제2장 참조). 이 과제에서는 동물이 잠깐 제시된 목표 자극을 몇 초 동안 마음에 담아두었다가 다음에 일련의 자극이 제시되면 목표 자극이 다시 나타났는지의 여부를 결정해야 하고, 정답을 맞히면 보상을 받는다. 꿀벌은 일련의 자극에서 처음 보는 자극을 고를 수도 있다. 이러한 과제들을 숙달하는 데 필요한 작업 기억의 폭은 최대 8초였다(Pahl et al., 2010). 이는 짧은 것 같지만, 포유류를 포함한 척추동물조차도 5~15초의 기억폭이 전형적이고, 작업 기억의 '음운 고리'를 사용하는 인간에서만 폭이 더 넓다(제2장과 제15장 참조).

'셈' 또는 계산 능력은 인지 행동 실험에서 많이 연구되는데, 이 능력을 측정하는 실험은 대부분 척추동물에서 실시되고 있다(제12장 참조). 꿀벌에서 계산 능력을 검증하는 데는 지연표본대응법이 사용되었다. 꿀벌은 먼저 보상에 의해 표본 자극이 일정한 수의 대상을 싣고 있음을 학습해야 했고, 그런 다음 Y자형 미로에 넣어져 시각적 자극으로 양 갈래 길의 끝에 서로 다른 수의 대상이 놓여 있는 것을 보았다. 동물은 자극에서 보이는 시각적 대상의 수에 따라 표본 자극의 대상의 수와 일치하는 왼쪽 또는 오른쪽의 경로를 선택해야 했다. 대상은 점일 수도, 별일 수도, 레몬일 수도 있었다. 동물은 보이는 대상의 추상적 수를 학습해 이 지식을 새로운 유형의 대상에 적용했다. 두 개의 대상과 세 개의 대상은 잘 변별할 수 있었고 세 개의 대상과 네 개의 대상이 대비될 때 '세 개의 대상'을 확인할 수도 있었지만, 더 큰 수를 마주치면 그러지 못했다(Pahl et al., 2010).

'영리한' 꿀벌이 학습하지 **못한** 것을 검증하는 일도 흥미롭다. 잘 알려진 이행법칙 ─예컨대 A가 B보다 크고 B가 C보다 크면, A는 C보다도 크다와 같은 논리적 추리의 한 형태─이 여기에 포함된다. 꿀벌은 일련의 시각 자극 A>B, B>C, C>D, D>E을 마주친 다음 지금까지 본 적 없는 B 대 D의 쌍으로 시험을 받았지만, 이 과제에는 실패했다. 벌들은 이 과제를 쌍별로, 그리고 쌍이 익숙할 경우에만 숙달했지만, B와 D처럼 쌍이 인접하지 않은 경우에는 숙달하지 못했고, 최근에 본 쌍을 선호했다[신근성 효과(recency effect)]. 벌의 작업 기억은 이보다 긴 연쇄 자극을 기억하고 비교하지 못하는 것으로 보인다. 제12장에서, 척추동물은 벌보다 나은지를 물을 것이다.

꿀벌의 공간 정향 능력은 전문가뿐만 아니라 일반인들도 언제나 매혹시켜왔다. 개척자 꿀벌은 벌집을 떠나 먹이가 있는 곳, 대개는 꽃들을 찾는다. 좋은 곳을 발견하면 벌집으로 돌아가 오스트리아계 독일인 동물학자이자 노벨상 수상자인 카를 폰 프리슈 (1886~1982)가 처음으로 기술한, 유명한 8자 춤을 추어서 어두운 벌집 안의 자매들에게 이 소식을 알린다(von Frisch, 1923, 1965 참조). 꿀벌은 곧추선 벌방에 붙어 어둠 속에서 춤을 춤으로써 먹이가 있는 곳의 방향, 거리, 매력을 표시한다. 8자 춤을 출 때 꿀벌은 빠른 속도로 짧게 직진했다가 반대 방향으로 돌아오는 반주기를 규칙적으로 방향을 바꿔가며 다시 시작하므로, 이는 8자 춤마다 여러 번의 주기가 있음을 의미한다(von Frisch, 1967). 이 시계 방향 및 반시계 방향의 운동 가운데 '흔들기 구간'이라 불리는 직선 부분을 구성하는 한 걸음은 복부를 좌우로 흔드는 동작으로 표현된다. 흔들기 구간의 길이는 먹이가 있는 곳에 도달하기 위해 꿀벌이 날아가야 하는 거리에 해당하는 반면, 중력에 대한 이 구간의 각도는 허허벌판에서 태양의 방위각 및 태양과 연관된 하늘빛의 편광 패턴을 기준으로 먹이를 구하러 날아갈 **방향**에 해당한다. 이 방법으로, 먹이가 있는 곳의 거리와 방향이 군체의 구성원들에게 알려진다. 흔드는 동작의 총시간은 먹이가 있는 곳의 매력을 — 어쩌면 다른 매개변수도 함께 — 부호화하는 것으로 보인다.

이 맥락에서 중요한 것은 벌이 춤을 매우 다양한 종류의 정보를 주고받는 데 사용할 수 있다는 사실이다. 이 동물들은 꽃꿀과 꽃가루뿐만 아니라 물이 있음 직한 곳을 알리기 위해서도 춤을 출 것이다. 물은 벌집이 과열될 위험에 빠졌을 때 둥지 온도를 낮추기 위해, 그리고 분봉(分蜂)하는 동안 새로운 둥지가 될 만한 자리를 알려주기 위해 꼭 필요하다. 이는 벌의 춤에 어느 정도의 의미가 있음을 암시할 것이다.

꿀벌은 탐색 비행을 하는 동안 경로적분(path integration)과 이정표 학습을 길잡이 단서로 삼아 벌집으로 안전하게 돌아온다. 이들은 태양을 참조해 자기중심의 정보와 환경중심의 정보를 이용할 수 있는데, 이 기제를 '태양 나침반'이라 부른다. 꿀벌은 태양 자체에 의해, 또는 하늘에서 빛이 편광되는 패턴에 의해 태양의 방위각(태양이 서 있는 방향)을 알아차릴 뿐만 아니라, 태양 나침반과 관련해 학습한 시각적 이정표도 이용한다. 일부 저자들은 꿀벌이 경로 찾기의 성분들을 뇌의 서로 다른 '모듈'에 저장한다고 생각한다. 이제 질문은 태양 나침반에 의한 이 경로 찾기의 모듈들, 즉 경로적분에서 얻어지는 자기중심의 정보, 목표가 주도하는 정보[표지 정향(beacon orientation)], 각각의 자리에서 보이는 파노라마의 기억, 이정표들 사이의 기하학적 관계가 독립적으로 작용하느냐 아니면 상호작용하느냐 하는 것이다. 이는 다중 훈련 절차로 검증할 수 있다. 예컨대 아침에는 북에서 115° 각도로 630m 거리에 위치하는 A

지점에서, 오후에는 북에서 40° 각도로 700m 거리에 위치하는 B지점에서 먹이를 찾도
록 훈련시키면, 결국 꿀벌은 자신의 벌집으로 가는 두 가지 다른 경로를 학습한다. 이
제 실험자가 훈련에 성공한 벌들을 '잘못된' 시간에, 즉 B지점에서 아침에 또는 A지점
에서 오후에 풀어주어도 벌들은 곧장 벌통으로 날아 돌아간다. 이는 이 동물들이 주어
진 자리에서 집으로 돌아가는 비행을 정확히 기억한다는 의미이다. 이 동물들을 A와
B의 중간쯤에서 풀어주면, 절반 정도가 벌집으로 다시 날아간다. 이 결과와 다른 많은
결과들(아래 참조)이 꿀벌은 '내면의' 지형도인 인지도(cognitive map)를 사용한다는
사실을 암시하는 것으로 보인다.

　공간 정향을 위한 그러한 인지도의 존재는 여러 해 동안 뜨겁게 논쟁이 되어왔지만
(Wehner and Menzel, 1999 참조), 진지하게 조사할 수 있었던 때는 이른바 고조파 레
이더를 이용해 꿀벌에게 실린 레이더 중계기를 탐지함으로써 꿀벌 한 마리 한 마리의
비행을 더 먼 거리(예 : 1km)에 걸쳐 추적하는 것이 가능해진 다음이었다. 멘젤과 공동
연구자들은 이 방법을 써서, 꿀벌이 탐색 비행을 통해 알고 있는 영역 안에 놓아준 꿀
벌은 모든 방향에서 벌집으로 돌아가는 길을 믿을 만하게 찾는다는 것을 입증했다. 그
러한 실험에서는 먹이를 주는 한 장소로 돌아오도록 훈련받은 꿀벌을 사용한다. 꿀벌
이 그 지점에서 먹이를 충분히 받고 벌집으로 다시 날아갈 준비가 되자마자 이들의 정
향 영역에 속하는 다른 자리로 벌을 옮긴다. 그러면 이 동물들은 먼저 틀린 기억이 되
어버린 자신의 기억을 따라 벌집의 방향으로 날아가지만, 약간의 탐색을 거친 뒤 특별
한 이정표나 벌집에서 나오는 다른 정보를 쓰지 않고 벌집으로 곧장 날아서 돌아간다.
이는 이들이 땅의 구조에 관해 '지도와 같은' 정보를 충분히 가지고 있어서 돌아가기
위해 이 지도를 이용한다는 뜻이다. 일반적으로 꿀벌은 (1) 최초의 정향 비행을 통해
얻은 일반적 풍경의 기억, (2) 야외의 특정한 장소를 반복해서 오가는 동안 얻은 경로
의 기억, (3) 벌집 안에서 춤을 지켜보는 동안 얻은 춤의 기억이라는, 세 가지 다른 맥
락에서 얻은 공간 기억을 '기회주의적으로' 사용하는 것으로 보인다.

　경로 찾기의 맥락에서, 꿀벌에게서는 맥락 학습도 발견할 수 있다. 이 동물들은 외형
이 다른 자극, 예컨대 색깔이나 모양이 다른 꽃 또는 먹이 공급자를 다른 장소 및 다른
낮 시간과 연합할 수 있다. 따라서 오전에는 한 유형의 꽃으로 날아가고 오후에는 다
른 유형의 꽃으로 날아가도록 학습시킬 수 있다(Pahl et al., 2010). 이는 이들이 보상

되는 시각 패턴을 공간 및 시간 맥락 정보를 고려해 따로따로 기억할 수 있음을 보여준다.

다른 곤충, 예컨대 초파리나 기생말벌도 훌륭한 학습 능력을 보여준다. 이는 특히 흥미로운데, 이 곤충들은 벌보다도 훨씬 작아서 뇌에도 상당히 적은 수의 뉴런―꿀벌에는 100만 개인 데 비해 초파리에는 대략 20만 개―이 들어 있기 때문이다. 어떤 기생말벌은 길이가 약 200㎛밖에 되지 않아서 원생동불인 짚신벌레보다도 작다. 이들의 뇌에는 약 4,000개의 뉴런이 들어 있고 이 가운데 5%(200개)에만 세포체가 있고 다른 뉴런들은 세포체가 용해되었는데, 이는 공간이 엄청나게 절약된다는 뜻이다(Niven and Farris, 2012). 게다가 이 조그만 곤충들은 수명이 매우 짧다. 뇌가 작고 단명한 동물은 학습에 '투자'해보아야 소용이 없기 때문에 학습 능력을 전혀 또는 거의 보이지 않고, 본능이 행동을 주도할 것이 틀림없다고 일반적으로 가정해왔지만, 이는 실수다.

한편으로는 초파리도 다른 모든 곤충들과 마찬가지로 본능이 주도하는 행동 목록의 다수 또는 일부를 버리고 맥락에 따라 행동을 바꿀 수 있다. 이것이 이들의 행동적 가소성을 구성하는 중요한 기초다. 그러나 동시에, 학습하고 기억을 형성하는 방향의 유전적 소인도 분명히 있다는 사실이 스위스 프리부르대학교의 프레데릭 메리와 타데우시 카베츠키에 의해 입증되었다. 이들은 노랑초파리(*Drosophila melanogaster*)의 돌연변이체들 중에서, 산란을 할 때 혐오 조건을 형성하는 맥락에서 학습 및 기억 형성 능력이 유의미하게 우수한 돌연변이체들을 선택할 수 있었다(Mery and Kawecki, 2002).

이 맥락에서, 장기 기억에 바탕이 되는 기제의 문제가 떠오른다. 첫 장에서 이미 언급했듯이, 한 유형의 장기 기억은 유전자 발현 또는 단백질 합성에 의존하므로 항생제를 투여하면 장애가 생길 수 있는 반면, 다른 형태의 장기 기억은 항생제를 투여해도 영향을 받지 않으므로 단백질 합성 및 유전자 발현과는 무관한 것으로 여겨진다. 이 문제를 집중적으로 다루는 학습 실험이 기생말벌을 대상으로 실시되었다. 약 10만 종이 존재하므로 진화적으로 성공한 것으로 보이는 이 동물군은 나비나 초파리와 같은 다른 곤충의 애벌레 안에 알을 낳는다. 이들은 어떤 자리 또는 기질(대부분 식물)에서 숙주 동물(대부분 다른 곤충의 애벌레)이 더 자주 발견되는지를 학습하는 게 유리하므로, 냄새와 기질의 외관을 연관시켜 이를 학습할 수 있다.

기생말벌인 고치벌과(*Braconidae*)는 종에 따라 다른 전략을 개발해왔다. 큰배추흰나비고치벌(*Cotesia rubecola*)은 단 한 포기의 식물에 붙어 있는 숙주 동물 큰배추흰나비(*Pieris brassicae*) 안에 알의 대다수를 낳는 반면, 배추나비고치벌(*Cotesia glomerata*)은 식물 한 포기당 숙주 동물 배추흰나비(*Pieris rapae*) 한 마리 위로 알을 하나만 낳으므로 여러 포기의 식물을 찾아다닌다. 네덜란드의 생물학자 한스 스미트와 동료들(Smid et al., 2007 참조)은 이 두 종을 훈련시켜 자연의 말벌은 별로 '좋아하지' 않는, 물냉이에 붙어서 살고 있는 흰나비(*Pieris*) 애벌레 안에 알을 낳도록 했다. 장기 기억 응고화의 유형을 밝히기 위해 저자들은 말벌의 절반을 항생제 악티노마이신으로 처리해 유전자 전사를 억제하거나, 아니소마이신으로 처리해 단백질 합성을 억제하고, 두 집단 모두를 대조동물과 비교했다. 연구 결과, 배추나비고치벌은 식물과 숙주 사이의 연합을 학습하려면 한 번만 학습을 시도하면 되는 반면, 큰배추흰나비고치벌은 세 번에 걸쳐서 학습을 시도해야 하는 것으로 드러났다. 뿐만 아니라 배추나비고치벌에서는 장기 기억 응고화가 단백질 합성에 의존하는 것이 발견된 반면, 큰배추흰나비고치벌에서는 단백질 합성에 의존하는 한 과정과 의존하지 않는 한 과정이 나란히 관찰되었고, 이 병행은 약 3일 동안 지속되었다. 이는 곤충에게 유연관계가 가까운 종에서도 발견될 수 있는 다양한 유형의 장기 기억 형성 과정이 존재함을 시사한다.

나의 브레멘대학 동료 안드라 티엘과 토마스 호프마이스터(Thiel and Hoffmeister, 2009)가 기생말벌에서 산란 행동을 조사한 결과는 예컨대 숙주의 분포와 거주지, 숙주의 가장 유리한 애벌레 단계, 숙주의 기생충 감염 상태 등에 관한 정보를 감안하는 놀랍도록 '합리적인' 의사 결정 과정을 드러낸다. 알을 낳는 동안 말벌은 주어진 숙주 안에서 산란을 계속할 것인가 아니면 다른 숙주로 갈아탈 것인가에 관한 복잡한 '결정'을 내려야 하는데, 이는 추상적인 최적화 모형에 다가간다. 이는 이 동물이 뇌가 극히 작은데도 불구하고 산란 행동은 매우 유연할 수 있음을 입증한다.

벌은 고전적 조건형성과 조작적 조건형성 둘 다를 통해서 학습할 수 있는 반면, 흥미롭게도 초파리에서는 고전적 조건형성을 입증하기가 어렵다. 이는 두 조건형성 절차가 실은 서로 다른 유형의 연합 학습에 해당하며, 조작적 조건형성은 단순히 고전적 조건형성보다 더 '복잡한' 또는 '고등한' 형태의 학습이 아니라는 사실을 드러낸다. 뷔르츠부르크대학의 신경생물학자 마르틴 하이젠베르크와 동료들은 초파리에서 조작적 조건형성이 이루어진다는 증거를 제시했다. 파리 한 마리가 날아갈 수는 없지만 몸을 구부리고 다리와 날개를 움직일 수 있도록, 실린더 중심에 들어 있는 기구에 고정되었다. 파리가 움직이면 실린더 전체나 일부가 파리를 중심으로 한 방향 또는 반대 방향으로 움직였다. 열원을 실린더 전체 또는 일부와 결합시켜 파리가 어떻게 행동하느냐에 따라 열원이 파리 쪽으로 다가오거나 파리로부터 멀어지게 했다. 이제 위험한 온도 상승을 경험한 초파리는 처음에는 미친 듯이 불안해하다가 마침내 우연히 어떤 운동을 해서 열원이 멀어지면, 조작적 조건형성(여기서는 부적 조건형성)의 도식에 따라 이 유리한 운동을 금세 학습했다(Brembs and Heisenberg, 2000; Menzel et al., 2007).

8.2　두족류의 학습, 인지 능력, 지능

우리가 이미 배웠듯이, 일부 두족류 분류군, 주로 오징어와 문어는 크고 복잡한 뇌를 가지고 있다. 이는 포식하는 생활양식과 깊은 상관관계가 있다. 다시 말해, 포식자는 일반적으로 뇌가 더 크고 더 복잡한 경향이 있다. 그래서 뇌에 4,200만 개의 뉴런이 들어 있고 무척추동물 중에서 신경의 해부구조가 가장 복잡한 문어에서 우리는 높은 지능을 기대한다.

　저명한 영국의 동물학자 J. Z. 영(1907~1997)은 평생에 걸친 연구로 우리에게 두족류 일반, 특히 문어의 신경계의 해부구조에 관해 풍부한 지식을 제공했을 뿐만 아니라, 높은 인지 능력의 증거를 제시하기도 했다. 영은 이탈리아 나폴리에 있는 유명한 해양연구소 스타치오네 주올로지카에서 연구하는 동안 얻은 이 지식과 증거를 기반으로 문어를 가장 영리한 척추동물인 영장류의 반열에 올려놓았다. 이 맥락에서 문어는 진정한 '인텔리'로 여겨졌다. 실제로 공간 정향의 영역에서 보고되는 문어의 성취는 깜짝 놀랄 만하다. 이 동물은 맛있는 먹이를 찾을 수 있는 장소를 잘 기억할 뿐만 아니라, 오래 집터를 떠났다가 돌아오면서 전에 한 번도 가본 적 없는 최단 경로를 택하는 경우가 흔하다. 그러한 행동은 문어의 훌륭한 공간 기억력을 보여주지만, 그렇다고 해서 문어에게 '마음의 지도'가 존재한다는 결론을 내려도 되는지는 불분명하다. 일부 전문가는 여기서 이 동물이 게나 개미와 같은 다른 많은 동물에서도 볼 수 있는 경로적분을 적용한다고 주장하기 때문이다(Menzel et al., 2007 참조). 기타 관찰과 실험은 문어가 흡관을 써서 자기 동굴과 주변의 모래와 쓰레기를 씻어내는 모습을 보여준다. 포식자를 막기 위해 작은 돌을 모아 동굴 입구에 쌓아 올리는 모습도 관찰할 수 있었다. 일부 문어 전문가는 이 행동을 도구 사용의 증거로 해석한다. 마지막으로, 이 친구들은 플라스틱 병을 가지고 놀다가 참새우로 가득한 병의 뚜껑을 비틀어 열 수 있는 것으로 유명해졌다(이는 인터넷 동영상으로도 구경할 수 있다).

미국의 동물학자 진 볼이 했던 실험들에서는 문어가 복잡한 미로에서 탈출하는 법을 비교적 빠르게 학습했고, 이 경험을 1주일 동안 기억했다. 대상 및 패턴 재인의 영역에서도 일부 과제를 숙달할 수 있었지만, 성취도는 대단치 않아서 경골어류의 성취도를 넘어서지 않았다. 여러 해에 걸쳐 문어를 집중적으로 연구한 뒤에 연구자들이 일반적으로 받은 인상은, 행동을 조사하면 할수록 이 동물의 인지 능력은 점점 더 대단치 않게 보인다는 것이었다(제12장에서 배우겠지만, 돌고래의 경우도 비슷하다).

1992년, 이탈리아의 저자 피오리토와 스코토가 발표한 연구 사례는 문어가 순전히 동종의 행동을 관찰하는 방법으로 학습할 능력이 있음을 보여주었다(Fiorito and Scotto, 1992). 이들의 실험은 다음과 같이 진행되었다. 먼저, 일군의 문어('시범자')에게 보상과 처벌을 통해 빨간 공과 흰 공의 더미에서 빨간 공 또는 흰 공을 골라내는 훈련을 시켰다. 실험의 두 번째 국면에서는 훈련받지 않은('초보') 동물들('관찰자')에게 시범자들이 빨간 공 또는 흰 공을 선택하는 모습을 구경하도록 했지만, 이번에는 공을 선택하는 시범자들에게 보상이나 처벌을 하지 않았다. 마지막으로, 관찰자들에게 빨간 공과 흰 공을 주고 선택하게 하자, 이 문어들이 지켜보는 동안 시범자들이 선택했던 유형의 공을 선호했다. 무언가를 선호한다는 것은 의미심장한 행동이다. 저자들의 보고에 따르면, 관찰로 습득한 이 선호는 관찰 뒤 최소한 5일 동안 안정적이었다(Fiorito and Chichery, 1995; Fiorito et al., 1998 참조).

방법론적 문제 말고도 특히 회의론을 자극한 것은 그러한 능력이 뇌가 크고 매우 사회적인 동물에게 있다면 이해가 가지만, 혼자 살다가 짝짓기를 하는 동안에만 동종과 상호작용하고 부모도 자식도 결코 만나지 않는 문어에게 있다는 것은 이해가 가지 않는다는 사실이었다. 따라서 문어는 자신의 행동 목록의 일부가 아닌 듯한 행동을 보여주곤 했던 것이다. 하지만 — 오늘날 우리가 알듯이 — 이는 영리한 동물에서는 전혀 이상한 일이 아니다. 예컨대 침팬지는 수화나 자판을 써서 인간과, 심지어 동종과도 소통하도록 학습시킬 수 있다. 다소 놀랍기는 하지만, 이들은 그렇게 '실용적인 것'을 인간이라면 사용할 것으로 예상되는 만큼 많이 사용하지는 않는다.

그러나 이미 언급한 문어 전문가 볼은 이 결과를 재현할 수 없었다. 하지만 피오리토와 시셰리는 두정엽(앞 장 참조)을 제거하면 문어에서 '관찰에 의한 학습' 능력이 망가짐을 보여주었다(Fiorito and Chichery, 1995). 스코토와 피오리토의 발견을 어떻게 해석해야 할지, 즉 그것이 관찰 학습의 증거가 분명한지 어떤지는 오늘날까지도 불분명하다. 그 논문이 출현하고 몇 년 뒤 피오리토와 미국의 학습 전문가 제럴드 비더먼은 (다른 두 동료와 함께) 언급된 문어의 병뚜껑을 비틀어 여는 능력의 맥락에서 논문을 발표해 약한 사전 노출 효과를 언급했다(Fiorito et al., 1998).

어떤 경우든, 문어에서 학습하고 기억을 형성하는 자리가 두정엽이라는 데는 의심의 여지가 없다. 신경생리학 실험에서는 정중상전두엽(제7장과 그림 17.2 참조)에서 두정엽으로 달리는 신경다발을 통해 두정엽을 자극했다. 학습의 한 가지 중요한 기제인 장기증강 유형의 과정들이 발견되었지만, 여기에 NMDA 수용체가 연관되지는 않았다 (제5장 참조). 흥미롭게도, 언급한 신경다발을 자르면 장기 기억만 손상되고 단기 기억은 손상되지 않는다(Boycott and Young, 1955; Hochner et al., 2006; Shomrat et al., 2008).

8.3 이게 다 무슨 말일까?

무척추동물 — 지금까지 기술된 모든 동물의 95% 이상을 구성하는 — 의 대다수는 대부분 반사와 본능 행동을 기초로 한 비교적 단순한 행동을 보여준다. 그러나 습관화나 민감화와 같은 단순한 형태의 비연합 학습은 보편적이다. 고전적 조건형성의 효과는 연체동물(예 : 군소)과 절지동물에게 폭넓게 분포한다. 조작적 조건형성은 곤충, 그중에서도 주로 벌목(꿀벌, 기생말벌과 같은) 및 파리목(초파리)을 비롯해 문어에서도 입증되어왔다. 문어는 관찰 학습을 할 수 있을 가능성이 있고, 꿀벌도 8자 춤을 고려하면 그럴 수 있을 것이다. 꿀벌은 범주 학습 능력, '마음의 지도'의 존재, 학습에서의 '유레카 효과'를 보여준다. 이들은 예컨대 이행법칙 형태의 논리적 추리 시험에는 실패하지만, 이에 관해서라면 많은 척추동물(예 : 비둘기)도 나을 게 없다.

꿀벌의 능력은 진정으로 인상적이지만, 문어에서 발견되는 능력은 꿀벌을 제외한 다른 무척추동물에서 발견되는 모든 인지 능력보다는 우수한 듯하나 대중의 기대를 만족시킬 정도는 아니다. 그렇지만 문어는 팔이 길고 유연해서 벌에 비해 조작 능력이 훨씬 뛰어나기 때문에 두 동물군을 직접 비교할 수는 없다.

곤충과 문어는 무척추동물 가운데 가장 복잡한 뇌를 가지고 있지만, 동시에 두 집단의 뇌 크기와 뉴런의 수는 극적으로 다르다. 초파리의 뇌에는 뉴런이 20만 개, 꿀벌에는 약 100만 개, 기생말벌에는 10만 개 이하가 들어 있다. 이는 문어의 뇌에서 4,200만 개의 뉴런이 발견되는 것과 뚜렷하게 대비된다. 나중에 뇌의 속성과 인지 능력의 관계를 물으려면 이것이 무엇을 뜻하는지 자문해야 한다.

제9장

후구동물

주제어 · 시원후구동물 · 먹장어 · 칠성장어 · 연골어류 · 경골어류 · 양서류 · 파충류 · 조류 · 포유류

9.1 후구동물의 기원과 신경계

〈그림 3.1〉에서 보였듯이, 후구동물은 선구동물의 자매군이다. 후구동물은 중추신경계가 몸의 배측에 위치하는 것이 특징인 반면, 선구동물에서는 중추신경계가 복측에서 복측신경삭과 이것의 신경절을 형성하고 있는 것이 발견된다. 이 법칙에 대한 예외로 보이는 극피동물은 자포동물처럼 몸이 방사상으로 조직되어 있어서 방사상으로 조직된 신경계를 가지고 있다. 그러나 극피동물의 성체는 좌우대칭의 애벌레로부터 발생하므로, 많은 저자들은 이것이 성체의 방사대칭은 2차적으로 나타난 특성이며 극피동물의 조상은 좌우대칭이었음을 가리킨다고 본다. 현재 인정되는 후구동물의 분류법이 〈그림 9.1〉에서 제시된다.

선구동물과 후구동물의 기본 조직은 근본적으로 달라 보이므로, 이는 좌우대칭동물의 양 집단이 해면을 닮은 조상으로부터 독립적으로 생겨났음을 시사할 수도 있다. 그러나 이미 진화론의 초기에 두 집단은 공통 조상을 가지며 겉보기보다 더 비슷하다는 가설이 있었다. 프랑스의 생물학자 조프루아 생틸레르는 긴 무척추동물('벌레들')을

G. Roth, *The Long Evolution of Brains and Minds*, DOI: 10.1007/978-94-007-6259-6_9,
© Springer Science+Business Media Dordrecht 2013

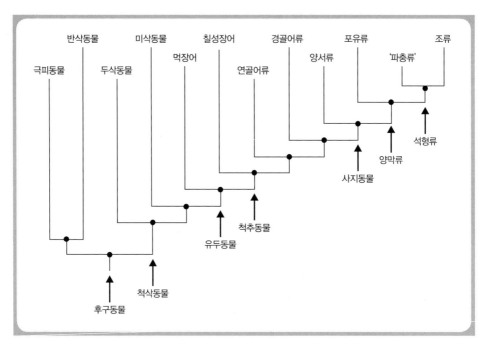

그림 9.1 후구동물의 계통수.

자세한 설명은 본문 참조.

장축을 중심으로 180° 돌리기만 하면, 무척추동물의 복측신경삭이 척추동물의 배측에 있는 '척삭(spinal cord)'이 된다는 생각을 가지고 있었다(Hirth and Reichert, 2007).

　오래전 일부 무척추동물은 몸의 위아래가 뒤집힌 상태로 헤엄치는 편이 더 유리했다는 발상도 있는데, 가장 원시적인 척삭동물(아래 참조)의 일종인 창고기(lancelet)가 지금도 양 방향으로 헤엄치기 때문이다. 뿐만 아니라 30여 년 전 발생유전학의 인상적인 진보와 함께 생틸레르의 발상이 다시 매력적이 되었고, 이때 유연관계가 매우 먼 종인 초파리와 발톱개구리(*Xenopus*)가 뇌를 포함한 몸의 기본 조직을 담당하는 똑같은 발생유전자들을 지니고 있다는 사실이 입증될 수 있었다. 이 유전자들이 몸의 축(머리-꼬리, 등-배), 몸의 기본적인 분절, 신경계와 뇌, 뉴런과 신경돌기의 형성은 물론 눈을 포함한 감각기관의 형성까지 결정한다(Martinez et al., 2013).

　초파리의 중추신경계에서는 혹스 유전자가 복측삭과 후대뇌의 형성을 결정하고, 발톱개구리에서는 같은 유전자가 척삭과 후뇌(hindbrain)의 형성에 영향을 미친다. 나아가 곤충에서는 *otd/Otx*와 같은 비(非)혹스 유전자가 뇌의 더 앞부분인 전대뇌와 중대뇌(위 참조)의 형성을 조절하는 반면, 척삭동물과 척추동물에서는 같은 유전자가 중뇌(mesencephalon), 간뇌(diencephalon), 종뇌(telencephalon)의 발생을 조절한다(아래 참조). 두 유전자 사이에 있는 이른바 **팍스(Pax) 영역**은 척추동물의 뇌에서 뇌간의 협부(isthmic region)를 규정한다(Farris, 2008; Martinez et al., 2013). 지금까지 조사된 모든 좌우대칭동물에서 같은 패턴의 발생유전자들이 발견되었다. 그래서 일부 저자들은 관찰되는 뇌의 차이가 아무리 커도 모든 좌우대칭동물에게 삼분된 뇌를 위한 기본 조직이 있다고 믿는다(Hirt and Reichert, 2007과 위 참조).

이러한 관점은 신경계와 뇌의 진화에 관련된 많은 문제를 해결하지만, 동시에 새로운 문제를 만들어내기도 한다. 예컨대 선구동물과 후구동물에 상동인 유전자들이 있다는 사실에도 불구하고, 이들이 신경계와 뇌 안에서 조절하는 부위는 서로와 무관하게 진화했을 수 있다. 같거나 비슷한 유전자가 두 집단에서 기능적 변화를 겪어서 매우 다른 일을 할 수도 있을 것이다. 하지만 유전자뿐 아니라 구조까지 상동인 경우도 있을 것이다. 이 경우는 비교적 복잡한 중추신경계와 뇌가 6억 년 전 언젠가 이른바 '원시좌우대칭동물'(Lichtneckert and Reichert, 2007)에서 생겨났을 것이고, 발견되는 모든 차이는 이 기본 구조의 진화적 변형에 지나지 않을 것이다.

어떤 저자들은 좌우대칭동물, 어쩌면 모든 진정후생동물의 신경계에 공통의 발생유전자 또는 '형성자(organizer)' 유전자가 존재한다는 사실은 부인하지 않지만, 이들의 신경계가 같은 곳에서 기원했다는 발상은 거부한다(Moroz, 2009). 이들은 중추신경계가 조상의 산만신경망과 무관하게 최소한 세 번, 즉 촉수담륜동물에서 처음으로, 탈피동물에서 두 번째로, 척삭동물에서 세 번째로 진화했다고 본다. 이는 극피동물의 방사대칭 신경계가 원시 신경계라는, 즉 좌우대칭 신경계의 2차 단순화로 인해 생긴 것이 아니라는 의미를 함축할 것이다.

이 맥락에서, 어떻게 똑같은 유전자가 매우 다른 구조를 낳을 수 있는가 하는, 이미 거론한 질문이 나온다. 바탕의 발생유전자가 아무리 비슷해도 대부분의 세부사항에서 곤충의 뇌는 척추동물의 뇌와 다르고, 곤충의 복안은 척추동물의 눈과 닮은 데가 없다. 그러한 유전자의 존재를 인정한다면 우리는 이 유전자들이 정확한 구조를 조절하는 것이 아니라 "삼분된 뇌를 지어라!" 또는 "감광기관을 형성해라!"와 같은 더 일반적인 명령을 내리며, 정확히 어떤 구조를 형성할 것인지(예 : 색소반점인지, 단순한 오목 눈인지, 복안인지, 척추동물의 수정체 눈인지)는 그 밖의 더 특정한 유전자들이 후성 유전의 기제와 함께 결정한다는 것을 인정해야 한다. 생물학을 공부하는 학생은 누구나 문어의 수정체 눈과 척추동물의 수정체 눈은 현저하게 닮았음에도 불구하고 상동이 아니라 수렴진화의 산물이라고 배운다. 실제로 각막, 수정체, 광수용기가 발생하는 배아 조직이 다를 뿐 아니라 문어의 눈은 **외향안**이고 척추동물의 눈은 **내향안**이다. 하지만 두 눈이 모두, 심지어 곤충의 복안도 조상 유전자가 같다는 연구 결과는 어떻게 해석해야 할까? 무척추동물에서 외향안과 내향안이 같은 만큼 발견되고, 복안도 독립적으로 여러 번 진화한 것으로 보인다는 사실에 의해 상황은 더욱더 복잡해진다.

〈그림 9.1〉에서는 현재 가장 널리 인정되는 후구동물의 분류법이 보인다. 한편으로는 극피동물문(*Echinodermata*), 반삭동물문(*Hemichordata*), 속(屬)이 하나밖에 없는 수수께끼 같은 진와충아문(*Xenoturbellida*, 그림 9.1에는 보이지 않는)이 발견된다. 상대편인 척삭동물문(*Chordata*)에는 두삭동물아문(*Cephalochordata*), 피낭동물아문(*Tunicata*), 유두동물(*Craniata*)이 포함된다. 유두동물(두개골이 있는 동물)은 먹장어강(*Myxini*)과 척추동물아문(*Vertebrata*)으로 구성되며, 척추동물에는 칠성장어강(*Petromyzontida*)과 다른 모든 종류의 척추동물(연골어류, 경골어류, 양서류, 포유류, '파충류', 조류)이 포함된다.

9.2 극피동물

극피동물문('가시투성이 피부를 가진 동물'이라는 뜻, 최대 7,000종이 기술됨)은 크게 불가사리강(*Asteroidea*), 바다나리강(*Crinoidea*), 거미불가사리강(*Ophiuroidea*), 성게강(*Echinoidea*), 해삼강(*Holothuroidea*)으로 구성되며, 모두 조간대(潮間帶)에서 심해대에 이르는 바다에서 살고 있다. 극피동물은 선캄브리아기 말 선구동물과 후구동물이 갈라진 직후인 약 5억 6,000만 년 전에 기원했다. 모든 극피동물은 기본 조직으로 5축 방사대칭을 보여주는데, 이 조직은 언급했듯이 배아기 척삭동물을 닮은 좌우대칭 조직의 자유유영하는 애벌레가 개체발생하는 도중에 생겨난다.

극피동물은 섭식 방식이 매우 다양하다. 바다나리와 일부 거미불가사리는 대부분 수동적으로 물을 걸러서 먹이를 얻고, 성게는 풀을 먹고, 불가사리는 진흙에서 유기물을 추출하거나 능동적으로 사냥을 한다.

극피동물도 자포동물과 비슷하게 뇌는 없지만 두 종류의 산만신경계를 가지고 있다. 첫 번째 신경계는 외신경계(ectoneural system)라 불리며 입을 둘러싸고 있다. 여기에서 신경삭이 방사상으로 뻗어 나와 팔(있다면)로 들어가거나 몸을 따라 달린다. 피부에 단단히 연결된 신경총에 화학수용세포, 기계수용세포, 광수용세포가 자리 잡고 있다. 두 번째 신경계는 하신경계(hyponeural system)라 불리며 순수하게 운동 기능만 가지고 있다. 전문가들은 외신경계는 (모든 척삭동물의 중추신경계가 그렇듯) 외배엽에서 기원하는 반면, 하신경계는 (척삭동물에서 근육 등이 생겨나는) 중배엽에서 유래한다고 믿는다. 자포동물인 해파리(제7장 참조)의 이중 신경환계와 인상적일 만큼 비슷하지만, 둘은 거의 틀림없이 독립적으로 발달했을 것이다.

9.3 반삭동물

반삭동물문(70~100종)은 벌레처럼 꿈틀거리거나 고착해서 사는 바다동물이다. 길이가 2~3mm에서 2.5m에 달하는 분절되지 않은 몸을 가지고 있다. 주요 집단인 장새강(*Enteropneusta*, 도토리벌레)은 모래 굴에서 살고 모래에서 유기물을 추출하거나 여과섭식을 한다. 캄브리아기 중기에서 말기에 기원한 오래된 후구동물군이다. 앞창자에 구삭(口索, stomochord)이라 불리는 곁주머니가 있는 것이 특징인데, 이것을 오래도록 척삭동물의 '척삭(脊索, notochord)'(또는 배측삭)의 전신으로 해석하는 바람에 반삭동물을 척삭동물의 직접 조상이라고 보아왔다(여기서 '반삭동물'이라는 이름이 나왔다). 그러나 이 두 구조는 더 이상 상동으로 여겨지지 않고, 이제 반삭동물은 척삭동물보다 극피동물과 관계가 더 가깝다고 믿어진다. 반삭동물 중에서 더 작은 집단인 익새강(*Pterobranchia*)은 바다에서 고착해 군거하는 작은 여과섭식자다.

반삭동물의 신경계는 본질적으로 복측신경삭과 배측신경삭으로 구성되는데, 두 삭은 머리엽 안과 장 둘레에 있는 신경환들로 연결되어 있다. 도토리벌레의 배측삭은 속이 빈 관이므로 일부 저자들은 그것이 척삭동물의 척삭과 상동이라고 여기지만, 다른 저자들은 그것이 산만신경망으로부터 독립적으로 진화했다고 본다(Moroz, 2009).

9.4 척삭동물 – 유두동물 – 척추동물

척삭동물문(약 6만 5,000종)은 미삭동물아문[또는 피낭동물아문(Tunicata)], 두삭동물
아문, 유두동물로 구성된다. (최소한 배아 단계에서는) 몸의 배측을 따라 뻗어 있어 몸
을 안정시키는 다소 뻣뻣한 연골 막대인 척삭, 속이 빈 배측신경삭(또는 '신경관'), 입
바로 뒤 목구멍의 일부인 인두열(pharyngeal slit), 항문 뒤로 연장되는 꼬리가 있는 것
이 특징이다. 그래서 척삭동물은 대부분 몸이 길다. 척삭동물이 극피동물, 반삭동물,
진와충과 관계가 있음은 의심할 수 없지만, 자세한 계통유연관계는 불분명해서 이 집
단들의 공통 조상은 선명하게 그려지지 않는다. 최초의 척삭동물은 캄브리아기에 이
미 존재했다.

　미삭동물아문(2,000~3,000종)은 애벌레일 때는 자유롭게 살지만 성체는 고착하는
바다의 여과섭식자다. 척삭은 꼬리 부위에만 있다. 고착해서 사는 모든 동물에서 그
렇듯 신경계는 매우 단순하다. 반대로, 일생 동안 자유유영하는 두삭동물아문[잘 알
려진 창고기(Branchiostoma, 전에는 Amphioxus로 불림)를 포함하는 약 30종]은 길이
5~7cm의 물고기를 닮은 투명한 몸을 가지고 있고, 진정한 골격도, 쌍을 이룬 지느러
미도, 팔다리도 없다. 마찬가지로 쌍을 이룬 감각기관도 없다. 모든 척삭동물이 그렇
듯 등을 따라 달리는 속이 빈 신경삭, 인두열, 항문 뒤로 연장되는 꼬리가 있다. 또한
토막토막 배열되어 근절(myomere)이라 불리는 근육을 가지고 있다. 창고기는 얕은 바
닷물에서 사는데, 대개 모래 안에 굴을 파고 들어가 '극모(cirrus, 입에 달린 촉수를 닮
은 가닥들)'를 써서 물과 더 큰 입자들을 인두로 빨아들인 다음, 인두에 있는 아가미구
멍의 끈끈한 표면으로 유기 입자들을 붙잡는다.

　창고기의 신경계는 신경관과 보잘것없이 발달한 대뇌소포(cerebral vesicle)로 구성
되는데, 둘이 합쳐서 약 2만 개의 뉴런을 담고 있다. 생김새는 단순하지만, 근래의 연
구에 따르면 이미 유두동물–척추동물의 뇌를 형성하는 데 필요한 발생유전자를 대
부분 지니고 있는 것으로 드러난다(Holland and Short, 2008 참조). 유두동물의 능뇌
(rhombencephalon)와 상동인 부위가 있다고 보는데, 비록 능뇌분절(rhombomere)로
분절(제10장 참조)된 모습은 보이지 않고 분절 단위로 배열된 운동뉴런들만 존재하지
만, 전형적인 혹스 유전자와 파라혹스(ParaHox) 유전자가 여기에서 발현되기 때문이

다. 뿐만 아니라 대부분의 저자들에 따르면, 중뇌도 있고 전뇌(prosencephalon)의 일부도 최소한 간뇌의 형태로 존재하지만, 진정한 종뇌 또는 종뇌의 일부가 존재하는가는 논쟁이 된다. 일부 전문가들은 최소한 장차 종뇌가 될 것의 복측 부위는 있다고 믿는데, Pax6나 Otx와 같은 유전자가 발현되기 때문이다. 모든 유두동물과 마찬가지로 창고기도 신경판(neural plate)을 지니고 있지만, 다소 역설적으로, 창고기는 신경릉(neural crest) 유전자가 있는데도 불구하고 유두동물에게 전형적인 신경릉은 없다.

유두동물, 즉 두개골이 있는 척삭동물은 먹장어강, 그리고 칠성장어강을 포함한 척추동물아문으로 구성된다. 노스컷과 갠스(Northcutt and Gans, 1983)에 따르면, 기원판(placode)의 신경릉이 진화하고 이 맥락에서 진정한 머리가 머리에 실린 감각기관과 함께 진화한 것이 유두동물의 진화에서 핵심 사건이었다. 새로이 형성된 신경릉의 다능(多能)세포들이 배아의 몸에 침투해 아가미 골격, 두개골, 말초신경계, 색소세포(멜라닌세포), 부신속질 등으로 변형된다. 기원판은 배아의 상피층에서 두꺼워진 부분인데, 이로부터 무엇보다 감각상피가 형성된다. 감각상피에 포함되는 귀기원판은 이와(耳窩, ear pit)와 이포(耳胞, otic vesicle)를 형성한 다음 결국 청각 및 평형기관이 되고, 수정체기원판은 안포(ophthalmic vesicle)의 영향을 받아 눈의 수정체가 되고, 후각기원판(또는 코기원판)은 후각상피가 되고, 삼차신경기원판은 머리의 감각신경절 일부가 되고 포유류에서는 삼차신경의 안신경 분지와 상악-하악신경 분지를 형성하고, 아가미위기원판은 머리의 기타 감각신경절을 형성하고, 뇌하수체전엽기원판은 뇌하수체전엽이 되고, 측선기원판은 물에 사는 척추동물에서 측선계가 된다(제10장 참조).

따라서 기원판은 귀, 눈, 코의 감각상피, 전기 및 기계적 힘을 감지하는 측선계, 아가미기관의 형성을 위해 필수적이며, 아가미기관은 나중에 육지에 사는 척추동물에서 턱으로 변형되어 새로운 방식의 섭식과 먹이 사냥을 가능하게 한다. 일부 저자들은 척추동물이 초기에 두족류 등 우세한 형태의 무척추동물과 경쟁하는 맥락에서 이 신제품들이 진화했다고 가정한다.

다음에서는 먹장어와 척추동물을 간단히 묘사하고, 이들의 뇌에 대해서는 제10장에서 묘사할 것이다.

9.4.1 먹장어

먹장어강(약 60종)은 몸의 안팎에 기생하는 약 50cm 길이의 장어를 닮은 동물이다. 전에는 칠성장어와 함께 무악상강(*Agnatha*, 턱이 없는 동물) 또는 원구상강(*Cyclostomata*, 입이 둥근 동물)이라는 분류군에 포함되었지만, 오늘날은 칠성장어를 포함하는 척추동물의 자매군으로서 독자적으로 유두동물의 한 분류군을 형성한다. 먹장어는 해안 지대에서 살고 붙잡히면 엄청난 양의 점액을 낼 수 있어서 '점액장어'라고도 부른다. 조상은 약 5억 3,000만 년 전 캄브리아기 초중반에 진화했다. 이 동물의 앞쪽 끝은 촉수, 입, 콧구멍, 눈으로 표시되는데 눈은 피부로 덮여 있고 수정체가 없다. 이러한 눈의 퇴화는 기생하거나 동굴에 사는 동물에게서 흔히 일어나기 때문에 이것이 원시적 특징인지 파생된 특징인지는 불분명하다. 전신에서 광수용기 세포가 발견되지만 주요 감각은 후각과 촉각이다. 측선계는 없고, 전정기관에는 관이 세 개가 아니라 두 개뿐이다. 물에 사는 작은 유기체를 먹고 사는데, 죽은 물고기 또는 죽어가는 물고기에 입을 붙인 다음 구멍을 뚫고 속으로 들어가 먹이를 안쪽부터 먹는 방법으로 청소부 또는 기생 생활을 한다.

9.4.2 척추동물

척추동물아문은 칠성장어강(40~50종)과 유악하문(*Gnathostomata*, 턱이 있는 동물)으로 구성된다. 유악하문은 연골어강(*Chondrichthyes*, 약 1,100종), 경골어상강(*Osteichthyes*, 약 3만 종), 양서강(*Amphibia*, 개구리, 도롱뇽, 무족목 등 약 6,000종), 포유강(*Mammalia*, 약 5,700종), 석형류(*Sauropsida*)로 구성된다. 석형류는 고전적 의미의 '파충강(*Reptilia*)'(거북, 옛도마뱀, 뱀, 악어 등 약 9,500종)과 조강(*Aves*, 약 9,500종)을 포함한다. 칠성장어, 연골어류, 경골어류, 양서류를 통틀어 알에 양막(배아를 둘러싸고 보호하는 막)이 없다는 뜻으로 '무양막류(*Anamniota*)'라 부르는 반면, 포유류와 석형류는 '양막류(*Amniota*)'라 부른다.

현생 척추동물의 조상이었던 갑주어(*Ostracodermi*, '껍질로 덮인 동물')는 실루리아기 상부(4억 3,000만 년 전 무렵)에 살았고 골질의 껍질로 덮여 있고 한 쌍의 가슴지느러미가 있었지만 턱과 내골격은 없었다. 데본기 말인 3억 5,900만 년 전, 유악어류가 등장한 이후 집단 전체가 멸종했다.

칠성장어

칠성장어강은 턱이 없고 장어를 닮은 동물로서 가장 원시적인 척추동물군으로 여겨진다. 흔히 '아홉 눈' 물고기라 불리는데, 눈으로 여겨진 세 쌍의 아가미구멍에 한 쌍의 눈과 두정안 한 개가 더해졌기 때문이다. '바다칠성장어(*Petromyzon*)'와 같은 성체 동물은 대부분 탁 트인 대양이나 해안 지대에서 살지만, 번식에 적당한 장소를 찾아 하천으로 침투한다. 거기서 유생인 '암모코에테스(ammocoetes)'가 발달한 다음 대양을 향해 이주한다. 많은 종이 기생한다. 예컨대 바다칠성장어는 이빨이 달린 깔때기 모양의 입으로 더 큰 물고기에 붙어서 피를 빤다. 먹장어와 달리 칠성장어는 잘 발달한 감각기관을 여러 개, 즉 콧구멍 한 개와 후각상피, 눈 한 쌍, 송과체(pineal body, 즉 두정안) 한 개, 청각기관이자 전정기관인 세 개의 관이 달린 내이(內耳) 한 쌍, 비교적 단순한 표피 신경소구(neuromast)를 가진 기계수용계 하나, 전기수용계 하나를 가지고 있다(제11장 참조).

연골어류

연골어강은 상어상목(*Selachimorpha*, 상어 등 약 500종), 가오리상목(*Batoidea*, 가오리와 홍어 등 약 600종)을 거느리는 판새아강(*Elasmobranchii*)과 전두어아강(*Holocephali*, 은상어 등 34종)으로 구성된다. 전두어아강이 더 오래되었고, 그로부터 3억 5,000만 년 전에 판새아강이 분기했다고 여겨진다. 연골어류는 골격이 경골이 아닌 연골로 만들어진 것이 특징이다. 실루리아기의 조상인 판피류(*Placodermi*)의 골격은 경골이었으므로, 연골의 존재는 파생된 특징으로 해석해야 한다. 이 특징은 아마도 무게를 줄이기 위해 진화했을 것이다. 연골어류는 경골어류처럼 부레를 가지고 있지 않아서 가라앉지 않으려면 끊임없이 움직여야 하기 때문이다.

　상어와 은상어는 물고기를 닮은 몸을 가지고 있고 대부분 대양에서 살지만, 예외적으로 '황소상어(*Carcharhinus leucas*)'는 해안 지대뿐 아니라 거대한 호수와 강에서도 산다. 상어는 최대 13m[예 : 고래상어(*Rincodon typus*)]라는 상당한 길이에 도달할 수 있으므로 어떤 경골어류보다도 길 수 있다. 대부분 포식자나 청소부지만, 가장 큰 상어들은 초식성이므로 인간에게 위험하지 않다. 가오리는 대부분 해저 생활에 적응한 결과로 몸이 납작하고, 커다란 가슴지느러미가 머리에 융합되어 있고, 콧구멍, 눈, 아가미구멍은 머리의 복측 표면에 자리 잡고 있다. 가오리와 홍어는 바다 밑에 사는 작은 무척추동물을 먹고 산다.

상어의 일부 집단[갈레아상어류(*Galeomorphii*)와 매가오리목(*Myliobatiformes*)]은 크고 복잡한 뇌를 독립적으로 진화시켰다(제10장 참조). 상어와 가오리는 크고 흔히 튀어나와 있는 후구(후각망울, olfactory bulb)와 연관된 뛰어난 후각, 입과 아가미 안에 수용기가 있고 마찬가지로 뛰어난 미각, 움직일 수 있고 어둠 속에서 보는 데 알맞은 [간상(막대꼴)의 광수용기가 우세한] 큰 눈, 잘 발달한 내이, 기계수용계와 전기수용계 두 종류로 이루어진 측선계 등 감각기관을 잘 갖추고 있다(제11장 참조). 흥미롭게도, 연골어류는 전기수용계를 가지고 있으면서도 이른바 약전기어(weakly electric fish, 아래 참조)처럼 전기의 반향으로 위치를 측정(echolocation, 반향정위)하지는 않는다. 그러나 전기가오리목(*Torpediniformes*)은 먹이를 기절시키거나 자신을 방어하기 위해 220V까지 방전할 수 있다.

경골어류

경골어상강은 척추동물의 최대 강을 형성한다. 이 상강은 최대 집단인 조기어강 [*Actinopterygii*, 사출형 지느러미를 가진 물고기(ray-finned fish)], 다음으로 완기어강[*Brachiopterygii*, 팔 지느러미를 가진 물고기(arm-finned fish)]과 육기어강 [*Sarcopterygii*, 엽상형 지느러미를 가진 물고기(lobe-finned fish)]으로 구성되며, 육기어강은 다시 폐어아강(*Dipnoi*)과 실러캔스아강(*Coelacanthimorpha*)으로 나뉜다.

현생 완기어강은 오직 한 과, 즉 열대 아프리카와 나일강 하천계의 민물 서식지에서 살고 있는 다기과(*Polypterida*, 비처허파고기 등)로만 구성된다. 고대 경골어류를 닮았다고 여겨지는 이 물고기는 두꺼운 가슴지느러미 두 개를 써서 앞쪽으로 헤엄칠 수 있다. 또한 폐가 있어서 공기 호흡을 할 수 있는 덕분에 열대 아프리카의 산소가 부족한 흙탕물 환경에서 살 수 있다.

조기어강은 연질어아강(*Chondrostei*), 전골어하강(*Holostei*), 진골어하강(*Teleostei*)으로 나뉜다. 연질어아강(철갑상어, 주걱철갑상어 등 25종)은 조기어강 중에서 가장 오래된 집단으로 여겨진다. 철갑상어는 몸이 길고 코와 꼬리도 길다. 연골어류처럼 철갑상어도 몸의 골격이 거의 완전히 연골 물질로 대체되었다. 작은 눈을 가지고 있지만, 후각계와 미각계가 뛰어나다. 기계수용계와 전기수용계도 둘 다 가지고 있고, 여기에 딸린 많은 팽대기관이 전신의 표면을 뒤덮고 있다. 뇌는 비교적 단순한데, 예외적으로 소뇌는 매우 발달해 기계수용계 및 전기수용계와 협력한다.

역시 원시 조기어강으로 여겨지는 전골어하강은 민물꼬치고기목(*Lepisosteiformes*)과 아미아목(*Amiiformes*)으로 구성된다. 민물꼬치고기는 철갑상어처럼 몸이 굳비늘로 덮여 있는 반면, 아미아는 진골어처럼 둥근비늘과 빗비늘을 가지고 있다. 그러므로 민물꼬치고기가 아미아보다 더 원시적이고 연질어에 더 가까운 관계라고 여겨진다.

'진정한' 경골어류인 진골어하강(척추동물 종의 약 절반)은 부레로 부력을 조절하고, 소악과 전소악을 움직여서 입보다 바깥쪽으로 아래턱을 내밀 수 있고, 몸의 근육조직이 빠른 움직임을 위해 특화한 것이 특징이다. 트라이아스기에 기원했다. 주요 집단으로는 골설어상목(*Osteoglossomorpha*, 골질 혀를 가진 물고기 — 진골어 중에서 가장 원시적인 형태로 추측되는 집단), 당멸치상목(*Elopomorpha*, 뱀장어와 뱀장어의 친척들), 청어상목(*Clupeomorpha*, 청어 등), 골표상목(*Ostariophysi*, 잉어, 메기, 전기뱀장어 등), 극기상목(*Acanthopterygii*) 등이 있다. 극기상목에는 최대 진골어 집단인 농어목(*Perciformes*, 약 7,000종)이 들어 있고, 농어목에는 진골어 중에서 가장 큰 과이자 현대에 가장 가까운 집단으로 여겨지는 시클리드과(*Cichlidae*)가 포함되어 있다. 시클리드과의 많은 종은 아프리카 또는 중남미의 큰 호수에서 겨우 10만 년 전에 진화했다.

폐어아강은 데본기 하부에서 기원해 데본기 상부와 석탄기에 절정을 이룬 고대 척추동물군으로 여겨진다. 한때 전 세계 민물에 분포했지만 현재는 남아메리카, 아프리카, 오스트레일리아에서 생존하고 있고, 현재의 분포는 고대의 대륙 판게아가 (곤드와나와 로라시아로) 해체된 이후 곤드와나가 더 해체된 결과로 여겨진다. 공기 중에서 호흡할 수 있고, 엽상형 지느러미와 함께 잘 발달한 내골격을 가지고 있다. 오스트레일리아폐어(*Neoceratodus forsteri*), 아프리카폐어(*Protopterus*)의 두 종[돌로이(*P. dolloi*)와 아넥텐스(*P. annectens*)], 남아메리카폐어(*Lepidosiren paradoxa*) 등 여섯 종만 살아남았다. 이 폐어들은 조상과 마찬가지로 주로 강에서 살지만 건기에는 서식지에서 나와 진흙 속으로 굴을 파고 들어감으로써 더 오래 살아남을 수 있다. 작은 눈이 있지만 후각계가 잘 발달했고 기계적 힘과 전기를 수용하는 측선계도 가지고 있다.

실러캔스아강 또는 공극어류('속이 빈 척추'를 가진 물고기)의 집단에는 라티메리아 칼룸나이(*Latimeria chalumnae*)와 라티메리아 메나도엔시스(*Latimeria menadoensis*) 두 종밖에 없다. 실러캔스는 7,000만 년 전, 즉 중생대의 끝으로 가면서 사라졌다고 오래도록 믿어지다가 1938년에 마저리 코트니 래티머에 의해 남아프리카 해안에 있는 칼룸 강가에서 한 마리가 발견되어 나중에 라티메리아 칼룸나이라 불리게 되었다. 이 일은 세계적으로 관심을 불러일으켰는데, 전문가들이 이로써 육지에 사는 척추동물의 직접적인 조상 형태가 발견되었다고 믿었기 때문이다. 그때 이후로 약 100마리가 발견되어 연구자들이 자연 서식지에서 실러캔스를 연구해왔다. 라티메리아를 특징짓는 육질의 가슴지느러미인 '엽상형' 지느러미는 물을 헤치고 나아가는 운동을 안정시키는 데 쓰이지만, 전에 믿었던 것처럼 땅 위에서 나아가는 데 사용되지는 않는다. 따라서 실러캔스는 육상 척추동물 조상의 보행 패턴을 보여주는 모형이 아니다.

양서류

현대의 양서강을 대표하는 진양서아강(*Lissamphibia*, 매끈한 피부를 가진 양서류)은 개구리목(*Anura*, 29과의 약 5,100종), 도롱뇽목[*Caudata* 또는 유미목(*Urodela*) 10과의 약 545종], 무족영원목(*Gymnophiona*, 6과의 약 170종)으로 구성된다. 개구리목은 북극과 남극 지대를 제외한 전 세계에서 발견되는 반면, 도롱뇽목은 유라시아를 비롯해 북아메리카와 중앙아메리카에 남아메리카의 북부를 포함한 북반구에서만 발견된다. 무족영원목은 유라시아, 아프리카, 아메리카의 열대와 아열대에서만 발견된다. 대부분의 전문가가 지금은 진양서아강이 단계통의 일군을 형성하며 가장 가까운 친척은 폐어라고 믿는다. 그러므로 현생 폐어는 현생 양서류와 모든 사지동물의 자매군이다. 최초의 육상 척추동물인 미치아강(*labyrinthodontia*, '미로 같은 이빨을 가진 동물')이 데본기 중기에서 중생대 초기까지(3억 9,000만 년 전에서 2억 1,000만 년 전) 살다가 미지의 경로를 거쳐 현대 양서류로 발달했는데, 악어처럼 생긴 이크티오스테가(*Ichthyostega*)가 여기 속해 있지만, 진양서아강의 더 직접적인 조상은 역시 악어를 닮은 템노스폰딜리(*Temnospondyli*)다. 양서강에 속하는 세 목의 계통유연관계는 아직도 논쟁이 된다. 대부분의 저자는 형태학 및 분자 데이터를 근거로 도롱뇽목과 무족영원목이 개구리목보다 서로와 더 가까운 관계라고 믿는다. 도롱뇽의 긴 몸은 조상 양서류의 조건과 비슷한 반면, 개구리는 긴 체축을 확 줄이고 뒷다리를 그만큼 확 연장해 펄쩍 뛸 수 있도록 철저하게 몸을 재조직했다. 무족영원목은 체형을 벌레처럼 바꾸고, 팔다리를 버리고, 두개골의 골질을 강화해 지하 생활에 적응했다.

파충류

척추동물의 전통적 분류군인 '파충강'은 거북목(Chelonia, 바다거북 등 290종), 옛도마뱀목(Rhynchocephalia)[가시등도마뱀(Sphenodon punctatus), 스페노돈 구엔테리(Sphenodon guentheri)라는 2종], 뱀목(Squamata, 도마뱀, 뱀, 도마뱀붙이, 지렁이도마뱀 등 총 9,000종 이상), 악어목(Crocodilia, 크로커다일과 앨리게이터 등 약 20종)의 네 집단으로 구성된다. 그러나 새로운 분류법에 따르면 이 강은 단계통군이 아니라 측계통군인데, 악어가 다른 '파충류'보다 조류와 더 가깝기 때문이다(제3장과 그림 3.1 참조). 악어는 멸종한 공룡, 조류와 함께 지금은 조룡류(Archosauria)로 분류되어, 옛도마뱀과 뱀을 포함하는 인룡류(Lepidosauria)와 대비를 이룬다. 조룡류와 인룡류가 모여서 이궁류(Diapsida, 눈 말고도 두개골에 구멍이 두 개 더 있는 동물)를 형성한다. 거북은 이제 이궁류보다 더 진화한 이궁류의 외군(outgroup)으로 여겨 무궁류(Anapsida, 두개골에 구멍이 없는 동물)라 부른다. 예전 '파충류'의 모든 집단에 조류를 보태 '석형류'라 부르는 집단이 포유류의 자매군을 형성한다. 이 책에서는 전통적 용어인 '파충류'를 따옴표로 묶어서 사용할 것이다.

　파충류를 닮은 최초의 육상 척추동물은 석탄기 하부(약 3억 2,000만 년 전)에서 출현했다. 양서류에 비해 가장 두드러진 특성은 피부가 비늘로 덮여 있고(멸종한 양서류의 유물로 짐작되며, 현생 양서류의 매끈한 피부와 대비된다), 팔다리의 위치가 더 높고 몸이 땅 위로 떠 있어서 더 효과적으로 보행할 수 있고, 땅 위에 곧바로 알을 낳고 양막이 있는 알 속에서 발달한다는 점이다. 포유류와 석형류를 가리키는 '양막류'라는 용어가 여기서 유래한다. 도마뱀과 악어는 파충류 조상을 닮은 반면, 거북과 뱀은 몸이 철저히 변형되었다. 거북은 납작해진 몸이 척추와 갈비뼈에서 발달한 특수한 경골 껍질이나 연골 껍질(등딱지와 배딱지)로 덮여 있는 것이 특징이다. 뱀은 도마뱀을 닮은 조상에서 기원해 굴을 파는 생활양식에 적응한 결과로 몸이 매우 길어진 반면, 팔다리, 눈꺼풀, 외이(다리가 없는 도마뱀에게는 아직도 있다)를 잃어버렸다. 눈은 확 줄어들었거나 아예 사라졌다가 나중에 새로 생겨나서 현생 도마뱀의 눈과는 차이가 많다. 내이도 비슷하게 줄어들어서 저주파만 지각할 수 있다.

조류

조강(약 9,500종)은 척추동물 가운데 두 번째로 큰 집단에 해당하며, 악어 및 멸종한 공룡과 함께 석형류 집단인 조룡류를 형성한다. 악어를 닮은 조상에서 조룡류가 진화한 경로는 아직 밝혀지지 않았다. 잘 알려진 시조새(*Archaeopteryx*, '최초의 새')는 약 1억 5,000만 년 전 쥐라기 상부에 살았던 파충류와 현대 조류 사이의 전이 형태로 여겨진다. 몸은 여전히 파충류를 닮아서 새의 가슴에 있는 V자 모양의 창사골도 없었고 위아래 턱의 이빨과 긴 꼬리도 남아 있었지만 이미 깃털이 달려 있었는데, 이 깃털은 주로 단열에 이바지했을 것이다. 앞다리도 이미 날개로 바뀌어 있었는데, 전문가들은 이 날개가 대부분 곤충을 잡고 활강 비행을 하는 데 기여했다고 믿는다.

현생 조류는 타조목(*Struthioformes*, 타조, 에뮤, 키위새), 사다새목(*Pelecaniformes*, 사다새), 황새목(*Ciconiiformes*, 황새), 기러기목(*Anseriformes*, 물새), 닭목(*Galliformes*, 가금), 매목(*Falconiformes*, 맹금), 비둘기목(*Columbiformes*, 비둘기), 앵무목(*Psittaciformes*, 앵무새), 올빼미목(*Strigiformes*, 올빼미), 딱따구리목(*Piciformes*, 딱따구리), 최대 집단인 참새목(*Passeriformes*, 참새 등 약 5,700종)을 포함한 28목으로 나뉜다.

조류의 가장 두드러진 특징으로는 공룡에게 이미 있었을 내온성(온혈성) 말고도 깃털과 비행 능력(대부분의 조류가 가지고 있는)이 있다. 대사 비용이 많이 드는 지속적 비행을 가능하게 만든 또 하나의 진화적 혁신은 폐다. 폐의 기초 원리는 숨을 들이쉼과 동시에 내쉼으로써 산소를 지속적으로 공급할 수 있도록 하는 것이다. 조류는 시각계가 매우 발달했는데, 올빼미와 같은 일부 조류는 청각계도 똑같이 잘 발달한 반면, 오리와 같은 다른 일부는 부리 끝에 매우 민감한 촉각기관을 가지고 있다. 비둘기는 후각이 잘 발달했고, 철새들은 지자기장을 따라 경로를 찾기 위해 자기(磁氣)감각을 발달시켰다.

포유류

포유강(약 5,700종)은 놀랍도록 오래된 척추동물군이다. 포유류의 최초 조상은 고두목(*Cotylosauria*) 또는 시조 파충류에서 진화했고 약 2억 2,400만 년 전 트라이아스기에 출현했지만, 중생대 말까지는 눈에 띄지 않는 삶을 살았다. 파충류와 포유류의 중요한 중간 형태로는 2억 7,500만 년 전부터 1억 8,000만 년 전까지 존재한 수궁류(therapsid)가 있었다. 다른 조룡류와 달리 수궁류는 두 발로 걸으려는 경향을 보이는 대신 계속 네 발로 걸었고, 털이 있었고, 젖을 먹었다. 포유류의 전신은 페름기에서 트라이아스기로 넘어갈 때 대규모로 멸종했고, 약 1억 7,000만 년 전 중생대를 거치면서 현대 유형의 포유류인 다결절동물(multituberculate)이 진화했다. 이들은 몸집이 작았고 밤에 그리고/또는 나무 위에서 생활했다. 1억 5,000만 년 전 무렵에 원수아강(*Prototheria*)과 수아강(*Theria*)으로 갈라졌고, 1억 2,500만 년 전 이전에 수아강이 후수하강(*Metatheria*)과 진수하강(*Eutheria*)으로 갈라졌다고 믿어진다. 포유류의 전성기는 약 7,000만 년 전 백악기가 끝날 무렵, 구체적으로는 6,500만 년 전 공룡의 멸종과 함께 시작되었다.

　포유류를 구분하는 특징으로는 털가죽이 있고, 태아가 몸속에서 발달해—알을 낳는 단공류를 제외하면—매우 작게 태어나지만 어릴 때 거의 완전히 발달하고, 치열이 다양한 유형의 이빨로 구성되어 있고, 유선으로 젖을 먹이고, 아래턱(아랫니)이 새로 발달했고, 이 맥락에서 내이도 새로 발달했다는 점을 들 수 있다.

　포유류의 첫 번째 하강을 구성하는 원수하강에는 단공목(*Monotremata*) 한 목밖에 없고 오리너구리(*Ornithorhynchus*)와 가시두더지(*Echidna*, 4종)가 여기 들어간다. 이 동물들은 알을 낳지만, 이는 원시적 특성이 아니라 파생된 특성일 것이다. 부화한 유생은 다른 모든 포유류가 그렇듯 젖을 먹는다. 두 번째 하강인 후수하강[유대하강(*Marsupialia*)]을 구성하는 일곱 개의 현생 목에는 합쳐서 약 334종이 있다. 더 큰 집단인 오스트레일리아유대상목(*Australidelphia*, 캥거루 등 다섯 목의 234종)은 오스트레일리아와 뉴기니에서 사는 반면, 더 작은 집단인 아메리카유대상목[*Ameridelphia*, 주머니쥐(*Didelphis*) 등 약 100종]은 북아메리카, 중앙아메리카, 남아메리카에 산다. 유대류는 원래 전 세계에 분포했지만 나중에 진수하강[태반하강(*Placentalia*)]에게 밀려났다. 앞에 육아낭(marsupium)이라는 주머니가 달렸다고 해서 '유대류(marsupial)'라는 이름을 얻었다. 유대류는 발생의 매우 초기 단계인 약 4~5주에 태어나므로, 상대적으로 발달이 덜 된 상태로 갓 태어난 유대류는 어미의 몸으로 기어올라 육아낭 안쪽에 있는 유두에 달라붙어야 한다.

진수하강, 즉 태반류는 약 1억 년 전에 기원했고 유대류와 나란히 곤충을 잡아먹으면서 그럭저럭 살았다. 중생대의 끝 무렵에는 현생 포유류의 모든 주요 분류군이 이미 존재하고 있었다. 태반류를 구분하는 특징은 자궁에 육아기관인 태반이 있어서 배아/태아를 자궁벽에 연결해준다는 점이다. 몸의 모양과 크기는 물론 사지의 모양, 길이, 기능도 엄청나게 다양해서, 많은 유제류는 빨리 달리는 데, 박쥐와 날여우는 하늘을 나는 데(주로 앞다리를), 두더쥐는 땅을 파는 데, 바다표범이나 고래처럼 물에 사는 포유류는 헤엄을 치는 데, 영장류는 조작하는 데 사지를 사용한다.

태반 포유류는 네 개의 상목으로 나뉜다. 첫 번째 집단인 아프로테리아상목(*Afrotheria*, 39종)에는 아프리카땃쥐목(*Afrosoricida*, 텐렉과 황금두더지), 관치목(*Tubulidentata*, 땅돼지), 바위너구리목(*Hyracoidea*, 바위너구리와 동류), 장비목[*Proboscidea*, 코끼리과(*Elephantidae*)만의 3종], 바다소목(*Sirenia*, 듀공과 해우)이 포함된다. 두 번째 집단은 빈치상목(*Xenarthra*, 나무늘보, 개미핥기, 아르마딜로 등 30종)으로 구성된다. 세 번째 집단인 영장상목(*Euarchontoglires*)에는 나무두더지목(*Scandentia*, 나무땃쥐), 날원숭이목(*Dermoptera*, 박쥐원숭이 또는 '날여우원숭이'), 영장목(*Primates*, 여우원숭이, 갈라고원숭이, 원숭이, 유인원, 인간 등 약 440종. 아래 참조), 쥐목(*Rodentia*, 설치류, 약 2,300종), 토끼목(*Lagomorpha*, 새앙토끼, 토끼, 산토끼)이 포함된다. 마지막으로, 네 번째 집단 로라시아상목(*Laurasiatheria*)은 진정식충목(*Eulipotyphla*, 전에는 '식충목'으로 불린 고슴도치, 두더지, 땃쥐), 박쥐목(*Chiroptera*, 박쥐 등 약 1,100종), 유린목(*Pholidota*, 천산갑), 식육목(*Carnivora*, 육식동물 약 290종), 말목(*Perissodactyla*, 말, 얼룩말, 맥 등 발가락 수가 홀수인 우제류 16종), 소목(*Artiodactyla*, 소, 돼지, 양, 사슴, 낙타, 영양 등 발가락 수가 짝수인 우제류 315종), 고래목(*Cetacea*, 고래, 돌고래, 참돌고래 등 약 80종)으로 구성된다.

이 분류법에서는 영장목이 박쥐원숭이와 나무땃쥐의 이웃에 들어가고, 설치류와 고래류가 우제류의 이웃에 들어간다. 과거의 '식충목'은 이제 두 개의 새로운 목인 아프리카땃쥐목과 진정식충목으로 나뉘는데, 텐렉은 땃쥐나 고슴도치와 가까운 관계가 아니라는 게 밝혀졌기 때문이다.

물론 특별히 관심이 있는 것은 영장목이다. 영장목은 곡비원아목(*Strepsirrhini*, '젖은 코 영장류' 139종)과 직비원아목(*Haplorrhini*, '마른 코 영장류' 308종)으로 나뉘는데, 곡비원아목에는 여우원숭이하목(*Lemuriformes*, 다람쥐원숭이 등)과 로리스하목(*Lorisiformes*, 로리스원숭이, 포토원숭이, 갈라고원숭이)이 포함되고, 직비원아목에는 안경원숭이하목(*Tarsiiformes*, 안경원숭이 10종)과 원숭이하목(*Simiiformes*, 원숭이와 유인원 298종)이 포함되며, 원숭이하목은 광비원류(*Plathyrrini*, '납작코' 영장류), 즉 신세계원숭이(마모셋원숭이, 타마린, 꼬리감기원숭이, 다람쥐원숭이, 거미원숭이 등 139종)와 협비원류(*Catarrhini*, '코가 아래를 향하는 영장류' 159종), 즉 구세계원숭이/유인원으로 세분된다. 협비원류에는 긴꼬리원숭이과(*Cercopithecidae*, 마카크원숭이, 개코원숭이, 랑구르 등 구세계원숭이)와 사람상과(*Hominoidea*)가 포함되고, 사람상과는 긴팔원숭이과(*Hylobatidae*, 긴팔원숭이 등 소형유인원)와 사람과(*Hominidae*, 오랑우탄, 고릴라, 침팬지, 보노보, 호모사피엔스 등 대형유인원)로 구성된다.

현대적인 모습의 영장류('진정영장류')가 화석에서 처음 출현한 것은 6,000만 년 전에서 5,500만 년 전 팔레오세-에오세 과도기 동안 북아메리카, 유럽, 아시아에서였다. 이들은 뇌가 비교적 컸고, 눈이 한데 모인 것(앞을 마주하고 정면을 본 것)이 부분적 원인이 되어 시각이 향상되었고, 뛰어오를 수 있었고, 적어도 첫 번째 발가락에는 발톱이 있었고, 손과 발로 물건을 쥘 수 있었던 게 특징이다. 그러나 쥐는 능력이 뛰어오르고 정면을 보는 능력보다 먼저 진화한 것으로 보이는데, 후자의 두 능력은 현대 영장류의 조상에게서 발견되지 않기 때문이다(Bloch and Boyer, 2002). 현대 영장류의 조상은 전문적으로 먹이에 뛰어오르거나 먹이를 눈으로 뒤쫓아 잡아먹은 게 아니라 나뭇가지 끝에 달린 것을 따먹었다. 쥐는 능력은 북반구에서 속씨식물이 널리 방산된 결과로 팔레오세 말기 동안 과일, 꽃, 꽃눈과 잎눈, 나무진과 꽃꿀이 다양해짐과 동시에 진화한 반면, 뛰어오르는 능력과 초점이 모이는 눈은 아마도 나중에 발달했을 것이다. 여우원숭이하목과 로리스원숭이하목은 7,500만 년 전에 갈라졌을 것이고, 원숭이하목은 약 4,000만 년 전에 출현했다. 신세계원숭이와 구세계원숭이/유인원은 3,500만 년 전 이전에 갈라졌다.

9.5 이게 다 무슨 말일까?

이번 장은 두 개의 큰 동물군 가운데 두 번째인 후구동물에게 바쳤다. 두 번째라도 후구동물은 선구동물 또는 '무척추동물'보다 훨씬 작은 집단이지만, 많은 면에서 선구동물의 '훌륭한 대안'이다. 하지만 현대 발생유전학이 보여주는 대로라면, 선구동물과 후구동물은 형태, 생리, 생태, 행동은 크게 다름에도 불구하고 뇌가 본질적으로 삼분되어 있는 일반 조직을 포함해 둘 다 같은 기초 발생유전자를 공유하는 것으로 보인다. 후구동물이 우리에게 흥미로운 이유는 분류학적으로 내려가다 보면 호모사피엔스 종의 구성원인 우리가 후구동물에 속하는 척삭동물, 척추동물, 포유류, 영장류, 결국 사람족이기 때문이다. 동물학적 관점에서, 우리는 동물계의 평범한 일원이다. 이 통찰은 결코 새로운 것이 아니며, 18세기에 축적된 증거의 산물이다. 이 '굴욕적인' 사실을 흐리기 위해 철학자와 과학자들이 동시에 인간의 지위를 '유일무이한' 것으로 보전할 수 있을 특성들을 찾기 시작했다. 이 일은 무엇보다도 마음, 지능, 이성 등과 관계가 있었다. 결정적 질문은 이제, 유일무이하다고 주장되는 인간의 마음과 상관이 있을지도 모르는 유일무이한 특성을 찾겠다는 희망을 가지고 유두동물-척추동물의 뇌를 바라보면, 그러한 관점이 확증될 수 있는가 하는 것이다. 이 질문이 다음 몇 장의 주제가 될 것이다.

| 제10장 |

척추동물의 뇌

주제어 척추동물 뇌의 기원 · 척추동물 뇌의 기본 조직 · 원시좌우대칭동물의 뇌 · 척수 · 연수 · 소뇌 · 중뇌 · 간뇌 · 종뇌 · 동종피질 · 기능해부학 · 조류의 외투 · 조류의 중간둥지외투

10.1 척추동물 뇌의 기본 조직

유두동물-척추동물 뇌의 기원은 어둠 속에 놓여 있다. 계통수를 복원해도 별로 도움이 되지 않는다. 후구동물 중에서 가장 오래된 형태로 보이는 극피동물이 중추신경계를 가지고 있는 것이 아니라, 오분된 방사형 신경계와 신경환을 가지고 있기 때문이다. 이 신경계는 동물계의 다른 어떤 신경계와도 다르고, 얼핏 해파리의 신경계를 닮았다. 극피동물의 자매군인 반삭동물의 신경계는 유두동물의 것보다 선구동물의 원시적 신경계를 더 많이 닮았다. 유두동물의 자매군 가운데 미삭동물은 신경계가 극히 단순하지만, 이는 고착 생활을 하는 맥락에서 2차적으로 단순화했을 것이다. 두삭동물인 창고기의 신경계만이 유두동물의 중추신경계와 유사성을 드러내고, 제9장에서 설명했듯이 유두동물 뇌의 개체발생을 담당하는 유전자의 대부분을 지니고 있는 것으로 보인다는 점이 가장 중요하다.

최소한 5억 년이라는 얼핏 긴 역사에도 불구하고, 척추동물을 포함한 유두동물

G. Roth, *The Long Evolution of Brains and Minds,* DOI: 10.1007/978-94-007-6259-6_10,
© Springer Science+Business Media Dordrecht 2013

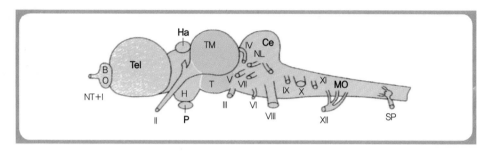

그림 10.1 척추동물 뇌의 기본 조직.

BO : 후구, Ce : 소뇌, H : 시상하부, Ha : 고삐핵, MO : 연수, NL : 외측신경, NT : 종말신경, P : 뇌하수체, SP : 일차척수신경, T : 피개, Tel : 종뇌, TM : 중뇌덮개, I~XII : 뇌신경. Roth and Wullimann (1996/2000)에 따라 수정.

의 중추신경계는 매우 획일적인 조직을 드러낸다(개관은 Nieuwenhuys et al., 1998; Striedter, 2005; 그림 10.1, 그림 10.2a~j 참조). 가상의 조상 형태에서, 유두동물의 중추신경계는 전뇌, 중뇌, 능뇌로 삼분되는 조직을 보여준다. 이미 언급했듯이, 촉수담륜동물과 탈피동물에서도 발견되는 그러한 삼분된 조직의 원인이 '깊은 상동성'에 있는지 아니면 수렴진화에 있는지는 전문가들 사이에서 논쟁이 된다. 이 삼분된 뇌는 개체발생을 거치는 동안 능뇌가 소뇌를 포함한 후뇌(metencephallon)와 연수(medulla oblongata)로 나뉘는 한편 전뇌가 간뇌(또는 '1차 전뇌')와 종뇌(또는 '2차 전뇌')로 나뉘어 다섯 부분으로 발달한다. 중뇌는 협부와 함께 나뉘지 않고 유지된다. 조류와 포유류에서는 중뇌와 연수 사이 소뇌의 복측에 '교뇌(pons)'가 형성된다. 연수, 협부, 교뇌, 중뇌가 모여서 '뇌간'을 형성한다. 뇌의 이 기본 조직은 모든 척추동물에서 발견되며, 〈그림 10.3〉에서 일례로 개구리 뇌의 대표적 단면을 보여준다.

그림 10.2 주요 유두동물군 대표자들의 뇌. **(a)** 먹장어의 배측, **(b)** 칠성장어의 배측, **(c)** 돔발상어의 배측, **(d)** 쥐치의 배측, **(e)** 엘리펀트노즈의 외측, **(f)** 개구리의 외측, **(g)** 악어의 외측, **(h)** 기러기의 외측, **(i)** 짐누라고슴도치, **(j)** 말.

a : 전소뇌엽, al : 전외측신경, c : 중심소뇌엽, BO : 후구, Ce : 소뇌, Di : 간뇌, ds : 배측척수신경, EG : 과립융기, Ha : 고삐핵, P : 뇌하수체, LI : 하엽, MO : 연수, p : 후소뇌엽, pl : 후외측신경, SC : 상구, Sp : occ 척수-후두 신경, 1Sp : 일차척수신경, Tel : 종뇌, TM : 중뇌덮개, TS : 반고리둔덕, Va : 소뇌판막, vs : 복측척수신경, I~XII : 뇌신경. Roth and Wullimann(1996/2000)에 따라 수정.

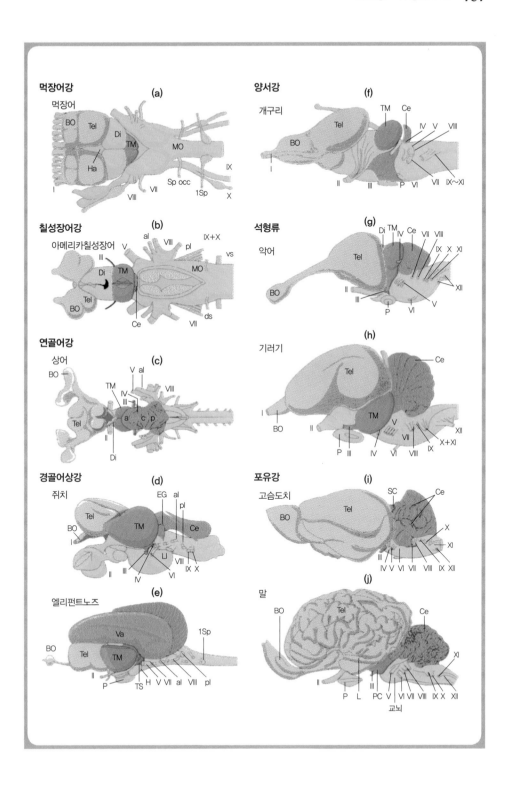

먹장어강

(a)

먹장어

BO Tel Di TM MO
Ha
I VIII VII Sp occ 1Sp IX X

칠성장어강

(b)

아메리카칠성장어

V al VIII pl IX+X
III vs
Di TM MO
Tel BO Ce VII ds

연골어강

상어

(c)

BO
V al
TM IV VIII
III
Tel II a c p
Di

경골어상강

쥐치

(d)

EG al
Tel pl
BO TM Ce
I LI
II III IV VI VIII IX X

엘리펀트노즈

(e)

Va 1Sp
BO Tel TM
II
P TS H V VII al VIII pl

양서강

(f)

개구리

TM Ce
Tel IV V VIII
BO
I
II III P VI VII IX~XI

석형류

(g)

악어

Di TM IV Ce VII VIII
Tel IX X XI
BO II XII
III P VI V

(h)

기러기

Ce
Tel
I TM V
BO II XII
P III VII X+XI
IV VI VIII IX

포유강

고슴도치

(i)

SC Ce
BO Tel
X
XI
III
IV V VI VII VIII IX XII

(j)

말

BO
Tel Ce
XI
II
P L PC V VI VII VIII IX X XII
III
교뇌

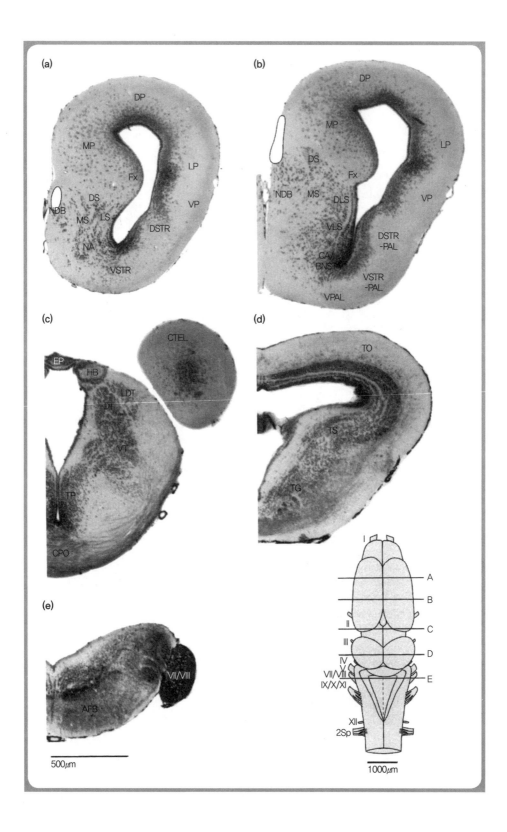

그림 10.3 무당개구리(*Bombina orientalis*) 뇌의 횡단면. 단면의 수평면 a~e는 오른쪽 아래에 있는 배측에서 본 뇌 그림에 표시함. (**a**) 중격의지핵의 수평면에서 자른 문측종뇌, (**b**) 배측 및 복측 선조체의 수평면에서 자른 중심종뇌, (**c**) 고삐핵과 시각후교련의 수평면에서 자른 간뇌, (**d**) 시개와 반고리둔덕을 포함한 중뇌, (**e**) 제7뇌신경 입구의 수평면에서 자른 문측연수.

AFB : 하행섬유다발, CA-BNST : 중심편도체-분계선조의 간질핵, CPO : 시각후교련, CTEL : 미측종뇌, DLS : 배외측중격, DS : 배측중격, DP : 배측외투, DSTR : 배측선조체, DSTR-PAL : 배측선조외투, DT : 배측시상, EP : 뇌하수체, Fx : 뇌궁, HB : 고삐핵, LP : 외측외투, LS : 외측중격, LDT : 외배측시상, MP : 내측외투, MS : 내측중격, NA : 중격의지핵, NDB : 브로카의 대각선조핵, TG : 피개, TO : 시개, TP : 후결절, TS : 반고리둔덕, VLS : 복외측중격, VSTR : 복측선조체, VSTR-PAL : 복측선조외투, VP : 복측외투, VT : 복측시상, VII/VIII : 제7/제8 뇌신경, 2SP : 제2척수신경. Roth(2011)에 따름.

척추동물 뇌의 더 상세한 종단 및 횡단 조직에 관해서는 100년이 넘도록 논쟁이 있었다. 일반적으로 인정되는 것은 세로 방향으로 양쪽에 마루판(floor plate), 기저판(basal plate), 날개판(alar plate), 천장판(roof plate)의 네 구역이 존재한다는 점이다. 스위스의 신경해부학자 빌헬름 히스(1831~1904)가 처음으로 묘사한 '경계고랑(sulcus limitans)'이 마루판과 기저판, 날개판과 천장판을 가른다. 이 네 개의 종단 구역은 연수에서 분명하게 볼 수 있다. 연수에서는 이 구역이 경계고랑을 중심으로 이른바 체감각구역과 내장감각구역, 내장운동구역과 체운동구역으로 나뉘는데, 전자는 각각 외부세계 및 자기 몸에 관한 감각 정보 처리와 관계가 있는 반면, 후자는 각각 내장 근육 및 골격 근육 조절과 관계가 있다. 중뇌에서는 고랑이 시개(tectum opticum)와 반고리둔덕(torus semicircularis)을 가진 배측 감각 부분을 전운동(premotor) 부분과 변연계에 속하는 피개(tegmentum)와 분리하며, 후자는 차례로 배측 구역과 복측 구역(아래참조)으로 나뉜다.

이러한 종단 구역들의 존재뿐만 아니라, 뇌의 대부분이 척수처럼 '신경분절'로 구성되어 있는 **분절 조직**이라는 점도 지금은 일반적으로 인정된다(그림 10.4). 이 관점은 20세기 전반에 스웨덴의 발생신경생물학자 베리크비스트(Bergqvist)와 셸렌(Källén)에 의해 처음 전개되었고 근래에 스페인의 신경해부학자 루이스 푸엘레스와 미국의 신경해부학자 존 루벤스타인에 의해 입증되었다. 푸엘레스와 루벤스타인(Puelles and Rubenstein, 1993, 2003) 및 폼벌(Pombal, 2009)에 따르면, 능뇌는 일곱 개의 능뇌분절(R1~7)로 구성되어 있고, 이는(최소한 R3~R7은) 혹스 유전자족의 유전자 발현에 의해 표시된다. 중뇌는 협부 신경분절과 진정한 중뇌 신경분절로 구성되어 있다. 모든 신경분절이 이미 언급한 네 개의 판(배측의 천장판과 날개판 및 복측의 기저판과 마루판)을 보여준다.

C. 저드슨 헤릭과 같은 20세기 전반의 선도적인 신경해부학자들은 연수와 중뇌에서 분명하게 알아볼 수 있는 이 네 개의 종단 구역이 최소한 간뇌로도 이어져 들어간다고 믿었다. 그래서 이들은 간뇌를 네 개의 종단 구역, 즉 배측에서 복측으로 가면서 시상 상부, 배측시상, 복측시상, 시상하부로 나누었다. 그러면 히스의 경계고랑은 배측시상과 복측시상을 가를 것이다. 그러나 베리크비스트와 셸렌은 이미 전뇌(간뇌 더하기 종뇌) 역시 신경분절로 구성되어 있다고 믿었다. 푸엘레스와 루벤스타인은 이 관점을 받아들여 간뇌 신경분절을 '전뇌분절(prosomere) P1, P2, P3'라고, 이 분절들을 합쳐서 '일차전뇌(primary prosencephalon)'라고 불렀다. 전뇌분절 P1은 전통적 명명법의 덮개앞구역(pretectum 또는 후시상부), P2는 배측시상, P3는 복측시상에 해당한다. 푸엘레스와 루벤스타인의 견해에 따르면, 시상하부는 간뇌의 복측 부분을 형성하는 것이 아니라 시각전구역(preoptic region)과 함께 종뇌에 속한다. 간뇌가 종뇌('이차전뇌')와 함께 아래로 숙여진 결과로, P1은 여전히 후뇌의 장축에 어느 정도 수직인 위치를 차지하는 반면, P2는 앞쪽으로 약간 기울어지고, P3는 비스듬한 방위를 보인다(그림 10.4 참조). 이제는 (보통 척추동물 뇌의 앞쪽 끝이라고 알고 있는 후구가 아니라) P6가 시각교차(optic chiasm) 및 눈자루와 함께 진정한 앞쪽 끝에 해당한다.

간뇌가 이렇게 세 개의 전뇌분절로 분절된다는 것은 이제 널리 인정되지만, '이차전뇌'인 종뇌의 분절에 관해서는 논쟁이 있다. 푸엘레스와 루벤스타인은 이들의 개정된 모형에서는 종뇌의 뒷부분이 두 개의 전뇌분절 P4와 P5로 나뉜다는 의미에서 '혼합된' 조직을 제안한다. 고전적 의미의 배측 및 복측 시상하부 더하기 시각전구역으로 구성되는 P4와 P5는 구부러져서 복측시상 밑에 위치하게 된다(그래서 고전적으로 '시상하부'라 불린다). 시각교차의 부위와 시신경의 입구를 포함하는 전뇌분절 P6는 P5보다도 밑에 있다(그림 10.4). 두 저자에 따르면, 종뇌의 앞부분(엄밀한 의미의 배측 부분)은 분절로 조직된 것이 아니라 내측외투(MP), 배측외투(DP), 외측외투(LP), 복측외투(VP), 네 개의 외투 영역과 선조체(Str.), 담창구(Pa.)에 각내영역(entopeduncular area)을 포함할 수도 있는 두세 개의 외투하(subpallium) 부위로 구성되어 있다. 이 세 개

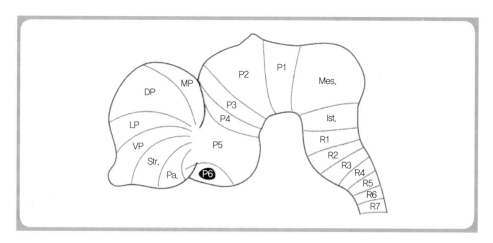

그림 10.4 유두동물 뇌의 분절 조직.

DP : 배측외투, Ist : 협부 신경분절, LP : 외측외투, Mes : 중뇌분절, MP : 내측외투, P1~6 : 전뇌분절, Pa : 담창구, R1~7 : 능뇌분절, Str : 선조체, VP : 복측외투. Striedter(2005)에 따라 수정.

의 외투하 부위 각각의 꼬리쪽 부분이 편도복합체의 일부를 형성한다(Pombal, 2009). 이 모형에서 히스의 경계고랑은 전뇌를 따라 돌아가 P6에 있는 시각교차에서 끝난다. 다시 말해, 흔히 묘사되는 것처럼 종뇌의 외투 부위와 외투하 부위를 가르지 않는다. 그러나 종뇌의 진정한 신경분절 조직에 관한 결정판이 있는 것은 아니다(비평은 Striedter, 2005 참조).

척추동물 중추신경계의 기본 조직을 짧게 묘사했으니, 다음은 이 조직의 주요 부분들을 간단히 묘사할 것이다.

10.2 척수와 연수

척수(medulla spinalis)는 중심관을 둘러싸는 회색질과 회색질을 덮는 백질로 구성되어 있는데, 회색질은 대부분 신경세포로 이루어져 있고, 백질은 수상돌기와 상행 및 하행 신경섬유들을 담고 있다. 회색질은 — 위에 언급한 패턴에 따르면 — 배측의 체감각 및 내장감각 부위와 복측의 내장운동 및 체운동 부위로 나뉜다. 후자의 두 부위에서 출발하는 신경세포들이 척수신경을 통해 분절 방식으로 몸의 다양한 부분에 신경을 분포시킨다.

　연수도 척수와 똑같은 배측복측 조직을 드러내며 배측에서 복측으로 가면서 체감각, 내장감각, 내장운동, 체운동 부위와 V~X(또는 V~XII) 뇌신경의 핵들을 담고 있다. 이것이 바로 삼차신경(얼굴의 감각 및 운동 기능을 담당하는 제5뇌신경), 외전신경(안구 운동 신경인 제6뇌신경), 안면신경(감각 및 운동 신경인 제7뇌신경), 전정와우신경(청각전정신경으로도 불리는 제8뇌신경), 설인신경(혀와 입 부위에 미각을 공급하는 제9뇌신경), 미주신경(후두와 인두 근육을 조절하고 부교감신경계가 기원하는 제10뇌신경)이다. 사지 척추동물의 뇌신경에는 여기에 부신경(목, 어깨, 등의 등세모근 등에 신경을 공급하는 제11뇌신경), 설하신경(혀를 조절하는 제12뇌신경)이 추가된다. 먹장어는 눈 근육도 눈 신경도 없지만, 칠성장어와 다른 모든 척추동물에서는 둘 다 발견된다.

　뇌신경 배측의 감각신경근에는 감각뉴런의 체세포를 담고 있는 신경절들이 실려 있고, 이 뉴런의 축삭들 중 한 '팔'은 근육 속으로 연장되어 신경을 공급하고, 나머지 한 팔은 수질의 복측 부위로 들어간다. 감각과 관련된 핵 부위들은 매우 커지고 복잡해질 수도 있다. 예컨대 금붕어에서 미각을 관장하는 미주신경엽은 이 경골어류의 매우 진화한 미각계와 조합되어 있다. 뇌신경과 결합된 기계수용계와 전기수용계는 물에서만 사는 모든 무양막 척추동물에 존재하지만, 뭍에서 사는 일부 양서류와 모든 양막류('파충류', 조류, 포유류)에서는 사라졌다.

　그물형성체 계통(reticular formation system)은 연수 안쪽에서 발견되고 (조류와 포유류에만 존재하는) 교뇌와 중뇌덮개로 연장되어 들어간다. 이를 구성하는 그물 모양의 구조 안에 중요한 신경조절물질을 생산하는 중추(핵)들이 심어져 있다(제5장 참조). 예컨대 노르아드레날린을 생산하는 **청반핵**과 세로토닌을 생산하는 **봉선핵**은 뇌의 거의 모든 부분으로 상행섬유를 보내 노르아드레날린과 세로토닌을 방출한다. 그물형성체는 호흡과 심혈관 활동의 중추들을 조절하고 상행활성계를 통해 각성, 자각, 의식을 조절한다. 포유류의 **교뇌**는 연수의 문측(입쪽)과 중뇌피개의 미측에 위치하고, 대뇌피질과 소뇌를 잇는 섬유다발의 중계핵들을 담고 있다. 조류에서도 유사한 경로와 핵들이 발견되지만, 이는 독립적으로 발달했을 가능성이 높다.

　연수는 비교적 보수적인 조직임에도 불구하고, 경골어류의 일부 집단에서는 몇 가지

볼 만한 변화를 겪는다. 의문핵(nucleus ambiguus)은 설인신경 및 미주신경과 긴밀하게 연관되고 입 부위와 혀로 신경을 분포시킨다. 대부분의 척추동물에서는 이것이 눈에 띄지 않는 구조이지만, 금붕어를 포함한 잉어목(Cyprinida)의 물고기에서는 강하게 발달한 미각과 나란히 엄청나게 자라나 미주엽(vagal lobe)이 되었다. 잉어의 미주엽은 세포와 섬유가 최대 15층을 보여주고 뇌 부피의 최대 20%를 차지할 수 있다. 경골어류의 연수에서 또 하나의 눈에 띄는 중추로서 미각과 촉각을 처리하는 안면엽(facial lobe)은 안면신경과, 일부는 삼차신경과 연관되어 있고, 마찬가지로 입 부위와 입술로 신경을 공급한다. 다시 잉어에서는 (미주엽뿐만 아니라) 안면엽이 각별히 큰데, 온몸 표면에 미각 수용기를 가지고 있는 메기목(Siluriformes), 참복과(Tetraodontidae, '이빨이 네 개인 물고기'라는 뜻)에 속하는 독이 있는 일본산 복어에서도 마찬가지다. 연수의 또 한 가지 구조로서 약전기어에서 발견되는 전기감각측선엽(electrosensory lateral line lobe, ELL)도 볼 만한데, 이에 관해서는 제11장에서 묘사할 것이다. 흥미롭게도, 전기수용 능력은 뒷날개고기(gymnotid)와 코끼리고기(mormyrid)에서 독립적으로 진화한 것으로 보이며, 이들의 ELL도 마찬가지다. ELL은 또 하나의 볼 만한 구조인 소뇌판막(valvula cerebelli)이 커진 것과 밀접하게 연관되어 있다(아래와 제11장 참조).

10.3 소뇌

소뇌(cerebellum)는 배측 능뇌의 협부 위에 형성된 부분이다. 모든 척추동물에서 발견되지만, 원래 없었건 2차적으로 잃었건 먹장어에게는 없다. 이 동물은 헤엄을 잘 치기 때문에 이는 다소 놀랍지만, 각각의 조절 기능은 척수가 행한다. 조상 상태의 소뇌는 전정계에서 오는 정보, 측선계를 포함하는 기계감각계 및 전기감각계에서 오는 정보를 처리하는 중추로서, 각 부분을 '전정소뇌(vestibulocerebellum)'와 '척수소뇌(spinocerebellum)'라 한다. 이 두 부분은 외측 영역[연골어류 소뇌의 소뇌귀(auricle), 경골어류 소뇌의 미엽(caudal lobe), 포유류 소뇌의 편엽소절(flocculo-nodulus)]에 위치한다. 소뇌체[corpus cerebelli, 포유류에서 '소뇌충부(vermis cerebelli)'라 불리는]는 연골어류, 경골어류, 사지동물에서 발견된다. 연골어류는 종류에 따라 소뇌의 크기와 모양이 매우 다양하다. 일부 상어[돔발상어목(Squaliformes) 등]와 가오리[전기가오리목, 홍어목(*Rajiformes*) 등]는 소뇌가 작고 표면에 주름이 거의 또는 전혀 없는 반면, 다른 일부 상어(갈레아상어류 등)와 가오리(매가오리목 등)는 소뇌가 풍만해서 뇌의 나머지 부분을 넓게 덮고 있고 표면에 주름이 많다. 이 차이는 각 집단의 생활양식과 잘 대응된다. 다시 말해, 소뇌가 작고 주름이 없는 동물은 해저에 살면서 천천히 움직이는 반면, 소뇌가 크고 주름이 많은 동물은 대양의 물기둥 안에서 활발하게 움직인다(Lisney et al., 2008).

경골어류의 소뇌는 일반적으로 크고(그림 10.2d, e 참조), 네 개의 엽과 경골어류에서만 발견되는 소뇌판막 구조로 구성되어 있다(Wullimann and Vernier, 2007; 그림 10.2e 참조). 소뇌체의 피질은 3층 조직[작은 세포로 채워진 깊은 곳의 과립세포(granular cell) 층, 큰 세포로 채워진 푸르키니에세포(Purkinje cell) 층, 말초의 분자층]을 보여준다. 약전기어(뒷날개고기와 코끼리고기)에서는 소뇌판막이 소뇌의 가장 복잡한 부분이다. 소뇌판막은 소뇌체의 문측 돌출부이고 코끼리고기에서는 뇌의 배측 부분 전체를 덮고 있다(그림 10.2e). 여기서는 삼분된 몸통의 구조가 변형되어 있는데, 과립세포 층이 밑에 있는 것이 아니라 분자 층의 바깥쪽에 있어서 과립세포가 보통 그렇듯 T자 모양으로 분기한 뒤 표면에 평행하게 연장되는 것이 아니라 무수한 섬유를 직접 표면에 평행하게 연장시킨다는 뜻이다. 판막에서는 기계수용 및 전기수용 정보를 처리한다(제11장 참조).

소뇌는 양서류 중에서 개구리에서는 작고, 도롱뇽에서는 크기가 확 줄고, 무족영원류에서는 사라진다. 석형류에서는 큰 소뇌체와 작은 편엽으로 이루어진 표준적인 조직을 드러낸다. 뱀처럼 다리가 없는 파충류에서는 작고, 악어와 조류에서 가장 크다. 조류는 몸집에 비해 큰 소뇌를 지니고 있는데(그림 10.2h), 주름이 많은 안쪽 부분은 포유류의 소뇌충부와 상동이고, 밋밋한 외측 부분인 소뇌귀는 포유류의 편엽 및 부편엽(paraflocculus)에 해당한다.

인간을 포함한 포유류의 소뇌(그림 10.2i, j)는 세 부분으로 구성되어 있다. 첫째 부분인 전정소뇌는 편엽소절엽으로 구성되어 있다. 내이 전정계의 핵들과 단단히 연결되어 있고 균형 조절을 담당한다. 둘째 부분인 척수소뇌는 소뇌의 안쪽 부분인 소뇌충부와 양 반구의 인접한 부분들로 구성되어 있다. 다른 척추동물의 소뇌체와 상동이다. 근육과 힘줄의 활동 상태에 관한 정보를 나르는 척수소뇌로로부터 섬유를 받고 자세를 담당한다. 셋째 부분인 대뇌소뇌[cerebrocerebellum, 신소뇌(neocerebellum) 또는 교뇌소뇌(pontocerebellum)라고도 불리는]는 포유류의 신제품으로서 신피질(또는 동종피질, 아래 참조)과 함께 진화해왔다. 운동피질과 전운동피질에서 출발하는 정보를 나르는 교뇌로부터 구심신경을 받고 활동, 생각, 말의 미세조정과 '원활한' 실행을 담당한다. 포유류 대부분의 소뇌피질은 주름이 많지만 '표준적인' 조직을 보여준다. 즉 깊은 과립세포 층에는 뇌가 큰 포유류의 경우 수십억 개에 달하는 매우 작은 뉴런들과 함께 크기가 더 큰 소수의 '골지세포(Golgi cell)'가 들어 있다. 중간층에는 매우 큰 '푸르키니에 세포'(인간의 뇌에는 8만 개)들이 들어 있는데, 이것의 크고 밋밋한 수상돌기 나무들이 담쟁이처럼 서로와 평행선을 이루고 있다. 표면층인 분자 층에는 성상세포(stellar cell)와 바구니세포(basket cell), 푸르키니에 세포의 수상돌기, 깊은 층의 과립세포에서 올라오는 축삭들이 들어 있는데, 이것들이 모여서 평행한 섬유계를 형성하고 있다. 소뇌의 안쪽 깊은 곳에서는 소뇌의 출력계에 해당하는 소뇌 핵들이 발견된다.

포유류는 저마다 소뇌의 크기와 모양에 큰 차이가 있다. 단공류에서는 작은 반구를 가진 비교적 단순한 소뇌가 발견되는 반면, 유대류, 식충동물, 발굽이 있는 포유류는 보잘것없는 반구를 가지고 있다. 반구의 크기는 설치류와 육식동물에서 비교적 크고 영장류, 코끼리, 고래에서 가장 크다. 소뇌의 크기는 신피질의 크기와 잘 대응되는데, 소뇌반구와 신피질은 교뇌를 통해 밀접하게 연결되어 있기 때문에 이는 놀라운 일이 아니다.

포유류의 소뇌는 (어쩌면 조류의 소뇌도) 전정 기능, 체감각 기능, 감각운동 기능뿐만 아니라 생각과 활동 계획 및 인간의 언어와 같은 '고등한' 인지 기능에도 관여한다(Ivry and Fiez, 2000). 지금까지 소뇌의 활동을 수반하지 않는 인지 기능이나 운동 기능은 찾아보기 어렵다. 십중팔구 소뇌는 사건(운동 반응, 감각 신호, 생각, 단어 따위 가운데 무엇이건)의 시간 순서나 시간차에 관한 정보를 처리하는 일과 관계가 있을 것이다.

10.4 중뇌

중뇌는 배측에서 복측으로 가면서, 덮개[포유류에서는 '상구(colliculi superiores)'라 불리는], 반고리둔덕[포유류에서는 '하구(colliculi inferiores)'라 불리는], 피개로 구성되어 있다. 피개는 주로 전운동 기능을 한다. 피개의 복측 부분에서는 안구 운동과 관련된 외전신경(제3뇌신경)과 활차신경(제4뇌신경)의 핵이 발견된다. 배측 피개에는 내측세로다발(fasciculus longitudinalis medialis)과 배측피개핵(dorsal tegmental nucleus)이 들어 있는데, 이 핵은 덮개/상구와 밀접하게 연관되어 전정 기능, 특히 고개 움직임과 관련된 기능을 행사한다. 배측 및 복측 피개핵과 피개뇌교뇌핵(tegmental pedunculopontine nucleus) 등의 일부 핵들은 정서 및 자율 반응의 맥락에서 간뇌와 종뇌에 있는 변연계 중추들(편도체, 피질의 변연계 영역 등)과 뇌간의 변연계 부위들 [수도관주위회색질(periaqueductal gray), 그물형성체, 연수 안의 내장 부위 등]을 잇는 중요한 중계역이다.

피개에는 대뇌기저핵의 일부로 간주되는 흑색질(substantia nigra)도 들어 있다. 흑색질은 인접한 복측피개영역과 함께, 신경전달물질/신경조절물질 도파민을 생산하는 주요한 자리다. 두 영역 모두 간뇌와 종뇌의 변연계 중추들과 밀접하게 연결되어 있는데, 특히 중요한 것은 수의 활동(voluntary action)을 조절하는 맥락에서 흑색질로부터 배측선조체로 섬유를 투사하는 신경, 그리고 보상 및 보상의 기대, 결국 동기유발의 맥락에서 복측피개영역으로부터 중격의지핵으로 섬유를 투사하는 신경이다.

반고리둔덕(포유류의 하구)은 조상 상태에서는 간뇌와 종뇌로 올라가는 청각, 기계감각 및 전기감각 투사 신경들의 중뇌 중계역이다(그림 10.3d 참조). 핵 조직과 층상 조직이 조합되어 있는 것이 특징이다. 경골어류에 있는 반고리둔덕의 크기와 세포구조적 복잡성은 해당 집단의 감각 장비와 잘 대응된다. 전기수용 능력이 없는 경골어류에서는 둔덕이 청각-전정 및 기계수용 정보를 처리한다. 메기(Ictalurus)와 같은 수동적 전기어에서는 전기감각 정보의 처리가 추가된다. 전기수용계를 써서 '적극적으로' 상대를 찾고 교신하는 코끼리고기와 뒷날개고기에서는 배측 둔덕이 많은 영역으로 세분되어 각각의 신호를 처리하는 데 기여한다. 〈그림 10.5〉에서 보이듯이, 이 영역들은 전기감각측선엽과 소뇌로부터 구심신경을 받고 총 12개의 층과 48가지 유형의 뉴런을 가진 매우 복잡한 구조를 드러낸다. 여기에서, 방출되는 반향정위 및 교신 신호들을 받는 신호들과 비교한다(제11장 참조). 덮개로부터 시각 정보도 추가로 입력된다.

양서류에서는 반고리둔덕이 청각, 진동, 전정 및 측선계(있다면)에서 오는 구심신경의 주된 처리 중추다. 개구리, 특히 청각 교신이 잘 발달한 개구리에서는 둔덕이 비교

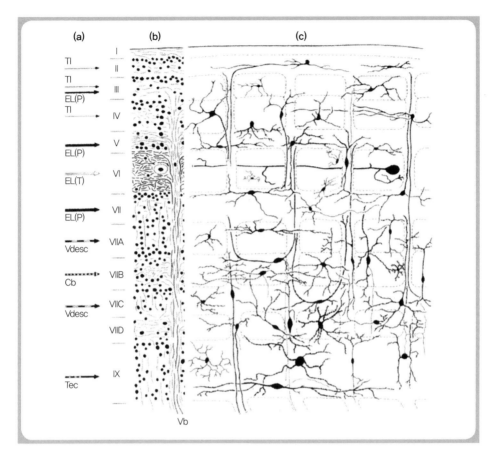

그림 10.5 굉장한 층상 조직을 보여주는 전기어 에이겐만니아 비레센스(*Eigenmannia virescens*)의 반고리둔덕의 해부구조. (**a**) 뇌의 다른 부위에서 오는 구심신경은 둔덕의 다른 층에서 종지한다, (**b**) 보디안 방법(Bodian's method)으로 염색한 둔덕의 층상 조직, (**c**) 골지 방법(Golgi's method)으로 염색한 둔덕의 세포구조.

Cb : 소뇌, EL(P)/EL(T) : 전기감각 P형 및 T형 구심신경, Vdesc : 삼차신경의 하행핵, Tec : 덮개, Tl : 세로둔덕. Nieuwenhuys et al.(1998)에 따라 수정.

적 크고, 일부는 핵으로 조직되고 일부는 층상으로 조직된 다섯 종류의 부분으로 나뉜다. 소리를 내지 않는 도롱뇽과 무족영원류에서는 둔덕이 빈약하게 발달한 뇌실주위층으로 구성되어 있다.

모든 무양막류('어류'와 양서류), 모든 석형류, 영장류를 제외한 많은 포유류에 있는 중뇌덮개는 체감각, 시각, 청각 정보의 주요한 통합 중추다. 대부분의 척추동물에

서, 중뇌덮개는 세포층과 섬유층이 조합되어 있고 층마다 다른 정보가 입력 및/또는
출력되는 층상 조직을 드러낸다. 칠성장어와 연골어류는 잘 발달된 덮개를 가지고 있
지만, 덮개의 층상 구조는 다소 산만하고 개구리나 경골어류에서만큼 정밀하지 않다.
후자에서는 최대 15개 유형의 세포를 가진 7~9개 층이 발견된다(Meek and Schellart,
1998). 주로 입력되는 정보는 시신경에서 오므로 시각 정보다. 일부 경골어류에서는
시신경에 거의 100만 개의 섬유가 들어 있을 수 있다. 두 번째로 강하게 입력되는 정보
는 조기어류에서 덮개의 정중선을 따라 연장되는 세로둔덕에서 출발한다. 이 입력 경
로는 안구 운동에 관한 정보와 기계수용계 및 전기수용계(있다면)에서 오는 정보를 전
달한다고, 그런 다음 이 정보가 시각 정보와 비교되어 수동적 동작과 자기가 유발한
동작이 구분된다고 가정된다.

　개구리의 덮개에서는 세포층과 섬유 층이 번갈아 쌓인 여덟 층이 발견되는 반면(그
림 10.3d 참조), 도롱뇽과 무족영원류의 덮개는 뇌실 주위의 세포층과 표면의 섬유 층
으로 구성되어 있다. 계통수 분석의 결과는 후자의 상황이 원래의 상황이 아니라 유
형(幼形)진화(paedomorphosis)의 맥락에서 일어난 2차 단순화의 결과임을 시사한다
(Roth et al., 1993). 이는―도롱뇽과 무족영원류에서 유전체 크기가 엄청나게 커진 결
과로(제3장 참조)―덮개에서 일어나는 세포 이주와 같은 발생 후기 분화 과정이 없
어져서 이 유기체들의 몇몇 뇌 구조는 유생 수준에 머물러 있다는 뜻이다(Roth et al.,
1997; Dicke and Roth, 2007). 양서류의 덮개뿐만 아니라 다른 무양막류의 덮개에서도
망막에서 오는 일차시각 구심신경은 표면의 섬유 및 세포층으로 침투하는 반면, 시상,
덮개앞구역, 협부핵(nucleus isthmi)에서 오는 이차시각 구심신경은 청각, 기계감각,
전기감각의 구심신경(있다면)과 함께 다소 더 깊은 곳에서 끝난다. 이 더 깊은 층이 바
로 피개, 연수, 척수로 내려가는 투사와 간뇌, 종뇌로 올라가는 투사가 시작되는 자리다.

　조류를 포함한 석형류는 시각계가 매우 발달한 맥락에서 덮개가 경골어류에서와 비
슷한 정도의 복잡성을 드러낸다. 조류의 덮개는 14층으로 구성되어 있고, 가장 표면에
있는 층이 망막에서 직접 정보를 받는다. 이 정보가 시상, 덮개앞구역, 시상하부, 기저
시각핵(basal optic nucleus)에서 오는 시각 구심신경들과 통합된다. 시각계 이외의 구
심신경들은 선조체담창구(striatopallidum), 그물형성체, 중뇌피개, 삼차신경계에서 온
다. 덮개에서 출발해 시상의 정원핵(nucleus rotundus)으로 올라가는 두드러진 시각로

가 있다(아래 참조).

포유류에서는 상구와 하구에 의해 중뇌천장(midbrain roof)이 형성된다. 상구는 다른 척추동물들의 덮개와, 하구는 반고리둔덕과 상동으로 여겨진다. 포유류의 상구는 무엇을 보거나 듣고 시선과 고개를 돌리는 반응을 비롯해 목표 주도의 팔과 손 운동 및 이와 관련된 공간 주의를 조절하는 데 관여한다. 하구는 ─ 다른 척추동물의 반고리둔덕과 마찬가지로 ─ 청각계의 중요한 중추다(제11장 참조). 포유류는 다른 척추동물에 비해 중뇌천장이 작은데, 이는 중요한 시각 및 청각 기능들이 동종피질로 옮겨간 결과로 보인다.

10.5 간뇌

모든 척추동물에서 간뇌는 뇌간에서 종뇌로 올라가는 경로와 종뇌에서 뇌간과 척수로 내려가는 경로의 중요한 중계역이다. 제3뇌실을 둘러싸고 고전적으로 배측부터 복측으로 가면서 시상상부, 시상, 시상하부로 나뉜다(그림 10.3c). 시상상부에 들어 있는 고삐핵(habenular nuclei)은 변연계의 중요 부분으로서 모든 유두동물에 존재하며, 후굴속(fasciculus retroflexus)을 거쳐 중뇌덮개까지 섬유를 투사한다. 많은 유두동물의 시상상부에 실려 있는 작은 내분비선인 '송과체'는 수면 패턴과 계절적 기능에 영향을 미치는 호르몬인 멜라토닌을 방출한다.

시상(thalamus)은 고전적으로 배측 및 복측 부분과 후결절(posterior tuberculum)로 나뉜다(그림 10.3c). 이미 들었듯이, 이 수평적 분류는 푸엘레스와 루벤스타인의 신경분절 모형과 어긋난다. 이들의 모형은 전뇌분절 P2가 배측시상을, 전뇌분절 P3가 복측시상을, 전뇌분절 P1이 후결절을 형성한다고 가정한다(위 참조). 나아가 푸엘레스와 루벤스타인은 시상하부를 종뇌의 전뇌분절 P4와 P5로 이해한다. 현대의 신경해부학자 대부분은 아직도 헤릭의 고전적 묘사를 고수하므로, 나도 이 용어들을 사용할 것이다.

연골어류의 간뇌는 이들 뇌의 다른 부분에 비하면 보잘것없지만, 척추동물의 간뇌에 전형적인 주요 기능을 모두 드러낸다. 기계수용측선계는 배측시상 및 외측후결절로 섬유를 투사하는 반면, 전기수용계는 복측시상, 외측후결절, 시상하부로 섬유를 투사한다. 체감각 구심신경은 모든 척추동물에서처럼 복측 및/또는 배측 시상에서 종지하고, 망막에서 출발하는 시각 구심신경은 간접적으로든 직접적으로든 복측시상을 거쳐 배측시상의 전핵에서 종지한다. 배측시상의 중심후핵은 반고리둔덕에서 청각 정보를 받는다. 배측시상은 감각 신호를 종뇌로 보내는데, 이 신호가 단일 양상 신호가 아니라 시각, 청각, 체감각이 혼합된 신호라는 점이 중요하다(Hofmann and Northcutt, 2008).

경골어류의 간뇌는 약간 기묘한 모습을 드러낸다. 여기에서는 배측시상이 아닌 덮개앞구역의 중심부가 망막에서 다량의 시각 구심신경을 받고 소뇌와 단단히 연결되어 있다. 중심 덮개앞구역은 시각 정보와 전정 정보를 통합하는 기능을 한다. 약전기어인 뒷날개고기에서는 덮개앞구역에 전기감각핵(nucleus electrosensorius)이 들어 있는데, 이 핵은 반고리둔덕에서 다량의 구심신경을 받고 전기교신에서 중요한 역할을 한다(제11장 참조). 배측시상에는 전방, 중심, 후방 부위가 있다. 전방은 덮개앞구역 전기감각핵을 통해 전기수용계로부터 구심신경을 받는다. 전방이 다른 척추동물에서처럼 전형적으로 망막으로부터 직접 시각 구심신경을 받는지는 불분명하며, 종뇌의 외투로 섬유를 투사하지도 않는다. 일반적으로, 경골어류에서는 배측시상이 다른 척추동물에서처럼 종뇌로 올라가는 감각 투사의 중계역이 아니다. 대신 간뇌에서 가장 강한 투사는 후결절 부위에 속하는 전사구체 복합체(preglomerulosus complex)에서 일어난다(Wullimann and Vernier, 2007). 연수와 반고리둔덕에서 올라가는 청각, 기계수용 신호와 전기수용 신호의 일부가 외측사구체전핵에서 종지하는데, 뇌간 중에서 덮개에서 출발하는 시각 구심신경과 이차내장신경핵(nucleus visceralis secundarius)에서 출발하는 미각 구심신경도 마찬가지다. 외측사구체전핵은 차례로 배측외투 중에서도 배측으로 주로 섬유를 투사하고, 내측과 외측으로는 덜 투사하며, 이 외투 부위들은 다시 핵으로 섬유를 투사한다. 약전기어에는 배측 전방의 덮개전핵과 복측의 시상핵이 형성하는 또 다른 핵 복합체가 있는데, 이는 다른 경골어류의 전사구체 복합체에 해당할 것이다. 이 복합체는 종뇌가 전기수용과 전기교신을 조절하는 맥락에서 더욱 발달했을 것이다.

양서류의 배측시상은 표준적으로 전핵, 중심핵, 후핵 또는 덮개전핵으로 나뉘고(그림 10.3c), 뇌실에 가까운 위치를 차지한다. 대신 복측시상은 최소한 개구리에서는 뇌실주위핵(periventricular nucleus) 말고도 일부 이주한 핵들을 드러낸다. 이 배측 및 복측 시상핵은 뇌간과 종뇌 사이에서 감각, 운동, 변연계 정보를 전달하는 중요한 중계

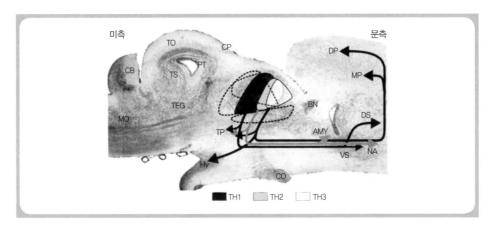

그림 10.6 염료 바이오시틴(biocytin)을 세포내에 주입해 확인한 무당개구리의 배측 및 복측 시상핵들의 투사도.

그림은 종뇌 중간부터 소뇌 미측까지 뇌의 종단면을 보여준다. 전배측시상(TH3)의 뉴런은 내측전뇌속을 통해 내측외투(MP)와 배측외투(DP)를 비롯해 시상하부(Hy)로도 섬유를 투사하는 반면, 중심배측부분(TH2)은 편도체(AMY)와 중격의지핵(NA)으로 투사한다. 미배측시상(TH1)은 외측전뇌속을 통해 배측선조체(DS)와 복측선조체(VS)로 투사한다. 세 유형의 뉴런 모두가 후결절(TP)로도 투사한다. BN : 분계선조의 침대핵, CB : 소뇌, CO : 시교차, CP : 후교련, MO : 연수, PT : 덮개앞구역, TEG : 피개, TO : 시개, TS : 반고리둔덕. Roth et al.(2003)에서 수정.

역이다. 일차시각 구심신경은 전배측으로 직접 도달하는 것이 아니라 복측시상을 통해 간접적으로 도달한다(Dicke and Roth, 2007). 양서류에서 전배측시상핵은 내측전뇌속(medial forebrain bundle)을 통해 내측 및 배측 피질로 섬유를 투사하는 유일한 시상핵이고(그림 10.6 참조), 이 투사 신경은 연골어류에서처럼, 혼합된 시각, 체감각, 청각 정보를 담고 있다. 중심배측시상핵은 반고리둔덕에서 구심신경을 받고 외측전뇌속을 통해 외측편도체와 중격의지핵으로 섬유를 투사하지만, 피질로는 투사하지 않는다. 시상에서 각각 내측 및 외측 전뇌속을 통해 종뇌로 가는 이 두 갈래의 투사 경로는 아래와 같이 석형류와 포유류에서 시상외투 및 시상피질 경로가 더 발달하기 위한 출발점에 해당한다.

석형류, 즉 '파충류'와 조류의 시상상부에서는 송과체가 발견되고, 대부분의 도마뱀에서는 두정안이 발견된다. '파충류'의 배측 및 복측 시상의 대부분을 차지하는 정원핵은 중심 위치를 차지하고 덮개에서 오는 시각 구심신경의 대부분을 받는다(위 참조). 정원핵은 외측외투에 위치하는 '전배측뇌실능선(anterior dorsal ventricular ridge, aDVR)'이라 불리는 종뇌 구조로 섬유를 투사하며, 이에 관해서는 아래에서 더 자세히 묘사할 것이다. 정원핵의 복내측에서 발견되는 재결합핵[nucleus reunions, 조류에서는 타원핵(nucleus ovoidalis)이라 불리는]은 반고리둔덕에서 청각 정보를 받고, 뇌간에서 오는 체감각 정보는 이른바 내측핵(nucleus-medialis) 복합체에서 종지한다. 별개의 하위 부위로 가긴 하지만, 두 핵도 마찬가지로 aDVR로 섬유를 투사한다. 배측외투로 가는 유일한 단일 양상의 시각 투사는 배외측시각핵(dorsolateral optic nucleus, DLON)에서 기원한다. DLON은 포유류의 외측슬상핵(lateral geniculate nucleus)과 상동으로 여겨진다(아래 참조). 조류의 배측시상도 유사한 조직을 보인다. 여기서도 우세한 정원핵이 덮개에서 시각 정보를 받아 외측전뇌속을 통해 이른바 둥지외투(nidopallium)로 섬유를 투사한다. 둥지외투는 '파충류'의 aDVR ─ 더 정확하게는 내외투(entopallium)라 불리는[전에는 '외선조체(ectostriatum)'라 불렸던] aDVR의 문측 부분 ─ 과 상동으로 여겨진다. 조류의 DLON은 '파충류'에서처럼, 직접 망막 구심 신경을 받고, 내측전뇌속을 통해 이른바 과외투(hyperpallium)의 시각 부분인 '돌출부(wulst)'로 섬유를 투사한다. 이는 조류에는 시상에서 종뇌 외투로 가는 두 갈래의 시각 투사(돌출부로 가는 내측 투사와 aDVR의 내외투로 가는 외측 투사)가 있으며, 돌출부와 aDVR은 ─ 나중에 보겠지만 ─ 서로 다른 기능을 한다는 뜻이다. 뇌간에서 출발하는 체감각 경로는 전복측중간배측핵(nucleus dorsalis intermedius ventralis anterior, DIVA)에서 종지하며, 이는 DLON과 나란히 돌출부의 문측으로 섬유를 투사한다. 뇌간에서 출발한 청각 구심신경은 타원핵에서 종지하고, 타원핵은 차례로 둥지외투의 'L 영역(field L)'으로 섬유를 투사한다. 양서류와 '파충류'에서 발견되는 상황과 달리, 조류에는 시상에서 종뇌 외투로 섬유를 투사하는 단일 양상의 체감각 및 청각 경로가 존재한다.

포유류의 간뇌는 다른 척추동물에 비해 엄청난 분화를 보여준다. 피질이 크게 확대된 결과로 간뇌는 뇌 안쪽으로 깊이 들어갔다(그림 10.7 참조). 큰 배측시상을 구성하는 핵과 핵 부위는 외투시상핵(palliothalamic nucleus)과 간(幹)시상핵(truncothalamic nucleus)으로 나뉜다. 이 핵들의 투사 경로는 〈그림 10.8〉에서 묘사된다. 외투시상핵은 피질의 제한된 감각 영역들로 단일 양상의 감각 구심신경을 보내고 거기서 돌아오

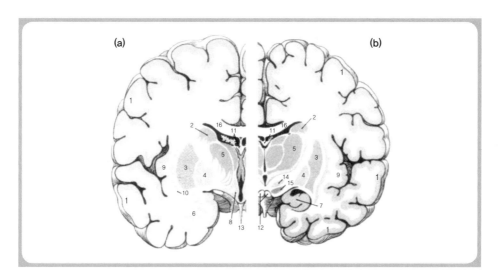

그림 10.7 인간 뇌의 단면. **(a)** 시상하부, 편도체, 선조체담창구 수준, **(b)** 해마와 시상의 수준.

1 : 대뇌피질, 2 : 미상핵, 3 : 피각, 4 : 담창구, 5 : 시상, 6 : 편도체, 7 : 해마, 8 : 시상하부, 9 : 도피질,
10 : 전장, 11 : 뇌궁, 12 : 유두체, 13 : 뇌하수체 누두, 14 : 시상하핵, 15 : 흑색질, 16 : 뇌량. Kahle(1976)
에 따름.

는 투사를 받을 뿐만 아니라 변연피질영역으로도 특정한 구심신경들을 보내는 중계역
이다. 이 되먹임 고리의 계통을 '시상피질계(thalamo-cortical system)'라 부른다. 외투
시상핵은 전핵군, 내측핵군, 외측핵군, 시상침(pulvinar), 내측슬상핵, 외측슬상핵으로
세분한다. 전핵군의 주된 핵인 전시상핵은 변연계의 중요한 일부로서, 정서적 기억을
조절하는 맥락에서 특히 중요하다. 내측핵군도 전핵군처럼 정서적 길잡이와 행동의 평
가에 관여하므로 결과적으로 변연계의 일부라고 할 수 있다. 외측핵군은 뇌간에서 체
감각피질로 체감각 정보를 나른다. 시상침은 가장 큰 시상핵이고 시각적 주의와 청각
적 주의뿐만 아니라 언어와 추상적-상징적 정신 기능에도 관여하며, 후두정피질로 섬
유를 투사한다. 내측슬상핵(또는 내측슬상체)은 와우핵(cochlear nucleus)에서 청각 정
보를 받고 일차청각피질, 이른바 헤실회(Heschl's gyrus)로 섬유를 투사한다. 마지막
으로, 외측슬상핵(또는 외측슬상체)은 망막에서 직접 시각 정보를 받고 시신경을 통해
후두엽(occipital lobe)에 있는 시각피질로 섬유를 투사한다. 이러한 투사에 관해서는
제11장에서 더 배울 것이다.

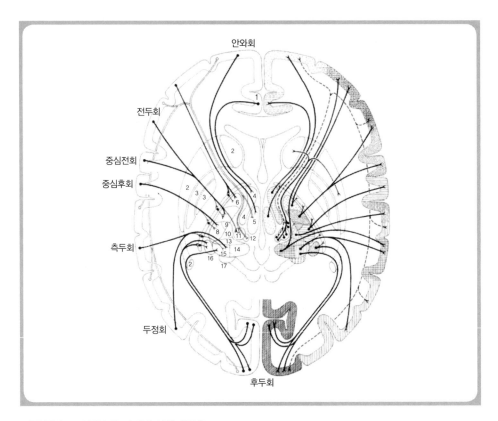

그림 10.8 도식적으로 나타낸 시상피질계.

인간 뇌의 수평단면이 보인다(위는 뇌의 전방-전두엽 끝이고 아래는 후방 끝이다). 뇌의 중간에는 수많은 시상의 핵들뿐만 아니라 기타 중요한 피질하 중추들이 보이고, 외측에는 다양한 피질 영역과 함께 주요한 피질 회(이랑)들이 보인다. 오른쪽에는 시상핵에서 피질 영역으로 가는 투사 경로들이 보이고, 왼쪽에는 피질 영역에서 시상핵으로 오는 투사 경로들이 보인다. 1 : 대상회, 2 : 선조체, 3 : 담창구, 4 : 시상전핵, 5 : 시상내측핵, 6 : 전복측핵, 7 : 외복측핵, 8 : 후복측핵, 9 : 후복측핵 소세포부, 10 : 후외측핵, 11 : 중심 정중핵, 12 : 종속방핵, 13 : 시상침 전방, 14 : 시상침 내측, 15 : 시상침 외측, 16 : 외측슬상체, 17 : 내측슬 상체. Nieuwenhuys et al.(1988).

간시상핵은 변연계-정서 기능은 물론 조절 기능도 가지고 있다. 여기 포함되는 이른바 수질판내핵(intralaminar nucleus)과 정중선핵(midline nucleus)은 그물형성체(위 참조)로부터 구심신경을 받고 전전두피질과 두정피질뿐만 아니라 선조체담창구로도 섬유를 투사하며, 각성, 의식, 주의의 상태를 조절하는 데 관여한다. 포유류의 **복측시상과 시상밑부(subthalamus)[불확정구역(zona incerta)]**는 대뇌기저핵의 종뇌 부분인 선조체(corpus striatum)와 담창구(globus pallidus)로 섬유를 투사하고, 해마 (hippocampus)로도 투사한다.

시상하부(hypothalamus)와 시상하부의 부속물인 뇌하수체(pituitary 또는 hypophysis)는 호르몬을 기반으로 기초적인 항상-자율 기능을 조절하는 주요 중추들이다. 연골어류와 경골어류는 비대한 외측시상하부[시상하부하엽(lobus inferior hypothalamus)]를 보여주지만, 이것의 기능은 알려져 있지 않다.

10.6 종뇌

척추동물과 먹장어의 종뇌는 짝이 있는 문측 부분—두 개의 대뇌반구—과 짝이 없는 부분[무대종뇌(telencephalon impar)]으로 구성되어 있고, 간뇌와 이어져 있다. 척추동물에서 각 반구는 뇌실의 배측, 내측, 외측 부분을 둘러싸는 외투와 복측 부분을 둘러싸는 외투하로 나뉜다(그림 10.3a, b). 그래서 외투는 내측과 배측, 외복측 부분으로 구성되어 있고, 외복측 부분에는 후각편도체(olfactory amygdala, 포유류에서는 피질편도체라 불리는)와 서비편도체(vomeronasal amygdala, 포유류에서는 내측편도체라 불리는)가 포함되어 있다. 포유류에서는 기저외측편도체(basolateral amygdala)가 추가로 발견되는데, 아마도 외측외투에서 기원했을 것이다. 복측외투는 육상동물에서만 발견된다(그림 10.3a, b 참조). 외투의 문측에서는 흔히 자루에 의해 분리되어 있는 후구가 발견된다. 외투하는 전뇌기저부, 중격의지핵, 외측선조체담창구를 포함하는 내측중격부(medial septal region)로 구성되어 있다. 외투하의 미측, 짝이 없는 부분에서는 복측선조체담창구가 연장된 자율(또는 '중심')편도체가 발견된다.

유두동물에서 종뇌가 어떻게 진화했는가는 논쟁이 된다. 모든 유두동물에서 종뇌에 직접 입력되는 정보는 후구에서 오는 후각 정보뿐이다. 그래서 예전의 비교신경해부학자들은 조상 상태의 종뇌가 순수하게 뇌의 후각 부분이라고 믿었다. 나중에야 모든 유두동물에서 종뇌가 간뇌로부터 올라가는 경로들을 통해(위 참조) 시각, 청각, 기계감각 등 다른 감각 정보도 받는다는 사실이 발견되었다. 그래서 조상 상태의 종뇌는 '다중양상'이라고 여겨졌다. 그러나 최근 연구로, 조류와 포유류를 제외한 모든 유두동물에서 종뇌로 가는 이 후각 이외의 감각 구심신경들은 다중양상일 수도 있고 단일양상일 수도 있으며, 단일양상이면 국소순서적(topographic) 표상을 형성하지 않는다는 사실이 드러났다. 이는 시상의 감각 구심신경이 외투/피질 부위로 국소순서적 표상을 발달시킨 과정이 조류와 포유류에서 독립적으로 일어났음을 함축할 것이고 '후각 뇌' 해석을 강화할 것이다.

먹장어와 칠성장어의 종뇌는 후구가 큰 것이 특징인데, 칠성장어의 후구는 종뇌의 나머지보다도 더 커서(그림 10.2a, b) 이 동물들에게 후각계가 얼마나 중요한가를 강조한다. 종뇌의 뇌실은 먹장어에서는 거의 보이지 않고 칠성장어에서는 작다. 그러므로 외투 부분과 외투하 부분의 경계를 정확히 나누기는 어렵고 논쟁이 된다. 먹장어의 배측 외투는 다섯 층 구조를 보여주는데, 이는 유두동물에서 발견되는 다른 층상 패턴들과는 독립적으로 발달했다(아래 참조).

연골어류 사이에서는 종뇌의 크기와 구조에서 엄청난 차이가 발견된다. 스콸레아상어(Squalomorpha), 은상어, 전기가오리, 홍어의 종뇌는 그다지 크지 않고(그림 10.2c), 팽출된(evaginated) 유형이다(아래 참조). 이 집단의 외투는 세포가 뚜렷하게 이주하지만 알아볼 수 있는 층상 구조는 없는 내측외투(MP), 비교적 크고 세 개의 세포층을 가진 배측외투(DP), 긴 자루에 거대한 후구가 달린 외측외투(LP)로 나뉜다. 갈레아상어와 매가오리의 종뇌는 뇌의 나머지에 비해 훨씬 커서 포유류에서 발견되는 상대 비율에 도달한다. 후구는 긴 자루에 달려 있는 것이 아니라 후각 정보를 처리하는 외측외투에 직접 붙어 있다. 외투는 층상 구조가 아니라 외투의 배내측 부분이 시상, 후결절, 시상하부 및 협부 피개에 들어 있는 신경조절물질(노르아드레날린, 도파민, 세로토닌)의 핵들로부터 올라오는 수많은 경로를 받는다. 종뇌의 중심에서 발견되는 특징적인 **중심핵**(central nucleus)은 양 반구 외투의 배측 및 내측 부분들이 융합되어 형성된 것으로 보인다. 중심핵은 시각계와 측선계로부터 (아마 청각계로부터도) 올라오는 신경로를 잔뜩 받기 때문에 중요한 감각 수렴 중추이고 시상, 시개, 연수로 신경로들을 내려보낸다.

상어의 종뇌에서 특수한 것은 복미측 부분에 있는 기저부(area basalis)라 불리는 핵복합체다. 호프만과 노스컷(Hofmann and Northcutt, 2008)의 연구로 이 영역이 다량의 후각 입력을 받은 다음 배내측 외투로 섬유를 투사한다는 사실이 드러났다. 그러한 후각 경로는 상어에서만 발견되므로 이 동물에게 후각이 지니는 중요성을 강조한다.

배내측 외투는 그런 다음—척추동물에서 보통 그렇듯—시상하부로 섬유를 투사한다. 상어의 외투 뉴런에서 얻은 전기생리학적 기록은 단일양상의 후각 반응을 드러내지만, 다른 감각들에서는 혼합된 반응만 드러낸다. 그래서 상어에게는 배측시상에서 외투로 가는 단일양상의(별개의) 시각, 청각, 체감각 경로가 없다는 것이다.

조기어강 경골어류의 종뇌가 보여주는 구조적 및 기능적 조직과 이들의 외투 부위가 다른 척추동물의 외투 부위와 상동일 가능성은 논란이 되는 문제다. 얼핏 보기에, 조기어류의 배측 종뇌는 다른 척추동물과 어떤 유사성도 드러내지 않고, 세포도 섬유도 더 이상 세분되지 않는 두 개의 조그만 반구로 구성되어 있는 것 같다. 두 반구는 얇은 신경상피막으로 덮여 있다. 이 두드러진 차이는 조기어류의 종뇌는 외투가 **외번된**(everted) 반면, 다른 척추동물군의 종뇌는 외투가 **팽출되었다**고 가정하면 가장 잘 설명된다(Nieuwenhuys et al., 1998 참조). 이 차이는 〈그림 10.9〉에서 예시된다. **팽출** 유형에서는 배아의 종뇌의 벽(1~5)이 바깥쪽으로 돌출하면서 외측뇌실을 둘러싸고, 언급했던 외투(3~5) 및 외투하(1~2) 부분으로 나뉜다. **외번** 유형에서는 외투하 부분(1~2)이 종뇌의 정중선을 따라 안쪽 위치에 머무는 반면, 외투 부분(3~5)은 바깥쪽으로 구부러진 다음 아래로 휜다. 그 결과, 외번된 종뇌의 MP가 이제는 외측을 차지하다가 점점 더 복측 위치를 차지한다. 그래서 새로운 '내측구역 Dm'이 생기고 이것이 외측으로 계속되어 '중심구역 Dc'와 '외측구역 Dl'로 이어지고 마지막으로 꼬리 위치에 있는 '배측후구역 Dp'로 이어진다. 불리만과 페르니어(Wullimann and Vernier, 2007)에 따르면, 이 '배측후구역'은 후각 입력을 받으므로 다른 척추동물의 후각 외투 외측에 해당한다. 배외측구역은 주로 간뇌의 사구체전핵(위 참조)으로부터 시각 구심신경을 받고, 외측, 중심, 내측 구역은 기계수용계로부터 구심신경을 받고, 배외측 및 배내측 구역은 반고리둔덕을 통해 청각계로부터 구심신경을 받는다. 배내측구역은 사구체전핵을 통해 미각계로부터 추가 입력을 받는다.

따라서 이 모든 구역은 외투의 표준적인 부분들에 해당하는 것으로 보인다. 불분명한 것은 외투의 '중심구역 Dc'의 상동성이다. 이곳에서 후구로 올라가거나 간뇌 및 중뇌의 여러 핵 부위로 내려가는 수많은 경로가 비롯되고, 일부 경골어류에서는 내측 및 외측 전뇌속 모두를 통해 반고리둔덕 및 소뇌와 판막에 도달한다. 따라서 중심구역은 조기어류 외투의 주요한 원심신경(efferent) 중계역이다(Wullimann and Vernier, 2007).

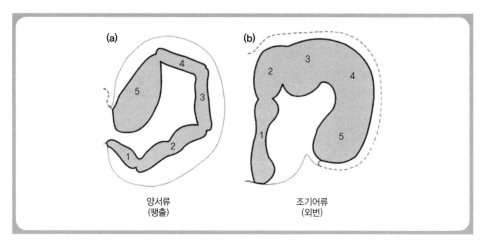

그림 10.9 척추동물 종뇌의 개체발생 과정의 차이. (a) 대부분의 척추동물(여기서는 양서류)에서 발견되는 팽출된 종뇌. (b) 조기어강 경골어류에서 발견되는 외번된 종뇌.

숫자는 종뇌의 주요 부위들을 가리킴. 1 : 복내측외투하, 2 : 복외측외투하(선조체담창구), 3 : 외측-복측외투, 4 : 배측외투, 5 : 내측외투. Nieuwenhuys et al.(1998)에 따라 수정.

　　조기어류와 달리 폐어와 양서류의 종뇌는 팽출된 유형에 속하고 서로와 흡사하다(Nieuwenhuys et al., 1998; 그림 10.3 참조). 폐어와 양서류는 자매군으로 여겨지기 때문에 이는 놀라운 일이 아니다. 양서류의 내측 및 배측 외투는 연골어류에서처럼 전배측시상핵을 통해 시각, 청각, 체감각이 혼합된 다중양상의 정보를 받는다. 외측외투는 주(主)후구에서 오는 신호를 처리하는 자리인 반면, 복측외투(VP)는 서비[보습코 또는 '부(副)']후구에서 오는 정보를 처리한다. 〈그림 10.3〉에서 보이듯이, 양서류의 외투는 내측 및 배측 부분에서 세포가 광범위하게 이주하는데도 불구하고 일반적으로 층을 이루지 않는 반면, 폐어의 MP와 DP는 어느 정도 층상을 보인다.

　　'파충류', 즉 거북, 도마뱀, 뱀, 악어에서는 외투의 각 부분이 내측피질(Cxm), 배내측피질(Cxdm), 배측피질(Cxd), 외측피질(Clx), 그리고 이미 언급한 배측뇌실능선으로 불린다(Nieuwenhuys et al., 1998; 그림 10.10). 내측피질과 배내측피질은 양서류의 MP 및 (아마도) 포유류의 해마형성체(hippocampus formation)에 해당하고, 외측피질은 양서류의 외측(후각)외투 및 포유류의 '이상(조롱박, piriform)'피질에 해당하고, '파충류'의 배측피질은 양서류의 DP 및 (아마도) 포유류의 동종피질과 상동이다. 언급

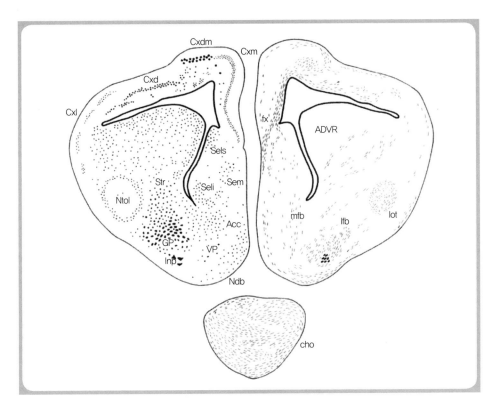

그림 10.10 테구도마뱀(*Tupinambis teguixin*)의 종뇌를 선조체 수준에서 절단한 단면.

전배측뇌실능선(ADVR)이 돌출해 종뇌의 뇌실로 들어간다. Acc : 중격의지핵, cho : 시교차, Cxd : 배측피질, Cxdm : 배내측피질, Cxl : 외측피질, Cxm : 내측피질, fx : 뇌궁, lfb : 외측전뇌속, lot : 외측후각로, mfb : 내측전뇌속, Ndb : 브로카대각선조핵, Ntol : 후각결절핵, Seli : 하외측중격, Sels : 상외측중격, Sem : 내측중격, Str : 선조체, VP : 복측담창구. Nieuwenhuys et al.(1998)에서 수정.

한 피질 부위들은 3층 구조를 보이는데, 이는 내측과 배내측 부분에서만 분명하게 보이고 피질 전체에 걸쳐 끝까지 이어지지는 않는다. 이 층상 패턴은 아마도 척추동물에서 발견되는 다른 경우의 외투 또는 피질 층상 구조와는 독립적으로 생겨났을 것이다.

배측뇌실능선은 파충류에게만 있는 구조다. 안쪽 방향으로 돌출해 뇌실로 들어가므로 오랫동안 대뇌기저핵의 주요한 종뇌 성분인 선조체가 비대해진 부분이라고 여겼다(그림 10.11). 그래서 조류의 DVR에 해당하는 부분들을 외선조체, 신선조체(neostriatum), 과선조체(hyperstriatum)로 불렀다. 그러나 미국의 신경생물학자 하비 카튼과 동료들이 1970년대에 연구한 결과로 DVR은 선조체와 상동이 아니라 외투에서

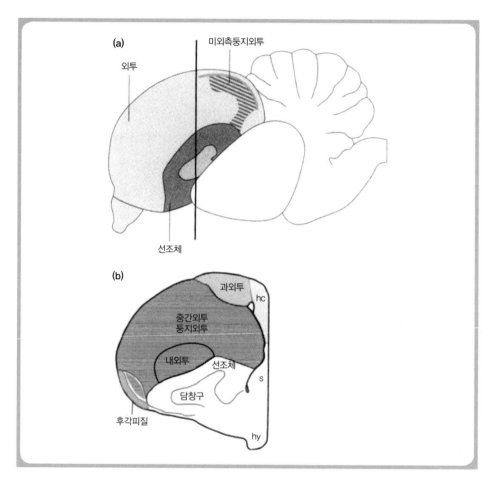

그림 10.11 비둘기의 뇌. (**a**) 외측에서 본 그림. 종뇌는 외투와 선조체담창구로 구성되어 있다. 특수한 외투 부위는 미외측둥지외투(nidopallium caudolaterale)다. Güntürkün(2008)에 따름. (**b**) a에 표시된 수준에서 자른 종뇌의 단면.

외투의 대부분은 중간외투(mesopallium)와 둥지외투(nidopallium)로 구성되어 있고, 내외투(entopallium, 예전의 외선조체)는 정원핵에서 출발하는 시각 구심신경이 종지하는 자리다. 과외투는 내배측에 자리 잡고 있다. 선조체와 담창구는 중간둥지외투 밑에 위치한다. Hc : 해마, S : 중격, Hy : 시상하부. 자세한 내용은 본문 참조. Reiner et al.(2005)에 따라 수정.

기원한다는 사실이 입증되었다(Karten, 1969, 1991 참조). 첫째, '파충류'의 DVR은 물론 이와 상동인 조류의 '신선조체'[오늘날은 중간둥지외투(mesonidopallium)라 불리는―아래 참조]도 서로 다른 부위에서 종지하는 시각, 청각, 체감각의 구심신경을 받는다는 것을 보일 수 있었는데, 이는 다른 척추동물의 대뇌기저핵은 보이지 않는 특징이다. 게다가 조직화학적 염색의 결과도 배측에서 넓은 자리를 차지하는 DVR과 외선조체/중간둥지외투가 전형적인 대뇌기저핵과는 달리, 전달물질 아세틸콜린이 들어 있는 세포들을 담고 있지 않음을 보여주었다. 그러한 콜린성 세포는 파충류와 조류의 종뇌 중에서는 DVR과 외선조체/중간둥지외투 밑의 복측 부분에서만 발견된다. 그사이에 DVR과 중간둥지외투는 외투하가 아닌 외투에서 기원한다는 사실이 일반적으로 인정되게 되었다.

'파충류'의 DVR은 더 큰 전반부(aDVR)와 더 작은 후반부(pDVR)로 구성되어 있다. 후자는 편도복합체를 담고 있는데, 여기서는 거론하지 않을 것이다. aDVR은 외측 부분에서, 외측전뇌속을 통해 시상의 정원핵에서 오는 시각 구심신경을 받는다. 적외선을 감지하는 뱀(방울뱀처럼)에서는, 덮개의 적외선 신호를 처리하는 부분에서 오는 구심신경도 여기에서 종지한다. 체감각 구심신경은 aDVR의 중심 부위에서, 청각 구심신경은 aDVR의 내측 부위에서 종지한다.

단면에서 보이는 조류의 커다란 배측 종뇌는 파충류의 것과도 포유류의 것과도 유사성을 드러내지 않는다(그림 10.11). 내측으로 작은 뇌실이 세로 방향으로 서 있고 뇌실 외측으로 인접한 세포와 섬유 덩어리에 세포 밀도가 더 낮은 가는 선들이 가로지르는 것을 알아볼 수 있다. 이미 언급했듯이, 이 조그만 덩어리는 조류의 대뇌기저핵 가운데 일부로 여겨졌고, 이 해석이 쉽게 채택된 이유는 조류의 행동은 주로 (피질에 위치한다고 가정되는) 학습된 행동이 아닌 (대뇌기저핵에 거주한다고 가정되는) '본능'에 의해 인도된다고 믿어졌기 때문이다. 그래서 복측의 '증가구선조체(paleostriatum augmentatum)'가 대뇌기저핵의 '원시적' 형태로 식별되었을 뿐만 아니라 새로이 형성된 '신선조체'로, 이 모두의 위에 있는 부분은—기능은 몰랐지만—'과선조체'로 불렸다. 과선조체의 내배측 부분인 이른바 '돌출부'만이 시각 기능을 가진 '진정한 피질'로 여겨졌다. 위에 묘사했듯이 이 관점은 폐기되었고, 몇 년 전 조류 뇌의 전문가들로 구성된 위원회가 이 말썽 많은 종뇌 부위들의 이름을 바꾸기로 결정함으로써 신선조체였던 것이 지금은 **둥지외투**로, 복측과선조체였던 것이 지금은 **중간외투**로 불린다(Reiner et al., 2005). 문측에 '돌출부'가 들어 있는 부과선조체(hyperstriatum accessorium)는 이제 **과외투**라 불린다. 둥지외투의 문측에 포함되어 있는 내외투(전에는 외선조체라 불렸던)는 정원핵에서 오는 시각 구심신경이 종지하는 자리다. 타원핵에서 오는 청각 구심신경은 둥지외투의 'L영역'에서 종지한다.

둥지외투의 배측에 위치하는 과외투는 시각 구심신경도 받고 체감각 구심신경도 받으므로 포유류의 피질과 상동으로 여겨진다. 그러나 세포구조 면에서는 포유류 피질을 닮은 것이 아니라, 포유류 피질에서 발견되는 뉴런과는 닮은 데가 없는 다극성 투사뉴런과 개재뉴런들이 겉보기에 불규칙한 배열을 보여준다(Tömböl et al., 1988). 내외투(전에는 외선조체로 불렸던)를 포함한 둥지외투 전체에서 같은 상황이 발견된다. 여기서도, 층상구조는 전혀 없고 다소 균일해 보이는 다극성 뉴런들이 발견된다. 주된 유형으로는 수상돌기에 가시가 듬성한 정도에서 빽빽한 정도까지 덮여 있는 중간 크기의 투사뉴런들이 포함되지만, 일부 개재뉴런들은 다소 매끈한 수상돌기를 가지고 있다(그림 17.1 참조). 직경이 매우 굵은 시상 구심신경은 내외투의 복내측으로 들어가자마자 이차수상돌기로 나뉜다. 이 이차돌기들은 그런 다음 곧장 앞쪽으로 연장되고 다시 나뉘며, 포유류의 피질로 가는 시상 구심신경의 망을 닮은 규칙적인 섬유망을 형성해 투사뉴런뿐만 아니라 개재뉴런들과도 접촉한다. 직경이 더 작은 다른 유형의 구심신경들도 있는데, 이들 역시 곧장 앞쪽으로 달린다. 들어오는 섬유들이 다소 규칙적으로 배열되는 이 계는 세포들이 포유류 피질에서처럼 규칙적인 층상 배열을 만족시키는 것이 아니라 투사뉴런과 개재뉴런이 불규칙하게 분포하는 것으로 보인다.

둥지외투에서 특수한 한 부위는 이름이 가리키듯이 미외측 부분에 있는 '미외측둥지외투 ─ NCL'(전에는 '미외측과선조체'로 불렸던)이다(그림 10.11 참조). 독일의 생물심리학자 오누르 귄트위르퀸과 동료들의 연구에 따르면, 미외측둥지외투는 기능적으로 포유류의 배외측전전두피질(dorsolateral prefrontal cortex, dlPFC. 아래 참조)과 흡사한데, 이 부분도 작업 기억, 활동 계획, 행동 유연성, 창의성 ─ 본질적으로 '지능' ─ 에 관여하기 때문이다(Güntürkün, 2005). 포유류의 dlPFC와 마찬가지로 다중양상이 수렴하는 중추이고 VTA와 중격의지핵으로부터 강한 도파민성 입력을 받는다. 이렇게 기능적 유사성이 강함에도 불구하고, 발생학적 증거를 기초로 보면 포유류의 dlPFC와 상동일 가능성은 별로 없다. 조류의 NCL은 층상구조도 드러내지 않는다.

포유류의 종뇌는 뇌의 나머지에 비해 크거나 매우 커서 영장류, 코끼리, 고래, 돌고래와 같은 집단에서는 전체 뇌 부피의 최대 80%에 달한다. 포유류의 종뇌에서 다른 척추동물의 외투와 상동인 구조로는 동종피질(또는 신피질), 해마, 변연피질 및 후각피질을 비롯해 기저외측편도체가 있다. 피질하 부분은 다른 척추동물에서 발견되는 피질하 부분(선조체담창구 복합체, 편도체의 피질하 부분, 전뇌기저부를 포함한 중격부)과 상동이다. 다음에서는 피질 및 피질과 밀접하게 관련된 해마만 묘사할 것이다(그림 10.7, 그림 10.12).

해마는 변연피질['이종피질(allocortex)']을 나타내는 세 층으로 구성되어 있고 측두엽(temporal lobe)의 아래쪽 가장자리에 가깝게 위치한다(그림 10.7b). 내후각피질(entorhinal cortex, 또 다른 변연피질 또는 이종피질)을 통해 여섯 층인 동종피질의 모든 부분과 쌍방으로 연결되어 있을 뿐만 아니라 전뇌기저부, 편도체 등 피질하 변연계 중추로부터 직접 구심신경을 받는다. 해마는 인접한 내후각피질 및 후각주위피질(perirhinal cortex)과 함께 서술기억의 조직자로 여겨진다. 서술기억은 인간에게서 사건과 지식의 의식적 표상과 보고 가능성을 포함한다.

안와전두피질(orbitofrontal cortex, 브로드만 영역 A11, 12)은 변연계에서 유일하게 동종피질인, 즉 여섯 층인 부분이다(Roberts, 2006; Barbas, 2007). 인간의 안와전두피질은 눈구멍['안와(orbit)'] 위쪽에 위치하고 전두피질의 복내측 부분에 인접해 있다. 많은 포유류에서 안와전두피질은 후각과 미각의 정보를 처리하고 먹이의 질과 매력을 평가하는 데 관여한다. 인간을 포함한 영장류에서 안와전두피질의 뒷부분은 행동 조절의 정서 및 동기유발 측면, 특히 긍정적 또는 부정적 결과에 관한 측면이나 과거의 또는 계획된 활동의 측면을 처리한다. 대상회(gyrus cingulus, A23, 24)는 뇌량(corpus callosum)을 배측에서 둘러싸는 변연피질의 일부로서 전대상회와 후대상회로 구분되는데, 많은 전문가가 대상회의 배측 후반부는 주로 인지 기능을 하고 안구 운동과 시각적 주의 조절에 관여하는 반면, 전반부의 복측 부분은 동기에 의한 주의의 조절, 오류의 재인과 수정, 통증의 감각과 평가, 의사 결정에 따른 장기 손익의 평가에 관여한다고 본다(Botvinick et al., 2004). 도피질[insular cortex, 흔히 '뇌섬엽(insula)'이라 불리는]은 전두피질, 측두피질, 두정피질 사이에 깊이 접혀 들어간 외측피질의 일부에서 발견되며, 작게 뚫린 곳['판개(operculum)']을 제외하면 밖에서는 보이지 않는다. 통각('주관적 통증')을 포함한 몸 상태를 자각하는 자리일 뿐만 아니라, 인간에서는 아파서 괴로워하는 사람을 포함해 고통스러운 사건을 재인하고 상상하는 일에도 관여한다

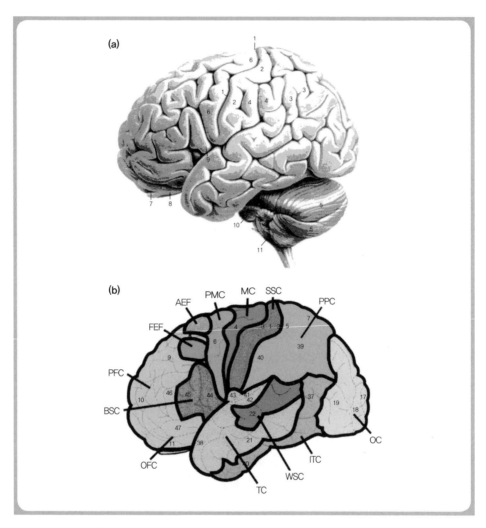

그림 10.12 **(a)** 외측에서 본 인간의 뇌가 특징적인 회와 구(고랑, sulcus)를 가진 대뇌피질과 마찬가지로 주름이 많은 소뇌를 보여주고 있다. 1 : 중심구, 2 : 중심후회, 3 : 각회, 4 : 연상회, 5 : 소뇌반구, 6 : 중심 전회, 7 : 후구, 8 : 후각로, 9 : 외측구, 10 : 교뇌, 11 : 연수. **(b)** 외측피질의 해부학적-기능적 조직. 숫자는 브로드만 영역을 가리킴(그림 11.14 참조). AEF : 전안구영역, BSC : 브로카언어중추, FEF : 전두안구영역, ITC : 하측두피질, MC : 운동피질, OC : 후두피질, PFC : 전전두피질, PMC : 배외측전운동피질, PPC : 후두정피질, SSC : 체감각피질, TC : 측두피질, WSC : (대략) 베르니케언어중추. Nieuwenhuys et al.(1988) 에 따라 수정.

(Singer et al., 2004). 이 맥락에서 공감에 관여하는 중추로 믿어진다.

10.6.1 동종피질의 기능해부학

포유류의 동종피질은 후두엽, 측두엽, 두정엽, 전두엽의 네 엽으로 나뉜다. 전체적으로 여섯 층으로 이루어져 다소 균일하게 보인다(Nieuwenhuys et al., 1988). 우세한 세포 유형은 피라미드세포로서, 영장류에서는 모든 피질 뉴런의 약 80%를 차지한다(그림 5.1과 그림 10.13). 피라미드세포는 전적으로 흥분성이고 피질의 투사뉴런에 해당한다. 피라미드세포의 축삭은 세포의 바로 옆을 떠나 백질로 들어갔다가 백질에서 회색질로 돌아가기도 하고, 뇌의 피질하 부위로 내려가기도 한다. 피라미드세포는 이름대로 피라미드 모양의 세포체를 가지고 있다. 피라미드세포의 수상돌기는 흥분성 시냅스가 접촉하는 특별한 자리인 가시(인간에서는 세포당 약 6,000개 이상)로 덮여 있다. 흔히, 가시 하나에 시냅스이전종말부가 하나 이상 달려 있어서(그림 5.1 참조), 뉴런 하나가 약 2만 개의 다른 피질 세포로부터 흥분성 입력을 받을 수 있다. 억제성 입력은 평균 1,700개의 세포(대부분 개재뉴런. 아래 참조)로부터 오는데, 가시에서 종지하는 것이 아니라 수상돌기의 축, 세포체, 또는 심지어 축삭에서 종지한다. 위쪽 피질층에 위치하는 피라미드세포의 수상돌기들은 표면의 분자층에 도달한 다음 거기에서 분기해 수평섬유를 형성하는데, 영장류에서는 이 섬유가 100~200μm 동안, 큰 피라미드세포의 경우는 400μm까지 연장된다. 나머지 피질 세포 유형은 개재뉴런, 즉 정보의 국지적 처리에 관여하는 세포로서 축삭이 바로 옆에 국한되어 있다. 이러한 개재뉴런으로는 성상세포, 바구니세포, 촛대세포(candelabrum cell), 양극세포(bipolar cell) 등이 있다(Nieuwenhuys et al., 1988). 성상세포의 수상돌기는 방사상으로 연장되기도 하고 수직으로 연장되기도 하는데, 수상돌기의 표면은 매끈할 수도 있고 가시가 몇 개만 달려 있을 수도 있다. 매끈한 성상세포와 촛대세포는 억제 기능을 하는 반면, 가시가 있는 성상세포와 양극세포는 흥분 기능을 한다.

피질은 여섯 층으로 구분된다(그림 10.13). 분자층이라 불리는 맨 위의 I층은 뉴런은 소수밖에 담고 있지 않지만, 주로 피라미드세포의 첨단수상돌기와 이미 언급한 수평섬유들을 담고 있다. 피질내 연결섬유와 '기질(matrix)'형(M형) 시상 세포에서 오는 입력이 여기에서 종지해서(Jones, 2001), IV층(아래 참조)으로 가는 '핵심(core)'형(C

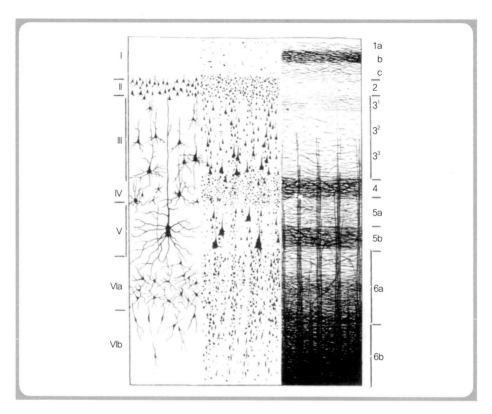

그림 10.13 여섯 층으로 이루어진 포유류 동종피질의 세포구조.

그림의 왼쪽에서는 골지법으로 염색한 뉴런(주로 피라미드세포)의 분포를 보여준다. 중간에서는 니슬법으로 염색(Nissl staining)한 세포체의 분포를 보여준다. 오른쪽에서는 바이게르트법으로 염색(Weigert staining)한 유수섬유의 분포를 보여준다. 왼쪽의 로마숫자는 피질의 총체적인 층을 가리키고, 오른쪽의 아라비아숫자는 니슬 염색을 기초로 세분한 하위층을 가리킨다. Creutzfeldt(1983)에서 Vogt and Brodmann에 따라 수정.

형) 시상 구심신경과 대비된다. '외과립층'이라 불리는 II층은 작은 피라미드뉴런과 수 많은 성상뉴런을 담고 있다. '외피라미드층'이라 불리는 III층은 대부분 크기가 작거나 중간인 피라미드뉴런을 비롯해 개재뉴런도 담고 있다. 이 층이 피질-피질 원심신경의 주된 출처다. '내과립층'이라 불리는 IV층은 다양한 유형의 피라미드뉴런과 많은 개재 뉴런을 담고 있다. 시상에서 오는 C형 구심신경과 반구내 연결섬유의 주된 피질 입력 층이다. '내피라미드층'이라 불리는 V층은 큰 피라미드세포[일차운동피질에 있는 거대 한 베츠세포(Betz cell)와 같은]를 담고 있다. 이 층은 피질하 원심신경(예 : 대뇌기저핵 또는 뇌간과 척수로 가는)의 주된 출력층으로서 피라미드로(pyramidal tract)를 구성한다. '다형층(polymorphic 또는 multiform layer)' 또는 '방추세포층(spindle‑cell layer)'이라 불리는 VI층은 소수의 큰 방추형 피라미드세포 및 다수의 더 작은 방추형 피라미드세포와 개재뉴런들을 담고 있다. 점 대 점 방식으로 시상까지 축삭을 보낸다.

외투시상핵에서 오는 다량의 피질 구심신경(그림 10.8)은 주로 IV층과 아래쪽 III층에서 종지하면서 강하게 분지한다. 분지한 구심신경들은 작은 피라미드세포뿐만 아니라 개재뉴런과도 접촉하는데, 개재뉴런은 (그 유형에 따라) 피라미드세포와 흥분성 연결부를 만들기도 하고 억제성 연결부를 만들기도 한다. 간시상핵, 특히 시상수질판내핵에서 오는 구심신경들은 I층과 VI층에서 종지한다. 시상이 아닌 편도체, 전뇌기저부/중격(콜린성 구심신경), 선조체담창구, 시상하부, 전봉선핵(세로토닌성 구심신경), 청반(노르아드레날린성 구심신경), 중뇌변연계(mesolimbic system, 도파민성 구심신경이 나오는 VTA와 중격의지핵)에서 오는 구심신경들은 에둘러서 피질로 들어간다.

영장류에서는 피질에 원심신경섬유가 구심신경섬유보다 다섯 배 더 많고, 주로 V층과 VI층의 피라미드세포에서 기원한다. 주어진 피질 영역의 VI층에 있는 피라미드세포들은 이 영역으로 구심신경섬유를 보내는 바로 그 시상핵으로 섬유를 투사하는데, 이 재진입 조직은 이미 언급한 시상피질계의 일부다(Creutzfeldt, 1983). V층에서 나오는 원심신경은 선조체와 편도체로 달리거나 피라미드로를 구성해 중뇌, 교뇌, 그리고 연수와 척수의 전운동 및 운동 중추들로 내려간다. 그러나 피질 섬유의 대다수는 '연합섬유(association fiber)'라 불리는, 수십억 개에 달하는 피질내 투사신경을 형성한다.

동종피질의 영역들은 층 안에 존재하는 다양한 유형의 피질 세포의 상대적인 수를 비롯해 세포의 밀도, 단일 층의 두께, 전체 두께 등 정확한 세포구조에서 차이가 난다. 이러한 차이를 기초로, 독일의 신경해부학자 코르비니안 브로드만은 20세기 초기에 인간 및 기타 포유류의 피질 전체를 해부학적 영역들로 나누었다. 인간에서 여기에 들어가는 52개 영역을 오늘날 '브로드만 영역'이라고 부르고(Brodmann, 1909), '영역(area)'을 뜻하는 'A' 또는 '브로드만 영역(Brodmann area)'을 뜻하는 'BA'로 표기한다(예 : A1, A2, 또는 BA1, BA2; 그림 10.14a, b 참조). 이러한 분할은 순전히 형태학 및 세포학적 기준을 기초로 했지만, 나중의 연구로 이것이 대략이나마 기능적 영역도 표시한다는 사실이 드러났다. 피질의 서로 다른 기능적 계통(예 : 시각영역, 청각영역, 운

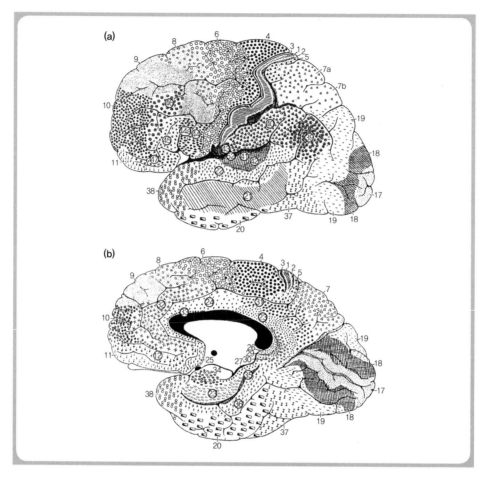

그림 10.14 코르비니안 브로드만에 따른 피질 영역들(1909). (**a**) 외측에서 본 뇌, (**b**) 내측에서 본 뇌. 숫자는 '브로드만 영역'을 가리킴. Roth(2003).

동영역)을 표지하기 위해 사용되는 추가의 용어들은 아래에서 언급할 것이다. 다음의 설명은 주로 인간을 포함한 영장류의 피질에 관한 것이다(그림 10.12).

후두피질은 전적으로 일차·이차·연합 시각영역만 담고 있는데, 이에 관해서는 제11장에서 더 자세히 묘사한다. 두정피질은 피부, 근육, 힘줄, 관절에서 오는 정보를 가진 일차체감각피질(A1~3)을 포함하고 있고, 여기서 보낸 정보가 후두정영역(A7)에서 시각, 청각, 전정, 동안(눈돌림) 정보와 수렴한다. 합쳐진 정보는 몸의 도식을 구성하고, 감각 자극의 출처와 함께 3차원 세계를 구성하고, 이 세계 안에서 자기 몸의 자세와 운동을 구성하는 데 사용된다. 후두정피질은 목표 주도의 고개, 팔, 손 운동을 조절하는 데도 중요하다. 두정피질은 반구별로 뚜렷하게 특화되어 있다. 오른쪽 두정엽은 특히 공간에서 위치와 방향을 판단하고, 특정 공간에 주의를 기울이고, 현실 또는 마음속에서 변할 수 있는 관점에 따라 공간을 구성하는 일에 관여한다. 각회(모이랑, gyrus angularis, A39)와 연상회(모서리위이랑, gyrus supramarginalis, A40)를 포함한 왼쪽 두정엽은 읽고, 쓰고, 수학을 하는 맥락에서뿐만 아니라 지도를 '읽고' 사진의 추상적 의미를 이해하는 맥락에서도 상징적-분석적 정보를 처리하는 데 관여한다. 흥미롭게도, 오른쪽 각회는 정보의 은유적 의미를 파악하는 데 관여하는 것으로 보인다[제13장에서 '거울 뉴런(mirror neuron)' 참조].

측두피질은 윗부분에 일차청각영역[헤실횡회(Heschl's transverse gyrus, A41)]을 담고 있다. 일차청각영역은 음고나 소리의 타이밍과 같은 단순한 청각 신호를 처리하고, 이를 둘러싸고 있는 이차청각영역에서는 복잡한 청각 정보를 처리하는데, 이는 무엇보다 음성 교신의 신호를 이해하는 데 필수적이다(제14장 참조). 영장류에서, 오른쪽의 하후측두엽은 복잡한 시각적 대상과 상황을 재인하는 데 관여한다. 이 활동의 일부로, 방추회(fusiform gyrus)에서는 손, 얼굴, 눈, 입과 같은 신체 부위를 재인할 뿐만 아니라 생물과 무생물을 구분하기도 한다. 얼굴 동역학의 재인(모방)은 상측두피질(A22)에서 일어나는 반면, 복내측측두엽(A20)에 위치하는 방추회[방추얼굴영역(fusiform face area)]는 주로 얼굴의 확인에 관여한다.

전두연합피질에는 배외측 및 복외측 전전두피질, 이미 언급한 안와전두피질 및 복내측피질, 전두안구영역(frontal eye field, A8), 보조안구영역(supplementary eye field, A6), 보조운동영역(supplementary motor area, A6의 안쪽 부분인 SMA와 pre-SMA), 브로카 언어중추(A44, A45)가 들어 있다. 외측전전두피질(PFC)에는 A9, A10, A46이 포함된다. 많은 저자들이 영장류의 PFC를 배외측 및 복외측 부분(각각 dlPFC와 vlPFC)으로 나눈다. 이 두 부분의 PFC는 다른 피질 부위로부터 다른 입력을 받는다. dlPFC는 주로 후두정피질로부터 머리, 목, 얼굴, 손의 자세와 운동에 관한 입력뿐만 아니라 공간 정향 및 활동 계획의 공간적 측면에 관한 정보도 받는다(Goldman-Rakic, 1996; Fuster, 2008). 후자의 입력은 주로 PFC의 문측 끝인 전두극(frontopolar 부위, A10)에서 종지하는데, 일부 저자에 따르면 이 부위는 인간에서만 발견된다

(Wise, 2008). 반대로, vlPFC는 주로 예컨대 대상과 장면의 의미와 관계라는 맥락에서 복잡한 시각 및 청각 정보를 나르는 측두엽으로부터 입력을 받을 뿐만 아니라 왼쪽의 상측두엽과 중간측두엽으로부터 언어 관련 정보도 받는다. vlPFC에서는 언어의 문법 및 구문 측면에 관여하는 브로카 언어중추(A44, 45)가 발견된다(제14장 참조).

　영장류의 전전두-전두극 피질(A9, 10, 46)은 일반적으로 감각 정보와 인지적인 정신적 사건들(예 : 주로 활동을 계획하고 준비하는 맥락에서뿐만 아니라 문제를 해결하고 의사를 결정하는 맥락에서 하는 생각과 상상)의 시공간 구조를 이해하고 처리하는 일에 관여한다. 제2장에서 기술했듯이 작업 기억의 자리이기도 하다.

10.6.2 포유류의 피질과 조류의 중간둥지외투는 상동일까?

방금 보았듯이, 포유류만 여섯 층의 동종피질을 소유하고, 이 동종피질은 의식을 포함한 복잡한 인지 기능의 자리라고 믿어진다. 그러나 제12장에서 배우겠지만, 조류도 영장류와 비슷하게 복잡한 인지 과제를 실행할 능력이 있고, 조류 종뇌의 중간둥지외투(MNP)와 특히 미외측둥지외투가 이 능력을 담당한다고 가정된다. 그러나 MNP의 해부구조와 세포구조는 포유류의 동종피질과 닮은 데가 없다. 따라서 조류의 MNP와 포유류의 동종피질이 상동인지 아니면 수렴 구조인지에 관해 의문이 든다. 상동이라면, 기능이 아무리 유사해도 놀랍지 않을 것이다. 상동이 아니라면, 우리는 척추동물 사이에서 '지능 중추'가 수렴 진화한 인상적인 일례를 마주하게 될 것이다.

　일반적으로 MNP는 '파충류'의 aDVR로부터 진화했다고 인정되므로, 상동 문제는 aDVR로 연장될 수 있다. 포유류의 동종피질과 석형류의 aDVR/MNP가 상동일 가능성에 관해서는 여러 해 동안 논쟁이 있었다. 경쟁하는 두 해석이 〈그림 10.15〉에서 예시된다. 하비 카튼, 안톤 라이너, 오누르 귄트위르퀸과 동료들은 aDVR과 MNP가 포유류의 외측측두피질(LC)과 상동이고 계통발생적으로도 개체발생적으로도 LP 안의 세포조직으로부터 발생한다고 주장한다(Reiner et al., 2005 참조). 이 관점을 '공통 기원 가설(common origin hypothesis)'이라 부른다. 저자들은 한편의 MNP와 DVR, 반대편의 LC가 매우 비슷한 입출력 연결 관계를 가지고 있다는 사실을 가리킨다. 포유류의 LC는 실제로 시상침으로부터 시상의 시각 입력을 받고, 시상침은 차례로 조류를 포함한 다른 척추동물의 덮개와 상동인 상구로부터 입력을 받는다(위 참조). 비슷

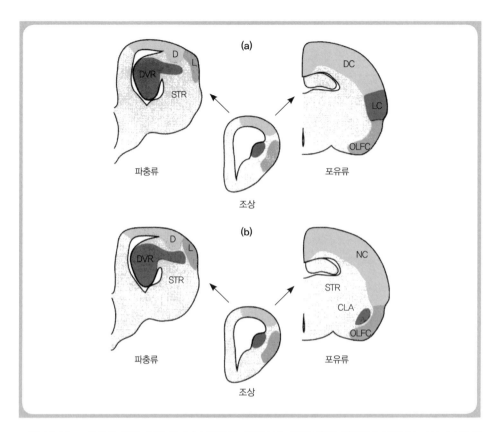

그림 10.15 포유류의 외측피질(*LC*)과 '파충류'의 배측뇌실능선(*DVR*)의 상동성에 관한 두 가설. **(a)** *DVR* 과 *LC*가 양막류 조상에게 있던 같은 배아 물질에서 기원했다는 '공통기원' 가설. **(b)** *DVR*과 *LC*가 새로이 형성되었다는 '재개' 가설.

자세한 내용은 본문 참조. CLA : 전장, D : 파충류의 배측피질, L : 파충류의 외측피질, DC : 포유류의 배측피질, LC : 포유류의 외측피질, NC : 포유류의 신피질, OLFC : 후각피질, STR : 선조체. Striedter(2005) 에서 수정.

한 방식으로, 석형류의 덮개는 시상의 정원핵으로 섬유를 투사하고, 정원핵은 차례로 aDVR과 MNP로 섬유를 투사한다. 저자들의 발생학적 논증도 있다. 다시 말해, 배아 기 포유류의 뇌에서는 전구세포들이 밖으로 이주한 다음 배측에서 나중에 배측외투와 상동인 동종피질의 여섯 층 구조로 발달한다. 저자들의 견해에 따르면, 조류에서는 그러한 전구세포의 이주와 변형이 일어나지 않으므로 층이 형성되는 대신 aDVR의 부위 안쪽에서 핵이 형성된다.

루이스 푸엘레스, L. 메디나, G. F. 스트리터와 같은 반대편의 선도적 비교신경생물학자들은 그러한 해석을 거부하고(Striedter, 2005; Medina, 2007 참조) MNP-DVR은 다른 척추동물의 배측외투와 상동이 아니라 외측(후각)외투 및 복측(서비)외투와 상동이라고 주장한다. 이 주장이 사실이라면, LC와 MNP-DVR은 계통발생적으로 다른 물질인 배측외투와 복측외투에서 기원한다. 이 개념을 '재개 가설(de-novo hypothesis)'이라고 부른다. 다른 저자들도 개념의 기초를 발생학적 논증에 두고 외투 형성을 담당하는 전사인자의 차이를 지적한다. MP, DP, VP의 형성을 결정하는 일정한 전사인자들이 있지만, 이것이 VP(또는 최소한 VP의 일부)에는 없다는 것이다. 이는 VP가 최소한 일부는 외투의 나머지와 달라서 석형류에서는 다음에 DVR과 MNP로 발달하는 반면, 포유류에서는 피질 기저외측의 편도체와 전장을 낳게 됨을 가리키는 것으로 보인다. 그래서 MNP-DVR은 기능적으로는 수렴하지만, 포유류의 LC와 상동이 아니라 오히려 편도체 및 전장의 일부와 상동이다.

'재개 가설'을 뒷받침하는 또 한 가지 중요한 논증은 포유류의 시각피질과 조류의 과외투 및 둥지외투의 시각 부분이 실질적으로 다르다는 사실이다. 제11장에서 더 자세히 배우겠지만, 영장류의 일차시각피질에서는 동작, 방위, 대비, 색깔(파장) 등에서 어느 하나를 감지하는 뉴런들이 발견된다. 깊이지각[입체시(stereopsis)]의 기초인 불일치(disparity)를 감지하는 세포들도 있다. 시각계가 매우 발달한 비둘기에서는 과외투의 일부로서 포유류 동종피질의 일부와 상동일 가능성이 높은 돌출부에서 동작을 감지하는 뉴런이 발견되지만, 방위, 대비, 색깔, 불일치를 감지하는 뉴런은 여기서 발견되는 대신 둥지외투에서 발견된다. 그래서 비둘기는 돌출부에 손상을 입으면 운동에만 결함이 생기고 형태 및 색깔 지각에는 결함이 생기지 않는 반면 둥지외투에 손상을 입으면 그 반대가 된다. 이는 조류의 MNP와 포유류의 외측(측두)피질이 기능적으로 상동이라는 주장을 반박한다. 포유류에서는 그러한 시각 기능들이 외측피질 대신 후두피질에서 발견된다(위와 제11장 참조).

10.7 이게 다 무슨 말일까?

척추동물은 생태와 생활양식에서는 인상적인 가변성을 보이지만, 이들의 뇌는 높은 수준의 보수성을 드러낸다. 종뇌, 간뇌, 중뇌, 소뇌, 연수로 오분된 뇌는 아마도 5억 년 전에 모든 좌우대칭동물의 조상에게 있었던 조상 상태의 삼분된 뇌로부터 진화했을 것이다. 약 20년 전까지만 해도 많은 비교신경생물학자들이 이른바 원시적인 척추동물에서는 노르아드레날린성 청반이나 도파민성 흑질과 같은 일정한 핵과 영역들은 '아직까지 발견되지 않는다'고 믿었지만, 그동안 그러한 구조들마저도 각각의 기능과 함께 모든 척추동물에게 존재한다는 사실이 차츰 분명해졌다.

극적인 차이는 대신 뇌 전체와 다양한 부분의 절대 크기 및 상대 크기와 관련해서 일어난다. 무엇보다도 소뇌, 중뇌의 천장, 배측시상, 배측종뇌의 경우 정말로 그렇고, 이 크기 변화는 대부분의 척추동물강에서 독립적으로 일어났다. 예컨대 연골어류와 경골어류의 일부 집단은 소뇌가 뇌 전체 크기에 비해 작고, 다른 일부 집단은 크거나 거대하다. 양서류 가운데서도 소뇌 크기에 관한 한 개구리와 도롱뇽-무족영원류는 차이가 상당하고, 포유류 가운데 예컨대 코끼리와 고래류의 거대한 소뇌와 관련해서도 같은 사실이 발견된다. 경골어류, 양서류, 조류의 시개와 반고리둔덕도 마찬가지고, 마지막으로 배측외투 또는 피질도 크기는 보잘것없을 수도 있고 엄청나게 커졌을 수도 있다.

주어진 뇌 구조의 상대 크기(절대 크기)가 극적으로 커지는 바탕의 가장 간단한 기제는 일정한 모듈 조직이 배가되는 것이다. 포유류의 소뇌와 피질에서 이 일이 일어났고, 그래서 소뇌와 피질의 표면은 엄청나게 커지는 동시에 대부분이 접히게(이랑이 생기게) 되었다. 더 극적인 것은 구조적 및 기능적 복잡성의 증가다. 이 일이 일어났을 때 ㅡ 대개 부피가 확 커지면서 ㅡ 층의 수(덮개나 둔덕에서처럼) 또는 핵의 수(시상에서처럼)도 많아졌다. 이러한 증가는 보통 뉴런 유형의 수 증가와 함께 일어난다. 대부분의 경우, 이는 생활양식이 변해서 감각계가 다중감각 정보를 더 많이 처리해야 하는 상황과 상관이 있다. 뿐만 아니라 일부 경골어류 ㅡ 예컨대 잉어 ㅡ 에서 미각계가 고도로 진화한 것과 관련해 비대해진 미주엽이나 안면엽처럼 새로운 뇌 구조가 형성되는 경우도 있다. 이렇듯 볼 만한 특화의 다른 예로는 약전기어에서 전기감각측선엽과 반고리둔덕이, 경골어류와 조류에서 시개가 엄청나게 커진 것을 들 수 있다.

특히 흥미로운 것은 종뇌의 안쪽, 그중에서도 무엇보다 외투의 변형과 특화인데, 이는 언제나 시상의 변화와 함께 일어났다. 조기어류에서는 팽출 대신 외번의 형태로 외투의 형태가 재조직되는 것이 발견된다. 석형류 안에서는 복측외투가 가장 중요한 다중양상 감각 통합 중추로서 '파충류'의 DVR과 조류의 MNP로 진화한 반면, 포유류는 배측외투를 여섯 층의 동종피질로 진화시켰고, 이것이 다음으로 많은 집단에서 엄청나게 커졌다. 따라서 양서류의 보잘것없던 외투가 양막류에서 매우 다른 두 방향으로 극적인 진화를 겪었다.

종뇌의 외투의 변형과 함께 시상-종뇌 경로에도 상당한 변화가 있었다. 칠성장어, 연골어류, 경골어류를 비롯해 양서류에서 발견되는 추정상의 조상 상태에서는 배측 종뇌를 후각이 지배하는 반면, 청각, 체감각, 시각 정보는 대부분 중뇌, 판막을 포함한 소뇌, 연수에서 처리된다. 이 집단들의 외투는 전배측시상을 통해 주로 다중양상 구심신경을 받고 단일양상 구심신경은 드물게만 받는데, 이 구심신경들이 국소순서적으로 정돈된 영역을 형성하지는 않는다. 이 집단들의 외투에서는 후각 반응을 제외하면 다중양상의 반응만 기록될 수 있다. 무양막류와 '파충류'의 MP와 DP의 정확한 기능은 아직도 거의 이해되어 있지 않지만 다중감각 통합, 기억 형성, 정서, 동기유발과 관계가 있고, 이 기능들이 배측 및 복측 선조체담창구를 통해 행동을 직접 인도하는 중추들에 영향을 미친다고 가정할 수 있다.

조류와 포유류에서는 연수, 소뇌, 배측중뇌에서 일어난 일에 덧붙여 종뇌가 독립적으로 단일양상 감각 정보를 처리하는 자리로 진화했는데, 여기에는 배측시상의 변형이 따른다. 시각계에 관해 말하자면, 포유류에서는 외측슬상핵이 직접 망막의 입력을 받아 수많은 시각 영역이 발견되는 후두피질로 섬유를 투사한다. 조류에서는 핵-슬상핵 복합체가 마찬가지로 직접 망막 구심신경을 받아 과외투의 일부로서 '시각 돌출부'라 불리는 배내측 종뇌로 섬유를 투사하지만, 이 시각 경로는 주된 경로가 아니다. 주된 경로는 시개에서 기원해 정원핵으로부터 내외투로 투사하는 경로다.

그러므로 조류와 포유류에서 배측시상으로부터 외투까지 가는 일차감각 경로는 독립적으로 진화했는데, 조류의 경우는 내외투('파충류'의 aDVR과 상동인 MNP의 일부)를 향하는 외측전뇌속의 경로를 취하고, 포유류의 경우는 동종피질을 향하는 내측전뇌속의 경로를 취한다. 이렇게 해서, 조류의 외투와 포유류의 피질은 변연계 정보와 다중양상이 연합된 정보를 처리하는 것 외에도, 단일양상의 감각 정보를 처리하는 주요 자리로 진화했다. 이는 척추동물의 양 집단에서 감각 및 인지 능력이 강하게 증가하는 방향으로 나아가는 결정적 단계들 중 하나였던 것으로 보인다.

제11장

감각계 : 뇌와 환경의 결합

주제어 감각기관 — 일반 기능 · 후각 · 기계감각 · 전기수용 · 측선계 · 청각계 · 시각계 · 병렬처리 시각계 · 곤충의 복안 · 척추동물의 눈 · 망막

진화의 측면에서 감각기관의 구조와 기능 및 감각 처리 과정을 비교 연구하는 일은 중요하다. 감각기관과 감각 처리 기제는 흔히 자연선택이 작동한다는 가장 명백한 증거로 보이기 때문이다. 다시 말해, 유기체에서 감각기관의 구조와 기능만큼 생존과 번식에 밀접하게 관련되어 있거나 '적응된' 것은 없어 보인다. 단세포 유기체의 감각 수용체로부터 조류와 인간을 포함한 포유류의 눈이나 귀에 이르기까지, 동물계 전체에 걸쳐 감각기관의 구조와 기능에는 당황스러운 다양성뿐만 아니라 엄청난 범위의 복잡성이 존재하는 것 같다. 그러나 동시에, 바탕의 원리에는 높은 균일성과 보수성이 있음을 앞으로 보게 될 것이다. 이 균일성과 보수성의 일부는 감각 수용체와 감각기관의 기능이 기본적으로 지니는 물리적 · 화학적 제약에서 비롯되고, 일부는 발생 유전자의 '깊은 상동성'을 통해 계통발생에서 비롯된다.

G. Roth, *The Long Evolution of Brains and Minds*, DOI: 10.1007/978-94-007-6259-6_11,
© Springer Science+Business Media Dordrecht 2013

11.1   감각기관의 일반 기능

신경계와 뇌의 한 가지 주요한 기능은 생존을 도와 결국 성공적 번식에 도움이 되는 행동을 발생시키는 것이다(Barth, 2012). 그러려면 환경과 자기 몸에 관한 관련 정보가 필요하다. 동시에, 뉴런으로 구성되어 있는 뇌는 환경 안의 어떤 사건 또는 '자극'에도 무감각하다. 즉 이러한 사건들을 직접 지각할 수 없다. 그러므로 필요한 것은 신경계와 환경 사이에서 환경과 신경계 둘 다와 상호작용할 수 있는 감각 세포 또는 감각 수용기 형태의 '중개자' 또는 '변환기'다. 따라서 감각 수용기에 대한 자극의 충격은 변환(transduction)과 부호화(encoding)에 의해 '뉴런의 언어'로, 즉 활동전위를 유발하는 신경화학 신호나 신경전기 신호로 변형된다(Mausfeld, 2013 참조).

자극이 변환된 뒤 활동전위로 부호화되는 과정은 일차감각세포라 불리는 한 개의 같은 세포에서 일어날 수도 있고 두 개의 세포, 즉 이차감각세포 더하기 이 세포와 가까이 접촉하고 있는 뉴런에서 일어날 수도 있다. 일차감각세포란 (자기 몸을 포함한) 환경적 사건의 충격을 등급전위(graded potential)로 변환할 뿐만 아니라 활동전위를 생산해 이를 축삭을 통해 중추신경계 안의 뉴런으로 전송까지 하는 뉴런이다. 예컨대 후각세포에서 이런 일이 일어난다. 반대로 이차감각세포는 등급전위만 생산하고, 활동전위는 중추신경계의 일부로서 감각 말초로 축삭을 보내는 시냅스이후 뉴런에서 일어난다. 이는 미각 수용기, 내이 안의 유모세포(hair cell), 광수용기에서 발견된다.

두 유형 모두의 감각세포가 기능하는 주된 원리는 환경 안의 화학적 또는 물리적 사건(냄새 분자, 빛, 기계적 압력 등)이 수용기의 자리인 특화된 감각 분자로 에너지를 전달해 직접 또는 연쇄 신호를 통해 간접적으로 (대부분) 나트륨 통로를 열어서 감각세포의 막전위를 변화시키는 것이다. 그 결과로 세포의 특화된 부위 자체에서, 또는 시냅스이후 뉴런에서 활동전위가 발생한다. 감각 분자는 흔히 특화된 세포구조 안에 들어 있는데, 이러한 구조의 일례인 털 모양의 섬모는 안에 미세소관(microtubule)을 담고 있고, 다른 일례인 미세융모[microvillus, 입체융모(stereovillus)라고도 불리는]는 미세소관이 들어 있지 않은 감각세포 막의 돌출부다. 이러한 구조들이 감각 수용기 세포에 '적합한' 방식으로, 즉 수용기 세포를 손상시키거나 파괴하지 않으면서 매우 약한 강도의 자극으로도 영향을 미칠 수 있는 감각 자극의 종류를 규정한다. 여기서 '적합한 자극'이라는 말이 나온다. 감각 수용기는 적합하지 않은 자극에도 반응할지 모르지만, 이 경우는 훨씬 높은 강도에서 반응하고 흔히 그 결과로 수용기를 손상시킨다. 예컨대 광수용기는 빛 입자에 '적합하게' 반응한다. 강한 기계적 힘에 의해(예 : 눈을 한 방 맞았을 때) 자극될 수도 있지만, 그런 다음 우리가 무언가(예 : '별')를 보더라도 이런 종류의 자극이 '적합한' 자극은 아니다.

감각세포는 감각 자극을 감지하고 변환할 뿐만 아니라 자극의 효과를 **증폭**시키고 안정화하기도 한다. 들어오는 물리적·화학적 자극은 대부분 매우 약하지만 자극의 효과는 예컨대 개별 자극 효과의 누적이나 활동전위의 발생 자체에 의해 탄탄해지고 강하게 증폭된다.

감각 수용기의 기능이 지니는 중요성에도 불구하고 수용기의 작동 범위는 제한되어 있다. 우선, 수용기는 전자기파, 음파, 기계적 힘 등 특정한 형태의 자극에만 '적합하게' 반응하고, 이 양상(modality) 안에서도 아주 작은 부분에만 반응한다. 예컨대 빛의 경우, 전자기파 파장의 총범위는 스무 자릿수가 넘지만, 300~800nm의 파장만 감지할 수 있다.

감각 자극은 양상, 성질(하위 양상), 강도, 지속 기간, 시간 구조, 충격을 받는 감각 표면상의 위치 등이 서로 다르다. **강도**는 등급전위의 진폭과 충격의 빈도에 의해 부호화된다. 이 부호화는 수용기 전위의 일정한 문턱을 넘자마자 시작되고 대개 대수적 방식으로 뒤따르는데, 특히 눈과 귀처럼 작동 범위가 여러 자릿수에 달하는 감각기관에서는 베버-페히너 법칙(Weber-Fechner law)을 따른다. 이 법칙에 따르면, 더 낮은 강도는 더 높은 분해능으로 (펼쳐져) 부호화되고 더 높은 강도는 더 낮은 분해능으로(좁혀져) 부호화되다가 마침내 포화에 도달한다. 자극의 기간은 방전의 시작과 멈춤에 의해 부호화되거나, 자발적으로 활동하는 감각세포에서는 자발적 방전 증가의 시작과 멈춤에 의해 부호화된다.

등급전위 및 등급전위를 활동전위로 부호화하는 데서 중요한 한 측면은 **적응**이다. 여기서 적응이란 자극의 강도가 유지되는 동안 등급전위의 진폭이 줄어서 결과적으로 활동전위의 방전율이 떨어진다는 뜻이다. '적응'하지 않아서 '긴장성(tonic)' 수용기로 불리는 감각 수용기가 있는가 하면, 천천히 적응하는 다른 수용기와 빨리 적응하는 또 다른 수용기가 있는데, 적응하는 감각 수용기는 둘 다 '위상성(phasic)' 수용기라 불린다. 감각 수용기의 적응 현상은 보통 '감각 과부하'의 예방이라고 보지만, '습관화'의 기초로서 환경의 빠른 변화와 느린 변화를 구분하는 방법이라고 보기도 한다(제2장 참조).

환경에서 자극의 자리는 수용기의 표면(예 : 망막이나 피부) 안에서 흥분되고 억제되는 감각세포의 자리에 의해 부호화된다. 자극의 공간적 위치를 정확히 추정하려면 보통 추가의 기제가 필요하다. 예컨대 좌우대칭인 표면들(좌우의 망막이나 내이 등) 사이의 차이를 계산해야 한다. 자극의 양상(자극이 시각이냐, 청각이냐, 촉각이냐, 후각이냐 등)과 자극의 성질 또는 하위양상(예 : 시각 안에서 빛이 색깔로 지각되느냐 모양으로 지각되느냐)은 감각 수용기나 세포의 활동에 의해 부호화되는 것이 아니라, 고려 중인 감각 수용기나 세포와 연결된 신경계나 뇌 안에서 자극이 처리되는 자리나 경로에 의해 부호화된다. 이것을 '표지선(labeled line)'의 원리라 한다. 이 처리는 양상 특유의 방식으로 일어나므로, 양상이나 성질마다 신경로, 핵, 영역을 포함하는 별개의 감각 경로가 존재한다. 따라서 우리가 감각 자극의 가장 기본적인 속성으로 경험하는 자극의 양상은, 19세기에 헤르만 폰 헬름홀츠가 발견했듯이 뇌의 국소순서를 기초로 한 뇌의 구조물이다.

다음에서는 감각기관과 감각계들 중에서 무척추동물과 척추동물 둘 다에서 우세한 것(후각, 접촉-진동-흐름 감각, 청각, 시각 계통) 및/또는 (척추동물의 기계수용 및 전기수용 측선계처럼) 진화적 관점에서 흥미로운 것을 매우 간략하게만 다룰 것이다. 초점은 한편에 있는 감각기관과 감각계의 진화, 그리고 다른 한편에 있는 신경계와 뇌의 진화 사이의 결합을 이해하려는 시도에 있다.

11.2 후각

후각은 촉각과 더불어 가장 오래된 감각이다. 제6장에서 보았듯이, 두 감각 모두 이미 모든 단세포 유기체에 존재하지만, 이 유기체들 가운데 일부만 기초적인 시각계를 가지고 있다.

후각은 휘발성 또는 불용성의 화학물질(대부분 유기화합물인 '방향물질')과 화학수용기(chemoreceptor)라 불리는 감각 수용기의 상호작용을 기초로 한다. 방향물질 분

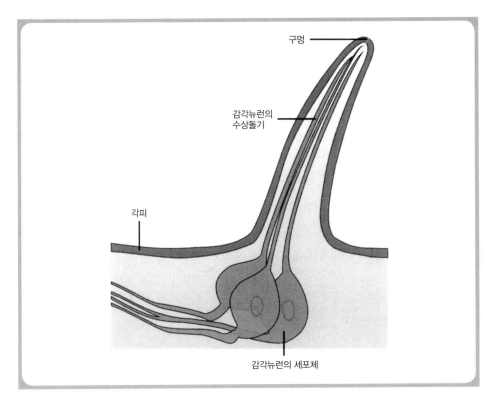

그림 11.1 곤충의 후각 감각기.

감각세포의 수상돌기들이 감각기 안까지 도달하고, 감각기의 끝에는 작은 구멍이 뚫려 있다. Hickman et al.(2008)에서 수정.

자가 후각 세포의 세포막에 들어 있는 G단백질결합 수용체에 결합한다. G단백질이 연쇄적으로 신호 전달을 일으켜 cAMP 수준을 높이면, cAMP가 막 안의 나트륨 통로에 결합해 통로를 연다. 이로써 세포가 탈분극되어 마침내 활동전위가 발생한다(Galizia and Lledo, 2013).

후각계는 절지동물, 특히 곤충에서 잘 발달되어 있다. 곤충의 후각기관인 촉각은 최대 20만 개의 후각 감각기[대개 털을 닮은 **모상감각기**(sensillum trichodea)]를 가지고 있어서 아무리 적은 양의 방향물질도 탐지할 수 있다. 감각기는 1~30개의 후각 뉴런에서 오는 몇 개의 수상돌기를 둘러싸고 있다(그림 11.1). 감각기의 표면(각피)에 뚫린 구멍을 통해 방향물질이 후각 뉴런의 수상돌기로 들어오면, 특정한 방향물질과 결합하는 단백질을 싣고 있는 후각 뉴런이 탈분극되어 마침내 활동전위를 발생시킨다. 100~200개의 유전자에서 생겨나는 매우 다양한 유형의 후각 뉴런이 감각기의 특이성을 결정한다. 그러나 서로 다른 유형의 후각 뉴런이라도 반응의 양상은 대개 광범위하고 서로 겹치며, 페로몬에 반응하는 수용기에서만 성(性) 방향물질에 매우 선택적인 반응이 발견된다.

곤충에서는 후각 뉴런의 활동이 촉각신경을 통해 후대뇌의 쌍을 이룬 촉각엽으로 전달된다. 이 촉각엽은 다양한 숫자의 '사구체'(초파리에서 50개, 꿀벌에서 160개가 발견되는 뉴런 덩어리)로 구성되어 있다. 각각의 사구체는 몇 개 내지 다수의 후각 감각기로부터 입력을 받는데, 이 감각기들 각각이 같은 수용체 단백질의 유전자를 발현하므로 사구체 하나하나가 한 수용체 유형의 화학적 양상으로 특징지어진다. 따라서 사구체 안쪽에는 특정한 감각 정보가 집중적으로 수렴한다. 사구체는 후각 정보처리의 첫 단계에 해당한다. 다양한 수용기들의 반응 양상이 중복되기 때문에, 복잡한 방향물질은 언제나 더 많은 수의 사구체를 나란히 활성화한다. 이렇게 해서 촉각엽의 수준에서는 후각 환경이 복합적이고 공간적으로 중복되는 활성화와 억제의 패턴으로 부호화된다. 사구체마다 2~8개씩 들어 있는 투사뉴런은 촉각대뇌로(ACT)를 통해 전대뇌로 축삭을 보내 외측각 안에서 그리고 버섯체의 악부에 들어 있는 케넌 세포(꿀벌에서 버섯체마다 약 15만 개)상에서 종지한다. 버섯체에 도달한 후각 정보는 여기서 더 처리된 다음 시각 및 기계수용 입력과 결합된다(제7장과 제17장 참조). 이 입력이 버섯체의 출력 또는 투사뉴런(꿀벌에서 약 400개)으로 수렴하면 이 뉴런이 식도하신경절과 측신경절에 위치한 걷기, 날기, 헤엄치기를 위한 운동 중추들로 축삭을 보낸다.

특이한 한 유형의 후각 교신은 페로몬, 특히 누에나방(*Bombyx mori*) 또는 담배박각시나방(*Manduca sexta*) 암컷이 방출하는 것과 같은 성적 유인물의 효과를 기초로 한다. 수컷의 크고 복잡한 촉각에는 10만 개가 넘는 감각기가 달려 있는데, 그 가운데 절반은 페로몬에만 반응하는 모상감각기다. 암컷의 성 페로몬 분자 두세 개만 있으면 이 감각기를 흥분시키기에 충분하다. 이 충격은 수컷 촉각엽에 들어 있는 '대사구체(macroglomerulus)'라 불리는 1~2개의 각별히 큰 사구체로 전달된다. 대사구체 하나당 출력 또는 투사뉴런은 20개밖에 없는데, 이는 여기에서 2,000 : 1이 넘는 극단적 비율의 수렴이 계의 감도를 강하게 증가시킴을 의미한다. 활동이 전대뇌의 버섯체와 외측각으로 달리는 동안에도 페로몬의 특이성은 유지된다.

척추동물의 후각계도 곤충의 것과 비슷하다. 육상 척추동물의 후각 상피에는 1,000만~2,000만 개의 후각 수용기 세포가 실려 있다. 척추동물 대부분은 섬모 구조의 후각 수용체 세포를 가지고 있지만, 미세융모 구조의 후각 수용기 세포도 널리 퍼져 있다(Eisthen, 1997). 경골어류와 양서류도 두 유형을 모두 가지고 있고, 조류의 수용기에도 섬모와 미세융모가 모두 실려 있고, 태반 포유류는 섬모 수용기와 함께 '솔세포(brush cell)'를 가지고 있는데, 솔세포도 미세융모 수용기 세포의 한 유형이다. 곤충에서처럼 후각 세포들은 엄청나게 다양한 방향물질에 반응할 수 있지만, 섬모 하나에는 한 유형의 수용기만 실려 있다. 약 1,000가지 유형의 수용기가 있고, 이들의 특이성은 유전적으로 결정된다. 포유류에서는 약 1,000개의 유전자에 의해 결정되는데, 이는 전체 유전자 수(인간의 경우 2만~2만 5,000개) 가운데 상당한 비율이다. 그러나 각 수용기는 한 가지 방향물질에만 반응하는 것이 아니라, 강도는 다르지만 다양한 방향물질에 반응한다(즉 '모호한' 수용기다). 이 반응 특성의 중복과 수용기의 조합에 의해 인간은 수천 가지(일부 저자들은 1만 가지로 보고한다) 다른 냄새를 구분할 수 있다. 인간의 후각은 쥐나 개에 비하면 그다지 발달하지 못한 것으로 여겨지는데도 말이다.

척추동물의 후각 세포는 후각신경을 통해 후구로 축삭['후각끈(filum olfactoria)']을 보내는데, 후구는 곤충의 촉각엽과 같은 기본 구조를 가지고 있다(마찬가지로 사구체로 구성되어 있다). 포유류에서는 대략 2,000개의 사구체가 제각기 1,000~6,000개의 후각끈으로부터 입력을 받는데, 한 섬유는 오직 하나의 사구체와 접촉하므로 각각의 사구체는 수용기 유형이 같은 많은 섬유로부터 입력을 받는다. 그 결과로 일차감각 효과가 엄청나게 수렴하고 증폭된다.

냄새의 당혹스러운 복잡성은 알파벳 1,000자와 대등할 1,000가지 수용기 유형의 일부 내지 다수가 하는 활동의 조합을 공간적으로 분포시켜 다시 표상한다. 그 결과로, 복잡한 방향물질이 후구 안쪽에 분산된 활동의 지도에 의해 부호화된다. 그런 다음 이 정보가 종뇌에 있는 이차후각 중추, 주로 외측외투와 그것의 파생물인 포유류의 피질 편도체와 이상피질 등으로 보내져 여기에서 더 처리된다.

곤충과 마찬가지로, 많은 육상 척추동물도 '서비계'라 불리는 페로몬 감지계를 가지고 있는데, '파충류'에서는 이를 '야콥슨기관(Jacobson's organ)'이라고 부른다. 특화된 수용기 세포는 콧구멍의 별개 부위에 위치하는 경우가 많다. 이 세포의 섬유는 부후각 신경을 통해, 마찬가지로 사구체가 들어 있는 부후구로 투사된다. 이 망울은 다음으로 서비편도체(포유류에서는 '내측편도체'로 불리는)와 시상하부의 시각전구역으로 섬유를 투사하는데, 이리로 들어오는 정보가 성과 번식 행동에 영향을 미친다. 인간도 페로몬에 잘 반응하지만, 인간에게서 별개의 서비기관이 입증된 적은 없다. 아마도 페로몬을 감지하는 세포와 '평범한' 후각 세포들이 서로 얽혀 있을 것이다.

11.3 기계감각과 전기수용

기계감각에는 촉각, 균형감각, 청각, 진동감각, 기류나 수류의 감각, 고유감각을 비롯해 많은 수생 척추동물에서 발견되는 기계수용 측선계를 포함한 온갖 별개의 감각들이 포함된다(Albert and Göpfert, 2013 참조). 기계수용 기관이 작동할 때는 언제나 기계수용 세포의 막이 늘어나거나 뒤틀리는데, 막이 탈분극되는 경우 그 결과로 이온통로가 열리거나 닫혀서 막전위가 변화해 마침내 활동전위가 발생할 것이다. 많은 경우, 기계수용은 움직이는 털과 같은 구조와 기계감각 세포의 조합을 기초로 한다.

11.3.1 접촉, 진동, 매질 흐름의 감각

절지동물에서는 환경에 있는 다양한 종류의 기계적 자극에 대응되는 다양한 종류의 기계수용 구조들이 발견되는데, 대개 공기나 물의 흐름 또는 껍질의 변형에 반응한다. 거미와 각종 곤충(예 : 귀뚜라미)에서는 감각모(trichobothria 또는 filiform hair)라 불리는 매질 흐름 감지기가 발견된다(Barth, 1985). 이 가느다란 껍질의 털들은 길이가 다양하고, 비교적 넓고 깊은 술잔 모양의 바닥에서 생겨나며, 극도로 유연한 막을 통해 외골격의 껍질과 이어져 있다. 아무리 작은 공기의 움직임도 털을 구부려서 털에 신경을 분포시키는 단 하나의 감각 세포나 감각 세포 집단을 흥분시킬 수 있다. 털 축의 안쪽 끝이 감각 세포(또는 세포들)의 수상돌기에 붙어 있다. 감각모를 통해 아무리 미세한 기류도 600Hz까지(또는 그 이하까지도) 지각할 수 있다. 거미는 촉지(pedipalp, 앞몸 또는 '머리'의 부속지)와 다리에 감각모를 가지고 있고, 다리 하나에 감각모가 100개까지 달려 있을 수 있다. 이 감각모들은 먹이가 될 수도 있는 파리가 70cm 거리에서 날갯짓해서 생기는 기류에 반응할 수 있다.

달리는 먹이는 기판이나 거미줄의 진동으로 알아차린다. 많은 거미는 거미줄 안쪽이 아니라 식물과 같은 단단한 기판에 붙어서 산다. 식물의 잎은 먹이가 일으키는 광범위한 주파수의 진동을 5kHz까지 전달하는데, 생물학적으로 중요한 것은 약 250Hz 이하의 주파수다. 먹이가 일으키는 진동은 다리의 바닥마디(metatarsus)에 위치하는 **틈새감각기관**(slit sense organ)을 통해 지각된다. 기판의 진동에 의해 다리의 발목마디(tarsus)의 위치가 바뀌면 윗방향의 움직임을 통해 껍질의 완충부가 눌려서 자극이 전달된다. 이 완충부가 역학적으로 고대역 필터의 구실을 하여 통과시킨 힘이 결국 인접한 바닥마디의 기관을 누름으로써 바닥마디 틈새에 신경을 분포시키고 있는 감각 세포들을 활성화한다(Barth, 2012 참조). 이렇게 해서 진폭이 0.1nm(1mm의 100만분의 1 미만)밖에 안 되는 기판의 진동도 수용기를 충분히 활성화시킬 수 있다. 나란히 촘촘하게 배열된 둘 이상의 감각 틈새들이 이른바 금형기관을 형성해 수용기를 작동시키는 자극의 크기와 방향을 확대한다. 거미는 같은 곳에서 발생해 여덟 개의 다리로 도달하는 자극들 사이의 시간 차이와 강도 차이를 써서 먹잇감의 위치를 정확하게 찾을 수 있다. 금형기관을 스스로 진동시켜 교신과 구애에 사용하기도 한다. 감각모와 금형기관으로부터 오는 정보는 거미 중추신경계의 식도하신경절의 다양한 부분에서 처리된다.

곤충의 기계감각기의 한 유형인 **종상감각기**(campaniform sensillum)도 틈새기관처럼 껍질의 변형에 의해 활성화된다. 마찬가지로 방어 반응을 방출하는 데 사용되지만, 움직임을 조절하는 데도 사용된다. 날개와 머리에는 게다가 **바람 수용기**가 있어서, 이것이 동물 자신의 비행 속도뿐만 아니라 기류의 속도와 방향까지 측정하는 역할을 한다. 중요한 바람 감지기인 촉각이 구부러지면 수많은 종상감각기가 이를 기록한다.

곤충의 진동 감각기관도 마찬가지로 최소 진폭 0.1nm에 달하는 기계감각 능력을 드러낸다. 이를 써서 기생충이나 포식자를 탐지할 수 있다. 많은 곤충, 특히 귀뚜라미나 메뚜기와 같은 메뚜기목(*Orthoptera*)은 몸의 맨 뒤에 미모(꼬리털, cercus)가 달려 있는데, 쌍을 이루고 있는 이 긴 부속지를 덮고 있는 서로 다른 길이의 감각기들이 기류에 포함된 최대 2kHz 범위의 서로 다른 주파수에 반응한다. 이 감각기는 방향을 감지한다. 귀뚜라미의 미모에 달린 약 2,000개의 감각기는 모든 방향에서 오는 기류에 반응한다. 이 감각기들이 제공하는 정보가 먼저 복측삭의 마지막 신경절에서 처리된 다음 측신경절로 전달되고 마지막으로 전대뇌로 전달되면, 원심섬유를 통해 탈출 반응(달리기나 날아가기)이 방출된다. 이 계통은 엄청나게 민감할 뿐 아니라 반응 잠복기도 50ms(밀리초, 천분의 1초) 이하로 극히 짧은 것이 특징인데, '거대' 개재뉴런의 굵은 축삭이 이를 중개한다. 그래서 귀뚜라미가 두꺼비의 혀로부터 탈출할 수 있는 것이다. 그러나 혀를 투사하는 일부 도롱뇽[예컨대 볼리토글로사(*Bolitoglossa*) 또는 히드로만테스(*Hydromantes*)]은 6~10ms 안에 혀를 내밀어 탈출 잠복기가 25ms인 톡토기[톡토기목(*Collembola*)]까지 잡을 수 있다(Roth, 1987).

팔다리와 몸 부속지의 위치에 관한 정보인 고유감각을 얻기 위해 곤충들이 주로 사용하는 현음기관은 신장(伸張) 수용기의 구실을 하고, 기능에 걸맞게 대부분 관절에 위치한다. 수음기(受音器, scolopidium)라 불리는 특별한 유형의 수용기를 가지고 있는데, 수용기를 구성하는 감각세포에는 꼭지 달린 핀처럼 생긴 수상돌기가 달려 있다. 수상돌기의 끝은 움직이는 덮개로 연장되어 들어가는데, 이 덮개가 기계적 자극을 수상돌기로 전달한다. 덮개에서 오는 압력이 수상돌기의 막을 탈분극시킨다. 이 수용기는 0.1nm라는 최소한의 위치 변화에도 반응한다. 고막기관(tympanal organ)이라 불리는 곤충의 청각기관도 이 현음기관에서 발달했다(아래 참조).

척추동물에서 기계수용은 무엇보다도 기계적 힘을 감지하는 유모세포를 기초로 한다. 유모세포는 입체융모-미세융모 뭉치와 한쪽에 더 길게 달려 있는 운동섬모(kinocilium)로 구성되는데 모두 막 끝에서 튀어나와 있고 말단의 고리를 통해 연결되어 있어서 한 단위로 움직인다. 털 다발이 운동섬모 쪽으로 구부러지면 K^+가 유입되면서 세포가 탈분극되는 반면, 반대 방향으로 구부러지면 과분극이 일어난다. 유모세포는 0.3nm의 변위에 반응하고, 시간 분해능도 인상적이어서 마이크로초 범위에 들어간다.

가장 큰 감각기관인 척추동물의 피부는 또 다른 유형의 기계감각 수용기로 조밀하게 채워져 있다. 피부의 서로 다른 층인 표피(epidermis), 진피(dermis), 피하조직(hypodermis)에는 형태 면에서도 기능 면에서도 유형이 다른 피부 수용기가 들어 있다. 마이스너소체(Meissner corpuscle)는 특히 손가락과 발가락의 표피에, 그리고 진피로 옮겨가는 구역에 있는 달걀 모양의 수용기다. 가벼운 접촉을 감지하고 금세 적응한다. 마이스너소체와 이웃하고 있는 **메르켈세포(Merkel cell)**는 마찬가지로 달걀 모양이지만 느리게 적응한다. 둘 다 접촉 자극의 정지압력과 속도를 탐지하는 데 뛰어나서 인간을 포함한 척추동물이 표면을 만져보는 것만으로 사물을 알아볼 수 있게 해준다. 진피에서는 느리게 적응하는 **루피니소체**(Ruffini corpuscle)가 발견된다. 루피니소체는 조밀하게 분포하기 때문에 공간 분해능이 높아서 피부 긴장도가 조금만 바뀌어도 금세 반응한다. 더 깊은 진피와 피하조직에 있는 **파터-파치니**(Vater‐Pacini, 또는 파치니)소체는 20~1,000Hz 주파수 범위에서 압력에 재빨리 적응하고 반응하므로 진동을 감지할 수 있지만, 비교적 수가 적어서 공간 분해능은 낮다. 마지막으로, 피부 모낭(hair follicle)을 둘러싸고 느리게 적응하는 모낭 수용기가 있다.

많은 척추동물이 특화된 촉각 수용기를 지니고 있다. 예컨대 부리로 '물장난'을 치는 오리와 기타 조류의 부리 가장자리뿐만 아니라 딱따구리의 혀, 외형깃(contour feather)의 주머니에서도 파터-파치니소체와 비슷한 **헤르브스트소체**(Herbst corpuscle)가 무수히 발견된다. 볼 만한 것은 많은 포유류의 머리, 주둥이, 앞발, 배에서 발견되는 비모(코털, vibrissae) 또는 수염이다. 이 털은 보통 다른 유형의 털보다 더 두껍고 뻣뻣하며 혈액낭(blood capsule) 또는 혈액동(blood sinus)을 포함하는 특별한 모낭에 심어져 있고 감각신경섬유가 빽빽하게 분포한다. 수염은 흔히 격자 또는 '배럴' 안에 정돈되어 있고 길이는 서로 다를 수 있다. 생쥐, 게르빌루스쥐, 햄스터, 쥐, 기니피그, 토끼, 고양이와 같은 포유류는 모낭마다 100~200개의 일차구심신경 섬유가 분포한다. 털은 20nm의 변위에도 반응할 수 있다. 쥐나 바다표범 같은 일부 포유류는 수염을 능동적으로 움직여 마이크로미터 범위에서 사물의 표면을 더듬어볼 수 있다. 이 정보가 다음으로 일차체감각피질(브로드만 영역 A1~3)에서 처리된다.

11.3.2 어류와 양서류의 기계수용 및 전기수용 측선계

기계수용 측선계

어류와 수생 양서류의 기계수용 측선계는 (여기서는 거론하지 않은) 전정계와 매우 유사하다. 유모세포의 미세융모와 운동섬모가 여러 방향의 수류에 의해 다른 정도로 구부러져서 수류의 속도와 방향뿐만 아니라 다른 동물이 물속에서 일으키는 흐름도 가리킬 수 있다. 미세융모와 운동섬모는 젤리처럼 유연한 팽대정(우무마루, cupula) 속으로 연장된다. 유모세포와 팽대정, 신경을 공급하는 세포들이 모여 신경소구라는 기능 단위를 형성한다.

양서류와 칠성장어에서는 신경소구가 피부의 꼭대기에 위치하므로 '표피' 신경소구라 불린다. 경골어류와 연골어류에는 이에 더해 관 안쪽에도 '관(canal)' 신경소구라 불리는 신경소구들이 있다. 관은 진피 아래로 달리며 액체로 채워져 있고 구멍을 통해 표면과 연결되어 있다. 동물은 표피 신경소구로는 물의 움직임을 느끼는 반면, 관 신경소구로는 압력 차이를 느낀다. 전자에는 10~12개, 후자에는 최대 1,000개의 유모세포가 들어 있다(그림 11.2a, b). 측선계는 동작에 극히 민감해서 물이 $0.1\mu m$만 움직이거나 팽대정 위치가 2nm만 바뀌어도 수용기를 활성화하기에 충분하다. 표피 신경소구는 일반적으로 10~60Hz의 더 낮은 주파수에 반응하고, 관 신경소구는 50Hz 이상의 더 높은 주파수에 반응한다. 어류의 측선계가 느리거나 빠른 물의 움직임을 감지하는 정도는 표피나 관에 든 신경소구의 밀도나 공간 분포, 관의 직경, 구멍의 수와 크기와 분포, 관 벽의 경도, 신경소구 팽대정의 크기 등 여러 요인에 의해 결정된다. 이 모든 매개변수가 동물의 생활 조건과 긴밀하게 대응된다.

관 신경소구와 표피 신경소구를 둘 다 가진 어류와 표피 신경소구만 가진 양서류는 어둠 속, 탁한 물속에 있거나 원래 앞을 못 볼 때처럼 시각적 정향이 어렵거나 불가능한 조건에서 근거리 정향을 위해, 그리고 떼 지어 몰려다니는 행동에 협응하기 위해 측선계를 사용한다. 눈이 보이지 않는 동굴 물고기는 지느러미를 움직여 수류장(場)을 일으킨 다음 반사되는 물결을 이용해 생물은 물론 무생물(먹이, 장애물 등)의 위치도 측정할 수 있다.

신경소구에서 출발한 신호는 제5(3차)뇌신경과 제7(안면)뇌신경 사이에 있는 전후 측선신경을 통해 연수로 들어가 동측(같은쪽) 및 대측(반대쪽)에 있는 제8측선핵(octavolateralis nucleus)과 소뇌의 전정측선엽(vestibulo-lateralis lobe)에서 종지한다. 제8측선핵에서 출발한 섬유는 덮개를 포함한 중뇌의 여러 핵과 영역을 거쳐 후시상핵으로 달린다. 연수에 있는 핵들은 원심신경의 섬유들이 안면신경과 함께 뇌를 떠나는 출발점이다. 이를 통해 뇌는 신경소구의 기능을 정교하게 조율할 수 있다.

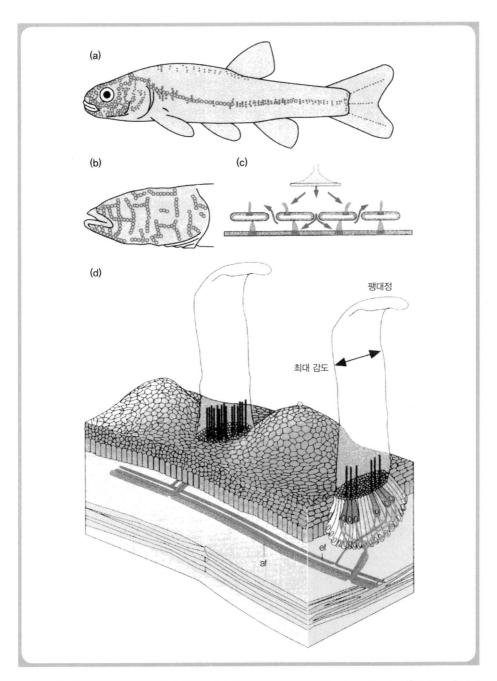

그림 11.2 경골어류와 양서류의 측선기관. **(a)** 흔한 황어[연준모치(*Phoxinus phoxinus*)]에 있는 측선의 배치. 원은 관의 구멍, 점은 표피 신경소구, **(b)** 눈이 보이지 않는 동굴 물고기의 머리에 수평 및 수직 방향으로 늘어서 있는 신경소구들, **(c)** 표피 신경소구와 관 신경소구가 있고 둘 다에 팽대정이 달려 있는 측선계의 도식적인 수직 단면, **(d)** 발톱개구리의 일종인 아프리카발톱개구리(*Xenopus laevis*)의 표피 신경소구. 구심신경(af)과 원심신경(ef) 섬유들이 신경소구로 공급된다. Dudel et al.(1996/2000)에서 수정.

전기수용계

전기수용(ER)은 자연(대부분 생물)에서 발생하는 전기 신호를 감지하는 능력이다 (Heiligenberg, 1977; von der Emde, 2013 참조). 기계수용 측선계와 구조적으로 밀접한 관계를 드러내므로, 전문가들은 전기수용이 기계수용 측선계에서 진화했다고 믿는다. 그러나 전기수용은 유두동물/척추동물 사이에서 기묘한 분포를 보여준다. 먹장어는 기계감각 측선계(MSLL)를 지니고 있지만 ER은 없으므로 ER이 척추동물에서만 진화했는지 아니면 먹장어에서 이차적으로 사라졌는지는 불분명하다. 대신 칠성장어는 MSLL과 ER을 둘 다 가지고 있고, 모든 연골어류도 마찬가지다. 경골어류 안에서는, 기본으로 있는 MSLL 말고 ER은 '원시적인' 조기어강(연질어아강)과 육기어강(폐어아강과 실러캔스아강)에서만 발견되고 신기어아강(Neopterygii, 전골어하강과 진골어하강)에서는 약전기어인 메기, 뒷날개고기, 코끼리고기를 제외하고는 거의 찾아볼 수 없다. 일반적으로 경골어류는 몸 표면의 형태가 변하는 맥락에서 ER을 잃었고, 언급한 세 집단은 ER을 독립적으로 재발명했다(New, 1997)고 믿어지는데, 십중팔구 기존의 MSLL을 변형했을 것이다.

포유류와 석형류는 일반적으로 전기수용 능력이 없지만, 단공류 가운데 반(半)수생인 오리너구리(Ornithorhynchus anatinus)와 육지에 사는 바늘두더지(Echidna)의 현생하는 네 종은 예외다. 양 집단에서는 3차신경계가 먹이 탐지를 위해 특화되면서 전기수용이 독립적으로 진화했다. 전기감각은 바늘두더지보다 오리너구리에서 훨씬 더 예민하다. 오리너구리에서는 전기수용기 4만 개가 부리의 피부 안에서도 꼬리에서 부리로 이어지는 줄 안에 들어 있는 반면, 평범한 기계수용기는 부리 전체에 균일하게 분포한다. 바늘두더지에서는 전기수용기 400~2,000개가 주둥이 끝에 몰려 있다.

어류의 전기수용 세포들 중 이른바 **팽대기관**(ampullar organ)은 계통발생적으로 다른 유형보다 오래된 것으로 믿어진다. ER을 가진 모든 어류에서 발견되고, 낮은 쪽 범위의 주파수인 50Hz 미만에서 예민하다. '팽대'하듯이 동물의 피부 속으로 함입되어 젤리로 채워진 관을 통해 바깥의 물과 접촉한다. 팽대부의 바닥에는 고감도 전압 탐지기인 수용기 세포가 몇 개 내지 몇백 개 깔려 있다. 이 세포로 공급되는 구심신경에서 발생하는 안정한 직류가 밖에서 오는 교류에 의해 변형된다. 대부분 짠물에 사는 연골어류에서는 팽대부 입구가 음극이 되고, 민물고기에서는 양극이 되어 탈분극을 일으킨다. 팽대기관이 전신에 걸쳐 공간적으로 분포하는 덕분에 동물이 저주파 전기장을 탐지하고 전기장의 위치를 파악할 수 있다. 이를 **수동적 전기정위**(electrolocation)라 한다. 상어는 팽대기관[여기서는 '로렌치니 기관(Lorenzini organ)'이라 불리는]을 써서 자신의 움직임에서 생기는 미량의 유도 전류를 통해 지자기장의 방위까지 감지할 수 있다.

약전기어는 팽대기관 말고도 10kHz까지의 고주파 방전을 감지하는 수용기를 지니고 있다. 이 유형의 수용기는 코끼리고기와 뒷날개고기에서 새로이 독립적으로 진화한 것이 확실하고 MSLL 수용기로부터 진화했을 가능성이 높지만, 원심신경을 분포시키는 MSLL 신경소구의 전형적 특성은 잃어버렸다. 이는 **능동적 전기정향**에 사용된다. 이 기제는 대상의 위치 파악뿐만 아니라 전기교신에도 사용된다. 뒷날개고기는 **결절기관**(tuberous organ)을 가지고 있는 반면, 코끼리고기는 **크놀렌기관**(knollen organ)과 코끼리고기소구(mormyromast)를 가지고 있다. 뒷날개고기의 결절기관은 피부 속에 깊이 심어져 있는데 이를 덮고 있는 상피세포 마개가 정전압을 통해 감각 수용기 세포와 외부 환경을 결합시킨다. 이는 고주파 교류에만 반응한다. 크놀렌기관과 코끼리고기소구는 뒷날개고기의 결절기관과 형태는 비슷하지만 독립적으로 진화했다. 코끼리고기소구는 **자기 발생 신호**에 반응하고 몸길이의 약 절반 범위에서의 전기정위를 위해 사용된다. 반면에 크놀렌기관은 주로 **외부 발생 신호**에 반응하고 최대 1m 거리에서의 교신을 위해 사용된다. 중요한 것은 상대가 예컨대 공격하거나 구애하는 맥락에서 보내는 성별, 사회적 지위, 정서 상태 특유의 신호 형태와 방전율이다.

방전을 일으키는 전기기관은 주로 꼬리 가까이에 있다. 단일 충격에는 특징적 파형이 있고 연속 펄스는 매우 가변적이다. 충격에는 크게 두 유형이 있다. 한 유형은 최대 100Hz이고, 일련의 연속적인 사인파 방전인 다른 유형은 최대 1,700Hz다. 코끼리고기(Gnathonemus petersi)는 첫째 유형의 펄스만 생산하지만, 뒷날개고기는 두 유형을 모두 생산한다.

여러 유형의 전기수용기의 구심신경 섬유가 별개의 경로로 연수에 있는 전기감각측선엽(ELL)으로 달린다. 여기에서 여러 유형의 전기감각 신호가 병렬 처리된다. ELL에서 출발한 신호는 반고리둔덕으로 달려 더 정교하게 처리된 다음(그림 10.16 참조), 여기서 직접 또는 덮개를 통해 ELL로 돌아간다. 코끼리고기는 이미 언급했듯이 소뇌의 일부인 소뇌판막이 뇌의 배측 표면 거의 전체를 덮을 정도로 엄청나게 커져서 모든 동물 중에서 몸 크기에 비해 소뇌가 가장 큰(몸 부피의 약 20%) 동물이 되었다(그림 10.2e). 판막은 전기정위와 교신에서 전기 신호의 시간 속성을 비교하는 역할을 하는 것으로 보인다.

약전기어에서 ER이 독립적으로 재진화한 것은 흙탕물에서 살기 위한 적응으로 해석할 수 있는 반면, 다른 모든 신기어류에서 ER이 사라진 것은 아직도 설명되지 않는다 (New, 1997). '더 이상 필요가 없어서' 사라졌다는 가정은 전혀 설득력이 없다. 이는 연골어류, 연질어류, 총기어류(crossopterygian fish, 즉 실러캔스)를 비롯한 많은 양서류에 ER이 남아 있는 이유를 설명하지 못할 것이다.

11.3.3 청각계

듣기는 일반적으로 음파, 즉 주기적인 전진 및 후진(진동)으로 분자가 압축된 구역과 희박해진 구역을 낳으며 전파되는 공기나 물 분자의 지각을 기초로 한다(Ehret and Göpfert, 2013). 이 진동이 옆에 같은 운동을 유발한 결과로 소리가 전파된다. 분자 운동의 강도인 음압(音壓)은 음량으로 지각되는 반면, 진동의 주파수는 음고를 결정한다. 인간에게 들리는 진동 주파수는 젊은이의 경우 약 20Hz[이하의 모든 소리는 '초저주파음(infrasound)'이라 부른다]에서 출발해 약 20kHz[이상의 모든 소리는 '초음파(ultrasound)'라 부른다]에서 끝난다. 음압은 구형(球形)으로 전파되고 거리의 제곱에 반비례한다. 게다가 매질을 통해 흡수되는 소리도 있는데, 저주파는 덜 흡수되고 고주파는 더 강하게 흡수된다. 공기는 물보다 소리를 훨씬 더 강하게 흡수한다. 소리의 전파 속도는 매질의 밀도에 의존하므로 물속에서는 음속이 공기 중에서보다 4~5배 더 빠르다.

대부분의 청각기관은 소리의 압력 성분에 의해 활성화되는 구조를 기초로 한다. 곤충 특유의 청각기관인 고막기관은 곤충 몸의 가슴, 날개의 바닥, 배, 다리 등에서 발견될 수 있다. 수음기의 덮개 위에 얇은 표피 막이 얹혔다는 점에서 이미 언급한 현음기관으로부터 발달했다고 본다. 현음기관을 둘러싸는 공기주머니가 기관을 몸에서 기계적으로 분리시킨다. 고막기관에는 수음기가 2,000개까지 들어 있을 수 있다. 고막 두께의 국지적 차이에서 최적 주파수가 생긴다. 귀뚜라미나 메뚜기와 같은 일부 곤충에

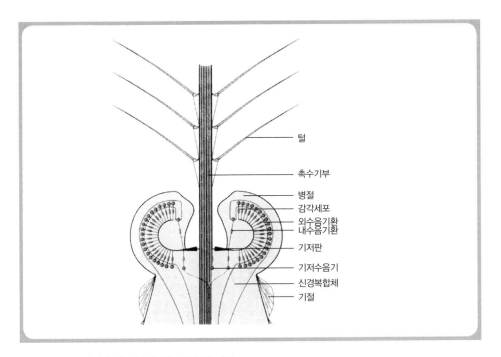

그림 11.3 모기의 촉각 기부에 있는 존스턴 기관.
감각기관은 여러 방향으로 움직이거나 진동하는 촉각 기부에 의해 자극되는 여러 개의 수음기환으로 구성되어 있다. Dudel et al.(1996/2000)에서 수정.

서는 수음기가 주파수 분석기의 역할을 하는데, 아마도 크기와 분포의 차이 때문일 것이다. 이들의 수음기는 30kHz의 주파수에 가장 잘 반응하고, 위로는 80kHz 범위(심지어 그 너머)까지 반응한다.

모기를 비롯해 초파리와 같은 다른 곤충들은 촉각의 기부(基部)에서 발견되는 '존스턴 기관(Johnston's organ)'이라 불리는 기관으로 소리를 듣는다(그림 11.3). 매우 가는 편모가 편모를 둘러싸고 배열된 단 몇 개부터 수백, 수천 개에 달하는 수음기로 기계적 자극을 전달한다. 수음기마다 기계적 자극을 감지하는 현음 뉴런이 들어 있다. 말라리아모기(Anopheles) 수컷의 공명 주파수는 암컷의 날갯짓이 내는 380Hz의 소리에 정확히 조율되어 있지만, 자기 날갯짓의 더 높은 주파수에는 무감각하다.

척추동물의 청각기관은 전정기관으로부터 진화했다. 전정기관의 유모세포를 구성하는 입체융모 다발과 운동섬모 한 가닥이 중력과 선형 가속에 반응하는 이석(귀돌,

otolith)에 의해 변위된다. 육상 척추동물의 청각은 공기가 운반하는 파동을 통한 정위와 교신에서 중요한 역할을 한다. 그러나 특수한 문제는 '말랑한' 공기(압축 가능한 기체)와 '딱딱한' 내이(속귀) 림프액(압축 불가능한 유체)의 기계적 임피던스 차이가 두 매질 사이 임피던스의 조화를 깨뜨린다는 점이다. 이 부조화 때문에 음파는 공기와 내이 림프액의 경계에서 거의 완전히 반사될 것이다. 이 문제는 중이(가운데귀)가 일부를 해결해준다. 중이에서 고막이 음파를 받아 지렛대 장치를 거쳐 음압을 증폭시킨 다음 림프액이 채워진 내이로 전달하는 것이다. 양서류와 '파충류'에서 발견되는 지렛대 장치는 등골[stapes, 또는 축(columella)]과 고막에 붙어 있는 **축외구조**(extracolumella)로 구성되어 있다. 고막이 내이에 얹힌 축의 발판보다 훨씬 더 크기 때문에 음압이 증폭되어 공기와 림프액 사이 진폭의 손실을 부분적으로 상쇄한다. 그러나 축과 축외구조를 통해 내이로 전달되는 소리는 비교적 낮은 주파수로 한정된다. 축의 움직임이 내이의 림프액을 움직이면 기저유두(basilar papilla)를 구성하는 감각세포의 털이 구부러진다.

악어와 조류의 내이는 뚜렷하게 길어지고, 포유류의 내이처럼 위쪽의 **전정계단**(scala vestibuli)과 아래쪽의 **고실계단**(scala tympani), 둘 사이의 **기저유두**로 구성된다. 그 결과, 가청 주파수의 범위가 최대 6~8kHz까지 넓어지지만 포유류에 비하면 아직도 제한적이다(아래 참조). 예외인 부엉이는 최대 10kHz까지 들을 수 있다. 기저유두(또는 기저막) 유모세포의 수는 조류 분류군에 따라 3,000개(카나리아)부터 1만 7,000개(에뮤)까지 광범위하다. 조류의 청각은 포유류에서처럼 이동하는 파동(아래 참조)의 원리를 따르는 것이 아니라 주로 공명의 원리에 따라 작동하는 것 같지만, 주파수의 공간 표현 방식은 같다. 즉 고주파가 유두의 기점에 해당하고 저주파가 유두의 끝에 해당한다.

척추동물 중에서 올빼미를 제외하면 포유류가 가장 발달한 청각계를 지니고 있는데, 여기에는 실질적으로 개조한 중이와 내이 및 귓바퀴와 외이도(바깥귀길)를 가진 외이라는 신제품이 포함된다. 귓바퀴는 소리를 모으는 구실을 하고 소리의 출처를 파악하는 데 도움이 된다. 중이를 구성하는 고실(tympanic cavity)에는 세 개의 소골(ossicle)이 자리 잡고 있다. 고막에 붙어 있는 **추골**(망치뼈, malleus), **침골**(모루뼈, incus), **등골**(등자뼈)이 있는데, 등골은 양서류와 '파충류' 귀의 축과 상동이고 타원창(oval window)에 붙어 있다. 축-축외 계통과 마찬가지로, 중이의 소골 세 개도 임피

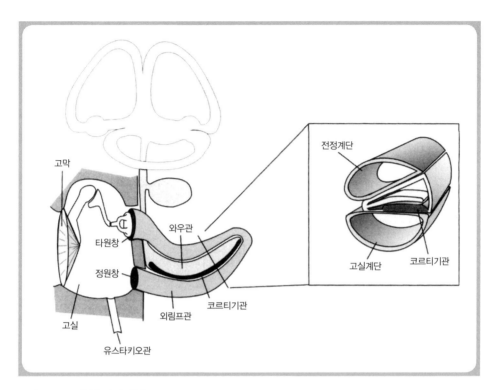

그림 11.4 포유류 귀의 개략도.

중이에 있는 세 개의 소골, 고막, 타원창 및 정원창과 함께 코르티기관이 들어 있는 와우관이 보인다. 오른쪽 그림은 와우관을 더 자세히 보여준다. Müller(2009)에서 수정.

던스를 맞추는 역할을 하고, 대단치는 않지만 증폭시키는 역할도 한다. 음압의 증폭은 대부분 상대적으로 큰 고막과 상대적으로 작은 타원창의 크기 차이에서 비롯되는데, 이 차이는 인간에서 17 : 1, 고양이에서 35 : 1, 일부 박쥐에서는 50 : 1이나 된다. 뿐만 아니라 중이의 소골들은 축–축외 계통보다 훨씬 더 높은 주파수를 50kHz(어떤 경우는 100kHz 너머)까지 전달할 수 있다.

포유류의 내이를 구성하는 와우관(cochlea, '달팽이 껍질')은 전정기관에서 진화한 긴 관인데 결국 돌돌 말려서 실질적으로 길이가 늘어났다. 악어와 조류에서처럼, 포유류의 와우관도 단면으로 보면 세 부분, 즉 위쪽의 전정계단, 아래쪽의 고실계단, 코르티기관(처음 발견한 알폰소 코르티의 이름을 딴)을 가진 둘 사이의 **중간계단**(scala media)으로 구성되어 있다(그림 11.4). 전정계단의 유체[나트륨이 많고 칼륨이 적은 외림프(perilymph)]는 등골에 의해 움직이는 타원창과 연결되어 있고, 고실계단은 압력을 상쇄하는 정원창(round window)과 연결되어 있는데, 두 계단의 유체는 와우관의 끝(팽대정)에 있는 와우공(helicotrema)을 통해 이어져 있다. 중간계단은 나트륨이 적고 칼륨이 많은 내림프(endolymph)로 채워져 있다. 기저막 위에 얹혀 있는 코르티기관은 내유모세포, 외유모세포, 지지세포(supporting cell), 유모세포 위의 덮개막(tectorial membrane)을 담고 있다.

내유모세포는 와우관 안쪽 나선신경절에 들어 있는 양극성 감각 뉴런의 종말부에 의해 신경을 공급받는다. 종말부의 한 팔은 내유모세포로 신경을 분포시키고 다른 한 팔은 뇌의 연수로 달려가는 청각신경(제8뇌신경인 내이신경)에 기여한다. 나선신경절의 뉴런은 외유모세포로도 약간의 신경을 분포시키지만, 원심신경 섬유의 대다수는 뇌간에 위치한 상올리브(superior olive)로부터 오거나 와우핵으로부터 직접 온다. 따라서 내유모세포로 신경을 분포시킨 다음 뇌로 달려가는 신경섬유는 신경임펄스를 뇌로 운반하는 구심신경 섬유이고, 상올리브로부터 외유모세포로 달리는 섬유는 신경임펄스를 뇌로부터 내이로 운반하는 원심신경 섬유다. 그래서 외유모세포는 기계수용 측선계와 마찬가지로 뇌에 의해 원심신경의 통제를 받는다고 말한다.

인간의 코르티기관은 약 3,400개의 내유모세포와 1만 3,000개의 외유모세포를 가지고 있다. 그러나 외유모세포 각각에는 원심신경 섬유가 한 가닥만 분포하는 반면, 내유모세포 각각은 나선신경절 뉴런에서 오는 20가닥의 섬유와 접촉하고 있다. 이 상황은 곧 배우게 될 내유모세포와 외유모세포의 다른 기능과 일치한다.

청각의 수용 과정은 공기로 운반되는 음파에 의한 고막의 변위에서 출발한다. 음파는 중이의 소골 세 개에 의해 붙잡힌 다음 타원창으로 전달된다. 타원창의 진동은 압축되지 않는 와우관의 유체와 탄성이 있는 기저막으로 전파된 다음 밖으로 튀어나오는 정원창에 의해 상쇄된다. 따라서 타원창에서 출발한 진동은 기저막을 따라 와우공을 향해 달리는 진행파(traveling wave)를 발생시킨다. 기저막은 타원창 근처에서 더 딱딱하고 와우공 근처에서 덜 딱딱하기 때문에 막은 더 높은 주파수를 기저부 근처에서만 추적할 수 있는 반면, 더 낮은 주파수는 막을 따라 와우공까지 이동할 수 있다. 이 효과는 기저막이 기저부 가까이에서 더 좁고 와우공 가까이에서 더 넓다는 사실에 의해 증폭된다. 그 결과, 고주파 진행파는 타원창 근처에서 최대가 되고 저주파 진행파는 와우공 근처에서 최대가 된다. 결국 소리 주파수 스펙트럼이 기저막을 따라 2차원 공간에 표상된다. 내유모세포에서 입체융모들이 밀리면 주로 K^+ 이온이 세포 안으로 유입되어 세포를 탈분극시킴으로써 전압개폐식 Ca^{2+} 통로를 활성화한다. 그러면 결국 세포내 Ca^{2+} 농도가 증가해 구심신경을 흥분시키는 전달물질을 방출한다. 마지막으로, Ca^{2+}를 감지하는 K^+ 통로가 활성화되어 K^+ 이온을 유출시킴으로써 세포를 재분극시키는 것으로 새로운 주기가 시작된다.

기저막의 소리 주파수 표상의 정확한 정돈 방식, 곧 '주파수순서배열(tonotopy)'은 포유류 분류군에 따라 다르고 그 분류군의 생활양식과 고·중·저 주파수가 먹이 사냥, 정향, 통신에서 차지하는 중요성과 상관이 있다. 설치류, 박쥐, 고래류에서는 교신과 반향정위를 위해 매우 중요한 초음파 주파수가 '과표상'된다['거울보기(looking-glass)' 효과].

진행파는 기저막 부분들을 다소 넓게 변위시키므로 자극의 정확한 표상을 허락하지 않을 것이다. 여기에서, 덮개막과 접촉하고 있는 외유모세포가 개입한다. 외유모세포도 진행파에 의해 자극되는데, 길이를 바꿔 스스로 고주파 진동을 발생시킴으로써 내유모세포에 두 가지 방식으로 영향을 미친다. 첫째, 기저막의 최대 변위를 약 100배 증폭시키고, 둘째, 최대 변위의 포락곡선(envelope curve, 규칙성을 가진 곡선 무리 모두에 접하는 곡선)의 측면을 좁혀 공간 주파수 표상의 면적을 훨씬 더 줄임으로써 음고 선택성을 강하게 증가시킨다.

내이 안의 나선신경절에서 출발한 구심신경 섬유는 내유모세포의 활동을 포착해 전정-와우신경을 통해 연수에 있는 복측 및 배측 와우핵으로 전달한다. 여기에서 몇몇 다른 유형의 청각 뉴런에 의해 첫 번째 청각 정보처리가 일어난다. 복측와우핵으로부터 주된 청각 경로가 동측 및 대측 상올리브핵으로 달린 다음, 거기서부터 외측섬유대(lateral lemniscus)를 거쳐 중뇌천장의 동측 및 대측 하구로 달린다(제10장 참조). 상올리브에는 원심신경 섬유를 내이로 보내는 뉴런이 들어 있다(위 참조). 하구에서 출발한 청각 섬유는 간뇌의 배측시상에 있는 내측슬상체로 달리고, 이는 차례로 배측측두엽에 있는 일차청각피질로 섬유를 보낸다. 인간에서는 여기에 전후 헤실회 또는 횡측두회라고도 불리는 A41 영역이 포함된다. 일차청각피질은 주파수순서배열, 즉 공간적으로 정돈된 소리 주파수의 표상을 드러낸다. 일차청각피질을 말발굽처럼 둘러싸는 이차청각피질은 분명한 주파수순서배열을 드러내지 않는다. 피질하 청각 뉴런과 달리 청각피질의 뉴런은 대부분 순수한 음에 반응하는 것이 아니라 복잡한 음에, 대부분 단계적으로 반응한다. 즉 음고와 진폭의 변화를 표시한다. 영장류의 시각피질에 비하면 청각피질은 훨씬 덜 이해되어 있다.

11.4   시각계

시각은 오래된 감각이다. 제6장에서 묘사했듯이, 고세균 할로박테리움 살리나룸과 같은 일부 진핵 유기체는 스펙트럼의 주황색 부분에서 빛을 흡수하고 주광성을 가능하게 하는 광수용기를 지니고 있다. 감광색소인 균로돕신의 분자구조는 무척추동물과 척추동물 둘 다의 망막에서 발견되는 로돕신과 비슷하고 광자를 흡수하면 형태가 바뀐다 (Kretzberg and Ernst, 2013 참조).

　모든 다세포 동물의 눈이 약 5억 4,000만 년 전 공통의 조상에서 기원했는지 아니면 독립적으로 여러 번 진화했는지는 논쟁이 된다. 후자가 맞는다면 눈은 최소한 40번, 어쩌면 65번까지 진화했어야 한다(Fernald, 1997). 눈들이 해부학적 특성을 공유하는 이유는 직접 상동성, '깊은 상동성' 때문일 수도 있고, 광학 법칙이 '강제로' 눈을 비슷하게 진화시켰다는 의미에서 수렴진화와 물리적 제약의 작용 때문일 수도 있다. 많은 저자들은 Pax6 유전자의 관련성을 '깊은' 상동성의 근거로 가정한다. Pax6 유전자는 초파리와 생쥐처럼 유연관계가 먼 동물 분류군에서 눈이 발생하는 과정에서 중요한 역할을 하지만, 그 결과로 주로 생기는 복안과 수정체 눈은 형태와 기능의 많은 측면에서 극적으로 다르다. 게다가 Pax6는 뇌 안팎의 다른 세포조직이 발생하는 데서도 어떤 역할을 하고, 선충이나 성게처럼 눈이 아예 없는 동물에서도 상동 유전자가 발견된다. 그러므로 다세포 유기체에서 발견되는 눈들이 상동인가 수렴진화의 산물인가라는 질문은 여전히 답이 없다.

　사실상 모든 동물의 광수용기는 300(자외선)~750nm라는 매우 좁은 대역의 전자기파에 적응되어 있다. 이렇게 제한되는 한 가지 이유는 이 폭에 들어가는 주파수가 약 1m 깊이 물속에서 가장 잘 보인다는 사실에 있다. 다른 파장의 전자기복사는 물에 의해 거의 다 확실하게 걸러지기 때문에 모든 동물의 조상은 이 깊이에서 살았을 것이다.

동물들이 육지에 살게 되었을 때에도 이 범위가 변함없이 유지되었다.

무척추동물과 척추동물 둘 다에서 빛을 수용하는 물질, **로돕신** 또는 **시홍**(視紅)은 그 자체로는 빛에 무감한 단백질 부분인 **옵신**(opsin)과 옵신 분자 주머니 안에 들어 있는 발색단(빛에 활성화되는 부분)인 레티날(retinal)로 구성된다. 레티날이 광자를 흡수하면 11−시스형 레티날이 전(全)트랜스형 레티날로 형태 변형[이성화(isomerization)]을 일으킨다. 옵신 분자의 G단백질인 **트랜스듀신**(transducin)을 통해 2차 전달자 연쇄반응이 촉발되면 결국 Na^+ 이온통로가 닫히고, 따라서 나트륨 이온의 끊임없는 유입으로 생기던 '암(暗)전류'가 정지된다. 결국 광수용기의 시냅스 자리에서 꾸준히 계속되던 전달물질 방출이 줄거나 멈춘다.

따라서 광수용기는 빛에 의해 흥분되는 것이 아니라 **빛에 의해 억제**되지만, 이 억제는 망막 안쪽의 억제성 개재뉴런을 통해 흥분으로 바뀌므로 그리 중요하지 않다. 척추동물 망막의 간상세포(rod cell)에서 발견되는 로돕신은 청록색 빛을 가장 강하게 흡수하므로 적자색으로 보여서 '시홍'이라고도 부르며, 어둠 속에서 **단색성**(monochromatic) 시각을 담당한다.

동물의 '눈'은 방금 언급한 것처럼 주광성을 위해 빛을 수용하는 안점에서부터, 얕은 오목눈, 방향을 보여주고 비교적 또렷한 상을 맺는 바늘구멍 눈(사진기 눈), 많은 무척추동물 분류군과 모든 척추동물에 있고 흔히 수정체의 원근 조절 기제도 함께 갖춘 수정체 눈, 기타 많은 척추동물 분류군에 있고 흔히 수정체 눈과 조합되어 있는 복안까지 매우 다양하다(제7장 단안 참조).

11.4.1 곤충의 복안

복안은 절지동물 전역에 넓게 분포한다. 그러나 협각류, 고래류, 곤충에서 이 눈들이 상동인지는 논쟁이 된다. 가장 유명한 것은 곤충의 복안이다(그림 11.5). 이를 구성하는 개안의 수는 2~3개(일부 개미)부터 약 800개(초파리)를 거쳐 3만 개(잠자리)에 이르기까지 매우 다양하다. 꿀벌은 눈 하나당 6,000개의 개안을 가지고 있다. 개안에서 빛을 굴절시키는 부분은 각막[cornea, 또는 각막수정체(cornea lens)]과 **원추수정체**(crystalline cone)로 구성되어 있다. 네 개의 세포로 이루어진 원추수정체는 척추동물 눈의 유리체(vitreous body)처럼 광학적으로 균질해서 시각 경로에는 조금밖에 영향을 미치지 않는다. 빛이 다음으로 들어가는 부위인 5~12개의 **망막세포**(retinula cell)는 쐐기 모양이고 안쪽 가장자리에 빛을 감지하는 좁은 띠, 즉 로돕신을 함유한 **감간소체**(rhabdomere)가 달려 있다. 각 망막세포의 감간소체들은 서로와 매우 가까이 있거나 (그림 11.5b) 융합되어(그림 11.5a) 감간체(rhabdom)를 형성한다. 그러나 감간소체 하나하나는 대개 전기적으로 서로와 절연되어 있기 때문에 여전히 따로따로 활성화된다. 망막세포 하나하나가 시각 신경망으로 한 가닥의 축삭을 보낸다(아래 참조). 개안은 색소세포에 의해 이웃과 광학적으로 차단되어 있는데, 색소세포가 팽창하고 수축할 수 있어서 이웃하는 개안들이 함께 작동할 수도 있고 독립적으로 작동할 수도 있다.

복안에서는 시력과 감광도 사이에도 타협이 필요하고 정확한 대상 재인과 운동 지각 사이에도 타협이 필요하다. 단일 개안의 각막수정체는 직경이 15~30μm이고 감간체의 원위부 끝에 감간체의 직경과 동등한 2~4μm의 직경을 가진 초점을 맺는다. 이것이 공간 분해능의 하한을 결정하는데, 척추동물 수정체 눈의 것보다 뒤떨어진다. 이 초점에 들어가는 빛의 양은 각막수정체의 직경에 비례하고, 이는 이 직경이 넓을수록 더 많은 빛이 감간체에 도달하지만 공간 분해능은 더 낮아진다는 뜻이다. 복안의 공간 분해능은 동시에 개안들 사이의 각도에도 의존한다. 다시 말해, 개안의 수가 많고 표면의 곡률이 낮을수록 눈 사이 각도가 작아지고 눈의 공간 분해능은 높아진다. 따라서 복안의 주어진 표면에서 각막수정체의 직경과 개안의 수가 타협해야 한다. 곤충과 고래류의 눈에는 공간 분해능이 더 높은 부위가 따로 있다는 사실이 한 가지 타협안을 구성할 것이다. 척추동물 눈의 중심와에 해당하는 이 부위에서는 눈의 곡률이 더 낮다.

햇빛이 비치는 동안 활동하는 **주행성** 곤충은 보통 **연립상 눈**(apposition eye)을 가지고 있는데, 여기서는 각막수정체의 직경이 작아서 감광도는 낮지만 개안마다 하나씩 맺히는 초점이 공간 분해능이 높은 모자이크 상(像)에 기여한다. 반면에 나방처럼 어둑할 때나 밤 동안에 활동하는 **야행성** 곤충은 흔히 **중복상 눈**(superposition eye)을 가지고 있는데, 여기서는 다수(흔히 30벌)의 각막수정체와 원추수정체로부터 굴절된 광선들이 감간체 한 개로 집중되므로, 공간 분해능을 잃는 대가로 감광도가 엄청나게 높아진다(그림 11.5d). 그러나 많은 곤충에서는 예컨대 해가 비치는 조건에서 어두운 조건으로 옮겨가는 동안 색소세포의 이동을 통해 연립상 눈이 중복상 눈으로 바뀔 수 있다. 마지막으로 이른바 **신경중복상 눈**(neural superposition eye)은 두 유형의 복안을 절

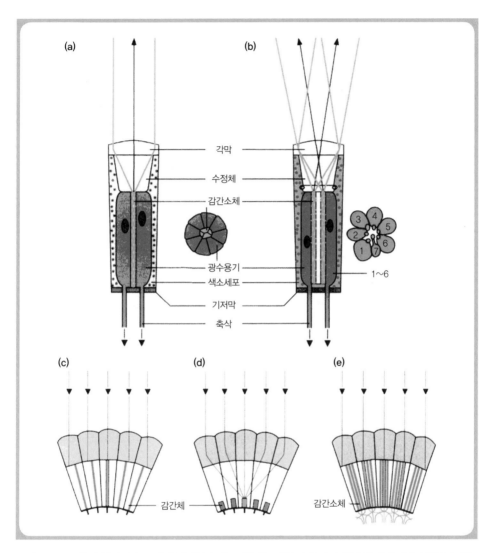

그림 11.5 곤충의 복안. (**a**) 꿀벌의 연립상 눈을 구성하는 개안의 종단면. 광수용기의 감간소체들이 서로 가까이 붙어서 감간체를 형성하므로 시선축이 하나다. (**b**) 집파리의 중복상 눈을 구성하는 개안의 종단면. 시선축이 여러 개다. (**c**) 주행성 곤충에게 전형적인 연립상 눈의 개략도, (**d**) 야행성 곤충에게 전형적인 광학적 중복상 눈의 개략도, (**e**) 신경적 중복상 눈의 개략도.

자세한 설명은 본문 참조. Dudel et al.(1996/2000).

충한 눈이다. 이 눈은 이웃하고 있어서 시선축의 방위가 같은 개안의 감간소체들을 신경으로 연결해 공간 분해능과 감광도를 둘 다 높인다(그림 11.5e). 연립상 눈 또는 신경중복상 눈을 가진 많은 곤충은 시간 분해능이 높다. 즉 초당 200~300개의 상을 지각할 수 있고, 이는 빠르게 나는 동안 또렷이 보는 데 유리하다. 이 능력은 최적 조건에서 최대 60개의 상을 보는 시간 분해능을 가진 인간 눈의 능력보다 상당히 뛰어나다.

무척추동물과 척추동물에서 색각(color vision)은 광수용기에 스펙트럼 흡수 성질이 다른 여러 유형의 로돕신을 싣고 있다는 면에서 매우 비슷한 기제를 기초로 한다. 흔히 장파장, 중파장, 단파장(예 : 적색/황색, 녹색, 청색. 아래 참조)을 처리하는 세 유형의 수용기가 발견된다. 많은 절지동물 분류군뿐만 아니라 어류, 양서류, '파충류'도 자외선에 속하는 300~400nm 파장의 수용기를 추가로 가지고 있지만, 많은 곤충이 장파장(600~740nm)의 수용기는 가지고 있지 않다. 그러나 네 가지를 넘어 다섯 가지나 되는 수용기 유형(사색형 또는 오색형 색각)을 가진 주행성 나비들도 있다. 꽃에 기대어 먹고 사는 많은 벌목은 자외선, 청색, 녹색 수용기로 구성된 삼색형 색각을 가지고 있지만 적색 수용기는 가지고 있지 않고, 이는 이들이 장파장을 '빨강'으로 지각할 수 없다는 뜻이다.

많은 곤충의 한 가지 볼 만한 능력은 편광면을 지각하는 능력이다. 햇빛은 대기 중에서 산란되거나 물처럼 반짝이는 표면으로부터 반사되면 일부가 편광된다. 많은 곤충이 먹이를 구하러 날아다니는 동안 이 사실을 이용해 해가 직접 보이지 않을 때에도 해의 위치를 측정한다. 단파장 범위에서 편광도가 가장 강하므로 곤충은 자외선 또는 청색 수용기로 편광 패턴을 지각한다(Barth, 2012).

복안의 활동은 층판, 수질, 소엽(파리에서는 소엽 더하기 소엽판)이라는 서너 가지 광학적 통합 구조로 달린다. 층판은 대비와 시간 분해능을 담당하고, 수질은 여기서도 색깔, 모양/윤곽, 동작을 병렬로 처리한다(아래 참조)는 의미에서 포유류의 시각피질을 닮았다. 소엽/소엽판 복합체는 방향 감수성, 시야에 들어 있는 대상의 국지적 운동, 시야 전체의 광학 흐름을 포함해 동작을 분석하는 것이 전공이다.

11.4.2 척추동물의 눈과 망막

척추동물은 일반적으로 수정체 눈을 가지고 있다. 육상 척추동물에서는 주로 각막을 통해 빛이 굴절되는데, 이유는 오로지 각막 물질이 주변 공기보다 흡광도가 충분히 높기 때문이다. 비교적 작고 납작한 수정체는 주로 망막에 있는 광수용기 층으로 광선을 집중시키는 역할을 한다. 반면 수생 척추동물에서는 대부분 크고 둥근 수정체를 통해 빛이 굴절되는데, 물과 각막 사이 흡광도의 경사도가 불충분하기 때문이다. 광선은 유리체를 통과해 각막 반대편 안구의 안쪽에 붙은 망막으로 간다.

〈그림 11.6〉에서 보듯이 척추동물의 망막은 여섯 층으로 구성되어 있다. 즉 (유리체 쪽에서 볼 때) 먼저 망막의 출력 요소인 망막신경절세포(retinal ganglion cell)의 축삭 다음에 세포체가 와서 한 층을 형성한다. 다음에 오는 내망상층(inner plexiform layer)에서는 망막신경절세포와 그다음 층 세포를 연결하는 섬유들이 둘 사이에서 양쪽의 세포와 접촉하고 있다. 다음 층인 내과립층(inner granular layer)은 무축삭세포(amacrine cell), 양극세포, 수평세포(horizontal cell), 망간세포(interplexiform cell)를 담고 있다. 다음에 오는 외망상층(outer plexiform layer)은 언급한 세포들의 돌기들과 광수용기, 즉 간상세포 및 원추세포(cone cell)의 '발'로 구성되어 있다. 광수용기의 세포체는 외과립층(outer granular layer)을 형성한다. 다음 층을 이루는 광수용기의 바깥 부분은 연장되어 색소세포층으로 들어간다.

이 광수용기의 바깥 부분이 빛을 수용하는 자리다. 외향안을 가진 많은 무척추동물과 달리 척추동물은 일반적으로 내향안을 가지고 있다. 즉 빛을 수용하는 구조─여기서는 간상세포와 원추세포의 바깥 부분─가 빛을 '외면'한다. 왜 이런 구조가 되었는지(발생적 이유로 추측되지만)는 불분명하지만 빛은 거의 걸러지지 않고 망막의 다른 층들을 통과할 수 있기 때문에, 이 사실과 시각의 질은 대체로 무관하다. 게다가 많은 척추동물의 눈에 있는 중심와 부위의 광수용기는 다른 망막 층들로 덮여 있지 않아서 빛이 전혀 약해지지 않고 도달할 수 있다.

척추동물의 망막은 **간상세포**와 **원추세포**, 두 가지 기본 유형의 광수용기를 보여준다. 간상세포가 최대로 흡수하는 파장이 498nm 한 종류뿐이라 간상계는 색을 볼 수 없다. 반면 간상세포는 빛에 매우 민감해서 광자 하나에도 자극을 받는다. 간상세포는 명암, 즉 **암순응(scotopic)** 시각의 기초다. 많은 간상세포의 활동이 합산(수렴)되므로, 비록 그 대가로 공간 해상도는 떨어지지만 감광도는 더욱 높아진다. 간상세포는 동작에 대해서도 원추세포보다 민감하다.

원추세포에는 최대 네 유형이 있다. 한 유형은 자외선, 세 유형은 단파, 중파, 장파 범위를 흡수하고 최대 흡수파장이 각각 420, 534, 564nm 부근이므로, 인간이 지각하

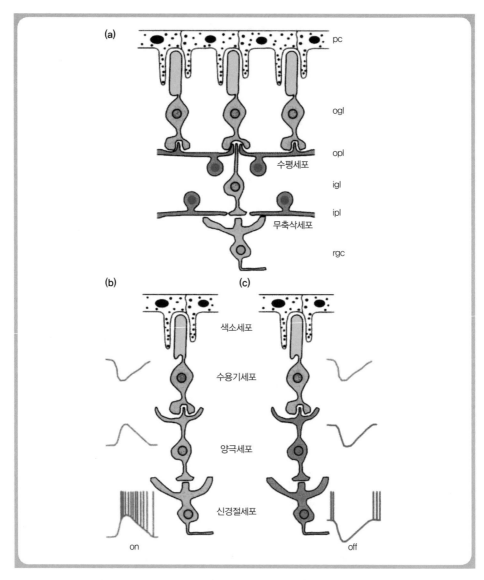

그림 11.6 척추동물 망막의 세포구조. **(a)** 색소세포층(pc), 광수용기의 바깥 부분과 세포체가 들어 있는 외과립층(ogl), 외망상층(opl), 수평세포, 양극세포, 무축삭세포가 들어 있는 내과립층(igl), 내망상층(ipl), 망막신경절세포층(rgc)으로 구성된 망막의 일반적 해부구조. 광수용기세포, 양극세포, 망막신경절세포가 활동의 방사 흐름을 구성하고, 수평세포와 무축삭세포가 *가로* 흐름을 구성한다. **(b)** '온(on)' 양극세포와 '온' 망막신경절세포를 통과하는 활동의 흐름. **(c)** '오프(off)' 양극세포와 '오프' 망막신경절세포를 통과하는 활동의 흐름. Dudel et al.(1996/2000)에서 수정.

는 색깔에 따라 청색 수용기, 녹색 수용기, 황색-적색 수용기로 불린다. 많은 어류와 조류의 바깥 부분에는 기름방울이 들어 있는데 이는 색깔을 여과하는 기능을 해 망막이 감지하는 스펙트럼에 막대한 영향을 미칠 수 있다.

원추세포 유형마다 흡수하는 빛의 스펙트럼이 다른 것이 색각의 기초다. 색깔이 주관적으로 서로 다르게 지각되는 이유는 뉴런이 세 유형의 원추세포의 상대적 기여를 광 스펙트럼의 실제 범위 안에서 통합하기 때문이다. 청색, 녹색, 황색-적색 원추세포는 최대 흡수파장은 제각기 다르지만 가시광선 스펙트럼의 거의 전부에 걸치는 빛을 흡수한다. 예를 들어, 색이 '빨강'으로 지각되는 것은 원추세포의 활동이 장파장 범위에서 우세한 데서 나오는 결과다. 따라서 파장과 색깔은 별개의 것이다. 다시 말해, 파장은 빛의 '객관적' 속성인 반면, 색깔은 우리 뇌가 전체 스펙트럼에 대한 세 원추세포 유형의 상대적 기여도 차이를 통합한 내용을 기초로 구성한 것이다.

원추세포는 색각의 기초일 뿐만 아니라 높은 시력의 기초이기도 하다. 동시에 광색소(photopigment)가 간상세포보다 적어서 간상세포보다 빛에 훨씬 덜 민감하므로 햇빛이 비치는 광순응(photopic) 조건(보름달의 조도에 해당하는 약 0.25룩스 이상)일 때에만 작동하는 반면, 간상세포는 주관적으로 색깔이 존재하지 않는 어둠 속에서도 활동한다. 이미 언급한 대로 시각계의 공간 해상도(시력)와 감광도 사이에는 '갈등'이 있는데, 척추동물에서는 망막 안에 원추세포와 간상세포를 공간적으로 분포시킴으로써 이 갈등을 최소한 일부는 해결한다. 주행성 동물(특히 포식 생활을 하는)에는 많은 원추세포가 망막 전체에 분포하거나 망막 중에서도 시력이 높은 부위인 중심와 안에 (인간의 망막에서는 여기에 약 700만 개가) 밀집되어 있는 것이 발견된다. 반면에 야행성 동물에는 간상세포가 우세한 경향이 있다. 흥미롭게도, 낮 동안에 벌판에서 살면서 먹잇감이 되는 동물들은 흔히 동그란 중심와가 아니라, 수평선과 나란히 밀집되어 달리는 원추세포들의 수평 띠를 가지고 있는 덕분에 수평선상에 포식자일지도 모르는 동물이 나타나면 쉽게 알아챌 수 있다.

인간은 영장류 조상이 야행성이었던 결과로, 망막의 대부분이 약 1억 2,000만 개의 간상세포로 구성되어 있고, 700만 개의 원추세포는 주로 중심와 안에 집중되어 있다. 따라서 인간처럼 나중에 주행성이 된 동물은 중심와를 통해서만 색각과 높은 시력을 가진다. 이는 작은 점뿐만이 아니라 주위 세계 전체가 다채롭고 또렷하게 보인다는 우리의 인상과 모순되는 것처럼 보인다. 이 문제에 대한 해답은 불수의적으로도 움직이고 수의로도 움직일 수 있는 우리의 안구를 통해 중심와가 빠르게 움직여 시야를 덮는다는 사실에 있다. 우리의 뇌는 이러한 종류의 정보를 통합해 사실상 안정하고, 또렷하고, 다채로운 상을 만들어낸다. 이는 뇌의 가장 놀라운 업적 가운데 하나다.

먹잇감이 되는 조류에는 중심와 안쪽에 매우 가느다란 원추세포가 인간의 중심와에 비해 두 배나 빽빽하게 밀집되어 있어서 물리적인 광학적 분해능의 극치에 도달한다. 조류를 포함한 일부 동물은 심지어 중심와를 두 개 소유해서 하나는 앞을, 다른 하나는 옆을 또렷이 보는 데 사용한다.

11.4.3 척추동물의 시각계에서 일어나는 병렬처리

척추동물의 시각계는 감각 정보의 병렬분산처리라는 기본 원리의 좋은 일례를 제공한다. 이는 다양한 유형의 광수용기와 그것의 시냅스이후 뉴런들이 보통 복잡한 시각 자극 중에서 크기, 대비, 색깔, 시야 안에서의 위치, 운동 방향, 속도, 운동 패턴처럼 일정한 단일 속성에만 반응한다는 뜻이다. 망막 안에서도, 이후 뇌 안의 시각계에서 진행되는 여러 단계에서도, 이 다른 종류의 정보들은 최소한 부분적으로는 따로따로 병렬로 처리된다. 그 이후 단계에서만 시각 정보의 '대화'와 수렴, 궁극적으로 비(非)시각 정보와의 통합이 이루어진다. 이렇게 해서 복잡한 지각 상태가 구축된다. 〈그림 11.7〉에서 이 과정을 도식적으로 보여준다.

포유류(예 : 고양이와 원숭이)의 망막 안쪽에서는 출력 요소로서 크게 두 유형의 망막신경절세포가 발견된다. 한 유형은 세포체가 작고 주로 다양한 스펙트럼 감도를 가진 원추세포에 의해 움직이며, 작고 대비가 뚜렷하고 색깔이 있는 자극에 가장 잘 반응한다. 이 유형을 비영장류 포유류에서는 X형이라 하고, 영장류에서는 P형 또는 '소세포(parvocellular)'형이라 한다. 이것이 색깔과 대비 시각의 기초로서 높은 시력과 결합해 윤곽과 대상 시각의 기초가 된다. 다른 유형의 망막신경절세포는 세포체가 크고 주로 간상세포에 의해 움직인다. 그 결과, 조명과 움직임(흔히 조명에도 약간의 변화를 일으키는)의 변화에 더 민감하다. 이 유형을 비영장류 포유류에서는 Y형이라 하고, 영장류에서는 M형 또는 '대세포'형이라 한다. 대부분의 척추동물에서는 세포체가 큰 제3의 유형이 발견되는데, 주위 조명의 변화(조광)와 큰 물체가 유발하는 변화에 가장

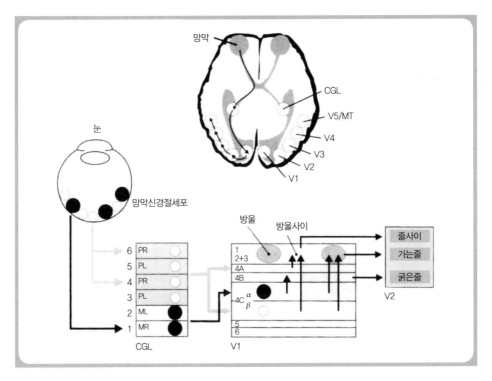

그림 11.7 인간을 포함한 영장류 시각의 계통도.

아래 : 망막신경절세포 P와 M(흰 점과 검은 점)이 시각 신경/신경로를 통해 시상 안 LGN/CGL의 별개 층들로 축삭을 보내는데, 왼쪽 눈에서 출발하는 축삭이나 오른쪽 눈에서 출발하는 축삭이나 마찬가지로 CGL의 별개 층(PR/PL과 MR/ML)에서 종지한다. P와 M세포는 여기에서 일차시각피질(V1)로 섬유를 투사해 4층의 서로 다른 하위 층에서 종지한다. 이때 P세포의 축삭은 4A 층과 4Cβ 층에서 종지한다. 이곳의 세포들은 1~3층에 있는 '방울(blob)'과 '방울사이(interblob)'로 축삭을 보내고, 이곳의 세포들은 이차시각피질(V2)에 있는 '가는줄(thin stripe)'과 '줄사이(interstripe)'로 축삭을 보낸다. CGL에 있는 M세포들은 V1의 4Cα 층으로 축삭을 투사하고, 여기서 출발한 축삭은 4B 층으로 달린 다음 여기서 다시 V2에 있는 '굵은줄(thick stripe)'로 달린다. 위 : V2로부터 두 갈래의 다른 '시각로'가 출발하는데, 하나('배측' 경로)는 V3와 MT(내측두엽) 영역을 거쳐 뒤쪽의 후두엽까지 달리고 동작과 공간의 지각 및 활동의 준비에 관여하며, 다른 하나('복측 경로')는 V4 영역을 거쳐 하측두엽으로 달리고 대상과 장면의 지각과 관계가 있다. Roth(2003).

잘 반응하고, 포유류에서는 W형 망막신경절세포라 불린다.

　망막신경절세포의 축삭들로 구성된 시신경은 '맹점(blind spot)' 또는 시신경유두(optic disc)를 통해 눈을 떠난다. 시신경은 간뇌의 바닥으로 달려가는데, 좌우 눈에서 출발한 두 갈래의 신경이 여기에서 시교차(optic chiasm)를 형성한다. 양막류와 석형류에서는 두 갈래의 신경섬유가 뇌의 반대편으로 거의 완전히 교차하는 반면, 포유류에서는 일부만 교차한다. 즉 기껏해야 섬유의 반이 교차하고, 나머지 반은 입구에 머무른다. 시교차에서 출발한 섬유는 시개(포유류에서는 상구)와 배측시상 안의 핵[포유류에서는 외측슬상체(LGN/CGL)]으로 달린다. 시개는 차례로 배측시상으로 섬유를 투사하고, 배측시상은 양서류에서는 내측 및 배측 외투로, 포유류에서는 후두피질로, 조류에서는 제10장에서 묘사했듯이 (정원핵을 통해) '시각 돌출부'와 내외투로 섬유를 투사한다.

망막신경절세포의 세 가지 다른 유형인 X-P, Y-M, W에 따라 모든 척추동물의 뇌에는 크게 세 종류의 하위 시각계가 있는데, 하나는 모양/대상과 색깔을 담당하고, 하나는 움직임을 담당하며, 세 번째 것은 주위 조명 변화의 지각을 담당한다. 잘 연구된 포유류의 시각계 안에서, X-P계와 Y-M계에 의해 운반된 정보는 망막과 LGN/CGL에서 오는 별개의 신호를 바탕으로 시각피질 안에서 처리된다. 여섯 층으로 구성된 영장류의 CGL 안에서는 좌우 눈으로부터 네 층은 P계로부터 구심신경을 받고 두 층은 M계로부터 구심신경을 받는다. 영장류의 일차시각피질 안에서도 다시 P가 매개하는 정보와 M이 매개하는 정보뿐만 아니라 왼쪽 눈에서 오는 정보와 오른쪽 눈에서 오는 정보도 따로 처리됨을 볼 수 있고, 이러한 종류의 정보가 일차시각피질(V1, A18)의 다양한 층과 하위층에서(대부분은 4층에서, 결국은 2~3층에 있는 이른바 방울과 방울사이에서) 처리된다(그림 11.7 참조). 방울과 방울사이로부터 투사된 별개의 섬유는 이차시각피질(V2, A19)로 달리는데, 여기서도 다시 별개의 구조인 이른바 가는줄, 굵은줄, 줄사이에서 종지한다. 여기서부터 두 갈래의 주요 경로가 시작된다. **배측경로**(dorsal path)라 불리는 한 경로는 피질 영역인 V3/A19와 MT를 거쳐 후두정피질로 달리고, 실제로 수행하거나 상상 또는 의도하는 몸, 팔, 손 운동의 움직임과 공간을 비롯해 공간의 방향까지 지각하는 데 관여한다. **복측경로**(ventral path)라 불리는 다른 경로는 V4 영역을 거쳐 하측두엽으로 달리고, 사물, 얼굴, 사람, 장면 및 이들이 지닌 의미의 지각뿐만 아니라 색의 지각과도 관계가 있다.

따라서 복잡한 시지각의 다양한 측면은 피질의 서로 다른 영역에서 처리되고 표상되면서 종종 비시각 정보와 융합된다. 많이 거론되는 한 문제는 이 따로따로 처리되고 표상되는 종류의 정보가 어디에서 어떻게 '모이느냐' 하는 것이다. 얼핏 모순되게도,

우리의 주관적 지각으로는 대상의 모양, 대비, 움직임, 공간적 위치는 물론 의미도 한 단위를 형성하지 별개의 독립체로 지각되지 않기 때문이다. 그러나 뇌 안에 대상의 완전한 표상을 담당하는 '최고' 중추 따위는 없다. 이것을 '결합 문제(binding problem)'라 한다(Singer, 1999; Koch, 2004 참조). 어떤 전문가들은 그러한 '최고' 중추가 실제로 존재하지만 아직 발견되지 않았다고 믿는 반면, 어떤 전문가들은 해부학적으로 수렴하는 자리가 필요한 것이 아니라 그 결합은 생리적 과정, 예컨대 비슷한 정보를 처리하는 신경망들 사이에서 일어나는 다양한 패턴의 진동과 동기화를 통해 일어난다고 가정한다(Singer and Gray, 1995; Engel et al., 1991; Singer, 1999 참조). 이 책의 이후 장들에서 이 문제로 돌아올 것이다.

11.5 이게 다 무슨 말일까?

생물학자들은 감각기관의 형태와 기능이 얼마나 다양한지뿐만 아니라 그 기관들이 그것을 지닌 동물의 환경 조건 및 생활양식과 얼마나 밀접하게 대응되는지에 언제나 감명을 받아왔다. 많은 진화생물학자가 볼 때 감각기관은 자연선택과 그것의 결과인 적응의 효과를 가장 잘 보여주는 예에 속한다. 그러나 교과서는 대부분 유기체와 환경이 '들어맞는' 드물고 볼 만한 사례로만 채워져 있고, 그동안 보잘것없는 감각기관을 가진 훨씬 더 많은 유기체들의 예는 거론되지 않은 채로 남아 있다. 더 정교한 감각기관이 그토록 유리하다면 이들은 어째서 그것을 진화시키지 않았을까? 어째서 많은 동물이 눈이나 전기수용기와 같은 감각기관을 더 복잡하게 만드는 대신 단순화하거나 잃어버리기까지 했을까? 이 책의 제16장에서 진화생물학의 이 결정적인 질문으로 돌아올 것이다.

 감각기관과 감각계의 진화는 보수주의와 혁신의 매혹적인 모자이크다. 기본 유형의 감각 수용기, 변환, 부호화는 매우 일찍이 진화해 역사가 최소한 10억 년은 되었다. 마찬가지로, 매우 민감하고 효과적인 감각기관, 예컨대 거의 모든 동물의 후각계, 곤충의 복안, 척추동물의 수정체 눈도 매우 일찍이 생겨났고, 청각계와 측선계를 포함한 기계수용기관에 관해서도 비슷한 말을 할 수 있다. 매우 비슷하거나 심지어 똑같은 건축양식을 보여주는 감각기관들이 겉보기에 독립적으로 기원한 횟수도 똑같이 인상적이다. 몇 가지만 언급해도, 후각계가 사구체를 형성하고 후각 정보의 부호화를 공간에 분산시킨 방식, 수정체 눈이나 복안의 형성, 대상의 시각이나 색각의 서로 다른 측면을 병렬분산처리하는 원리, 코끼리고기와 뒷날개고기에서 나란히 재발명된 전기수용계 등이 좋은 예이다. 이들이 대단히 비슷한 이유가 물리적·화학적 작동 조건이라는 기능적 강압 아래 진정 독립적으로 진화해서인지, 아니면 Pax6(위 참조)의 사례에서처럼 '깊은 상동성'의 효과 때문인지는 아직도 불분명하다.

감각기관의 진화와 신경계 또는 뇌의 진화 사이에는 복잡한 관계가 있다. 해파리의 촉수포나 가리비의 수정체 눈과 같은, 일부 문(門)에서 발견되는 복잡한 감각기관(제7장 참조)에는 대응되는 복잡한 신경계가 없다. 반면 감각기관이 증가하면 단일양상 감각의 정보처리를 전담하는 뇌 중추의 크기와 복잡성도 나란히 (흔히 엄청나게) 커지는 것을 흔히 볼 수 있다. 예컨대 곤충에서는 시각엽이, 약전기어에서는 전기 기관인 측선엽과 소뇌판막과 반고리둔덕이, 경골어류에서는 매우 발달한 미각계와 더불어 미주엽과 안면엽이, 경골어류와 조류에서는 시개가 그러했다. 조류와 포유류에서는 이와 나란히 **단일양상** 감각의 '침입'이 일어나 시각, 청각, 기계감각-촉각, 전정 경로들이 외투(피질)로 들어간다. 외투라면 무양막류와 '파충류' 대부분에서는 후각이 지배하고 중뇌와 간뇌에서 출발한 다중양상 구심신경만 도달하는 곳이다(제10장 참조). 조류와 포유류에서는 이 '침입' 덕분에 이 계통들이 연장된 단일양상의 국소순서적(즉 망막순서, 주파수순서, 몸순서) 표상을 형성함으로써 결국 자극을 훨씬 더 자세히 표상할 수 있게 되었다.

그러나 감각기관과 감각계의 이 인상적 진화는 공간에 의해서 제한될 뿐만 아니라, 양이 늘어난 감각 정보가 성공적인 행동, 생존, 번식으로 이어지려면 적합하게 처리되어야 한다는 사실에 의해서도 제한된다. 감각 데이터의 양이 최대라고 해도 그것이 자동으로 이해되는 것은 아니므로 감각 정보를 처리하기 위해 제2, 제3의 중추와 영역들이 형성된다. 이로써 감각 표면 전체에 분산된 같은 유형의 수용기에서 나오는 정보들 사이의 비교뿐만 아니라 다른 유형을 넘나드는 비교도 이루어지고, 수용기가 활성화되는 시간차를 계산해서 환경적 자극을 2차원 또는 3차원으로 표상하는 일도, 여러 양상을 통합해 복잡한 사건을 다중양상으로 표상하는 일도 이루어진다.

마지막으로, 추상적 사고와 범주 학습이라는 의미에서 더 추상적인 수준의 정보처리가 많은 조류와 포유류를 비롯해 최소한 일부 무척추동물에서도 진화했다. 작업 기억 계통이 주의 집중을 위한 길잡이로서, 그리고 장기 기억을 위한 여과장치로서 진화했다. 동시에 학습과 기억이 반사적 행동을 누르고 점점 더 우세해진다. 다시 말해, 동물들이 전적으로 실제 감각정보에 따라 행동의 방향을 결정하는 것이 아니라, 이전의 경험을 바탕으로 환경에서 가장 일어날 법한 것에 관한 예측을 형성한다. 그런 다음 감각정보는 대부분 예측과 실제 사건 사이의 불일치를 기록하는 일에 쓰인다. 이 결과로, 적응 행동이 훨씬 더 빨라지고 더 경제적이 된다. 그런 의미에서, 진화의 일정한 시점부터는 뇌가 '권력을 인수'해 감각기관보다 빠른 속도로 크기와 처리 모듈을 진화시킨다.

| 제12장 |

척추동물은 얼마나 영리할까?

주제어 경골어류의 인지 · 양서류의 인지 · 포유류–조류 : 도구 사용 · 도구 제작 · 양의 표상 · 대상 영속성 · 추리 · 작업 기억 · 사회적 지능 · 마키아벨리적 지능 · 응시 따라 하기 · 모방

비교 지능 연구에서 하나의 열쇠가 된 출판물은 영국의 심리학자 유안 맥파일이 쓴 척추동물의 뇌와 지능(*Brain and Intelligence in Vertebrates*)이라는 책이었다. 1982년에 출간된 이 책에서 맥파일이 제안한 논지는 만일 척추동물의 행동을 '공평한' 조건에서, 즉 그 동물의 특정한 생활 조건을 감안하는 사람이 연구하면 모든 척추동물이 똑같이 영리한 것으로 드러난다고 언명함으로써 이 분야의 많은 전문가에게 충격을 주었다. 저자의 주장에 따르면, 인지 능력에는 최소한 오로지 양적인 차이는 있지만, 질적인 차이, 즉 어떤 집단에는 있지만 다른 집단에는 전혀 없는 인지 능력 따위는 없다. 이 관점에 따르면, 조류와 포유류는 어류, 양서류, 파충류보다 일반적으로 더 영리한 것이 아니다. 한 가지 예외는 인간인데, 언어와 그 결과로 생기는 의식은 인간만이 가지고 있기 때문이다.

비판적인 사람들은 맥파일의 논지란 모든 살아 있는 척추동물은 지금까지 성공적으로 생존해왔으니 똑같이 영리하다는 하찮은 진술에 지나지 않는다고 주장해왔다. 그러나 맥파일에게 그렇게 주장하는 것은 부당하다. 그는 자신의 책에서 동물 행동 연구

G. Roth, *The Long Evolution of Brains and Minds*, DOI: 10.1007/978-94-007-6259-6_12,
© Springer Science+Business Media Dordrecht 2013

에 관해 당시에 구할 수 있는 많은 데이터를 제시하기 때문이다. 불행히도, 이 데이터는 주로 실험실 실험이나 통제된 야외 실험에서 가져온 것이었고, 1980년 무렵에 포유류나 영장류 이외의 척추동물의 행동을 보기 위해 이러한 종류의 연구를 한 사례는 충분히 구할 수 없었다. 맥파일이 했듯이 대부분 (파블로프의) 고전적 조건형성과 조작적 조건형성을 수단으로 하는 실험에 의지하면, 아닌 게 아니라 인간을 제외한 척추동물 전체에 실질적인 차이가 없다는 인상을 받는다. 질적 차이는 드물고 증명하기 어려운 것으로 보이고, 정황적 증거를 논박하려면 다소 정교한 실험이 필요하다. 그러나이를 인식한 이후로는 매우 많은 수의 실험이 수행되었다.

우리가 척추동물의 인지 능력을 비교하기 위해 보통 먼저 다루는 것은 대개 연구하기 쉬운 기초적 학습 및 기억 기능이다. '고등한' 학습 및 기억 기능은 앞에서 거론했듯이, 흔히 두 가지 다른 종류의 지능인 **생태적 지능**과 **사회적 지능**에 소속된다. 좁은 의미의 생태적 지능은 섭식 및 포식 습성, 포식자에 대한 방어, 정향, 인지도 및 이와 관련된 기억 기능과 관계가 있다. 생태적 지능에 들어가는 '물리적 지능'은 흔히 별개로 취급되고 주로 도구 사용과 제작을 다루지만, 둘 다 전통적 의미의 인지 기능을 가리키는 것은 분명하다(Bates and Byrne, 2010). 사회적 지능은 사회적 학습, 모방, 이타주의를 포함한 협동 행동, 개체 재인 등 여러 측면을 포함하며, 여기에는 '고등한' 인지 능력이 필요할 수도 있고 필요하지 않을 수도 있다. 마지막으로, 거울 자기재인, 지식 귀인, 상위인지, '마음의 이론', 궁극적으로 의식 등 '정신적' 기능에 관한 질문이 있다. 이 마지막 질문은 다음 장에서 다룰 것이다.

12.1 경골어류의 인지

먹장어와 칠성장어뿐만 아니라 상어와 가오리의 인지 능력에 관해서도 자세한 보고서는 전혀 없다. 이는 유감인데, 왜냐하면 언급했듯이 한편에 속하는 해파리, 스콸레아 상어, 전기가오리, 홍어와 다른 한편에 속하는 갈레아상어, 매가오리는 상대적 뇌 크기가 약 열 배까지 차이가 나고 뇌의 복잡성도 크게 다르므로 이 차이를 지능의 차이와 비교하면 흥미로울 것이기 때문이다. 생활양식과 뇌의 속성 사이의 관계에 관한 약간의 세부사항은 리셰이 등(Lishey et al., 2008)에서 찾아볼 수 있다.

농어나 잉어와 같은 경골어류는 (파블로프식) 고전적 또는 조작적 방식으로 쉽게 조건화시킬 수 있다. 그럼에도 불구하고 전문가들은 브샤리, 비클러, 프리케의 검토 논문(Bshary, Wickler, & Fricke, 2002)을 통해 경골어류의 인지 능력이 (저자들이 볼 때) 영장류의 것에 맞먹는다는 내용을 접하자 깜짝 놀랐다. 저자들의 주장은 위에 언급한 사회적 지능과 생태적 지능의 구분을 기초로 했다. 이들의 논문에서는 아프리카의 시클리드를 연구해 얻은 데이터가 두드러진 역할을 한다. 시클리드는 습성과 생태 면에서 가장 다양한 척추동물 집단에 속해서 1,600종 이상이 기술되었고, 새로운 종이 끊임없이 발견된다. 큰 호수, 특히 아프리카 대호수 안에서 빠르게 진화한 것으로 유명하며, 많은 종이 겨우 10만 년 전에 진화했다.

어류에 있는 사회적 지능에 관해, 브샤리와 동료들은 많은 시클리드 종을 포함한 몇몇 경골어류가 새끼를 돌보는 맥락에서 시각 단서뿐만 아니라 청각 단서만으로도 개체를 재인할 수 있음을 강조한다. 그러나 개체 재인은 군중 속이 아닌 안정한 집단 속에서만 관찰된다. 하지만 군중 속에서도 짝을 선택하거나, 먹이를 사냥하거나, 포식자를 살피는 맥락에서는 존재할 수 있다. 위계질서가 있는 일부 시클리드 종에서는 하위 개체들이 공격을 덜 받기 위해 상위 집단 구성원을 향해 항복하거나 달래는 행동을 보이는 일이 흔하고, 구애하는 동안에도 그러한 행동을 보인다. 포유류, 특히 영장류에서처럼 부정행위는 부정행위자의 추방과 처벌로 답을 받고, 이는 개체들이 과거에 상호작용하는 동안 상대가 했던 행동을 기억할 수 있음을 의미한다. 경골어류(예 : 거피)는 동종들 사이의 상호작용을 관찰해 사회적으로 중요한 정보를 수집하기도 한다. 관찰자는 다른 동종들이 어떤 때에 짝짓기나 싸움에 성공하는가를 관찰하고 그에 따라 자신의 행동 방향을 결정할 것이다. 시클리드 수컷은 암컷-암컷 공격에 적극적으로 끼어들어 낯선 암컷의 편을 들 것이고, 이 행동은 새로운 암컷이 집단에 정착할 가능성을 높인다. 어떤 자리를 선호하고, 먹이가 있는 곳을 찾고, 포식자에게 대항(예 : 떼 지어 문어 한 마리를 습격)하고, 어린 물고기가 어른 물고기를 관찰해 무엇을 먹고 무엇을 피할지 학습하는 맥락에서 관찰에 의한 사회적 학습이 이루어진다는 많은 보고가 있다. 마찬가지로 협동 사냥(예 : 고등어에서), 심지어 다른 종 사이의 협동 사냥을 뒷받침하는 예도 많이 있다. 예컨대 홍해산호바리는 함께 사냥하기 위해 곰치를 꼬드겨 (인간 관찰자의 눈에는) 기회주의적으로 행동하는 것처럼 보였다.

각별히 인상적인 것은 다른 물고기의 죽은 피부와 기생충을 제거해주는 이른바 청소부 물고기의 청소 공생이다. 청소부 물고기는 다양한 어족에서 찾아볼 수 있으므로 청소 공생은 성공한 행동으로 보이며, 청소놀래기(*Labroides dimidiatus*)와 같은 청소부는 한 종이 11종이 넘는 다른 종의 고객에게 봉사할 수도 있다. 청소부 물고기는 자기 고객과 고객의 습관을 잘 알고 같은 거주지의 종을 선호함으로써 이들을 '외지' 종과 구별한다. 동시에 이들은 건강한 조직을 뜯어 먹음으로써 고객을 속이는 경향이 있다. 이 경우, 고객은 흔히 청소부를 '처벌'해 부정행위에 대응한다. 즉 사기꾼을 쫓아가 공격하고 이들을 피함으로써 자연스럽게 상대에게서 '성난' 고객을 달래는 행동을 이끌어낸다. 요약하면, 브샤리와 동료들이 볼 때 경골어류는 전에는 포유류만, 특히 영장류만 뚜렷하게 보이는 것으로 알려져 있던 개체 재인, 이타적 행동, 부정행위와 그에 대한 사회적 처벌, 유화 행동, 협동을 어느 정도 보여줌으로써 사회적 지능을 분명하게 입증한다.

저자들에 따르면, 경골어류는 '생태적 지능'도 가지고 있다. 경골어류는 성게를 잡아먹을 때 특별한 기술(예 : 물을 뿜어 성게를 뒤집기)을 적용하거나, 숨어 있는 먹이에 닿기 위해 장애물을 치워 환경을 조작한다. 다양한 크기의 돌을 써서 집을 짓기도 한다(털옥돔). 조간대에 사는 망둥어 등 일부 경골어류는 공간 기억력이 뛰어나다. 이 동물은 물이 빠지면 조수가 고인 웅덩이 안에 머물러 있다가 보이지도 않는 다른 웅덩이로 건너뛸 수 있고, 심지어 여러 웅덩이를 연달아 건너뛰어 바다로 탈출할 수도 있다. 여러 실험을 통해, 이 물고기는 밀물 때에 조수웅덩이 위에서 헤엄치는 동안 자기 동네 웅덩이 지형을 기억했다가 그 기억을 써먹는다는 사실이 입증되었다. 장기 기억은 동물계 안에 비교적 드물지만, 흰동가리나 잉어와 같은 일부 경골어류는 최소한 몇 달 동안 지속되는 기억력을 보여준다.

이와 같은 물고기 지능 연구의 연장선에서, 독일의 신경생물학자 한스 호프만을 포함한 한 팀은 아프리카 시클리드를 관찰해 환경의 복잡성, 사회 조직과 뇌의 특징 사이의 상관관계에 관한 보고서를 발표했다(Pollen et al., 2007; Shumway, 2008 참조). 저자들은 시클리드의 행동, 서식지의 속성(모래가 많은지, 돌이 많은지, 아니면 중간인지와 함께 깊이·경사도·표면의 거칠기·돌의 크기와 관련해 증감하는 서식지의 복잡성)뿐만 아니라 종 수, 개체수와 관련한 사회적 행동, 생활양식(예 : 일부일처 대 일부다처)까지 연구했다. 시클리드의 뇌도 전체 부피뿐만 아니라 후구, 종뇌, 시상하부, 중뇌, 중뇌덮개, 소뇌, 배측수질의 부피까지 자세히 측정했다. 연구 결과는 돌과 모래가 섞인 자리나 돌이 많은 자리에 비해 모래가 많은 자리에 사는 종이 더 적고, 서식지가 복잡할수록 뇌와 소뇌가 커지고 후구와 배측수질은 작아지는 상관관계를 보여주었다. 서식지가 복잡할수록 종뇌가 커지는 경향도 있었지만, 서식지의 복잡성과 덮개 및 시상하부의 크기 사이에서는 상관관계가 발견되지 않았다. 최소한 덮개(경골어류의 뇌에서 감각과 운동의 협응을 관장하는 주요 중추)가 그렇다는 것은 다소 놀라운 일이다. 사회 조직과 관련해서는 생활양식이 일부일처인 경우 종뇌의 크기가 큰 편이었고 시상하부의 크기는 작은 편이었던 반면, 일부다처 종은 일부일처 종에 비해 시상하부가 상당히 컸다.

많은 경골어류 분류군은 감각계와 교신계가 고도로 진화한 점이 두드러지는데, 일례인 약전기어(제11장 참조)는 동시에 다른 어류에 비해 뇌가 놀랍도록 크다. 불행히도, 감각 및 교신 기능 이외에 이들의 인지 능력을 체계적으로 연구한 사례는 존재하지 않는다.

12.2 양서류의 학습 및 인지 능력

인습적으로, 개구리와 도롱뇽은 단순한 '반사 기계'는 아니라도 본능에 단단히 매여 있다고 여겨진다(Tinbergen, 1953 참조). 그러나 행동과 신경생리를 더 오래 연구한 결과는 이 동물들도—다른 척추동물 대부분처럼—약간의 학습 능력을 포함해 행동을 조절하는 복잡한 감각계를 지니고 있다는 사실을 보여주었다(Dicke and Roth, 2007 참조).

지난 30년 동안 나의 동료와 공동 연구자들은 나와 함께 개구리와 도롱뇽의 먹이 취향과 섭식 행동의 경험 의존성이라는 문제를 자세히 연구해왔다. 이 동물들도 모든 척추동물과 마찬가지로 사냥 도식을 포함해 먹잇감과 먹잇감의 운동 패턴에 대한 취향을 어느 정도 타고나지만, 이는 키울 때 먹이는 먹이 유형(예 : 파리냐, 귀뚜라미냐, 딱정벌레냐), 즉 초기 경험을 바꾸면 실제로 조정할 수 있다(Roth, 1987 참조). 다 자란 도롱뇽과 개구리는 주로 먹고 자란 먹이와 크기, 모양, 운동 패턴의 특징이 비슷한 먹이를 선호할 것이라는 뜻이다.

　지난 몇 년 동안 우리는 몇몇 동료들과 함께 무당개구리를 가지고 섭식 행동을 보상하거나, 보상을 생략하거나, 처벌하는 방법으로 수많은 조건형성 실험을 실시했다(Jenkin and Laberge, 2010; Dicke et al., 2011). 우리는 먹이 자극으로 자연스럽게 움직이는 귀뚜라미(익숙한 먹이)와 딱정벌레(낯선 먹이)의 실물 크기 동영상을 사용했고, 자극은 개구리 앞의 모니터상에 제시했다. 실험 초기에는 이따금 살아 있는 귀뚜라미를 화면 앞에 놓아주어 가짜 먹이를 덮치는 자발적 행동을 2주 동안 강화했다. 마침내 모든 동물이 자극을 제시할 때마다 100% 확률로 가짜를 덮치면, 이 기준에 도달한 한 집단에게는 2주 동안 추가로 '과잉훈련'을 시켰고, 두 번째 집단에게는 더 이상 귀뚜라미 보상을 주지 않았다. 비로소 시작한 첫 번째 유형의 실험에서 우리는 양 집단에서 보상을 생략하는 효과를 시험했다. 결과는 다소 놀라웠다. 다시 말해, '과잉훈련'된 개구리는 시험 상자 안에서(먹이는 상자 밖에서 받았다) 더 이상 보상이 없는데도 몇 주 동안 계속해서 가짜를 덮친 반면, '과잉훈련'되지 않은 개구리는 덮치는 반응을 유의미하게 줄였고, 덮치기 전에 점점 더 망설였다. 비디오로 (자연의 먹이로도 비디오의 가짜 먹이로도 본 적 없는) 딱정벌레를 제시하자 양 집단의 개구리가 비슷한 비율로 덮치는 반응을 재빨리 줄였다. 이는 '과잉훈련'된 개구리는 이미 매우 안정한 먹이 취향을 형성해서 보상을 생략해도 이것이 바뀌지 않은 반면, 보상이 줄거나 끊기는 경험을 한 개구리는 보상의 생략에 민감했음을 가리킨다.

　다른 일련의 실험에서는, 미리 훈련된 또 한 집단의 개구리들이 가는 전선이 깔린 판 위에 앉아 있는 동안 이들이 먹이를 덮칠 때마다 발에 무해한 전기충격을 가하는 형태로 '벌'을 주었다. 가짜 귀뚜라미를 제시하면서 이런 종류의 '벌'을 주었을 때는 덮치는 반응의 비율이 조금밖에 감소하지 않았고, 감소하는 속도마저도 보상을 생략할 때보다 느렸던 반면, (이 동물들에게도 낯선) 딱정벌레를 제시하면서 '벌'을 주었을 때는 덮치는 반응이 상당히 더 확실하게 감소했다. 보상을 생략한 때 이외에 가장 강한 감소가 관찰된 경우는 가짜 딱정벌레를 제시하면서 '불규칙한 벌', 즉 가짜 먹이의 제시와 무관한 벌을 주었을 때였다. 이 유형의 벌도 이들의 자연적인 섭식 동기에는 영향을 미치지 않았는데, 이 개구리들도 '벌을 받지 않은' 개구리와 똑같이 자연의 귀뚜라미는 냉큼 받아먹었기 때문이다.

　이 실험들은 양서류의 경우에도 어린 개체뿐만 아니라 다 자란 개체까지 경험으로 섭식 행동을 수정할 수 있지만, 특정한 유형의 먹이나 행동이 강하게 굳어지지('과잉 훈련'되지) 않았을 경우에만 그럴 수 있음을 보여준다. 흥미롭게도, 보상의 생략이 처벌보다 더 효과적인 것으로 드러났다. 이는 많은 양서류 종이 저항이 심하거나 맛없는 먹이(꿀벌, 말벌, 개미)를 먹고 살아서 '고통스러운' 먹이 품목이 이들에겐 평소 식품의 일부라는 사실로 설명할 수 있을 것이다(Roth, 1987).

양서류의 '고등한' 인지 능력에 관해서는 알려진 것이 거의 없다. 몇몇 연구에서 보이듯, 인간의 아기와 원숭이는 자발적으로 둘 중 하나를 골라야 하는 과제에서 수가 더 많은 쪽을 선택한다. 울러 등(Uller et al., 2003)은 같은 방법을 붉은등도롱뇽(*Plethodon cinereus*)에게 적용했다. 도롱뇽은 짝지은 수가 1 대 2 또는 2 대 3이었을 때에는 둘 가운데 더 많은 쪽을 선택할 수 있었지만, 3 대 4 또는 4 대 6이었을 때에는 그러지 못했다. 이들은 둘이 하나보다 많고 셋이 둘보다 많음을 알아보는 것 같았다. 이 실험은 전에는 영장류 계통에서만 보였던, '많은 쪽을 더 좋아하는' 가장 기초적인 능력을 도롱뇽도 보임을 시사했다.

우리 실험실에서 크루셰 등(Krusche et al., 2010)이 역시 무폐도롱뇽속(*Plethodon*)의 도롱뇽[여기서는 붉은다리도마뱀(*P. shermani*)]을 가지고 실시한 후속 연구에서는, 동물들이 살아 있는 귀뚜라미, 살아 있는 귀뚜라미의 비디오, 컴퓨터 프로그램으로 만든 귀뚜라미 애니메이션을 사용하는 양자택일 과제에서 두 가지 다른 양(8 대 12 또는 8 대 16)에 도전했다. 도롱뇽은 두 집합의 비가 8 대 16이고 자극이 살아 있는 귀뚜라미나 살아 있는 귀뚜라미의 비디오였을 때 둘 중 더 많은 양을 신뢰도 높게 선택했다. 그러나 비가 8 대 12였을 때, 또는 비가 8 대 16이었지만 먹이 자극이 컴퓨터 애니메이션이어서 자연스러운 운동 패턴을 보여주지 않았을 때에는 크기 분별에 성공하지 못했다. 이는 도롱뇽이 양을 분별하기 위한 주된 특성으로 **운동**을 이용했음을 시사한다. 이 결과는 도롱뇽을 비롯한 척추동물 대부분이 두 종류의 수 체계를 이용한다는 관점을 보강한다. 작은 집합(4 이하)을 위한 체계는 개별 항목을 추적하는 방법으로 작동하기 때문에 정확하지만 한계가 있다. 더 큰 집합을 위한 또 하나의 체계는 분별은 문제의 수들 사이의 비에 달려 있다는 베버의 법칙에 따라 부정확한 아날로그 크기를 기초로 작동하기 때문에 집합의 절대 크기와 무관하다.

브레멘대학교의 우르술라 디케와 동료들은 최근에 붉은다리도롱뇽에게 포유류/영장류에서 발견되는 체계와 닮은, 눈으로 볼 대상을 선별하는 데 쓰이는 주의 체계가 있음을 입증했다. 양서류에서는 시개가 시각 정보를 처리하는 주요 자리이지만, 상행 시각 경로가 배측시상으로 이어져 들어간 다음 전뇌 구조로 더 연장되고, 전뇌 구조는 되먹임 고리를 통해 덮개 뉴런의 반응을 조정한다. 시야에 두 개의 대상이 존재하면, 무시할 대상을 향한 뉴런의 반응을 강하게 억제함으로써 중요한 대상의 처리를 촉진한다. 이 억제 효과가 강할수록 경쟁하는 자극이 '더 매력적'으로 느껴진다(Schuelert and Dicke, 2002, 2005). 상행 경로가 손상된 도롱뇽은 더 이상 한 대상을 향해 주의를 돌리고 다른 대상을 무시하지 못하므로 시간이 가도 '결단을 내리지 못하는' 동시에, 덮개에서 억제하는 효과도 더 이상 존재하지 않는다(Ruhl and Dicke, 2012). 영장류는 눈으로 볼 대상을 선별하는 데 덮개(여기서는 상구)가 아닌 피질을 사용하지만, 중간에서 억제 효과를 시각 처리 기제로 전달하는 것은 도롱뇽에서와 마찬가지로 배측시상의 일부(여기서는 시상침)다.

12.3　포유류와 조류의 인지 능력과 지능

지난 20년 동안 포유류와 조류의 인지 능력과 물리(또는 환경) 지능을 연구한 사례는 너무 많아서 여기서 포괄적으로 개관하기는 불가능하다. 다음에서는 도구 사용 및 제작, 응시 따라 하기, 모방, 의도적 활동, 사회적 학습, 양(量)의 표상, 대상 영속성, 추리, 작업 기억 등 물리적 지능을 측정하는 데 가장 자주 사용되는 범례에 집중하고, 모방을 포함해 사회적 지능을 측정하는 데 사용되는 범례도 다룰 것이다.

12.3.1 도구 사용 및 제작

동물이 망치, 탐침, 모루, 무기, 스펀지, 미끼와 같은 물건을 사용한다는 일화는 늘 보고되고 있었다. 예를 들어, 돌고래는 쏨뱅이를 죽여 쏨뱅이 몸의 독가시로 갈라진 틈에 숨은 곰치를 찌르고, 갈라파고스의 딱따구리핀치(*Cactospiza pallida*)는 선인장 가시로 나무껍질 밑의 곤충을 찌른다. 이집트민목독수리(*Neophron percnopterus*)는 돌을 던져 타조 알을 깨뜨리고, 바다수달(*Enhydra lutris*)은 다양한 종류의 돌을 모루로 삼아 달팽이나 게처럼 껍질이 단단한 동물을 깨뜨린다. 바다수달의 딸들이 어미가 선호하는 유형의 돌을 특별히 잘 쓴다는 사실은 이 종의 도구 사용 능력에 학습된 요소가 있음을 암시한다.

　도구는 자연 도구와 인공 도구로 나눌 수 있다. 자연 도구에는 스펀지로 쓰이는 이끼, 물을 나르기 위한 잎사귀, 몸을 긁거나 진드기를 떨어내기 위한 나무 막대기 등이 포함되고, 인공 도구에는 잔가지나 껍질을 입으로 물어 벗겨낸 막대기(침팬지), 파리채로 쓰기 위해 개조한 나뭇가지(코끼리) 등 일정한 목적을 위해 공을 들인 모든 천연물뿐만 아니라, 곤충을 고정시키기 위한 침(조류), 낚시를 위한 창(영장류) 등의 조립물도 포함된다(Hart et al., 2008).

　영장류 사이에서는 도구 사용 사례가 흔히 발견된다. 최근에는 야생의 알락꼬리여우원숭이가 일정 조작을 거쳐야 먹이가 나오는 먹이통을 조작하는 데 성공했다는 보고가 있었고(Kendal et al., 2010), 이는 여우원숭이가 야생에서 도구를 사용한 유일한 사례로 알려져 있다. 그러나 가두어 기른 여우원숭이가 낯선 물건을 다루는 솜씨는 대략 신세계원숭이나 구세계원숭이의 솜씨에 견줄 수 있다. 작은쥐여우원숭이(*Microcebus*)는 상자를 여는 다양한 방법(거울에 비친 역상을 이용하는 방법을 포함)을 터득했고, 아이아이(*Daubentonia*)는 깡통 따는 과제를 해결해 이들이 도구의 특징을 기본적으로 이해한다는 사실을 입증했다(Fichtel and Kappeler, 2010 참조). 꼬리감기원숭이에서는 제한된 형태의 도구 제작 사례를 포함해 도구를 체계적으로 사용하는 사례가 발견된다(Ottoni and Iza, 2008; Visalberghi and Limongelli, 1994; Visalberghi et al., 2009). 이리키 아츠시와 사쿠라 오사무(Iriki and Sakura, 2008)는 일본원숭이의 경우 적절한 환경에 노출시키면 잠재 인지 능력이 드러난다고 주장한다. 나아가 도구 사용 훈련에 성공한 동물의 뇌에는 생리적, 해부학적, 분자유전적 변화가 일어났다.

　침팬지는 넓은 범위의 복잡한 도구를 제작해 사용하는 것으로 알려져 있고, 개미와 흰개미를 찍어내기 위해 잔가지를 준비하는 등 도구를 다양한 수준에서 다르게 사용하는 것으로 드러났다(Goodall, 1986; Boesch and Boesch, 1990). 침팬지 개체군에게 있는 도구 상자는 다양한 기능을 위한 약 20가지 유형의 도구로 구성되어 있다. 침팬지만이 한 유형의 재료를 사용해 여러 종류의 도구를 만들거나, 여러 재료로 한 종류의 도구를 만들 수 있는 것으로 보인다. 이들은 도구 한 벌을 순서대로 사용하고, 복합 도구를 사용하고, 여러 도구를 하나의 작업 단위로 조합한다(Sanz and Morgan, 2009;

McGrew, 2010). 이 맥락에서 침팬지뿐만 아니라 오랑우탄도 통찰력 있는 문제 해결 능력을 보여준다(Mendes et al., 2007; Osvath and Osvath, 2008). 이들은 다가오는 사건을 마음속으로 미리 경험하면서 활동을 계획하고, 도구 사용에서 한참 나중에 필요한 물건을 선택할 수 있다(Mulcahy and Call, 2006 참조). 다음 장에서 의식을 다루는 맥락에서 이 주제로 돌아올 것이다.

도구 사용의 놀라운 예는 까마귀에서도 발견된다. 까마귀는 자연에서는 물론 가둬 기를 때에도 자연물을 도구로 사용할 뿐 아니라 이를 적당한 길이가 되거나 구멍을 통과하도록 다듬는 것으로 드러난다(Chappell and Kacelnik, 2004; Weir et al., 2002). 오클랜드대학의 헌트와 동료들이 입증했듯이, 뉴칼레도니아까마귀(*Corvus moneduloides*)는 자발적으로 판다누스(*Pandanus*) 잎으로 도구를 만든다. 가장자리를 뜯어내 길게 만든 잎을 탐침으로 사용해 갈라진 틈에서 곤충을 꺼낸다. 이 맥락에서 이들은 목적에 따라 크기와 모양이 다른 띠를 제작한다. 이런 종류의 도구 사용은 뉴칼레도니아(오스트레일리아 동부에 있는 한 무리의 섬)에서 일단 발명된 다음 개체에서 개체로 퍼진 것으로 보인다.

2002년, 옥스퍼드대학의 차펠과 카셀닉을 비롯한 동료들은 뉴칼레도니아까마귀 베티(지금은 죽었지만)가 수직 관(管)에서 먹이(돼지 염통 조각)가 든 작은 양동이를 꺼내기 위해 곧은 철사를 사용하는 모습을 관찰했다(Chappell and Kacelnik, 2002). 처음에 실패한 베티는 즉흥적으로 철사를 고리 모양으로 구부려 비로소 양동이를 들어 올릴 수 있었다. 다음 시험에서도 베티는 아홉 번이나 철사를 고리 모양으로 구부렸다. 헌트에 따르면, 야생 까마귀도 이따금 고리를 만들고, 베티가 전에 고리 모양의 철사를 본 적도 있었지만, 베티는 이런 유형의 의도적 도구 제작에 성공한 유일무이한 사례로 여겨지며, 침팬지조차도 비슷한 과제를 굉장히 어려워한다고 보고된다.

비슷하게 인상적인 뉴칼레도니아까마귀의 행동은 차가 붐비는 도로 위의 자동차 앞에 견과를 놓고 차가 그것을 깨뜨려 열 때까지 기다리는 것이다. 이 새는 깨진 견과를 안전하게 회수할 수 있을 때까지 신호등 옆에서 다른 보행자들과 함께 기다린다. 마지막으로, 헌트 등(Hunt et al., 2007)은 까마귀들이 짧은 막대를 써서 한 상자에서 더 긴 막대를 꺼낸 다음 그것을 써서 다른 상자에서 먹이를 꺼낼 수 있음[어떤 도구를 얻기 위해 다른 도구를 사용하는 **상위도구 사용(metatool use)**]을 입증했다. 이는 이들 말고는 영장류에서만 관찰할 수 있었던 행동이다.

도구 제작의 문제는 떼까마귀(*Corvus frugilegus*)처럼, 야생에서 도구를 사용하지 않는 것으로 보임에도 불구하고 통찰이 필요한 도구 사용 문제를 풀 수 있는 까마귀가 발견되면서 더 복잡해졌다(Bird and Emery, 2009). 돌과 막대의 사용 및 개조, 고리 제작, 마지막으로 '상위도구' 사용을 포함해 지능적 도구 사용 능력을 시험하는 수많은 표준 시험에서, 떼까마귀는 위에서 설명했듯이 야생에서 일상적으로 도구 사용 및 제작 능력을 보여주는 뉴칼레도니아까마귀만큼 유능한 것으로 드러났다.

여기서도 이들의 '의도적' 도구 제작 능력에 의해 시사되는 것처럼, 까마귀 등의 조류가 도구 사용을 인과적으로 이해하는가 하는 문제가 대두된다. 테일러 등(Taylor et al., 2009)의 최근 실험은 그러한 가정을 의심하게 한다. 저자들은 뉴칼레도니아까마귀를 대상으로 표준적인 끈 당기기 실험을 수행해 실험을 해본 동물과 처음 하는 동물을 비교했다. 동물은 한쪽 끝에 고기가 달린 끈을 당겨 올려야 했다. 끈과 당겨지는 고기가 완전히 보일 때에는 초보 동물도 대부분 자연스럽게 문제를 해결했다. 하지만 끈 당기기를 눈으로 보면서 조절하지 못하게 하자 경험이 없는 동물은 더 이상 자연스럽게 문제를 풀지 못하고 긴 시행착오를 거쳐 학습한 뒤에만 문제를 풀었고, 경험이 있는 새들까지도 수행력이 극적으로 떨어졌다. 거울을 통해 눈으로 정보를 돌려받으면 성공률이 올라갔다. 저자들에 따르면, 이는 끈 당기기 실험에서 문제 해결이 통찰을 기초로 하는 것이 아니라 주로 강화 학습, 즉 끈을 당겨보니 고기가 더 가까이 오더라는 경험을 기초로 함을 입증한다. 까마귀는 끈과 고기 사이의 인과관계를 이해하지 못하는 것으로 보였다. 따라서 까마귀가 진정으로 통찰 문제를 해결할 수 있는가의 문제는 여전히 답이 없다.

12.3.2 양의 표상

여우원숭이는 더 적은 양의 먹이를 선택했을 때 더 많은 양의 먹이로 보상을 받으면, 더 많은 양을 선택하려는 충동적 몸짓을 제어할 능력이 있다. 보상을 표상하는 그림을 해당하는 양과 연관시키는 법도 배웠다. 비록 이 경우, 일관적으로 더 적은 양의 표상을 선택해 더 많은 보상을 받은 여우원숭이는 한 마리뿐이었지만 말이다(Genty and Roeder, 2011). 기초적인 수 관념은 원원류(원숭이와 유인원을 제외한 영장류, 여우원숭이 포함—옮긴이)에도 존재하는 것으로 보이지만, 수를 분별하는 능력은 원숭이 와 유인원이 더 우수하다. 꼬리감기원숭이(진원류에 속하는—옮긴이)는 먹이 선택 실 험에서 최대 다섯 품목을 대조해 두 집합 가운데 더 큰 집합을 판단할 수 있다(Evans et al., 2009). 품목이 최대 열 개인 두 집합 가운데 더 큰 집합을 판단하는 과제는 붉 은털원숭이(진원류)와 대형유인원에서 시험되었다. 붉은털원숭이는 품목이 네 개 이 하인 한 집합과 품목이 네 개 이상인 한 집합을 순차적으로 제시했을 때 두 집합 가운 데 더 큰 집합을 신뢰도 높게 선택한 반면(Beran, 2007), 대형유인원은 양이 더 많고 (최대 열 품목) 두 수치의 거리가 가까울(최소 한 품목) 때에도 그렇게 했다(Hanus and Call, 2007). 그러나 수행력은 두 집합 사이 숫자 비의 함수로 (1 : 2에서 9 : 10으로 가 면서) 떨어졌다. 더 근래에, 번 등(Byrne et al., 2009)은 아시아코끼리 역시 최대 12품 목에 달하는 더 많은 양을 두 양의 차이가 조금밖에 나지 않을 때에도 상당한 정확도 (70~80%)로 선택하는 능력이 있다고 보고했다.

보더 콜리(양치기 개) 리코는 보여주거나 호명한 물건을 옆방에 잔뜩 모아둔 물건들 (최대 200개. Kaminski et al., 2004 참조) 중에서 골라내는 뛰어난 능력을 드러냈지만, 수는 다섯 이상 세지 못했다. 인지 능력이 인상적인 또 다른 '스타'로는 회색앵무 알렉 스가 있었다(Pepperberg, 2000). 알렉스는 보여준 물건의 수를 최대 네 개까지 말로 표 현할 수 있었고, 최대 다섯 가지 색깔과 사물을 구분해서 말할 수 있었다. 알렉스의 가 정교사 아이린 페퍼버그에 따르면, 알렉스는 심지어 '0'의 의미를 이해했고 '같다'와 '다르다'의 개념을 능숙하게 구분해 말했다. 그런 알렉스조차 다섯을 넘기면 마법이 풀 렸다. 이 한계는 유인원을 제외한 모든 동물에게 해당되는 것으로 보이며, 유인원조차 도 오랜 훈련 뒤에만 넘어설 수 있다.

12.3.3 대상 영속성

대상 영속성이 인간에게서 점차 발달하는 양상은 크게 여섯 단계로 나뉜다(Piaget, 1954). 인간의 유아는 4단계가 되면 단 한 곳에 숨긴 대상을 마음속으로 표상했다가 꺼낼 수 있다. 그 대상을 새로운 곳에 숨기는 것을 보아도, 유아는 계속 처음 장소에 서 대상을 찾는다. 대상 영속성의 5단계가 되면 한 대상을 연달아 여러 장소에 숨겨도 찾을 수 있는 반면, 6단계가 되면 대상을 더 이상 직접 지각할 수 없어도 대상의 위치

를 추론할 수 있다. 여우원숭이는 눈에 보이게 옮겨진 대상(건포도)을 찾는 데 성공했
으므로 5단계를 만족시킨다. 눈에 보이는 위치 이동을 이해하고 마음속으로 표상할 수
있는 것이다(Deppe et al., 2009). 여우원숭이뿐만 아니라 원숭이도, 옮기는 과정을 보
지 않고도 대상을 제대로 찾는 6단계는 통과하지 못했다. 원숭이는 눈에 보이게 옮겨
진 품목은 정확하게 골라냈지만, 과정을 보지 못한 위치 변동은 추적하는 데 더 애를
먹었다(Neiworth et al., 2003). 보이지 않게 옮겨 다니는 대상을 찾아내는 능력은 대형
유인원과 인간에서만 일관성 있게 보고되어왔다(Barth and Call, 2006; Collier-Baker
et al., 2006).

12.3.4 추리와 작업 기억

오래도록 인간만이 추리와 지능 또는 사고 능력을 지녔다고 믿어졌고, 동물들이 이
성적으로 행동할 수 있는가의 문제는 오늘날도 전문가들 사이에서 논쟁이 된다
(Povinelli, 2000 참조). 원숭이와 조류의 도구 사용에 관해 위에 묘사한 실험들은 이
동물들이 바탕의 물리적 기제를 더 깊이 이해하지는 못해도 도구를 사용하고 제작까
지 할 수 있음을 시사한다. 그러나 블레이스델과 동료들(Blaisdell et al., 2006)은 최근
에 순수한 관찰을 바탕으로 미래사건 예측하기라는 형태로 인과적 추리를 하는 데는
그와 같은 '더 깊은 이해'가 반드시 필요하지 않다고 주장했다. 그들은 쥐가 순전히 관
찰학습을 기초로 행동을 바꿀 수 있음을 입증했다. 연상학습만을 기초로 해서는 설명
할 수 없는 결과다.

　동물의 인과적 추리 수준을 시험하기 위한 한 가지 흔한 범례는 이른바 '이행법칙'이
다. A가 B보다 크고 B가 C보다 크면 A는 C보다 크다고 결론 내릴 수 있다는 것이 이
법칙의 일례다(제8장 참조). 독일계 아르헨티나인 심리학자 후안 델리우스는 비둘기
를 데리고 실험한 결과 처음엔 이 동물이 이행법칙에 따라 행동할 수 있다는 결론에 도
달했다(Delius et al., 2001). 그러나 나중엔 이들의 행동이 진정한 논리적 추론을 기초
로 한 것이 아니라 일정한 대상이 더 높은 빈도로 짝지어진다는 사실을 기초로 했을지
도 모른다고 의심하게 되었다. 유인원을 포함한 영장류를 데리고 한 실험에서는 침팬
지 한 마리만이 정답을 제시함으로써 이들도 이행법칙을 진정으로 적용하는 데 서툴다
는 사실이 입증되었다. 인간 피험자조차도 같거나 비슷한 문제를 마주했을 때 진정한

추리 대신 단순한 경험법칙(heuristics)을 사용하는 경우가 많다. 결과가 더 분명해지는 때는 동물이 마주하는 이행법칙이 생물 또는 사회와 관련성이 높은 경우, 예컨대 동물이 어떤 경쟁자와 싸우는 게 '합리적'인가 아닌가를 가늠해야 할 때다. 시클리드, 까마귀, 포유류는 자기가 싸워서 이미 진 적이 있는 경쟁자가 제3의 동물에게 지는 것을 관찰하면 대부분 승자와의 싸움을 단념한다. 그러나 이 경우에도, 벌이 하듯이(제8장 참조) 단순히 짝지어 비교하기로 충분하고, B와 D처럼 인접하지 않은 쌍을 비교해야 하는 경우는 실패할 것이다. 그러므로 우리는 인과적 추리가 인간 이외의 동물에게는 제한된 형태로만 존재한다고 결론 내릴 수 있다.

인지-추리 능력을 시험하기 위한 또 다른 흔한 과제는 순서 이해하기, 즉 사물이나 행동의 일정한 순서를 학습하고 기억하는 것이다. 미국 심리학자이자 행동주의자인 허버트 테라스가 수십 년 전에 수행한 한 시험(Terrace, 1987)에서는 비둘기들이 서로 다른 색깔의 원반을 주어진 순서대로(적색 A, 녹색 B, 황색 C 등) 쪼아야 했다. 비둘기는 120일 동안 날마다 훈련을 받은 뒤에야 이 과제를 터득할 수 있었다. 세 개의 사물이 색깔뿐만 아니라 모양도 다르면 수행력이 높아졌다.

작업 기억 능력을 시험하는 데 많이 쓰이는 과제는 지연표본대응과제(delayed-matching-to-sample task, DMTS) 또는 이것의 보완적 형태인 지연비표본대응과제(delayed-non-matching-to-sample task)다. DMTS에서 피험자는 보상과 함께 제시된 자극을 본 다음 그것이 더 이상 보이지 않는 다양한 시간 동안 자극을 기억했다가 한 쌍의 자극 중에서 기억한 자극을 알아보아야 한다. 비둘기는 5~10초의 지연에는 금세 숙달되지만, 1분을 지연하면 1만 7,000회의 훈련을 거친 뒤에야 기억에 성공했다. 마카크원숭이 역시 긴 훈련 뒤에야 2~9분의 지연에 숙달된다. 돌고래는 최대 4분에 도달한다. 인간의 작업 기억 용량은 '음운 고리'(제14장 참조)에 의해 크게 증가하지만, 인간 피험자가 혼잣말을 못하게 하면 돌고래나 마카크원숭이보다 나을 게 없었다.

더 근래에는 일본의 행동주의자 이노우에와 마츠자와(Inoue and Matsuzawa, 2007)가 어미-새끼 세 쌍의 침팬지가 놀라운 양의 숫자를 기억했다고 보고했다. 수의 순서 과제에서 이 동물들은 1부터 9까지 아라비아 숫자의 순서를 외워야 했다. 숫자들은 화면의 서로 다른 위치에 나타났다가 흰 네모로 바뀌었다. 시험받는 동물은 어떤 숫자가 어떤 위치에서 나타났는지를 기억했다가 흰 네모를 올바른 순서로 건드려야 했다. 경험이 없는 모든 동물이 이 과제에 숙달됐지만, 세 마리 어린 침팬지가 언제나 세 마리 어미보다 성적이 좋았다. 어른 인간도 세 마리 어린 침팬지보다 느렸다. 또 다른 시험('시간제한과제')에서는 숫자들이 점점 더 단시간(610ms, 430ms, 210ms) 동안만 나타났다가 흰 네모로 바뀌었다. 최고 성적의 어미(아이)는 물론 인간 대조군도 시간이 짧아질수록 과제를 정확히 수행하는 비율이 급격히 떨어진 반면, 최고 성적의 어린 침팬지(아유미)는 성공률이 거의 전혀 떨어지지 않았다. 같은 조건에서 인간의 어린이를 시험하면 흥미로울 것이다.

12.3.5 사회적 지능

'마키아벨리적' 지능

지난 세기의 마지막 10년 동안 축적된 풍부한 데이터는 포유류, 특히 영장류에서 크고 복잡한 뇌가 진화하게 된 한 가지 주된 요인은 사기, 모방, 응시 따라 하기를 포함하는 복잡한 사회적 능력을 발달시킬 필요성이었음을 시사한다. 이 개념 중에서 과거부터 지금까지도 가장 영향력이 큰 것이 바로 영국의 심리학자이자 행동주의자 리처드 번과 앤드루 휘튼이 내놓은 '마키아벨리적 지능' 가설이다(Byrne and Whiten, 1992; Byrne, 1995). 이 가설은 외교적으로 행동하고, 연합하고, 협동하고, 서열을 확립하고, 사기를 치고, 사기당했음을 깨닫고, 사기를 맞받는 능력을 강조한다. 저자들에 따르면, 일군의 동물이 일정 수준의 사회적 복잡성에 도달하기 위해서는 이 모두가 필요하다.

번은 영장류 사이에 사기 행위가 전에 가정했던 것보다 훨씬 더 흔하며, 대다수 종이 시행착오를 통해 이를 학습한다고 주장한다. 한쪽에서 사기 행위를 반복하면 상대방도 사기를 치게 된다. 특히 유인원은 자기 행동을 통찰하는 능력의 짝으로 사기 치는 경향이 자리 잡은 것으로 보인다. 사기 행위는 조류 사이에서도 발견되지만, 조류의 사기는 흔히 타고난 행동 패턴을 기초로 한다. 예컨대 물떼새처럼 땅에 새끼를 낳는 조류는 날개가 부러진 것처럼 '설치류 달리기'를 보여줌으로써, 즉 조그만 설치류인 체함으로써 포식자의 주의를 돌린다. 그러나 사기는 학습될 수도 있어서, 어린 새들은 처음으로 사기를 당한 뒤 사기를 치기 시작한다(Emery and Clayton, 2004).

응시 따라 하기

사회적 지능의 특별한 사례인 응시 따라 하기는 개를 제외하고는 거의 전적으로 영장류에서 발견된다. 어우원숭이는 우선적으로 다른 여우원숭이들을 향해 눈을 돌리고 자신의 사회 집단에 속한 다른 구성원들의 주의 상태를 그대로 따라 한다(Shepherd and Platt, 2008). 응시 정향과 대상 선택에 관한 한 연구에서는 눈과 고개를 오른쪽이나 왼쪽의 보상으로 돌리고 있는 동종의 컬러 사진을 모델로 사용했다(Ruiz et al., 2009). 모델의 응시에 대한 여우원숭이의 반응이 이들의 행동 선택에 유의하게 영향을 미쳤다. 저자들은 이것을 응시 점화(gaze priming)라고 정의한다. 원숭이가 상대의 시각적 목표물을 응시하면서 관찰 중인 동물을 마음속으로 이해하는가는 여전히 답이 나오지 않은 문제다. 꼬리가 긴 마카크원숭이는 응시를 따라 하는 동시에 자주 상대를 다시 보며 방향을 확인했고, 이 행동은 상대의 얼굴 표정이 무덤덤할 때보다 공포와 복종의 기미를 보일 때 유의하게 더 잦았다(Goossens et al., 2008). 꼬리감기원숭이와 거미원숭이는 인간 실험자의 응시를 자발적으로 따라 했고, 꼬리감기원숭이는 장벽 언저리에서 응시를 따라 했지만, 꼬리감기원숭이도 거미원숭이도 '돌아보는' 행동은 보여주지 않았고(Amici et al., 2009), 따라서 타자의 관점을 이해하는 조망수용(perspective taking) 능력은 없을지도 모른다. 마모셋원숭이는 응시 방향을 추정하는 데서는 뛰어난 실력을 보였지만, 맥락에 무관한 조망수용 능력은 보여주지 못했다(Burkart and Heschl, 2007).

지금 가진 증거에 따르면, 원숭이는 응시 방향을 추정할 수 있지만 시각적 조망은 이해하지 못하는 것으로 보인다. 대형유인원은 응시를 추적해 숨겨진 목표물로 갔다가 목표물을 찾지 못하면 인간 실험자를 돌아볼 수 있다(Bräuer et al., 2005; Tomasello et al., 2007). 그러나 대형유인원은 응시 따라 하기에서 고개의 방향과 눈의 방향을 둘 다 이용하는 반면, 인간의 유아는 눈에 훨씬 더 강하게 동조한다.

최근까지, 영장류 이외의 동물 중에서 응시를 따라 하는 유일한 사례는 개에서 발견되었다. 개는 수천 년에 걸쳐 인간과 소통하도록 훈련되었기 때문에 사회적 지능의 특별한 사례에 해당한다고 믿어진다. 개는―모든 개 주인이 알듯이―친숙한 인간(특히 개 주인)의 기분과 의도, 예컨대 주인이 산책을 가려 하는지 아닌지를 파악하는 능력이 뛰어나고, 이 맥락에서 체취, 몸의 자세, 몸짓, 목소리의 감정가(價)와 같은 정서적 소통의 신호들을 이용한다. 부다페스트 외트뵈시대학 출신의 헝가리 동물학자 미클로시 등(Miklósi et al., 2003)이 보였듯이, 개는 인간이 손으로 가리키는 것을 이해하고, 인간에게 숨겨진 물건에 관해 알려주고, 인간의 얼굴을 쳐다보며 인간이 확인하는 것으로 보일 때까지 응시를 따를 수 있다. 처음에 늑대에서는 그러한 행동을 찾을 수 없었으므로, 그것이 인간과 함께하는 삶에 대한 개들 특유의 적응에 해당한다는 결론이 내려졌다. 그러나 최근에는 우델 등(Udell et al., 2011)이 늑대도 마찬가지로 인간의 주의 상태에 민감하며 조망수용 능력을 빠르게 향상시킬 수 있음을 입증했다.

모방

모방(imitation)은 오래도록 열등한 종류의 학습으로 여겨졌고 일정한 행동을 무의미하게 베끼는 일이라는 의미에서 일반적으로 '원숭이 짓'이라 불렸다. 최근에야 모방이 더 고등한 종류의 인지 능력이라는 게 분명해졌다. 그러나 지금까지도 보편적으로 인정되는 모방의 정의는 없고, 전에 모방으로 보였던 어떤 종류의 행동은 이제 다르게 해석된다. 이 모방과 유사한 행동들 중 하나가 반응 촉진(response facilitation) 또는 대리 실행(emulation)이다. 광범위한 동물에서 발견되는 이 행동은 어떤 활동을 보는 경험이 개체를 '점화'해 그 개체가 같은 활동을 하다가 시행착오를 거쳐 문제에 대해 같거나 매우 비슷한 해답을 발견하도록 한다는 뜻이다. 한 가지 유명한 예가 바로 일본 고시마 섬에 사는 마카크원숭이들이 감자를 씻는 행동인데, 이 행동이 분명하게 처음 관찰된 것은 1952년 이모라는 이름의 어린 암컷 원숭이에서였다. 이 습관이 일단 임계 숫자의 원숭이에게 도달하자 믿을 수 없이 빠르게 배포되었다('백 번째 원숭이 효과')는 환상적인 이야기가 등장했지만, 나중에 이는 완전한 허구로 드러났다. 사실 이 습관은 섬의 마카크원숭이 개체군 전체에 매우 서서히 퍼졌다.

　중요한 것은 대리 실행의 사회적 성분이다. 예를 들어, 어린 개코원숭이(Papio)는 집단 구성원 한 마리가 과일을 맛본 뒤 어떤 종류의 과일이 먹을 수 있는 것인지를 재빨리 학습한다. 역시 구세계원숭이인 버빗원숭이(Chlorocebus)는 개코원숭이와 같은 환경에서 살지만 이 과제를 더 느리게 학습한다. 어린 개코원숭이는 사회적으로 친밀하게 살고 서로에게 대단한 관심을 보이는 반면, 버빗원숭이는 그렇지 않다는 점으로 차이가 설명될 것이다.

모방으로 오해되는 행동의 또 다른 유명한 사례는 박새(*Parus major*)가 집의 현관 계단에서 우유병의 호일 뚜껑을 따고 우유 꼭대기의 크림을 먹는 행동이다. 이 행동은 1921년에 처음 눈에 띄었지만 그런 다음 20년에 걸쳐 영국 전역과 스코틀랜드 및 웨일스의 일부로 급속히 퍼졌고, 마침내 다른 새의 종으로 '건너뛰었다'(Hawkins, 1950; Lefebvre, 1995 참조). 오늘날은 이 행동을 자극 증강과 강화 학습의 조합(조작적 조건 형성. Byrne, 1995 참조)으로 본다. 다시 말해, 새 한 마리가 어쩌다가 뚜껑 아래에 크림이 있음을 발견하고, 이 유형의 행동이 그 행동의 성공에 의해 보강된다. 첫 번째 새가 어떤 물체를 쪼고 있는 모습을 다른 새가 지켜보다가 이 행동이 주의를 끌면 다른 새도 내려앉아 같은 병을 쫄 확률이 높아진다. 이 새는 보상을 받음으로써 이런 종류의 행동을 반복할 동기를 얻는다. 새들이 뚜껑을 열 때 다양한 방법을 적용한다는 사실은 뚜껑 쪼기가 딱히 모방되는 것은 아니라는 사실을 입증한다(Byrne, 1995).

진정한 모방에서는, 전에는 행동 목록의 일부가 아니었던 활동을 베낀다. 베이츠와 번(Bates and Byrne, 2010)은 두 유형을 구분한다. **활동 수준 모방**이라 불리는 유형에서는 관찰되는 모든 활동을 정확하게 자세히 베낀다. 예컨대 유인원, 앵무새, 돌고래는 흔히 무의미한 방식으로 다른 종의 활동을 얼마든지 자세히 베낀다. 돌고래가 바다사자의 헤엄 스타일과 잠자는 자세를 정확하게 베낄 수도 있다. 다른 유형은 '**체현** (impersonation)' 또는 '**프로그램 수준 모방**'이다. 이 유형의 모방에서는 복잡한 활동의 기본 위계 구조를 빌려 쓰지만, 실행의 세부사항은 시행착오를 통해 학습한다. 특정 개체군의 마운틴고릴라는 가시와 갈고리로 덮인 식물의 줄기와 잎을 먹고 산다. 이들은 특별한 기술을 써서 이 식물의 먹을 수 있는 부분에 접근한다. 다른 개체군의 마운틴고릴라는 이런 행동을 보이지 않는다. 이로 미뤄볼 때, 이 기술은 습득된 것이고 어린 동물이 어미와 우두머리 수컷에게서 배우는 것이다(Bates and Byrne, 2010).

인간 행동을 모방하는 사례는 유인원, 예컨대 오랑우탄(*Pongo pygmaeus*) 사이에서 자주 발견된다. 인도네시아의 탄중 푸팅 국립공원에서는 오랑우탄들이 공원 직원의 일상 활동을 모방하고 있는 모습이 관찰되었다(Pearce, 1997). 이 동물들은 베낀 활동의 의미를 이해하는 것처럼 보일 때도 있었고, '그냥 재미로' 그런 활동을 할 때도 있었다. 큰 통에 든 연료를 깡통으로 쏟기, 길 쓸기, 불 피우기, 톱질하기, 팬케이크 재료 섞기, 설거지 등이 여기 들어갔다.

모방은 사회적 신호를 전달할 때에도 일어난다. 어떤 동기로 어떤 활동을 베끼느냐에 따라 모방이 이러한 유형의 사회적 흉내로 분류될 것이다. 세분하면, 원숭이와 유인원에서 발견되는 **맥락 모방**에는 목록에 이미 있는 활동의 적용법을 배우는 것이 들어간다. **생산 모방**은 관찰을 통해 새로운 운동 기술을 배우는 것을 가리키고, **프로그램 수준 모방**과 **합리적 모방**으로 세분된다. 전자에서는 올바른 결과만 얻어진다면 세부사항은 중요하지 않은 반면, 후자에서는 활동이 목적을 달성하는 논리에 대한 이해가 존재한다.

침팬지와 기타 대형유인원은 다른 영장류보다 우월한 모방 능력을 보인다. 최근 관점에 따르면, 대형유인원은 프로그램 수준 모방을 보여주면서 모방을 명백히 인식하고 합리적 모방도 보여주며, 타자를 마음에 둘 수 있고 지향성과 인과관계(다음 장 참조)도 어느 정도 이해하는 것으로 보인다. 단순히 일정한 운동 행동을 베끼는 대신 전문가가 사용하는 규칙을 베끼는, 마카크원숭이에게서 발견되는 행동(Subiaul et al., 2004)이 원숭이 수준에서 맥락 모방 또는 생산 모방을 입증하는지는 현재로서 불분명하다. 많이 거론되는 전두엽 F5 영역의 '거울 뉴런'을 포함해, 마카크원숭이의 후두정엽 및 전두엽 영역은 의미 있는 손 뻗기와 쥐기뿐만 아니라 얼굴 움직임을 실행하고 재인하는 일을 담당하지만(Rizzolatti and Craighero, 2004), 이것이 모방에도 중요한지는 여전히 불분명하다(아래 참조). 침팬지는 실험자가 자신에게 먹이를 줄 생각이 없는지 아니면 줄 수 없는지를 구분할 수 있다. 그러므로 이들은 단순히 타자의 행동을 지각만 하는 것이 아니라 해석하기도 한다(Call et al., 2004). 최근 꼬리감기원숭이는 의도적 행위자와 의도 없는 사물을 구분하는 것으로 드러났다(Phillips et al., 2009).

남의 실수를 보고 배우는 것도 남의 행동을 베끼는 것만큼 중요하다. 유인원과 인간의 아이들은 문제를 해결할 때 사용하는 사회적 학습 기제가 다르다. 인간 시범자가 도구를 사용해 퍼즐 상자에서 눈에 보이지 않는 보상을 꺼내는 행동을 재현한 침팬지는 이 과제의 전체 구조를 모방했다. 보상이 눈에 보이는 조건에서 침팬지는 무관한 활동들을 무시하고 더 효율적인 대리 실행 기법을 선호한 반면, 아이들은 두 조건 모두에서 효율을 희생하고 모방을 적용해 과제를 해결했다(Horner and Whiten, 2005). 꼬리감기원숭이는 원숭이에게 미끼가 든 상자를 열거나 열지 못하는 활동을 보여준 인간 시범자의 실패를 자발적으로 상쇄하지 못했다. 그러나 동종이 상자 열기에 실패하는 것을 지켜본 다른 원숭이는 상자를 여는 데 성공했다(Kuroshima et al., 2008). 원숭이는 다른 원숭이가 한 활동의 결과뿐만 아니라 다른 원숭이의 활동 자체를 참고할 수 있었고, 이는 원숭이도 인간이나 대형유인원처럼 사회적 학습에서 다른 구성원이 하는 활동의 의미를 이해할 수도 있음을 시사한다.

다음 장에서는 전통적으로 '고등한 정신 능력'과 연결되는, 의식을 포함한 인지 기능들을 논의한 다음, 두 장으로부터 결론을 이끌어낼 것이다.

| 제13장 |

동물에게도 의식이 있을까?

주제어   의식 · 의식적 주의 · 거울 자기재인 · 상위인지 · 마음의 이론 · 돌고래의 지능 · 코끼리의 지능

앞장에서는 척추동물, 특히 조류와 영장류가 얼마나 영리한가를 물었다. 논의한 여러 종류의 지능에 의식이 어느 정도나 동반되는가에 관해서는 논쟁이 계속되고 있다(Bates and Byrne, 2010 참조). '사회적 지능'의 행위를 포함한 일부 종류의 지능적 행동은 의식을 동반할 필요가 없는 빠른 암묵 학습일 것이라고 상상할 수 있는 것은 틀림없다.

인간의 의식에 포함되는 현상은 매우 다양한데, 유일한 공통점은 우리가 그것을 주관적으로 자각한다는 사실이다. (1) 각성 또는 경계, (2) 의식적 지각, (3) 의식이 커지고 집중된 상태로서의 주의, (4) 사고, 기억, 상상, 계획과 같은 의식적 정신 활동, (5) 동일성 자각, (6) 자서전적 의식, 마지막으로 (7) 자기자각, 즉 자기재인과 자기반성의 능력 등이 여기 포함된다(Roth, 2000).

제2장에서는 동물이 의식의 여러 형태 중 최소한 일부를 가지고 있는가 하는 중심 질문과 그 질문을 검증할 수 있는 방법을 자세히 다루었다. 출발점은 우리 인간이 거울 자기재인, 상위인지, 즉 자신이 무엇을 아는지 아는 능력, 마음의 이론, 주의 집중 등 일정한 인지 과제들을 의식이 있는 동안에만 해낼 수 있다는 점, 동물들은 인간이

G. Roth, *The Long Evolution of Brains and Minds*, DOI: 10.1007/978-94-007-6259-6_13,
ⓒ Springer Science+Business Media Dordrecht 2013

아니라고 해서 그러한 과제를 의식 없이('좀비와 같은' 방식으로, 제2장 참조) 실행할 수 있을 것 같지는 않다는 점이다.

13.1 거울 자기재인

거울 자기재인의 능력은 대개 결국 자기의식으로 이어지는 의식의 '고등한' 정신 상태를 보여주는 증거라고 여겨진다. 그러나 이 능력을 증명하기는 다소 까다로운 것으로 드러났다. 최소한 일부 동물이 인간처럼 거울 속의 자신을 알아볼 수 있느냐 하는 문제는 진작부터 찰스 다윈의 흥미를 끌었다. 그는 동물원을 찾아가 오랑우탄에게 거울을 들이대고 이 유인원이 짓는 일련의 얼굴 표정을 꼼꼼히 관찰했다. 다윈은 이 간단한 시험의 결과가 모호하다고 느꼈다. 유인원이 이 표정을 지어 보인 상대가 유인원 자신이었는지 아니면 어느 동족이었는지 — 또는 새로운 장난감을 가지고 놀고 있었는지 — 는 여전히 불분명했기 때문이다.

미국의 심리학자 고든 갤럽은 '자국' 또는 '루주 시험'을 써서 동물과 유아의 거울 재인 능력을 시험하는 (비교적) 믿을 만한 방법을 처음으로 개발했다(Gallup, 1970). 그는 인간 말고도 최소한 일부 침팬지와 오랑우탄은 거울 속의 자신을 알아볼 수 있음을 입증했다. 이 실험은 다음과 같이 진행된다. 먼저 동물이 거울(동물은 거울을 본 적이 없어야 한다) 앞에서 어떻게 행동하는지, 즉 위협적인 몸짓을 보이는지 아니면 다른 사회적 반응을 보이는지, 또는 어린아이들이 처음에 하듯이 거울 뒤쪽을 살펴보는지 시험해야 한다. 거울에 익숙해진 동물 일부가 거울을 써서 자기 몸을 살피기 시작하면, 마지막으로 동물을 마취시키거나 동물의 주의를 딴 데로 돌려놓고 동물의 이마(대개 영장류의 경우) 또는 거울을 쓰지 않으면 살펴볼 수 없는 신체 부위에 물감이나 크림을 바른 다음, 동물에게 거울을 다시 보여준다. 이때 동물이 반사적으로 만지는 것이 거울에 비친 상의 자국인지 아니면 자기 몸의 자국인지 시험한다. 인간의 아이는 월령 18개월부터 즉시 자신의 이마를 만질 것이고, 이는 아이들이 거울 속 자신을 알아본다는 증거로 여겨진다. 침팬지와 오랑우탄을 대상으로 한 갤럽의 실험에서도 같은 일이 일어났지만, 이 경우는 시험한 동물의 절반 이하에서만 일어났고 시험을 통과한 동물에서도 믿을 만하게 일어나지는 않았다. 거울 자기재인을 보이는 동물은 대부분 어린 동물이고, 이들마저도 그러한 실험에 대한 흥미를 빠르게 잃어버렸다. 나중에 고릴라(여기서는 **코코**)도 비록 대단히 어렵게나마 거울 자기재인을 할 수 있는 것으로 밝혀졌다.

다음 여러 해 동안 영리하고 사회성이 높다고 믿어지는 다른 동물들의 거울 자기재인 시험에 많은 노력이 투자되었지만, 대개 결과는 부정적이거나 모호했다. 마침내 미국의 행동주의자 레이스와 마리노(Reiss and Marino, 2001)가 우리 안에서 태어난 큰돌고래(*Tursiops truncatus*)가 거울 자기재인을 할 수 있음을 입증하는 데 성공했다. 돌고래는 처음엔 자기 몸에 거울의 도움 없이는 보이지 않는 자국이 붙어 있는 것에 큰흥미를 보였지만, 침팬지와 마찬가지로, 그리고 어린(뿐만 아니라 더 나이 든) 인간과는 달리, 그 절차에 대한 흥미를 빠르게 잃어버렸다. 뇌가 큰 포유류 가운데 마지막 동물로 코끼리가 아직까지 거울 자기재인 시험을 받지 않고 있었는데, 수차례의 실패 끝에 몇 년 전 플로트닉과 동료들이 세 마리 인도코끼리(*Elephas maximus*) 가운데 최소한 한 마리에서 거울 자기재인을 입증했다(Plotnik et al., 2006). 하지만 이 경우에도 성공한 코끼리는 금세 흥미를 잃었다.

이 모두로부터, 거울 자기재인은 뇌가 크거나 매우 크고 사회성이 높은 동물들에서 여러 번 독립적으로 진화한 것이 틀림없는 고등한 인지 능력이라는 결론을 이끌어낼수 있다. 유인원, 코끼리, 돌고래는 기껏해야 매우 먼 친척이기 때문이다. 놀랍게도, 이 영리하고 사회적인 동물들이 자신의 거울상에는 그다지 흥미를 보이지 않으므로, 어쩌면 그래서 거울 자기재인을 시험하기가 그토록 힘든 것일 수도 있다. 높은 지능과 사회성은 이 능력과 엄격한 관계가 없는 것으로 보인다. 영리한 앵무새 **알렉스**도, 똑같이 영리한 보더 콜리 **리코**도 시험에 통과하지 못했기 때문이다.

이야기는 결판이 난 것 같았지만, 오누르 귄트위르퀸이 이끄는 독일 보훔대학의 생물심리학자 한 팀이 까마귀, 최소한 까마귓과의 한 종인 까치(*Pica pica*)도 자국 시험을 통과함을 입증했다(Prior et al., 2008). 까치의 부리 아래, 즉 보통 상황에서는 보이지 않는 자리의 깃털에 자국을 남기자 이 동물이 그것을 발견한 뒤 몸을 닦기 시작해그 지점을 건드리려고 애썼던 것이다. 이들은 유리판 뒤쪽의 까치에는, 그 까치가 그림이건, 인형이건, 생물이건, 자국이 있건 없건, 반응하지 않았다. 즉 거울에 비친 자신의 상과 동종의 상을 혼동하지 않았다. 까치도 역시 매우 사회적인 동물이고 감춰두었던 물건(먹이뿐만 아니라 반짝이는 물건도)을 다른 장소에 다시 감추는 비범한 능력을 보여준다. 이들은 동종을 비롯해 다른 동물들도 개별적으로 재인할 수 있다. 이로써 까마귓과 조류의 비범한 인지 능력에 또 한 사례가 추가된다.

그러나 앵무새, 개, 개코원숭이처럼 매우 영리하고 매우 사회적인 다른 동물들이 왜 거울 자기재인 능력을 진화시키지 않았는지는 여전히 불분명하고, 거울 자기재인을 정말로 자기반성과 자아형성의 전 단계로 간주할 수 있는지도 아직까지, 대개 철학자들 사이에서 뜨겁게 논쟁이 된다. 최소한 의식적 지각을 거론하지 않고 이 능력을 설명하기는 어려운 것 같다.

13.2 상위인지

동물에게 자신이 무엇을 알고 무엇을 모르는지 아는 상위인지 능력이 있는가 하는 질문은 최근까지 의식 문제와 무관한 것으로 여겨졌다. 말로 소통할 수 없으니 동물의 상위인지를 검증하는 것이 불가능해 보였기 때문이다. 그러나 스미스(Smith, 2009)는 최근 동향을 개관하면서, 상위인지 검증이 가능하고 실시되기도 했음을 보여주었다. 그러한 실험의 원리는 원숭이, 유인원, 돌고래처럼 적당한 피험동물에게 높이가 다른 두 음이나 크기가 다른 곡물 사진 두 장을 구분해야 하는 과제를 주는 것이다. 이제 두 음 또는 사진 사이의 차이를 단계적으로 줄여서 동물이 구분을 점점 더 어려워하도록 한다. 답을 맞히면 보상을 주고, 틀리면 '타임아웃'을 준다. 그러나 정답을 고르기가 매우 어려우면 동물은 두 자극 가운데 하나를 결정하는 대신 불확실성 반응(uncertainty response, UR)을 실행해도 된다. 그러면 이 동물에게는 즉시 재시도가 허락된다. 마카크원숭이, 침팬지, 돌고래 실험에서 그러한 UR은 인간 피험자도 패턴을 구분하기 어려워하는 순간과 정확히 같은 때에 일어났고, 인간 관찰자가 패턴을 쉽게 구분하기 시작하는 순간에 사라지기 시작했다. 보통 UR에는 망설임이 앞섰다. 마찬가지로, UR은 자극 제시와 결정 사이의 거리가 길수록―전형적인 작업 기억 과제―더 자주 일어났다. 스미스는 단순한 조건형성만으로는 동물의 행동을 설명할 수 없었음을 강조한다. 놀랍게도, 비둘기뿐만 아니라 꼬리감기원숭이도 이 실험에서 낙제했다. 이 데이터로 미뤄볼 때, 최소한 일부 영장류와 돌고래에게는 정신적 표상이 존재하고 이들이 자기가 아는 것에 의식적으로 접근할 가능성도 매우 높다. 다시 말해, 이 동물들은 패턴의 재인을 어려워하고, 이 어려움을 자각한다.

13.3 마음의 이론 : 타자 이해하기

'마음의 이론'이라는 주제 아래, 전문가들은 타자의 개별 재인, 타자의 의도와 지식 이해, '틀린 믿음' 귀인 등 다양한 관련 기능을 거론한다.

동종의 개체 재인은 흔히 마음의 이론과 밀접한 관계이거나 마음의 이론을 위해 꼭 필요한 전제조건으로 여겨져 왔다. 개체 재인 능력은 곤충, 어류(앞 장 참조), 황소개구리, 설치류, 말, 양, 개, 돌고래, 까마귀를 포함한 몇몇 조류, 특히 영장류를 포함한 광범위한 동물에서 입증되어왔다(Seyfarth and Cheney, 2008; Bates and Byrne, 2010). 동종의 개체를 알아보는 맥락은 대단히 다양하다. 이웃과 외지 출신의 구분, 지배 위계의 유지, 짝짓기 상호작용, 협동을 예로 들 수 있다. 동종의 개체 재인은 예컨대 목소리(황소개구리의 경우)나 냄새와 같은 단 한 가지 단서를 기초로 할 수도 있고, 얼굴이나 몸의 움직임과 같은 더 복잡한 자극 배열을 기초로 할 수도 있다. 양, 개, 영장류와 같은 일부 분류군은 다른 분류군, 예컨대 인간의 개체까지 재인할 수 있다. 그러나 그렇다고 해서 이들 모두가 반드시 다른 개체의 사고방식이나 느낌을 깊이 아는 것은 아니다.

인간 이외의 동물에게 마음의 이론, 즉 다른 개체의 정신-정서 상태를 이해하는 능력이 있느냐의 문제는 뜨겁게 논쟁이 되며, 이와 관련해 일정한 지식이나 잘못된 지식(또는 잘못된 믿음)의 원인을 동족에게 돌리고 둘 다를 자신의 행동 계획에 감안하는 능력도 마찬가지로 논쟁이 된다. 지식 귀인은 "나는 그가 안다는 것을 알아"와 같은 2단계, 또는 "나는 내가 안다는 것을 그가 안다는 것을 알아"와 같은 3단계로 일어날 것이다. 약 30년 전 미국인 영장류동물학자 프리맥과 우드러프는 "침팬지에게 마음의 이론이 있을까?(Does the chimpanzee have a theory of mind?)"라는 제목의 획기적인 논문을 발표했다(Premack and Woodruff, 1978). 1980년대와 1990년대에는 미국의 인류학자 대니얼 포비넬리 등이 이런 종류의 연구를 계속했다. 처음에는 최소한 침팬지에게는 다른 침팬지나 인간에게 일정 지식이 있음을 알고 그 지식을 감안할 능력이 있는 것 같았다. 침팬지들이 마주한 과제는 여러 개의 컵 중에서 미끼로 먹이가 들어 있는 컵을 확인하는 과제였다. 두 사람이 침팬지를 '돕기' 위해 그릇들 가운데 하나를 손으로 가리켰지만, '진실'을 알 수 있는 도우미는 그 그릇에 미끼를 담은 한 사람뿐, 다른 한 명은 방 밖에 있었거나 미끼 담는 모습을 볼 수 없었다. 오랜 훈련 뒤 침팬지들 가운데 최소한 일부는 정답을 내놓았다(Povinelli et al., 1990, 1993). 붉은털원숭이는 이 과제를 해결하는 데 완전히 실패했다.

그러나 그 후 포비넬리는 회의적이 되었고 침팬지나 다른 동물에게서 마음의 이론의 존재와 지식 귀인을 뒷받침하는 설득력 있는 증거를 찾는 대신, 자신이 발견한 내용은 조작적 조건형성의 결과로 더 잘 설명된다고 주장했다(Povinelli and Vonk, 2003). 다른 영장류학자들은 이를 강하게 부인하고 포비넬리와 동료들이 적용한 방법에 있었던 실질적 결점들을 지적한다. 그 가운데 한 명이 독일 라이프치히의 막스플랑크 진화인류학연구소에서 일하는 영장류학자 토마셀로다. 처음에는 토마셀로도 — 리처드 던바 등 다른 영장류학자들처럼 — 회의적이었지만, 지금은 침팬지에게 3~4세의 인간 어린이에 견줄 만한 마음의 이론과 지식 귀인의 최소한 일부 측면은 있다고 믿는다(Tomasello et al., 2003).

오코넬과 던바(O'Connell and Dunbar, 2003)는 침팬지를 일군의 자폐아(마음의 이론이 없다고 가정되는) 및 3~6세 어린이와 비교했다. '틀린 믿음'은 비언어 검사를 써서 시험했다. 침팬지의 성적은 자폐아나 3세 정상아보다 높았다. 4~5세 아동과 동등했고 6세 아동보다는 낮았다. 이는 침팬지가 마음의 이론의 최소한 일부 측면을 보여준다는 관점을 보강할 것이다. 비인간 영장류에게 마음의 이론이 있는지, 있다면 얼마나 있는지는 지금도 여전히 논쟁이 되고 있다. 콜과 토마셀로(Call and Tomasello, 2008)는 침팬지가 타자의 지각과 지식뿐만 아니라 목표와 의도까지 이해한다고 보고하지만 잘못된 믿음을 이해한다는 증거는 찾지 못한 반면, 펜과 포비넬리(Penn and Povinelli, 2007)는 인간 이외의 동물에게 마음의 이론과 약간이라도 비슷한 어떤 것이 있다는 증거는 없다고 주장한다.

이 맥락에서 가장 관계가 있는 것은 콜과 토마셀로가 이른바 '최후통첩 게임(Ultimatum Game, UG)'에서 침팬지의 행동을 관찰한 실험이다. 인간과 유인원이 지닌 협동성과 공정성의 정도를 연구하기 위해 실시되었던 UG(Jensen et al., 2007 참조)

에서는 두 개체가 제안자와 응답자의 역할을 맡는다. 제안자는 제공받은 돈의 총액을 응답자와 0~100% 범위의 어떤 비율로 나눌지 결정할 수 있다. 게임에서 가장 중요한 점은 응답자가 제안자의 제안을 받아들일 수도 있고 거절할 수도 있다는 점이다. 응답자가 제안을 받아들이면 두 참가자 모두 제안된 몫을 받고, 응답자가 제안을 거절하면 둘 다 아무것도 받지 못한다. 고전적인 '합리적 선택 이론'을 기초로 예상하자면, 제안자는 가능한 가장 작은 몫을 제안할 것이고 응답자는 0이 아닌 모든 제안을 받아들일 것이다. 그러나 인간 참가자들은 그렇게 하지 않는다. 결과는 문화와 배경에 따라 다르지만, 제안자는 전형적으로 40~50%를 제안하고 응답자는 판에 박힌 듯 20% 미만의 제안을 거절한다(Sanfey et al., 2003; Camerer, 2003 참조). 이 발견은 보통 인간이 제안의 공정성에 민감해서 자신을 희생하더라도 불공정한 제안을 거절함으로써 그런 제안을 한 자를 응징한다는 의미로 해석된다. 이러한 종류의 행동은 '이타적 처벌(altruistic punishment)'이라는 이름으로 명성을 얻었다(de Quervain et al., 2004).

토마셀로와 동료들은 '소형 최후통첩 게임'으로 침팬지들을 시험했다. 여기서는 동물들이 협동해야 먹이를 얻을 수 있었는데, 그런 다음 그 먹이를 제안자가 응답자와 0：10(응답자가 전부 가지는)에서 10：0(제안자가 전부 가지는)까지 다양한 비율로 나눌 수 있었고, 응답자는 제안을 거절할 수 있었다. 인간 참가자들과 달리 침팬지 응답자들은 20% 미만과 심지어 0이라는 제안도 받아들인 반면, 역시 인간 응답자와는 달리 불끈하는 따위의 각성 징후를 보이지 않았다. 이 발견을 해석하기는 어렵다. 제안자와 응답자가 제각기 0을 제안하고 받아들이는 것은 공감이나 마음의 이론이 없어서(단순히 동종의 마음이나 정서에 무관심해서)일 수도 있고, 마음의 이론 능력이 있음에도 불구하고 이기적으로 행동해서일 수도 있다. 일관적으로 발견되어온 것은 최소한 영장류 사이에서 '진정한' 이타적 행동, 즉 즉각적인 이득이 없어도 남을 돕는 일은 인간에게서만 발견되고 어린 나이에 이미 일어난다는 것이다(Harbaugh et al., 2007).

'마음을 읽는' 능력이 전적으로 영장류에서만 발견되지는 않을 것이다. 최근에 오스트리아 그뤼나우에 있는 로렌츠연구소의 부크냐르가 보고한 먹이 은닉 실험에서, 갈가마귀는 인간 실험자가 먹이를 은닉처에 숨기는 동안 다른 갈가마귀가 본 것과 보지 못한 것을 감안할 수 있었다. 갈가마귀는 인간이 만든 은닉처를 털 때 정보를 완전히 가진 갈가마귀 경쟁자와 마주치면 정보를 일부만 가졌거나 갖지 못한 경쟁자를 마주쳤을 때보다 더 재빨리 행동했다(Bugnyar, 2010). 저자는 자신의 발견을 '인간처럼 타자의 마음을 이해하기 위한 선행 단계'로 해석했다.

인간의 공감, 마음의 이론, 모방 능력은 흔히 이른바 거울 뉴런의 존재와 연관된다. 비토리오 갈레세와 리더 자코모 리촐라티를 포함한 이탈리아 파르마대학의 신경생리학자 연구진이 마카크원숭이 피질의 전운동구역 F5에서 이 유형의 뉴런을 발견했다 (Gallese and Goldman, 1998; Rizzolatti et al., 1996). 이러한 거울 뉴런은 목표에 따른 움직임, 특히 쥐기, 조작, 물건 두기를 피험자 자신이 실행하거나 타자가 실행하는 모습을 관찰할 때 반응한다. 이 뉴런이 하는 활동의 기능과 의미는 아직도 불분명하다. 처음에는 그것이 동물로 하여금 일정한 손 운동과 물건 조작을 베낄 수 있도록 해주는 '모방 뉴런'이라고 믿어졌다. 그러나 그러한 관점은 원숭이가 하는 모방이 제한적이고 이들이 동종의 의도에 무관심해 보인다는 사실과 싸워야 한다(Corballis, 2010 참조). 가능한 해석은 거울 뉴런이 마카크원숭이에서는 동종의 의미 있는 목표 지향적 활동을 이해하도록 돕는 반면, 인간과 유인원에서는 실제로 모방을 지원한다는 것이다. 그러나 인간에서 공감은 완전히 다른 뇌 부위인 전대상피질, 내측전전두피질, 안와전두피질, 무엇보다도 도피질 등과 관련된다(T. Singer et al., 2004). 현재 많은 저자는 공감, 공정심과 정의감, '진정한' 이타주의가 인간의 진화 도중에 진화했다고 믿는다.

인간에게서 '모방' 또는 '공감' 뉴런이 브로카 언어중추 옆에서 발견된다는 사실로부터 몸짓과 몸짓의 관찰이 인간 언어의 진화와 관계가 있지 않을까 하는 흥미로운 추정이 나왔다. 그러나 로토와 동료들이 발표한 최근의 검토 논문(Lotto et al., 2009)은 원숭이의 거울 뉴런과 인간 언어의 진화 사이에는 직접적 연결 고리가 없다는 결론에 도달했다. 제15장에서 이 주제로 돌아올 것이다.

13.4 의식적 주의

이 책의 제1장에서는 동물에게 의식이 있느냐 없느냐, 그리고 그것을 어떻게 증명하느냐 하는 문제를 다루었다. 편의상 다음에서는 초점주의(focused attention)의 형태를 띤 의식에 집중할 것이다. 주의는 인간의 뚜렷한 의식 상태 가운데 하나다. 의식과 주의는 최소한 서로 밀접하게 연결되어 있기 때문에 둘을 별개의 상태로 여길 수 있느냐 없느냐는 논하지 않을 것이다(Koch and Tsuchiya, 2007 참조). 동물의 초점주의를 시험하기 위해 우리는 인간이 주의를 집중해야 일정한 인지 과제(예 : 방해 자극이 존재할 때 단어, 글자, 사물 등의 순서를 추적하기)를 풀 수 있다는 발상에서 시작한다. 그래야 동물에게도 그와 같거나 비슷한 과제를 줄 수 있다. 뿐만 아니라 그러한 과제를 수행하는 동안 인간에게서 관련이 있다고 알려진 뇌 부위가 이 동물들에게서도 활성화되는지 어떤지도 연구할 수 있다. 물론 이 연구는 뇌의 해부구조와 생리가 우리와 비슷한 동물(주로 영장류)에서만 의미가 있다.

독일의 심리학자 볼프강 쾰러(1887~1967)는 제1차 세계대전 동안 테네리페 섬에서 처음으로 침팬지의 도구 사용 및 제작 능력을 실험적으로 시험했다. 쾰러의 후계자가 바로 독일 뮌스터대학 출신의 내 스승 베른하르트 렌슈였고, 렌슈가 가장 좋아한 피험 동물이 줄리아였다. 〈그림 13.1〉에서 보이는 전형적인 실험에서, 줄리아는 자석을 이용해 유리를 덮은 목재 미로에서 쇠고리를 꺼내야 했다. 줄리아는 왼쪽에 있는 한 지점과 오른쪽에 있는 한 지점 가운데 한 지점을 출발점으로 선택할 수 있었는데, 둘 중 하나만 미로 밖으로 이어졌고 줄리아는 한 수밖에 쓸 수 없었다. 렌슈와 공동연구자 될(Rensch and Döhl, 1967)은 단순한 미로에서 출발했지만, 마침내 줄리아 앞에 다소 복잡한 미로를 내놓았다. 우리 인간도 뚫어져라 응시하면서 조심스럽게 '방황'한 뒤에만 탈출법을 터득할 수 있는 미로였다. 줄리아는 인간과 정확히 같은 행동을 했고 대부분의 경우(86%) 올바른 경로를 선택했다. 렌슈(1968a, b)는 이 연구 결과를 침팬지가 최소한 의식적으로 자각하며 마음속으로 문제를 풀 수 있다는 분명한 증거라고 해석했다.

브레멘대학의 내 동료 안드레아스 크라이터와 그의 공동연구자들은 마카크원숭이를 데리고 주의의 신경적 기초를 집중적으로 연구했다(Taylor et al., 2005 참조). 전형적인 실험에서, 동물은 앉아서 마주 보고 있는 화면에서 두 노선의 대상을 보는데, 대상은 각각 왼쪽과 오른쪽에서 단계적 모양 변화('모핑')를 겪는다. 원숭이는 둘 중 한 노선(다른 한 노선은 방해자극의 구실을 한다)에 집중하고 있다가 그 노선의 변형된 대상들 중에서 목표물이라고 배운 일정한 모양이 다시 나타나자마자 손잡이를 눌러야 한다. 이것은 인간 피험자에게도 어려운 과제인데, 완전히 집중하지 않으면 다른 노선의 변형되는 대상으로 쉽게 주의가 흩어지기 때문이다. 그러나 비교적 긴 훈련 뒤에는

그림 13.1 미로 과제를 풀고 있는 침팬지 줄리아.

단순한 미로(위)나 복잡한 미로(아래)에서 쇠고리를 꺼내려면, 줄리아는 출발점에서 자석을 이용해 쇠고리를 어느 쪽으로 끌어낼지를 결정해야 했다. 미로는 아크릴 유리판으로 덮여 있었다. 수(대부분 옳은)를 두기 전에 줄리아는 한동안 집중해서 미로를 쳐다보았다. Rensch(1968a, b).

원숭이도 이 과제에 완벽하게 숙달된다. 이 동물의 행동과 수행력을 볼 때, 이 과제를 하는 동안 이들도 인간의 것과 대등해 보이는 초점주의 형태의 의식을 경험하는 것이 틀림없다.

동시에 원숭이 시각피질의 작은 부위, 여기서는 (모양과 색깔의 재인에 관여하는 연합시각피질에 속하는) V4 영역 안에서 일어나는 뉴런 활동을 한 벌의 다중전극을 써서 기록한다. 안드레아스 크라이터와 그의 동료들이 발견한 것은 원숭이가 다시 나타나는 목표 자극을 재인하는 순간 기록되는 뉴런들 사이에서 30~70Hz의 범위(감마 대역)에 들어가는 동기적 진동 활동이 일어나고, 원숭이가 목표 자극에 대한 집중을 그만두자마자 이런 종류의 활동이 사라진다는 것이다(Taylor et al., 2005). 이러한 뉴런의 동기적 진동 활동은 오래전부터 의식적 초점주의와 관계가 있다고 가정되어왔다(Engel et al., 1991 참조). 다른 실험실들에서 나온 수많은 추가 결과들이 시각적 주의가 필요한 실험을 하는 동안 뉴런 활동의 진폭이 상당히 커짐을 보여준다(Treue and Mounsell, 1996; Kastner and Ungerleider, 2000). 진폭의 증가와 동기적 진동 활동은 둘 다 초점주의의 상태와 밀접하게 연관된 뉴런의 두 상태로서 잡음 대 신호 비 증가 및/또는 특정한 시각 영역 안쪽에서 일어나는 다른 종류의 정보처리 향상으로 이어진다고 가정할 수 있다.

비판적인 사람들은 그러한 실험은 단지 마카크원숭이와 침팬지가 인간 피험자에서 초점주의와 연관되는 인지 과제에 숙달될 수 있고, 시각계의 비슷한 부위에서 일어나는 뉴런 활동에 유사성이 있음을 보여줄 뿐이라고 이의를 제기할 것이다. 동물이 인간과 같은 주관적 경험을 하느냐는 여전히 불확실함이 틀림없지만, '맹시'에 관한 영장류 실험은 동물도 같은 경험을 할 가능성을 높인다. 인간은 일차시각피질(브로드만 영역 A17)이 손상되면 눈앞의 대상이나 상황을 의식적으로 지각할 수 없게 된다. 환자에게는 '아무것도 보이지 않는다'(Weiskrantz, 1986). 그러나 앞에 있는 '보이지 않는' 대상(예 : 찻주전자)을 잡아보라고 강요하면, 자신이 하고 있는 일이 터무니없다고, 왜 자신이 허공에(!) 손을 뻗어야 하느냐고 생각하면서도 이를 정확하게 수행한다.

맹시의 현상에 대한 가능한 설명은 사물과 색깔의 의식적 지각에 관여하는 시각계의 이른바 복측 경로(제11장 참조)가 먼저 손상되었지만, 공간 정향 및 팔과 손 운동의 안내를 위한 정보를 처리하는 이른바 배측 경로는 온전하게 남아 있다는 것이다. 이 해석은 사물들이 심하게 옮겨지면 환자가 그것을 깨달을 수 있다는 사실에 의해 보강된다. 다른 설명은 공간에 대한 시각적 주의나 이와 관련된 작업 기억 기능에 장애가 생겼다는 것이다.

1991년, 코웨이와 스퇴리히는 일차시각피질(V1)의 한쪽이 손상된 마카크원숭이들을 데리고 실험을 실시했다(Cowey and Stoerig, 1991). 이 동물들은 편측 '맹시'를 드러냈다. 즉 마치 손상된 뇌의 반대편 반(半)시야에서 '아무것도' 보이지 않는 것처럼 행동한 반면, 나머지 반시야에 대한 시각적 재인 능력은 손상되지 않았다. 이는 원숭이들도 인간 환자처럼 주관적인 의식적 지각에 장애가 생겼음을 강하게 시사한다.

의식적 경험을 시험하는 또 다른 방법으로서 '양안경쟁(binocular rivalry)'을 이용한다. 이때는 인간 또는 비인간 영장류 피험자의 왼쪽 눈과 오른쪽 눈에, 융합되어 하나(예 : 3차원 그림)가 될 수 없는 두 개의 다른 그림 — 예컨대 가로줄 그림 하나와 세로줄 그림 하나 — 을 동시에 보여준다. 융합이 불가능하므로, 인간 관찰자에게는 두 그림이 교대로 지각된다. 즉 어느 순간은 가로줄이 보이고, 몇 초 뒤에는 세로줄이 보이지만, 두 유형의 줄이 모두 있는 그림은 결코 보이지 않는다.

비인간 영장류를 데리고 이런 종류의 실험을 실행하는 신경생물학자 데이비드 레오폴드와 니코스 로고세티스(Leopold and Logothetis, 1996)는 원숭이를 훈련시켜 두 유형 중 한 유형의 사진(예 : 가로줄이 그려진 사진)이 지각될 때마다 손잡이를 누르고 다른 유형이 지각될 때에는 누르지 않도록 했다. 예상대로 원숭이들도 대략 인간과 같은 리듬으로 손잡이를 눌렀고, 이는 원숭이들도 인간 피험자와 같거나 비슷한 방식으로 두 가지 안정한 상을 눈으로 지각하면서 그것을 의식한다고 해석할 수밖에 없다. 뿐만 아니라 인간처럼 이들의 뇌파에서도 시각영역 V4의 뉴런 활동에서 유사한 변화가 일어났다. 이 모두로 미뤄볼 때, 유인원뿐만 아니라 마카크원숭이를 비롯한 기타 원숭이도 인간과 비슷한 방식으로 시각 자극을 의식적으로 지각하며, 관련된 피질 영역에 국한된 손상을 입으면 예측 가능한 장애가 생긴다고 가정하는 것이 합당하다.

노력은 훨씬 더 많이 들지만, 고양이나 개처럼 충분히 크고 잘 연구된 뇌를 가진 다른 포유류를 데리고도 비슷한 실험을 수행할 수 있고, 이들 역시 인간에게서 발견되는 의식 상태의 최소한 일부를 소유할 가능성이 매우 높다. 쥐처럼 더 작은 포유류에서 이를 실험하기는 더욱더 어렵고, 조류, 파충류, 양서류, 어류는 피질이 없어서 뇌의 활동을 비교하기가 어려우므로 대부분 행동 데이터에 의존하곤 한다. 뇌가 큰 조류에서 '양안경쟁'에 관한 실험을 실행하기는 어렵지 않을 것이 틀림없다. 도롱뇽이 딱정벌레처럼 낯선 먹이에게 눈을 고정시키고 벌레를 이쪽저쪽 살핀 다음 고개를 숙였다 젖혔다 하다가 마침내 물거나 물지 않는 모습은 이 동물에게도 모종의 초점주의가 있다는 강한 인상을 준다. 위에 묘사했듯이, 이 상태의 바탕이 된다고 추정되는 뉴런 기제도 확인되어 있다.

물론 동물에게 자기반성이나 '자아정체성' 같은 '고등한 의식' 상태가 있느냐 하는 문제는 여전히 남아 있다. 입증하기는 어렵지만, 최소한 대형유인원에서는 이 상태까지도 일부 측면이 발견될 가능성이 없지 않다. 제14장에서 배울 테지만, 매우 영리한 이 동물들의 인지 및 정신 능력은 3~5세 아동의 능력에 견주는 것이 타당하다.

13.5 돌고래와 코끼리는 얼마나 영리할까?

돌고래, 고래, 코끼리처럼 뇌가 매우 큰 포유류가 정말로 영리한가에 관한 질문은 오래도록 행동주의자의 관심사였고, 근래에는 신경생물학자의 관심사이기도 하다. 옛날부터 이들의 정신력, 특히 돌고래의 정신력에 관해서는 신화와 추측이 난무했다. 오늘날까지도 세간에는 이 동물들에게 인간의 것을 '훌쩍 뛰어넘는' 지능이 있다는 말이 나돈다.

약 40종을 거느린 참돌고래과(*Delphinidae*)는 이빨고래아목(*Odontoceti*) 중에서는 물론 전체 고래목(*Cetacea*) 중에서도 가장 큰 과다. 흔히 곡예에 가까운 화려한 운동 기술을 가진 것이 특징이며, 장난스럽고, 붙임성 있고, 매우 사교적이고, 소리를 내고 지각하는 계통이 고도로 진화해서 주파수가 조절되는 휘파람(대개 종 안에서의 교신을 위해)과 혀 차는 소리(대개 반향정위를 위해)를 이용한다. 큰돌고래는 동종을 개체별로 재인할 수 있다. 돌고래는 뛰어난 청각계가 피질의 많은 부분을 차지하지만, 시각계도 잘 발달되어 있다. 훈련시키면 새롭거나 '창조적인' 행동을 발명할 수 있고 흔히 물방울 고리를 만드는데, 물고기를 공격하기 위해서뿐만 아니라 '그냥 재미로' 가지고 놀기 위해서 그렇게 한다. 특히, 사실은 돌고래인 '흑범고래(*Pseudorca crassidens*)'는 뇌가 매우 커서 8~10kg에 달함을 고려하면, 이들에게서 이와 대등하게 발달한 인지적-지적 능력을 기대하게 된다.

광장하다고 주장되는 돌고래의 지능에 관한 통제된 실험들에서 나오는 결과는 다소 혼란스럽고, 흔히 실망스럽다. 이들의 문제 해결 능력은 결코 뛰어나지 않다. 독일계 아르헨티나인 행동주의자로서 독일 뉘른베르크 동물원에서 수십 년 동안 돌고래의 행동을 연구한 로렌조 폰 페르젠과 보훔대학의 오누르 귄트위르퀸은 돌고래의 지능이 비둘기나 쥐의 지능과 동등하다고 본다(Güntürkün and von Fersen, 1998). 돌고래는 모양이 다른 물체를 구분할 수는 있지만, 범주화할 능력은 없다. 예컨대 '둥근' 물체와 '세모난' 물체를 구분해 이 두 범주 가운데 하나를 둥글거나 세모난 낯선 물체에 할당하지 못한다. 이는 비둘기, 까마귀, 앵무새, 개, 모든 종류의 영장류, 심지어 벌도 할 수 있는 어떤 것인데 말이다. 이들이 도구를 사용한다는 일화적 증거는 있다. 위에 언급했듯이, 레이스와 마리노는 큰돌고래가 거울 자기재인(2001) 능력을 보인다는 것을 입증했다. 비슷한 사례들에서와 같이 이 실험의 결과에 대한 해석도 논쟁이 되지만 말이다.

코끼리는 현생동물 중 가장 큰 육상동물이고, 수컷은 보통 체중이 최대 6톤을 넘는다. 아프리카코끼리속[Loxodonta, 아프리카코끼리(L. africana), 둥근귀코끼리(L. cyclotis)]과 아시아코끼리속[Elephas, 아시아코끼리(E. maximus)], 두 개의 속을 형성한다. 코끼리는 몸집 이외에 높은 사회성으로도 두드러진다. 암컷은 어미, 딸, 자매, 이모로 단단히 조직된 가족 집단에서 평생을 보내고, '우두머리 암컷'이라 불리는 가장 나이 많은 암컷이 집단을 이끈다. 반면에 다 자란 수컷은 대부분 고독하게 산다.

코끼리는 5,000~9,000Hz 범위의 소리를 내고 이용할 수 있다. 높은 주파수는 고주파의 짖는 소리와 나팔 소리에서 발생하지만, 낮은 주파수는 흔히 인간이 들을 수 있는 하한보다 최대 두 옥타브 낮은 초저주파 범위에서 발생한다. 집단 구성원의 위치를 찾기 위해서는 땅을 통해 19km가 넘는 거리를 갈 수 있는 이 초저주파를 연락 신호로 사용하지만, 훨씬 더 먼 거리의 사건(소나기, 뇌우)도 들을 수 있고, 이는 맑은 물이 있는 곳을 찾는 데 도움이 될 것이다. 최소한 아시아코끼리는 돌고래처럼 가르칠 수 있는 가능성이 높아서, 아시아에서는 인간이 이를 수천 년 동안 이용해왔다. 뿐만 아니라 코끼리는 공간 정위 능력이 광장해서 60km나 떨어진 연못으로 향할 수 있다. 베른하르트 렌슈와 루돌프 알테포크트가 입증했듯이, 인간을 수십 년 뒤까지 개별적으로 알아볼 수도 있다(Rensch and Altevogt, 1955).

이 모두가 이들의 그다지 인상적이지 않은 인지 능력과 뚜렷하게 대비된다(Hart and Hart, 2007; Bates and Byrne, 2010). 코끼리는 (다윈이 이미 언급한) 도구 사용의 일례로 막대기를 써서 몸을 긁고 진드기를 떨어내며, 관목을 써서 파리를 잡거나, 관목을 충분히 길고 효과적으로 개조해 설치류나 인간을 향해 진흙이나 돌을 날리기도 한다. 학습 능력에 관해서는, 렌슈와 알테포크트(1955)가 독일 뮌스터 동물원의 코끼리에게 흑백 또는 대소 물체를 구분하도록 가르치며 단순한 조작적 조건형성 실험을 실행했던 지난한 작업을 보고한다. 거울 자기재인 능력은 위에서 언급했지만, 돌고래에서와 마찬가지로 결과는 다소 모호하다. 코끼리가 위와 같은 의미에서 마음의 이론을 소유한다는 확실한 증거도 없다. 이는 다양한 청각적·시각적·화학적 단서를 써서 다수의 동종과 인간을 재인하고 100가지가 넘는 몸짓을 보여주는 능력과는 사뭇 대비된다(Bates et al., 2007).

많은 저자가 돌고래와 코끼리가 예상만큼 영리하지 않은 이유를 추측해왔다. 돌고래의 경우는 손이 없으므로 손 사용이라는 요인이 지능을 크게 제한하는 역할을 했을 수도 있지만, 인간 조상들에게 사바나가 자극적이었던 만큼 해양 환경이 충분히 자극적이지 않았을 수도 있다(제15장 참조). 코끼리에게는 쥘 수 있는 코가 있지만, 영장류의 손에 비하면 유용성이 한참 떨어지고 '정밀한 쥐기'를 할 수 없다. 손의 중요성에 관해서는 제15장에서 의견을 덧붙일 것이다. 다음 장에서는 돌고래와 코끼리의 큰 뇌라는 측면에서 이 질문으로 돌아올 것이다.

13.6 이게 다 무슨 말일까?

우리는 지금 앞 장을 시작할 때 인용한, 인간을 제외한 척추동물 안에서는 지능에 차이가 없다는 맥파일의 가설을 거부하는 입장에 있다. 비교 연구는 강과 목에서부터 과와 속에 이르는 모든 분류학 수준에서, 심지어 종과 개체들 사이에도 물론 분명한 차이가 있음을 입증한다. 그러나 이 차이는 어떤 종류의 '계단적 본성'도 나타내지 않는다. '어류에서 인간까지' 선형적 경향이 있는 게 아니라 높은 지능이 독립적으로 여러 번 진화했다는 뜻이다. 그럼에도 불구하고 총체적 수준에서 진화의 경향은 존재한다.

유두동물–척추동물 중에서 가장 낮은 수준의 지능은 먹장어와 칠성장어에서 발견되고 양서류가 다음을 잇지만, 양서류는 시각적 대상 선별에서 초점주의와 같은 '고등한 인지 능력'의 징후를 보일 수도 있다. 마찬가지로 '파충류'도, 자세히 조사된 경우는 드물지만 우수한 지능으로 유명하지는 않다. 그러나 시클리드와 같은 일부 경골어류 집단에서는 일부 저자들에 의해 '영장류와 비슷한' 지능의 징후가 확인되고, 약전기어의 종내(種內) 교신 능력도 눈길을 끈다. 연골어류는 일부 집단이 몸 크기에 비해 굉장히 큰 뇌를 가지고 있다는 사실에도 불구하고, 불행히도 연골어류의 인지 능력에 관한 연구는 전혀 없다.

조류와 포유류는 많은 집단이 높은 수준의 지능을 보인다. 조류 중에서는 앵무새와 까마귀가 두드러지고(Lefebvre et al., 2004 참조), 포유류 중에서는 고래류, 특히 돌고래를 포함한 이빨고래를 비롯해 코끼리와 영장류가 두드러진다. 그러나 포유류 가운데 개, 곰, 심지어 쥐와 같은 다른 많은 집단도 상당한 지능을 드러낸다. 영장류 중에서는 원원류가 흔히 기초적이나마 조작, 지각, 인지 능력을 보여준다. 신세계원숭이는 다양한 인지 영역에서 보잘것없는 수준부터 잘 발달한 수준까지 광범위한 능력을 소유하며, 일부는 구세계원숭이의 능력과 맞먹는다. 구세계원숭이는 유인원과 행동의 특징을 공유한다. 대형유인원이 인간을 제외한 다른 영장류 분류군보다 대부분의 면에서 우수한 것은 분명하지만 말이다. 가장 분명한 차이는 원원류(여우원숭이)와 원숭이라는 한편과 인간을 포함한 유인원 사이에 존재한다. 대형유인원, 즉 오랑우탄, 고릴라, 침팬지 사이에 실질적 차이가 있는지 없는지는 불분명하다. 번과 같은 많은 저자는 두 침팬지 종이 고릴라나 오랑우탄보다 영리하다고 여길 것이다. 종합하면, 최근 데이터를 조사한 결과는 영리한 행동들이 이전에 생각했던 것보다 훨씬 더 여기저기에 드문드문 척추동물 전역에 분산되어 있음을 시사한다. 이와 같은 '점진주의' 관점을 마음의 이론, 지식 귀인, 상위인지, 의식처럼 수십 년 전에는 인간에게만 한정된 것으로 믿었던 '고등한' 정신 능력에도 적용할 수 있다. 아직 다루지 않은 한 가지 중요한 기능, 언어는 제15장에서 다룰 것이다.

요약하면, 체계적 관찰과 실험을 바탕으로 발견되는 여러 수준의 높은 지능에는 다음과 같은 능력들이 있다.

1. 동종의 관점 적용하기. 예컨대 사기를 치거나 사기로 맞대응하는 맥락에서 영장류와 몇몇 다른 포유류 및 조류(예 : 먹이를 은닉할 때)에서 발견된다.

2. 미래사건 예상하기. 예컨대 미래에 사용할 도구를 제작(자연물의 개조를 포함)하는 맥락에서 주로 유인원에서 발견되지만 까마귓과 조류에서도 발견된다.

3. 과정 바탕의 기제 이해하기. 예컨대 도구를 제작하고 사용할 때, 영장류에는 분명히 존재하지만 조류에서 나오는 데이터는 모호하다.

4. 거울 속의 자기 재인하기. 대형유인원에서만 모호하지 않게 체계적으로 입증되었고, 돌고래, 코끼리, 까마귓과 조류의 소수 개체에서 발견되었다.

5. 지식 귀인과 마음의 이론. 원시적인 형태로이지만 대형유인원에서만 발견된다.

6. 상위인지, 즉 자신의 지식에 관한 지식. 돌고래, 원숭이(최소한 마카크원숭이), 유인원에게 존재하는 것 같다.

7. 의식. 아마 대부분은 아니라도 다수의 척추동물에 초점주의와 같은 어떤 형태의 의식이 있겠지만, 자기자각이나 추리와 같은 '고등한' 형태의 정신 활동은 (일부) 조류와 포유류에, 어쩌면 유인원에만 국한될 것이다.

인간은 이 모든 능력에서 우월한 것으로 드러나지만, 인간과 인간 이외의 동물 사이에는 양적 차이만 있고 질적 차이는 없는 것으로 보인다. 이 목록에 아직도 들어가지 않은 것은 언어다. 언어가 인간의 전유물인가 아니면 인간 이외의 동물들 사이에 어떤 선행물이 있는가 하는 문제는 제15장에서 거론할 것이다.

| 제14장 |

척추동물 뇌의 비교

주제어 뇌-몸 관계 · 절대 뇌 크기 · 상대 뇌 크기 · 보정된 상대 뇌 크기 · 대뇌화지수 · 추가 뉴런 · 피질의 정보처리 용량 · 피질의 모듈성 · 피질 뉴런의 수 · 피질의 세포구조 · 피질의 특수성

앞의 장들에서는 척추동물들이 정신적 기능을 포함한 지능 면에서 어떻게 다른가를 알아내고자 했고, 모종의 순위에 도달했다. 이번 장에서는 이러한 지능의 차이와 뇌의 특성을 어느 정도나 연관시킬 수 있는지를 물을 것이다. 과거에는 그러한 시도가 많았다. 처음 머리에 떠오르는 특성은 절대 뇌 크기(g/kg 또는 cm³)인데, 렌슈를 포함한 많은 전문가들이 '클수록 좋다'고, 즉 뇌가 클수록 지능이 높다고 확신했기 때문이다. 많이 거론되는 또 다른 특성은 상대 크기, 즉 몸 크기 중에서 뇌 전체가, 또는 조류의 중간둥지외투나 포유류의 대뇌피질처럼 지능이 있다고 추정되는 '자리'가 차지하는 백분율이다. 뇌 크기는 대부분 몸 크기가 결정한다는 사실이 분명해진 이후로 전문가들은 대뇌화(encephalization)의 정도, 즉 뇌 크기가 몸 크기와 관련된 질량을 넘어서는 정도, 예컨대 제리슨의 대뇌화지수(Jerison's encephalization quotient) 또는 보정된 상대 뇌 크기를 측정하고자 했다. 뇌 전체나 '지능 중추'에 들어 있는 뉴런의 수, 연결도 등 '정보처리 용량'과 관련된, 신경생물학적으로 더 의미 있는 특성들을 찾아볼 수도 있을 것이다. 마지막으로, 지능에서 관찰되는 차이를 가장 잘 설명할 수 있는

G. Roth, *The Long Evolution of Brains and Minds*, DOI: 10.1007/978-94-007-6259-6_14,
ⓒ Springer Science+Business Media Dordrecht 2013

'유일무이한' 속성들을 찾을 수도 있을 것이다. 먼저 절대 뇌 크기의 중요성을 살펴보자.

14.1 뇌 크기와 몸 크기

동물의 몸 크기(부피 또는 무게, 직접 전환 가능)는 엄청나게 다양하다. 선충이나 진드기 같은 일부 무척추동물은 너무나 작아서 맨눈으로는 보이지도 않는 반면, 가장 큰 무척추동물인 대왕오징어(*Architeuthidae*)는 몸-촉수 길이가 15m에 이를 수도 있다. 가장 작은 척추동물은 경골어류와 양서류 가운데에서 발견되는데, 몸길이가 1cm에도 훨씬 못 미친다. 가장 작은 포유류는 몸무게가 2g인 에트루리아팟쥐(또는 사비왜소팟쥐, *Suncus etruscus*)이고, 모든 시기를 통틀어 가장 큰 포유류이자 가장 큰 동물은 길이 33m에 몸무게가 최대 200t인 대왕고래(*Balaenoptera musculus*)다. 가장 큰 현생 육상동물은 아프리카코끼리로, 몸무게가 7.5t에 이른다. 따라서 몸 크기 또는 몸무게는 척추동물(가장 작은 물고기로부터 대왕고래에 이르는) 사이에서 약 열한 자리에 걸쳐 분포하고, 포유류에서는 여덟 자리에 걸쳐 분포한다.

신경계와 뇌의 부피 또는 무게도 엄청나게 다양하다. 언급했듯이, 진드기의 신경계를 연구하려면 전자현미경이 필요하다. 가장 작은 척추동물(경골어류와 양서류)은 뇌의 길이가 1mm도 안 되며 무게도 1mg이 안 된다. 포유류 중에서 뇌가 가장 작은 파키푸스박쥐(*Tylonycteris pachypus*)의 뇌는 다 자란 동물의 것도 무게가 74mg이고, 모든 동물의 뇌 중에서 가장 큰 뇌는 향유고래와 범고래에서 발견되며 10kg에 이른다. 코끼리의 뇌는 최대 6kg이다. 뇌 크기의 범위 역시 엄청나게 넓어서, 대략 척추동물에서는 여덟 자리, 포유류에서는 다섯 자리에 걸쳐 분포한다.

그러나 유두동물-척추동물은 강(綱)에 따라 평균 뇌 크기에 기본적인 차이가 있다(그림 14.1과 그림 14.2 참조). 먹장어와 칠성장어는 일반적으로 무게 16~50mg의 작거나 매우 작은 뇌를 가지고 있는데, 이들의 뇌는 몸 크기에 비해서도 작다. 평균적으로, 먹장어와 칠성장어는 경골어류의 것보다 열 배 작은 뇌를 가지고 있다. 연골어류 중에서 은상어와 스콸레아상어는 비교적 작은 뇌를 가지고 있는 반면, 갈레아상어와 매가오리의 뇌는 상대적으로 열 배쯤 더 크다. 반면에 경골어류는 절대적으로도 상대

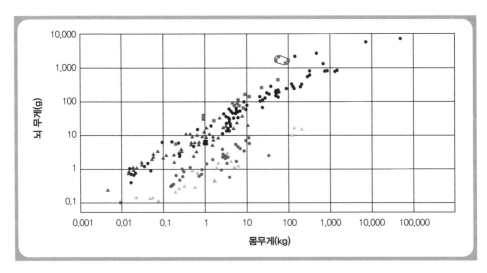

그림 14.1 대수그래프로 제시한 200가지 척추동물 분류군의 뇌 무게(세로축)와 몸무게(가로축)의 관계.

보라색 동그라미 : 경골어류, 노란색 세모 : '파충류', 빨간색 세모 : 조류, 파란색 동그라미 : 영장류를 제외한 포유류, 초록색 네모 : 영장류, 동그라미 안의 초록색 네모 : 인류. 설명은 본문 참조. Jerison(1973)에서 수정.

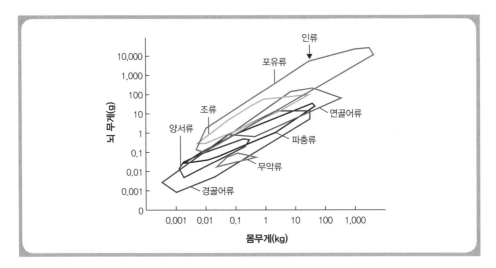

그림 14.2 제리슨이 개발한 다각형법(본문 참조)을 써서 대수그래프로 제시한 척추동물 강들의 뇌 무게(세로축)와 몸무게(가로축)의 관계.

포유류와 조류는 일반적으로 '무악류'(먹장어와 칠성장어), 경골어류, 양서류, '파충류'보다 상대 뇌 무게 또는 부피가 더 크다. 연골어류의 뇌는 둘 사이에 들어간다. 몸 크기로 보정하면, 인류의 뇌 무게/부피가 맨 위에 분포한다. Jerison(1973)에 따라 수정.

적으로도 작은 뇌를 가지고 있고, 예외적으로 약전기어(코끼리고기와 뒷날개고기)의
뇌는 몸무게를 20%까지 차지할 수 있다. 이는 대개 이들의 소뇌판막을 포함한 소뇌가
비대하기 때문이다(제8장 참조).

양서류의 뇌는 절대적으로도 상대적으로도 경골어류의 위쪽 범위에서 발견되고, '파
충류'(도마뱀, 거북, 뱀, 큰도마뱀, 악어)의 뇌도 마찬가지다. 흥미로운 것은 멸종한 공
룡의 뇌 크기다. 뇌는 화석이 되지 않으므로, 그 크기는 두개강 측정(cranial endocast,
파충류의 뇌는 두개강을 꽉 채우지 않는다는 사실을 감안한)을 통해서만 결정할 수 있
다. 이러한 절차의 선구자인 제리슨은 공룡의 뇌 크기가 현존 '파충류'의 범위에 들어
가며(Jerison, 1973) 때로는 상한에, 때로는 하한에 걸린다고 가정한다. 모든 시대를 통
틀어 가장 큰 육상 육식동물에 속하는 '무서운' 티라노사우루스 렉스(*Tyrannosaurus
rex*)는 몸무게가 (현생 코끼리보다 무거운) 7.7t이었지만, 뇌 무게는 소의 뇌 무게에
해당하는 400g밖에 되지 않았고, 거대한 브라키오사우루스 브란카이(*Brachiosaurus
brancai*)도 몸무게는 90t이었다고 추정되지만, 뇌는 겨우 300g밖에 되지 않았다. 이는
몸 크기가 같은 포유류 뇌의 1/15~1/10이다. 공룡이 중생대 내내, 즉 약 2억 년 동안
동물계를 지배했을 만큼 생물학적으로 엄청나게 성공을 거두었음을 놓고 볼 때, 뇌 크
기가 이렇게 작다는 사실은 놀라울 수 있다. 비슷한 상황이 경골어류에서도 발견된다.
이들은 절대적으로도 상대적으로도 작은 뇌를 가졌지만, 이미 보았듯이 종의 수와 행
동의 가변성 면에서 가장 성공한 척추동물이다.

조류는 살아남은 공룡이고 유연관계가 악어에 가깝지만, 모든 '파충류'의 것보다
6~10배나 더 큰 뇌를 가지고 있다. 조류 중에서는 벌새가 절대적으로 가장 작은 뇌를
가지고 있지만(가장 작은 뇌는 무게가 170mg이다), 몸 크기에 비하면 이들의 뇌는 큰
편에 들어간다. 절대적으로 가장 큰 조류의 뇌는 타조에서 발견되고 평균 42g이지만,
이는 상대 뇌 크기로 보면 작은 편에 들어간다. 닭목(*Galliformes*, 닭, 칠면조 등)과 비
둘깃과(*Columbidae*)는 절대적으로도 상대적으로도 작은 뇌를 가지고 있지만, 까마귓
과(까마귀, 갈까마귀, 어치, 까치, 잣까마귀 등)를 포함한 참새목(*Passeriformes*)과 앵
무목(*Psittaciformes*)은 평균 조류에 비해 크거나 매우 큰 뇌를 가지고 있다. 많이 연구
된 뉴칼레도니아까마귀(다섯 마리가 연구됨; Cnotka et al., 2008a)는 평균 몸무게가
277g인데 평균 뇌 무게는 7.56g이다. 그러나 청황마코앵무(*Ara ararauna*), 푸른날개마

표 14.1 선별된 포유류의 뇌 무게, 대뇌화지수, 피질 뉴런의 수

동물 분류군	뇌 무게(g)[a]	대뇌화지수[b,c]	피질 뉴런의 수(백만)[d]
고래	2,600~10,000	1.8	10,500
흑범고래	7,650		
아프리카코끼리	4,200~6,000	1.3	11,000
호모 사피엔스	1,250~1,450[a]	7.4~7.8	15,000
병코돌고래	1,350	5.3	5,800
바다코끼리	1,130	1.2	
낙타	762	1.2	
소	490	0.5	
말	510	0.9	1,200
고릴라	430[e]~570	1.5~1.8	4,300
침팬지	330~430[e]	2.2~2.5	6,200
사자	260	0.6	
양	140	0.8	
구세계원숭이	36~122	1.7~2.7	840
붉은털원숭이	88	2.1	
긴팔원숭이	88~105	1.9~2.7	
꼬리감기원숭이	26~80	2.4~4.8	720
흰이마꼬리감기원숭이	57	4.8	
개	64	1.2	160
여우	53	1.6	
고양이	25	1.0	300
다람쥐원숭이	23	2.3	450
토끼	11	0.4	
마모셋	7	1.7	
주머니쥐	7.6	0.2	27
다람쥐	7	1.1	
고슴도치	3.3	0.3	24
쥐	2	0.4	15
생쥐	0.3	0.5	4

[a]데이터는 Haug(1987), Jerison(1973), Russell(1979)에서 인용. [b]어떤 종의 뇌 크기가 같은 분류군의 '표준' 종(이 경우는 고양이)을 기준으로 예상한 뇌 크기에서 벗어나는 정도. [c]데이터는 Jerison(1973), Russell(1979)에서 인용. [d]Haug(1987)의 데이터를 써서 계산. [e]뉴런의 수 계산을 위한 기준.

코앵무(*Ara chloroptera*), 푸른마코앵무(*Anodorhynchus hyacinthus*)와 같은 일부 앵무새 종과 까막딱따구리(*Dryocopus martius*)도 절대 뇌 무게가 20g이 넘고 상대 뇌 무게도 까마귀와 차이는 크지 않지만 까마귀보다 많이 나간다(Iwaniuk and Hurd, 2005).

포유류도 조류와 마찬가지로, 일반적으로 몸 크기가 같은 경골어류, 양서류, 파충류의 것보다 열 배쯤 큰 뇌를 가지고 있다(표 14.1 참조). 포유류 중에서도 원원류를 제외한 영장목은 일반적으로 몸 크기가 같은 다른 목보다 큰 뇌를 가지고 있다. 영장류의 뇌 크기는 원원류인 쥐여우원숭이(*Microcebus*)의 1.67g에서부터 호모 사피엔스의 1,350g까지 광범위하다. 일반적으로 원원류와 안경원숭이의 뇌는 1.67~12.9(평균 6.7g)로 비교적 작고, 다음으로 신세계원숭이의 뇌는 9.5~118g(평균 45g), 구세계원숭이는 36~222g(평균 115g) 범위에 들고, 가장 큰 뇌는 개코원숭이에게서 발견된다. 유인원 중에서도 소형유인원인 긴팔원숭이의 뇌 크기(88~105g)는 구세계원숭이의 범위에 들어가는 반면, 대형유인원인 오랑우탄, 고릴라, 침팬지의 뇌 무게는 330~570g(수컷)이다.

따라서 현생 영장류에서 우리는 뇌 크기를 기준으로 겹치지 않거나 약간밖에 겹치지 않는 다섯 집단, 즉 (1) 원원류와 안경원숭이, (2) 신세계원숭이, (3) 구세계원숭이와 긴팔원숭이, (4) 대형유인원, (5) 현생 인간을 구분할 수 있다. 인간 이외의 유인원과 인간 사이의 틈새는 복원된 뇌 크기가 343~550g인 멸종한 오스트랄로피테쿠스[예 : 오스트랄로피테쿠스 아파렌시스(*Australopithecus afarensis*), 오스트랄로피테쿠스 아프리카누스(*A. africanus*)], 뇌 크기가 550~780g이었던 호모 하빌리스(*H. habilis*), 뇌 크기가 909~1,149g이었던 호모 에렉투스(*H. erectus*)에 의해 메워진다(Jerison, 1973). 사람아과의 뇌 중에서 가장 큰 호모 네안데르탈렌시스(*H. neanderthalensis*)의 뇌는 평균 무게가 1,487g이었다(Falk, 2007).

요약하면, 우리는 뇌 크기가 문, 강, 과의 범주 안에서도, 범주를 넘어서도 엄청나게 다양함을 알 수 있다. 동시에, 우리는 '클수록 좋다'라는 기본 가정이 지능에는 적용되지 않음을 깨닫는다. 첫째, 까마귀나 앵무새처럼, 같은 분류군의 다른 구성원에 비해 훨씬 작은 뇌를 가지고 있으면서도 최소한 똑같이 또는 더 영리한 동물이 많이 있다. 포유류 안에서도 원숭이는 유제류보다, 인간은 고래나 코끼리보다 훨씬 작은 뇌를 가지고 있는데도 의심할 여지 없이 더 영리하다. 그러나 아래에서 더 배우겠지만, 영장류와 같이 '클수록 좋다'가 적용되는 것처럼 보이는 집단들도 있다.

14.2   상대 뇌 크기와 '대뇌화'의 중요성

비교신경생물학자들은 (아직도 신경생물학 이외의 교과서에서 흔히 말하듯) 인간이 모든 동물 중에서 가장 큰 뇌를 가지고 있다는 게 사실이 아님을 알게 되자, 뇌에서 인간이 뛰어날지도 모르는 다른 특징을 찾기 시작했고, (신경생물학 이외의 교과서에서 훨씬 더 자주 말하듯) 인간은 몸 크기에 대한 상대 뇌 크기가 가장 크다는 사실을 발견했다고 믿었다. 그러나 이 장에서 알게 되겠지만, 이 역시 옳지 않다.

몸 크기 증가와 뇌 크기 증가 사이의 일반적 관계는 어떤 것일까? 몸 크기(부피 또는 무게)가 커지면 뇌 크기도 비례적으로 커진다고 가정할 수 있을 것이다. 뇌는 몸의 통제에 관여하므로 몸이 클수록 뇌도 많이 필요할 것이기 때문이다. 그러한 비례적 증가가 일어날 때 우리는 몸과 뇌의 부피(또는 무게)비가 같게 유지된다는 뜻으로, 성장이 동형(isometric)이라고 이야기한다. 그러나 이미 말했듯이, 척추동물 사이의 성장은 동형이 아닌 경우가 많다. 척추동물은 몸 크기가 열한 자리 증가하는 동안 뇌 크기는 '겨우' 여덟 자리밖에 증가하지 않고, 포유류 사이에서는 이 관계가 8 : 5라는 말이다. 이는 뇌 크기 증가가 몸 크기 증가에 극적으로 '뒤처진'다는 뜻이다. 하지만 뇌 또는 피질과 같은 뇌의 일부가 몸보다 부피나 무게가 더 빨리 증가한다는 의미에서 반대의 경우도 일어날 수 있다. 두 경우 모두, 우리는 뇌 성장이 상대적(allometric)이라고 이야기하고, 전자의 경우를 음의 상대성장(negative allometry), 후자의 경우를 양의 상대성장(positive allometry)이라 한다.

모든 척추동물 강에 걸쳐 몸 크기와 뇌 크기 사이의 전체적 관계를 비교하면, 〈그림 14.1〉과 〈그림 14.2〉에서 예시되듯이, 이 전체적 관계는 음의 상대성장임을 쉽게 볼 수 있다. 〈그림 14.1〉에서는 200가지 척추동물의 몸–뇌 관계(BBR)가 보이며 경골어류(보라색 동그라미), 파충류(노란색 세모), 조류(빨간색 세모), 포유류(파란색 동그라미), 인류(네 개의 측정치, 동그라미로 둘러싼 네 개의 초록색 네모)를 포함한 영장류(초록색 네모)에서 얻은 데이터가 포함되어 있다. 그림은 데이터를 대수로 표현해 비선형함수(여기서는 거듭제곱함수)를 선형으로 보여준다.

척추동물에서 BBR의 일반적인 거듭제곱함수는 $E = kP\alpha$로서, 여기서 E와 P는 각각 뇌와 몸의 무게 또는 부피이고, k와 α는 상수다. 'k'는 비례인자로서 이것의 의미는 곧

분명해질 것이고, α는 상대성장(또는 스케일링)지수로서 뇌 성장이 몸 성장에 비해 얼마나 뚜렷한가를 나타낸다. $\alpha=1$이면 동형성장이겠지만, $\alpha>1$이면 양의 상대성장을, $\alpha<1$이면 음의 상대성장을 가리킬 것이다. 대수로 변환하면 $logE=logk-\alpha logP$라는 선형방정식이 얻어지는데, 여기서 k는 y축의 절편이고 α는 선의 기울기다.

α의 정확한 값은 아직도 논쟁이 되는 문제다. 일반 척추동물에 대해서는 폰 보닌(von Bonin, 1937)이 2/3라는 값을 발견하고, 제리슨이 1973년에 낸 유명한 저서 *Evolution of The Brain and Intelligence*에서 이 값이 옳음을 입증했는데, 제리슨은 이 값이 부피가 1 증가하면 표면적은 2/3만큼 증가한다는 사실과 관계가 있다고 보았다. 여기서 그는 뇌의 가장 중요한 요인은 감각을 느끼는 몸의 표면과 여기에서 오는 정보의 처리라고 주장함으로써 스넬(Snell, 1881)의 뒤를 따랐다. 그러나 이미 1973년의 저서에서 제리슨은 α가 척추동물 강에 따라 다르다고 언급했다. 나중에 측정치가 그러한 차이를 입증했는데, '파충류'에서는 0.53이라는 더 작은 값이, 조류와 포유류에서는 0.68~0.74라는 더 큰 값이 발견된다. 영장류에서는 α값이 1로 밝혀졌는데, 이는 뇌 크기가 동형으로 성장함을 가리킬 것이다(Herculano-Houzel, 2009, 2012; Herculano-Houzel et al., 2006). 마지막으로, 멸종한 사람아과 더하기 현생 호모 사피엔스에서는 α가 1.73에 달하고(Pilbeam and Gould, 1974), 이는 뇌 진화의 전 구간에서 가장 가파른 크기 증가다. 그러나 지금까지도 α의 차이에 대한 설득력 있는 설명은 없다.

〈그림 14.1〉에서 우리는 경골어류, '파충류', 조류, 포유류, 영장류가 α뿐만 아니라 비례인자 k도 서로 다름을 깨닫는다. k가 다르다는 사실에는 이들의 산포도가 일부만 겹친다는 결론이 담겨 있다. 이는 제리슨(Jerison, 1973)이 개발한 '최소볼록다각형(minimum convex polygon)' 방법이 적용된 〈그림 14.2〉에서 더 잘 보인다. 마치 바늘로 채워진 영역을 둘러싸고 실을 감듯이 일군의 척추동물(강, 과 등)에서 얻은 데이터 점들을 둘러싸고 가장 짧은 선을 그리면, 그러한 '최소다각형'에 도달한다. 그림은 '무악류'(먹장어와 칠성장어), 경골어류, 양서류, 파충류, 연골어류, 조류, 포유류의 다각형을 보여준다. 〈그림 14.1〉에서 이미 얻은 메시지가 이제 더 분명해진다. 각각의 다각형은 장축의 기울기가 얼추 같지만, 위치는 서로 조금씩 다르다. 먹장어와 칠성장어('무악류'), 경골어류, 양서류, 파충류의 다각형은 상당히 겹치고, 조류와 포유류의 다각형도 마찬가지지만, 이 두 묶음의 더 큰 집단은 겹치지 않는다. 그러나 연골어류의

다각형 형태에는 중복이 존재하고, 이는 이미 언급했듯이 연골어류의 일부 집단은 경골어류의 뇌와 크기가 비슷한 뇌를 가지고 있는 반면, 다른 집단은 상대 뇌 크기가 조류 및 포유류의 수준에 도달한다는 사실에서 나오는 결과다.

이 모두는 우리에게, 척추동물의 집단들은 'k'와 'α'가 둘 다 다를 수 있음을 말해준다. 이는 첫째, 척추동물에는 **일반적으로** 더 큰 뇌를 가진 집단(조류, 포유류)과 (흔히 한 자릿수만큼) 더 작은 뇌를 가진 다른 집단(경골어류, 양서류, 파충류)이 있음을, 둘째, 몸 크기 증가에 따르는 뇌 크기 증가가 다른 척추동물 강에서보다 조류와 포유류에서 더 **빠름**(그리고 사람아과에서 가장 **빠름**)을 뜻한다. 전체적으로, 몸 크기 증가에는 뇌 크기 증가가 '뒤따르며' 이때 상대성장지수(또는 스케일링지수) α는 2/3 부근이다(Jerison, 1973). 그 결과로, 우리는 BBR에 관해 다음 세 가지 기본 명제에 도달할 수 있다. (1) 절대적으로, 작은 동물은 작은 뇌를, 큰 동물은 큰 뇌를 가지고 있다. (2) 몸 크기에 비해, 작은 동물은 더 큰 뇌를, 큰 동물은 더 작은 뇌를 가지고 있다. (3) 뇌 크기 증가의 최대 90%는 고려 중인 분류군에 따라 몸 크기 증가로 설명할 수 있다. 따라서 동물은 몸이 커지면 대부분 절대적으로 큰 뇌를 얻지만, 이들의 뇌는 상대적으로 더 작아지게 되는 것이다!

이는 사소하게 들릴 수도 있지만 그렇지가 않다. 우리에게 두 가지 중요한 것을 알려주기 때문이다. 첫째, 뇌 크기의 증가는 주로 몸 크기 증가의 결과이므로, 뇌 크기의 증가는 흔히 선택의 일차 목표가 아니다. 커지기를 선택해서 얻는 이익은 상당히 많다. 몸의 부피는 세제곱의 함수로 증가하는 반면 표면적은 제곱의 함수로 증가하기 때문에 결국 몸 크기와 몸 표면적의 비가 감소하는데, 상대 표면적이 줄면 체온 조절과 영양 공급에 유리하다(큰 동물은 단위 몸무게당 먹이가 덜 필요하다). 게다가 큰 동물은 포식자가 적은 경향이 있고, 더 빨리 움직일 수 있다. 그러나 많은 동물 집단이 실제로 수백만 년에 걸쳐 더 커진 반면, 어떤 집단은 정반대로 작아지거나 아주 작아졌고, 매우 작아지는 데도 많은 이점이 있다. 많은 진드기가 맨눈으로는 보이지도 않을 만큼 작아졌지만 가장 성공한 동물 집단에 속하고, 많은 선충도 마찬가지다. 진화에 최고의 생존을 위한 보편적 레시피 같은 것은 없음을 알 수 있다. 어쨌든 많은 경우, 뇌는 특정한 선택압 없이 위에 설명한 음의 뇌 상대성장에 따라 그냥 커진 것으로 보인다.

이 맥락에서, 뇌 크기 증가가 이 표준 법칙에서 **양의 방향으로** 벗어나는 사례들은 각

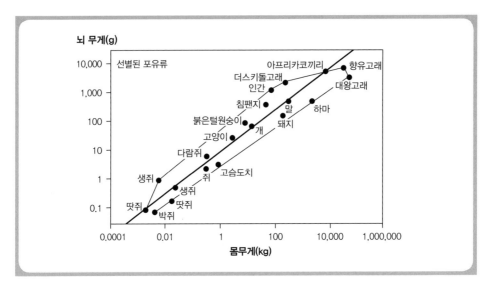

그림 14.3 대수로 표시한 포유류의 뇌 무게와 몸무게 사이의 관계.

땃쥐의 일부 종, 생쥐, 개, 말, 아프리카코끼리 뇌 무게는 '평균'이므로 이들의 데이터 점은 정확히 회귀
선 상에 놓인다. 침팬지, 인간을 비롯한 다른 종의 생쥐와 돌고래는 뇌 무게가 평균 이상인 반면, 박쥐
와 땃쥐의 일부 종, 고슴도치, 돼지, 하마, 대왕고래, 향유고래의 뇌 무게는 평균 이하다. Nieuwenhuys et
al.(1998)에 따라 수정.

별히 흥미롭다. 이미 언급했듯이, 연골어류 중에서 갈레아상어와 매가오리에서는 열
배의 증가가 있었고, 조류에서도 조상 석형류에 비해 열 배, 조류 중에서도 까마귀와
앵무새에서는 대략 여섯 배, 원류 영장류에서는 다른 포유류에 비해 여섯 배 내지 열
배 이상의 증가가 있었다. 마지막으로, 앞으로 보겠지만 호모 사피엔스와 호모 네안데
르탈렌시스로 이어지는 계통에서도 상대 뇌 크기의 극적인 증가가 있었다.

〈그림 14.3〉에서는 역시 대수로 표현된 포유류의 상황을 더 자세히 들여다볼 수 있
다. 데이터 다각형을 가로지르는 장축(회귀선)의 기울기 0.74는 포유류 BBR의 전형이
다. 일부 땃쥐와 생쥐 종, 개, 말, 아프리카코끼리의 값은 다소 정확하게 선 상에 놓이
므로 포유류의 평균에 해당함을 알 수 있다. 기타 생쥐 종, 침팬지, 인간, 돌고래의 값
은 선 위쪽에 있으므로 BBR이 평균 이상임을 나타내는 반면, 일부 다른 땃쥐 종, 박
쥐, 고슴도치, 돼지, 하마, 대왕고래, 향유고래의 값은 선 아래쪽에서 발견되므로 BBR
이 평균 이하임을 나타낸다. 인간의 값은 회귀선 위쪽으로 가장 먼 곳에 있으므로, 이

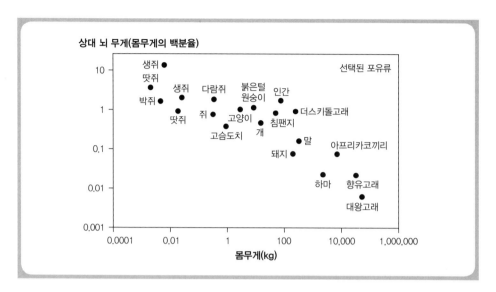

그림 14.4 〈그림 14.3〉에서와 같은 포유류 20종의 뇌 무게를 몸무게의 백분율로 보여주는, 역시 대수 좌표로 그린 그림.

보이듯이, 생쥐나 땃쥐와 같은 작은 포유류(뇌가 몸무게의 10% 이상)는 고래류(뇌가 몸무게의 0.01% 미만)보다 상대적으로 훨씬 큰 뇌를 가지고 있다. 뇌가 몸무게의 2%를 차지하는 인간은 예상보다 상대 뇌 크기가 훨씬 더 크다. Nieuwenhuys et al.(1998)에 실린 van Dongen에서 수정.

는 우리 인간의 뇌가 포유류 평균에 비해 가장 크다는 뜻이다. 나중에 이 점으로 돌아올 것이다.

역시 대수로 표시한 〈그림 14.4〉에서는 〈그림 14.3〉에서와 같은 스무 집단의 포유류로부터 얻은 데이터가 보이지만, 이번에는 세로축이 절대 뇌 무게를 가리키는 것이 아니라 몸무게의 백분율로 표현된 상대 뇌 무게를 가리킨다. 몸무게가 늘어나면 상대 뇌 무게는 10% 이상(매우 작은 포유류에서)에서 0.005% 미만(대왕고래에서)까지 줄어든다는 사실을 분명히 알 수 있다. 인간의 뇌는 몸무게의 대략 2%로 이번에도 순위가 비교적 높지만, 유인원과 돌고래의 뇌와 막상막하다.

따라서 음의 뇌 상대성장에 따르면, 작은 동물은 상대적으로 더 큰 뇌를, 큰 동물은 상대적으로 더 작은 뇌를 가지고 있는 경향이 있다. 이것이 지능에 영향을 미쳤다면, 가장 조그만 동물이 가장 영리한 동물이어야 하지만, 어떤 척추동물 강이나 목에서도 그렇지 않은 것으로 보인다. 그러나 발견되는 관계는 더 복잡하다. 앞의 장들에서 설명했듯이, 절대적으로 작은 뇌를 가진 작은 동물들이 놀랍도록 영리할 수 있고 절대적으로 큰 뇌를 가진 큰 동물들이 예상보다 덜 영리할 수 있다는 말이다.

해리 제리슨은 강(조강, 포유강)이나 목(예 : 영장목) 안에서, 몸 크기가 같은 동물들이 절대 뇌 크기와 상대 뇌 크기에서 큰 차이를 보일 수 있다는 사실을 처음으로 발견한 사람에 속했다. 우리가 그 강 또는 목을 위한 기준치, 예컨대 **평균 뇌-몸 비**를 발견한다면, 주어진 종의 뇌 크기가 그 기준치보다 어느 정도나 위 또는 아래에 있는지, 즉 비범하게 크거나 작은지 평가할 수 있을 것이다. 그는 그래서 자신이 '대뇌화지수', EQ라 부른 것을 공식($EQ=E_a/E_e$)에 따라 계산함으로써 관찰되는 뇌 크기와 평균 사이의 편차를 보여주고자 했다. 이 지수는 주어진 종의 상대 뇌 크기 E_a가 고려 중인 더 큰 분류군(속, 과, 목 등)의 예상되는 또는 평균적인 상대 뇌 크기 E_e로부터 벗어나는 정도를 가리킨다. 따라서 포유류 중에서 EQ가 1이라는 것은 고려 중인 포유류가 가진 뇌의 상대 크기가 조사된 모든 포유류에 대해 (거의) 평균임을 말해주는 반면, EQ가 1보다 크다는 것은 일정한 몸 크기가 주어졌을 때 뇌가 예상보다 크다는 것을, EQ가 1보다 작다는 것은 뇌가 예상보다 작다는 것을 가리킨다.

제리슨의 연구 결과가 〈표 14.1〉에서 주어진다. 이 표는 우리에게 예컨대 토끼는 평균보다 상당히 작은 뇌를 가지고 있고 토끼를 바짝 뒤따르는 동물이 생쥐와 쥐라는 것을 말해준다. 후자의 발견은 다소 놀라운데, 쥐의 추정되는 지능을 볼 때 우리는 평균 위의 상대 뇌 크기를 예상할 것이기 때문이다. 고양이는 평균 상대 뇌 크기를 가지고 있어서 EQ가 1인 반면, 개뿐만 아니라 낙타, 여우, 고릴라, 고래도 평균보다 약간 높은 EQ를 가지고 있다. 고릴라의 EQ 값은 이 종의 지능이 틀림없이 높음을 놓고 볼 때, 놀랄 만큼 낮다. 흥미로운 것은 고래의 비교직 낮은 EQ가 이들의 그저 그런 지능(제12장 참조)과 얼마나 상관이 있는가 하는 것이다. 영장류 중에서 구세계원숭이는 평균적으로 꼬리감기원숭이를 제외한 신세계원숭이보다 EQ가 높고, 가장 높은 EQ는 돌고래에서 그리고 마침내 인간에서 발견된다. 인간의 EQ가 7.4~7.8이라는 말은 인간의 뇌가 같은 몸 크기의 평균 포유류보다 대략 여덟 배 더 크다는 뜻이다. 인간의 EQ가 높은 것은 놀랄 일이 아니고, 마찬가지로 꼬리감기원숭이의 EQ가 높은 것도 이들의 높은 인지 능력을 볼 때 뜻밖은 아니며 더 설명할 가치가 있다.

부분적으로는 이 불일치 때문에, 제리슨(Jerison, 1973)은 몸의 유지와 조절에 필수적인 뇌 부분(E_v) 및 향상된 인지 능력과 연관된 뇌 부분(E_c)을 구분함으로써 자신의 계산을 다시 더 현실적으로 만들고자 했다. 포유류에서는 대개 피질을 말하는 E_c를 제리슨은 '추가 뉴런(extra neuron)'(N_c)이라 불렀다. 이 이면의 발상은 큰 몸을 통제하기 위한 뉴런 '비용'은 복잡한 감각 데이터 및 관련 인지 기능을 처리하기 위한 높은 '비용'의 근처에도 가지 못한다는 것이다. 그러므로 행동적 지능이 증가하면 '추가 뉴런'도 나란히 증가할 것으로 예상된다. 그러한 '추가 뉴런'의 수를 계산하면 EQ 목록에서 두드러진 불일치가 어느 정도 제거된다. 예를 들어, 신세계원숭이인 흰이마꼬리감기원숭이(*Cebus albifrons*)와 검은머리꼬리감기원숭이(*C. apella*)의 EQ는 뇌가 큰 유인원과 비교해도 이상하게 높지만, 이들의 N_c는 유인원보다 훨씬, 심지어 구세계원숭이보다도 더 낮고, 이는 이들의 더 낮은 지능 수준과 일치한다. EQ와 마찬가지로 추가 뉴런에도 대형유인원(3.2)과 인간(수컷 인간의 경우 8.8) 사이에는 거대한 틈새가 있지만, 이는 3.9라는 오스트랄로피테쿠스의 평균 N_c로 메울 수 있다(Jerison, 1973).

더 근래에, 뇌 상대성장 전문가들은 몸 크기에 대한 상대 뇌 크기를 보정하는 약간 다른 방법, 즉 관찰되는 뇌 크기 가운데 단순히 음의 뇌 상대성장으로 비롯된 부분을 제거하는 방법을 채택했다(Lefebvre et al., 2004; Lefebvre and Sol, 2008; Lefebvre, 2012 참조). 이 저자들은 주어진 분류군(예 : 조류)에서 몸 크기에 대한 뇌 크기의 선형 회귀(linear regression)로 출발한 다음 회귀선으로부터 데이터 점까지의 편차인 '잔차(residual)'를 측정한다. 그러나 아무리 몸 크기에 대해 보정한 다음이라도, 이 방법 역시 상대 뇌 크기를 취할 때의 주요 문제들을 해결하지 못한다. 예를 들어, 조류 중에서 까마귀와 앵무새는 보정된 상대 뇌 크기 값이 대략 동등하고 평균을 훨씬 넘어서며, 두 집단 모두 비슷하게 영리하다고 여겨진다. 그러나 위에 언급했듯이, 절대적으로는 앵무새가 평균적으로 까마귀보다 더 크거나 훨씬 더 큰 뇌를 가지고 있다. 돌고래는 고릴라나 심지어 침팬지보다도 보정된 상대 뇌 크기가 훨씬 더 크지만, 지능은 고릴라의 근처에도 미치지 못한다. 따라서 뇌 크기와 몸 크기 사이의 관계는 전에 생각했던 것보다 훨씬 더 복잡한 것으로 드러난다. 지능을 설명하는 것은 총체적 뇌의 절대 크기나 상대 크기가 아니라 단지 뇌의 일정 부분, 포유류에서는 무엇보다도 지능과 관계가 가장 밀접하다고 믿어지는 피질일 수도 있을 것이다.

14.3   지능과 마음의 '자리'로서 피질의 운명

14.3.1 피질의 정보처리 속성

다양한 저자들이 척추동물 또는 포유류의 뇌를 구성하는 서로 다른 부분들의 크기가 뇌 전체의 크기에 비해 어느 정도나 변하는지를 측정하고자 노력해왔다. 캐나다의 신경생물학자 G. 배런(Baron, 2007 참조)의 연구들은 포유류에서 총체적인 뇌 크기가 커지는 동안 후구와 연수는 상대적으로 작아진다는 증거를 제공한다. 반면에 소뇌는 상대적으로 커지지만, 성장 동역학의 꼭대기에 있는 동종피질이 소뇌를 앞지른다.

포유류에서 뇌 크기가 커지면 피질의 표면적과 부피도 커진다. 가장 작은 포유류인 땃쥐의 총 피질 표면적은 $0.8cm^2$ 이하이고, 쥐에서 $6cm^2$, 고양이에서 $83cm^2$, 인간에서 약 $2,400cm^2$, 코끼리에서 $6,300cm^2$, 흑범고래에서 최댓값인 $7,400cm^2$가 발견된다. 따라서 우리는 땃쥐에서부터 흑범고래까지 피질 표면적이 거의 1만 배 늘어나면서, 예상대로 정확히 2/3라는 지수로 뇌 부피 증가를 뒤따름을 알 수 있다.

이 극적인 뇌 표면적의 증가는 0.4mm(매우 작은 땃쥐와 생쥐에서)에서 3~5mm(인간과 대형유인원에서)라는 매우 보잘것없는 피질 두께의 증가와 대조를 이룬다. 뇌가 큰 고래와 돌고래도 1.2~1.6mm의 놀랍도록 얇은 피질을 가지고 있고, 역시 뇌가 매우 큰 코끼리조차도 평균 피질 두께는 '겨우' 1.9mm다. 만일 우리가 모든 포유류의 피질 부피(표면적 곱하기 두께)를 비교한 다음 피질 부피와 뇌 크기의 관계에 대해 묻는다면, 피질이 뇌의 나머지보다 더 빨리, 즉 양의 상대성장 방식으로 성장하며, 이때 평균 지수 'a'는 1.13임을 깨달을 것이다(Changizi, 2001). 이 지수는 영장류에서 약간 더 크고, 유제류에서는 약간 더 작지만 여전히 1보다는 큰 반면, 고래와 바다소 및 코끼리에서는 1보다 작다. 이는 이 동물들에서는 피질 부피가 절대 부피는 증가하는 동안 상대 부피는 음의 상대성장 방식으로 감소함을 뜻한다.

그러나 지능과 해부구조의 상관관계를 찾는 동안, 누군가 피질의 총량은 '추가 뉴런'이라는 제리슨의 개념과 같은 의미인 연합(associative) 피질의 부피만큼 중요하지 않다고 주장할지도 모른다. 이 맥락에서 특별히 흥미로운 것은 작업 기억, 활동 계획, 지능의 '자리'라고 가정되는 전두피질(frontal cortex) 또는 전전두피질(prefrontal cortex)의 크기다. 그러므로 문제는 영장류, 코끼리, 고래-돌고래처럼 매우 영리하다고 가정되는 동물들의 전두피질-전전두피질이 각별히 큰가, 그렇지 않은가 하는 것이다. 그래서 인간은 다른 유인원에 비해 세 배 더 큰 전전두피질을 가지고 있다는 디콘(Deacon, 1990)의 말이 그렇게 많이 인용되는 것이다.

한편 세멘데페리 등(Semendeferi et al., 2002)과 테퍼와 세멘데페리(Teffer and Semendeferi, 2012)는 구조 MRI를 이용한 연구로 전전두피질을 포함한 전두피질(회색질 더하기 백질!)의 크기가 영장류 중에서도 인간에서 가장 크다는 것을 입증했다. 인간에서 전두피질-전전두피질의 상대 크기(총 뇌 부피의 백분율)는 38%에 달했고, 오랑우탄에서도 같은 값이 발견되었다. 고릴라에서는 37%, 침팬지에서는 35%, 긴팔원숭이에서는 30%, 원숭이에서는 31%였다. 이는 일반적으로, 전두피질-전전두피질의 크기가 뇌의 총량에 대해 약간 양의 방향으로, 즉 1.14의 지수로 커짐을 뜻하지만, 인간은 고릴라보다 두 배 더 크고 침팬지보다 세 배 이상 더 큰 뇌를 가지고 있다는 사실을 놓고 볼 때, 인간의 전두피질-전전두피질은 예상보다 훨씬 더 작은 셈이다. 예상대로라면, 상대 크기는 40%가 넘어야 한다. 세멘데페리 등(Semendeferi et al., 2011)에 따르면, 인간의 전두피질 안쪽에서 크기가 커진 것은 대부분 배측 부분이고, 특히 전두극부(frontopolar area, A10)는 예상되는 크기의 두 배 크기를 가진 것으로 보인다. 복측 부분인 안와전두피질 및 복내측피질은 (절대적으로는 그렇지 않지만) 상대적으로 더 작아졌다.

지능의 더 직접적인 신경생물학적 기초를 찾다 보면 뉴런의 수, 특히 피질 뉴런의 수와 함께 뉴런 배선의 효율성 및 처리 속도가 매우 자연스럽게 떠오른다. 같은 부피의 뇌와 피질이라도 담고 있는 뉴런의 수는 뉴런충전밀도(neuronal packing density, NPD)에 따라 매우 다를 수 있고, NPD는 무엇보다도 수상돌기 나무를 포함한 뉴런의 크기에 의존한다. 처리 속도는 대부분 뉴런간거리(interneuronal distance, IND)와 축삭 전도 속도에 의존하고, 축삭 전도 속도는 대부분 수초형성(myelination)의 정도에 의존한다. 다행히, 최소한 포유류의 경우는 대충 비교해볼 데이터가 충분하다.

이미 언급했듯이, 포유류의 피질은 대략 80%가 피라미드세포로 구성되어 있다. 나머지는 다양한 종류의 흥분성 및 억제성 개재뉴런들이다(Creutzfeldt, 1983). 그러나 피라미드세포의 크기나 부피(입방마이크로미터로 측정되는)는 포유류 사이에서도 변동이 심하고 대략 뇌 크기와 함께 커진다. 즉 뇌와 피질이 클수록 피라미드세포도 큰 경향이 있다(Changizi, 2001). 포유류에서 평균 크기는 2,300μm³이다. 그래서 뇌가 크거나 매우 큰 고래류와 코끼리는 크거나 매우 큰 피라미드세포를 가지고 있다. 큰돌고래(*Tursiops truncatus*)는 5,400μm³의 '거대한' 피라미드세포를 가지고 있고, 코끼리가 4,100μm³로 그 뒤를 따른다. 영장류는 일반적으로 작은 피라미드세포를 가지고 있다. 그래서 마카크원숭이, 침팬지, 인간에서는 1,000μm³보다 약간 크거나 작은, 매우 작은 부피가 발견된다(Haug, 1987).

피라미드세포의 부피가 커지면 충전밀도도 따라서 −1/3이라는 음의 지수로 작아진다(Changizi, 2001). 이는 여러 요인의 결과다. 한편으로, 뉴런이 클수록 수상돌기 나무도 커지고, 국부적인 축삭 곁가지들도 더 넓게 가지를 친다. 그래서 뉴런과 그것의 부속물이 차지하는 전체 공간이 확장된다. 게다가 편차가 크기는 하지만, 아교세포와 혈관의 수도 뉴런 크기의 증가와 함께 커지는 경향이 있다. 아교세포는 영양공급에서 중요한 역할을 하므로, 산소와 당을 비롯한 기타 물질의 공급도 세포 부피의 증가와 함께 증가한다.

작고한 독일의 신경해부학자 하우크의 측정치에 따르면, 뉴런충전밀도(NPD)는 영장류에서 높거나 매우 높다(Haug, 1987). 여기서 원원류인 쥐여우원숭이와 신세계원숭이인 마모셋원숭이가 1mm³당 약 7만 5,000개의 뉴런이라는 가장 높은 NPD를 가지고 있고, 신세계원숭이인 다람쥐원숭이와 개코원숭이가 약 6만 개로 그 뒤를 따른다. 마카크원숭이, 탈라포인(*Miopithecus*), 침팬지는 약 4만 개, 거미원숭이, 양털원숭이, 고릴라, 인간은 2만 5,000~3만 개를 가지고 있다. 반면에 고래와 코끼리의 피질은 1mm³당 뉴런 수가 6,000~7,000개로, 매우 낮은 NPD를 가지고 있다. 이 결과는 모든 포유류에서 주어진 단면적(예 : 1mm²)의 피질 기둥에는 피질의 크기와 상관없이 같은 수의 뉴런이 들어 있다는, 많이 인용되는 로켈 등(Rockel et al., 1980)의 말과 모순된다. 대신 원숭이에서는 그러한 피질 기둥에 뉴런이 19만 개, 인간에서는 평균 5만 개(피질 영역에 따라 3만~10만 개)가 들어 있을 수 있는 반면, 고래류에서는 기둥 하나당 뉴런이 1만 9,000개밖에 발견되지 않는다(Cherniak, 2012; Herculano-Houzel, 2012).

피질 부피와 NPD에 관한 이 데이터를 기초로, 포유류에서 **피질 뉴런의 수**를 계산할 수 있다. 그 결과가 〈표 14.1〉에서 주어진다. 영장류는 큰 피질 부피, 작은 뉴런, 높은

NPD 때문에 절대 뇌 크기를 기초로 한 예상치보다 상당히 더 많은 피질 뉴런을 가지고 있다. 비교적 작은 신세계 다람쥐원숭이는 450개, 훨씬 더 큰 구세계 붉은털원숭이는 약 840개, 신세계 흰이마꼬리감기원숭이는 720개, 고릴라는 4,300개, 침팬지는 약 6,200개, 인간은 약 150억 개의 피질 뉴런을 가지고 있다. **영장류 이외의 포유류에서** 가장 큰 수의 피질 뉴런은 1만 500개를 가진 흑범'고래'(돌고래)와 110억 개를 가진 아프리카코끼리에서 발견되는데, 이들의 뇌는 인간보다 훨씬 더 큰데도 불구하고 이 수치는 인간에서 발견되는 수보다 작다. 이유는 이들의 피질이 훨씬 더 얇고, 이들의 피질 뉴런이 훨씬 더 크고, 그래서 이들의 NPD가 훨씬 더 낮기 때문이다.

침팬지의 뇌는 담고 있는 피질의 부피가 인간의 1/3이고, 피질의 두께는 인간과 같고, 피질에 있는 피라미드세포의 크기도 인간과 비슷하다. NPD가 인간보다 다소 높기 때문에, 피질 뉴런의 수는 인간에서 발견되는 수의 절반에 약간 못 미친다. 고양이는 개보다 훨씬 작은 뇌를 가지고 있지만, NPD가 훨씬 더 높고, 그래서 개보다 거의 두 배 많은 피질 뉴런을 가지고 있다. 특히 인상적인 것은 말과 침팬지를 비교한 결과다. 침팬지는 더 작은 뇌를 가지고 있지만, 말보다 다섯 배 많은 피질 뉴런을 가지고 있다.

세포 수에 관한 추정치는 적용한 방법의 영향을 강하게 받는다. 허큘라노-하우젤 등(Herculano-Houzel et al., 2007)은 붉은털원숭이의 피질 뉴런이 11억 개라고 보고하는데, 하우크가 보고한 이 종의 피질 부피와 NPD에 관한 탄탄한 데이터를 놓고 볼 때 이는 지나치게 많아 보인다. 인간에서의 추정치도 문헌에서 100억 개와 220억 개 사이를 넓게 왔다 갔다 하고, 파켄베르크와 군더젠(Pakkenberg and Gundersen, 1997)이 보고한 220억 개라는 수치 역시, 가장 높게 측정된 인간의 NPD를 기초로 계산해도 지나치게 커 보인다. 허큘라노-하우젤과 동료들(Azevedo et al., 2009)은 자신들의 등방분할법(isotropic fractionator method)을 가지고 인간에서 160억 개라는 피질 뉴런 수에 도달하는데, 이는 로트와 디케(Roth and Dicke, 2012)가 계산한 150억 개에 가깝다.

피질의 정보처리 용량(information processing capacity, IPC)과 관련해서는 시냅스의 수도 중요할 수 있을 것이다. 그러나 이 주제는 논쟁이 된다. 쉬츠(Schüz, 2001)와 같은 저자들은 피질의 뉴런당 시냅스의 수가 포유류 전반에서 일정하다고 말하는 반면, 챈기지(Changizi, 2001)와 같은 저자들은 그 수가 피질 부피 및 뉴런 크기와 함께 0.33의 지수로 증가한다고 가정한다. 따라서 피질 뉴런이 클수록 더 많은 시냅스를 가져야 하지만 이 시냅스 수 증가는 NPD의 감소에 의해 상쇄된다고 생각되므로, 포유류에서 피질의 시냅스 밀도는 일정하게 유지될 것이다. 불행히도, 시냅스의 수에 관한 정확한 데이터는 대개 존재하지 않는다. 인간 피질에 있는 뉴런당 시냅스의 수도 마찬가지로 논쟁이 된다. 체르니악(Cherniak, 1990)은 뉴런당 시냅스 수를 평균 1,000~1만 개로, 로클랜드(Rockland, 2002)는 거의 3만 개로 보고한다. 다소 임의적으로, 인간 피질의 뉴런당 시냅스 수를 2만 개라고 가정하면, 시냅스의 총수는 3×10^{14}개가 될 것이고, 이는 첫눈에는 믿을 수 없이 큰 수치 같지만 아마도 꽤 현실성이 있을 것이다.

피질 뉴런과 시냅스의 수 이외에, 피질 IPC를 결정하는 데 중요한 다른 요인인 처리 속도는 (1) 뉴런간거리, (2) 전도 속도, (3) 시냅스 전송 속도에 결정적으로 의존한다. 뉴런간거리는 NPD에 의해 결정된다. 다시 말해, NPD가 높을수록 당연히 뉴런간거리도 짧아진다. 그런 면에서, 뇌가 크지만 NPD가 낮은 동물들은 심각한 문제가 있을지 모른다는 것을 쉽게 알 수 있다. 전도 속도는 대부분 유수축삭의 직경에 다소 엄격하게 의존한다. 즉 수초가 얇은 (또는 전혀 없는) 축삭은 전도 속도가 느리고, 수초가 두꺼운 축삭은 전도 속도가 빠르다. 포유류의 축삭 직경에는 생쥐의 $0.5\mu m$에서부터 원숭이의 $1\mu m$까지 약간의 차이가 있다(Schüz, 2001). 유인원은 다른 포유류보다 두꺼운 축삭을 가지고 있다고 보고되고, 뇌 안에서 피질 영역과 피질하 영역을 연결하는 섬유의 전도 속도는 10m/s로 보고되는 반면, 말초신경(예 : 좌골신경)의 전도 속도는 150m/s에 달할 수도 있다. 한편 고래류(고래와 돌고래)와 코끼리의 축삭은 수초가 얇아서 전도 속도가 비교적 느리다(Changizi, 2001 ; Zhang and Sejnowski, 2000 ; Rockland, 2002). 마지막으로, 시냅스의 전송 속도는 포유류와 영장류 사이에서 일정하다고 가정되지만 정확한 데이터는 없다.

따라서 고래류와 코끼리처럼 뇌가 큰 동물에서는 먼 뉴런간거리 더하기 낮은 전도 속도라는 불리한 조합이 발견되고, 이는 뉴런의 IPC를 강하게 떨어뜨린다. 반대로, 인간의 뇌에서는 합당한 뉴런간거리 더하기 매우 높은 전도 속도가 발견되고, 이것만으로도 처리 속도가 고래류와 코끼리에서 발견되는 것보다 다섯 배쯤 빨라질 수 있을 것이다.

피질 IPC를 결정하는 데 중요한 또 다른 요인은 피질 뉴런들 사이의 연결 방식이다. 이 문제에 접근하기 위해, 피질 뉴런들이 서로 완전히 연결되어 있다고 상상해보자. 이는 첫눈에는 최적인 것 같다. 모든 뉴런이 다른 모든 뉴런과 최소한 하나의 시냅스를 통해 서로 연결되어 있다는 말이다. 그러한 경우, 피질 안에서 연결부는 $c=n\times(n-1)$ 또는 n^2-n이라는 공식에 따라 성장할 것이다. 여기서 c는 연결부의 총수이고 n은 뉴런의 수다. n이 큰 경우(대략 1,000 이상)는 공식을 $c=n^2$으로 줄일 수 있고, 이는 뉴런의 수가 선형으로 증가하면 연결부의 수는 제곱으로 증가한다는 뜻이다. 뉴런이 1,000개이면 연결부는 100만(10^6) 개가 될 것이고, 뉴런이 100만 개이면 연결부는 이미 1조 (10^{12}) 개가 될 것이고, 인간의 피질 뉴런 수가 150억에 달한다고 가정하면, 피질 연결부는 10^{20}개가 넘는 천문학적 숫자에 도달할 것이다. 우리의 피질은 거대해지고 대부분 유수축삭으로 구성되어 있을 것이다. 이미 대사적인 이유로, 이는 불가능하다.

　다행히도, 인간을 포함한 포유류의 피질에서 완전한 연결 패턴은 구현되지 않는다. 공간도 문제지만 이는 매우 비경제적일 것이다. 무엇보다도, 모든 뉴런이 서로와 연결되어 있다는 의미의 완전한 연결은 없지만, '촘촘한 국지적 연결과 성긴 전역적 연결', 즉 사회망 이론을 통해 알려진 '작은 세상 연결(small-world connectivity)'의 원리는 있다(Cherniak, 2012; Hofman, 2001, 2012; Sporns, 2010 참조). 이는 제한된 영역 안에서는 모든 뉴런이 거의 모든 다른 뉴런과 연결되어 (앞서 말했듯이 평균 4~6개의 시냅스를 통해) 하나의 기능적 집합체(functional assembly)를 형성하는 반면, 그러한 집합체에 속한 소수의 뉴런만이 역시 다른 기능적 집합체에 속하는 더 먼 뉴런들과 연결된다는 뜻이다. 뉴런들 사이 연결부의 수는 대략 시냅스 수의 자연로그에 비례할 것이고, 그러면 제곱에 비례할 경우보다 극적으로 적어진다. 이 원리는 모든 크고 복잡한 정보처리망에 최적인 것으로 보이며 '구획'에 의존한다. 다시 말해, 그러한 정보처리망 안에서는 국지적 실무진들이 열심히 서로 소통하는 동안, 실무진을 넘나드는 소통은 주로 집단의 리더들이 한다. 이렇게 해서 소통하는 연결부는 완전한 연결에서 최적 연결로 바뀌면서 여러 자리, 인간의 피질에서는 5~6자리만큼, 즉 10^{20}개에서 10^{14}~10^{15}개로 줄어든다. 이 때문에 뇌 크기가 극적으로 줄어들 수 있는 게 분명하다.

14.3.2 피질의 모듈성

이 '작은 세상' 원리가 해부학적으로 또 기능적으로 구현된 것을 포유류의 동종피질이 기능적으로 서로 다른 영역(감각, 운동, 통합-연합)들로 작게 묶이는 데서 볼 수 있다.

지난 몇 년 동안 미국의 신경생물학자 존 카스(Kaas, 2007 참조)와 같은 과학자들이 피질 모듈화의 진화를 자세히 연구해왔다.

'식충동물을 닮은' 포유류의 작은 뇌에서는 후각계가 우세한 감각계이고, 그래서 이 뇌들은 비교적 큰 후구, 후각 기억을 담당하는 자리인 큰 해마, 후각피질(이상피질)을 가지고 있다. 예컨대 고슴도치의 피질에서는 후각피질이 비(非)후각피질보다 최소한 세 배 더 크다. 텐렉(마다가스카르 '고슴도치', *Tenrec ecaudatus*)에서 비후각피질은 시각피질 한 곳, 청각피질 한 곳, 체감각영역 두 곳, 일차운동영역 한 곳으로 구성되어 있다. 유럽고슴도치(*Erinaceus europaeus*)의 피질에서는—다소 큰 후구와 후각피질 말고도—시각 및 체감각 영역이 일차영역과 이차영역 한 곳씩 있는 것에 더해 두정엽 영역에서 청각영역과 운동영역이 한 곳씩 발견된다. 쥐의 피질은 비교적 큰 후구를 가지고 있는 반면, 후각피질은 비교적 더 작고, 시각영역이 한 곳, 청각영역이 한 곳 있고, 비교적 큰 체감각영역이 있어서 여기에서 앞발과 뒷발, 얼굴, 코털을 표상한다. 뿐만 아니라 비교적 작은 이차체감각영역과 이차청각영역(쥐의 청각계가 매우 발달했음을 놓고 볼 때 이는 놀랍다)을 비롯해 큰 일차운동영역과 이보다 작은 이차운동영역이 있다.

계통수를 복원한 결과는 큰 후각영역 말고도 조상 태반 포유류의 피질에는 평균적으로 최소한 체감각영역 두 곳과 시각영역 두 곳이 있었지만 청각영역과 운동영역은 한 곳씩만 있어서, 합쳐서 일곱 내지 열 곳의 일차 감각 및 운동영역이 있었고, 정보를 통합하는 연합영역의 기미는 없었음을 시사한다(Kaas, 2007). 주된 진화 경로를 따라 지금 도달한 현생 태반 포유류는 최소한 네 곳의 시각영역 및 체감각영역, 두세 곳의 청각영역 더하기 체감각피질에서 분리되어 특화된 한 곳의 미각영역뿐만 아니라 변연피질에 몇몇 영역, 전전두피질 또는 안와전두피질에 한두 영역, 전대상피질에 두서너 영역, 도피질과 내후각피질에도 추가 영역들을 가지고 있다. 인간의 피질에는 150개의 영역이 있고 영역마다 60군데의 연결부가 있어서, 영역과 영역 사이에 9,000군데의 연결부가 있다고 가정된다(Changizi and Shimojo, 2005). 피질 영역의 수는 코끼리나 고래류(아래 참조)를 제외한 대부분의 포유류와 모든 영장류에서 0.33의 지수로 피질 부피와 함께 증가한다고 생각된다. 동시에, 피질 영역들의 상대 크기는 감소한다고 추정된다. 이는 피질 부피(결국 뉴런과 영역의 수)가 증가해도 최적의 연결을 유지하는 경향으로 해석되어왔고, 이 경향은 위에 묘사했듯이 피질 영역과 기둥 안에서는 촘촘한 국지적 연결을 유지하고 피질 영역을 넘나드는 전역적 연결은 성기게 유지하는 '작은 세상' 원리를 통해 구현된다.

그러나 이 진화 경로는 유일하게 가능한 경로가 아니다. 일반적인 진화에서 그렇듯, 많은 동물은 현재까지 본질적으로 변함없이 유지되었고, 이는 현재의 맥락에서는 작은 '식충동물'이 후각계가 대부분인 상대적으로도 절대적으로도 작은 뇌를 가지고 거의 2억 년 동안 존재했음을 의미한다. 이들은 후각에 의존해 주로 야행성 생활양식을 택함으로써 현재까지 성공적으로 생존해왔기 때문에, 이들을 '미발달' 상태로 보는 것은 잘못일 것이다. 또 다른 대안은 작은 뇌를 유지하면서 다른 감각계들을 희생하고 하나의 감각계를 특화시킨 작은 포유류에 의해 구현되었다. 박쥐에서 반향정위 계통이 진화하는 맥락에서 청각계가 엄청나게 확대된 것, 많은 설치류(생쥐, 쥐, 두더지 등)에서 촉각-체감각 계통이, 다람쥐와 같은 기타 작은 포유류에서 시각계가 엄청나게 증가한 것을 예로 들 수 있다.

또 다른 진화적 대안은 고래와 코끼리에서 구현되었다. 이들의 경우는 뇌와 피질의 크기가 뚜렷하게 커졌으면서도 이와 함께 피질이 다수의 단일양상 및 다중양상 연합 영역들로 뚜렷하게 세분되지는 않았다. 여기서는 한두 종류의 감각계만 크기가 뚜렷하게 커졌을 뿐 실질적인 세분은 겪지 않았다. 고래에서는 반향정위의 맥락에서 청각계가, 코끼리에서는 체감각-진동 계통이 그랬다. 그래서 이 뇌가 큰 포유류들은 영장류보다 훨씬 적은 수의 피질 영역을 가진 것으로 보인다. 이 동물들에서는 매우 큰 변연피질 말고도 엄청나게 큰 측두피질 및 두정피질 영역이 발견되지만, 변연계에 속하지 않는 실질적인 전전두피질은 발견되지 않는다(Hart and Hart, 2007; Hart et al., 2008).

14.3.3 포유류 피질 세포구조의 특수성

비교신경생물학 및 진화신경생물학계에는 포유류의 피질이 분류군에 관계없이 다소 균질하다고 여겨야 하는지, 아니면 불균질하고 분류군마다 특수성이 발견된다고 여겨야 하는지에 관해, 지금까지도 진행 중인 논쟁이 있었다. 전에는 저자들이 균질성을 강조하는 경향이 있었지만, 오늘날은 불균질성과 특수성에 대한 탐색이 많아졌다. 분명하게 눈에 보이는 것은 방금 언급한 피질의 감각영역들, 주로 시각, 체감각, 청각 영역의 크기 및 수의 차이다. '식충동물'에서는 후각계의 우세가 발견되지만, 고래류에는 후각피질이 없는 대신 큰 청각피질이 있다. 이 동물들은 비교적 작은 해마를 가지고 있는데(Hof et al., 2006), 이미 언급했듯이 해마는 원시 상태의 포유류에서 후각을 기억하는 자리였다. 뿐만 아니라 고래류의 피질에서는 작은 크기의 뉴런이 많아서 '과립층'이라 불리는 IV층이 눈에 띄지 않는다. 대부분의 포유류에서 이 IV층은 두껍거나 매우 두껍고, 특히 일차시각피질에서는 두 배로 두꺼운 IV층이 발견되는데, 이는 시상으로부터 시각 구심신경이 입력되는 층이다. 고래류에서는 대신, II층이 비교적 두껍고 여기에 위아래가 뒤집힌 큰 피라미드세포들이 들어 있다. 이러한 특수성의 원인은 알려져 있지 않다. 고래류의 조상으로 추정되는 우제류(발가락이 짝수인 포유류)의 피질은 IV층이 잘 발달된 '정상' 세포구조를 가지고 있기 때문이다.

프로이스(Preuss, 1995)나 와이즈(Wise, 2008)와 같은 신경해부학자들은 영장류만이 엄밀한 의미의 전전두피질과 함께 주의 조절, 작업 기억, 활동 계획, 의사 결정을 포함하는 전전두피질 특유의 기능을 가지고 있다고 주장한다. 그래서 영장류에서 과립성의 (전)전두엽 영역이 손상되면 언급한 기능에 극적인 결과가 나타나지만, 쥐에서 배측전두피질이 손상될 경우는 그렇지 않다. 영장류 전두피질의 특수성은 작은 뉴런이 많이 들어 있는 IV층을 특징으로 하는 과립성 전전두 영역이 존재한다는 데 있다. 다른 포유류(예 : 설치류)의 전두피질은 그러한 과립성 영역이 없고, 그래서 **무과립성**(agranular)이라 불린다. 엘스턴 등(Elston et al., 2006)에 따르면, 인간의 전전두피질에 있는 뉴런들은 비인간 영장류에 비해 가지를 더 많이 치고, 수도 많고, 뉴런마다 일정 수의 수상돌기 가시가 달려 있어서 가시돌기 시냅스도 더 많고, 피질 기둥도 더 넓다. 저자들은 이러한 연구 결과들을 인간 전전두피질의 IPC가 극적으로 커진 증거라고 해석한다.

(인간을 포함한) 사람과(科) 영장류 피질의 특이성이라고 주장되며 요즈음 자주 거론되는 한 가지는 내측전두피질과 전대상피질의 Vb층에 방추 모양 뉴런이 존재한다는 점인데, 이 뉴런은 다른 피라미드세포보다 네 배나 크고, 뇌의 다른 부분들과 유난히 광범위하게 연결되어 있다고 말해진다(Nimchinsky et al., 1999; Elston, 2002). 그러나 그러한 '폰 에코노모 세포(von Economo cell)'는 최근에 일부 고래류와 코끼리에

서도 발견되었지만, 뇌가 큰 모든 포유류에서 일관적으로 발견되지는 않았다(Hof and van der Gucht, 2006; Hakeem et al., 2009). '폰 에코노모 세포'가 이렇게 드문드문 존재하는 이유가 그것이 독립적으로 진화해서인지, 아니면 이차적으로 사라진 경우들이 있어서인지는 불분명하고, 이 세포가 인지를 위해 딱히 중요한지도 마찬가지로 불분명하다(Sherwood et al., 2008). 게다가 우월한 정신적 능력이 단 한 유형의 뉴런을 바탕으로 할 법하지도 않다.

14.4 조류의 뇌와 중간둥지외투

앞 장에서는 까마귀와 앵무새가 가장 영리한 새로 드러났고, 이들의 지능이 영장류와 대등하다고 여겨져 왔음을 보았다. 이들의 뇌는 비교적 크고, 종뇌가 뇌 총량의 70~80%를 차지하고, 중간둥지외투(MNP)뿐만 아니라 과외투도 상대적 의미에서 유난히 크다(앵무새에 대해서는 Iwaniuk and Hurd, 2005를, 뉴칼레도니아까마귀에 대해서는 Mehlhorn et al., 2010을 참조). 그러나 절대적 의미에서는 작은 뇌들이고, 까마귀에서 8~12g이고 앵무새에서 최대 24g이라는 범위는 원숭이에서 발견되는 최저 크기(위 참조)에 해당한다. 비슷한 정도의 지능을 가진 꼬리감기원숭이의 뇌는 26~80g이다.

이 맥락에서 각별히 흥미로운 것은 조류에서 지능의 '자리'인 중간둥지외투의 해부구조와 세포구조가 포유류 피질과 닮은 데가 없다는 사실, 즉 층상구조도 피라미드 모양의 세포도 없고, 하부구조를 알아보기 어려운 다소 산만한 구조밖에 없다는 사실이다(제9장 참조). 조류는 일반적으로 뉴런이 매우 작으므로 이것이 중간둥지외투 안쪽에 꽉 채워져 있을 것으로 보이지만, 불행히도 정량적 데이터는 없고, 이 부위에 있는 수초섬유의 직경에 대해서도 마찬가지다. 그러므로 조류와 포유류에서 이 중요한 매개변수들을 직접 비교하기는 불가능하다. 매우 사변적으로, 작고 치밀하게 채워진 세포를 특징으로 하는 작은 원숭이의 피질에서 발견되는 상황에서 출발한 다음 조류의 뉴런은 더욱더 작다는 이유로 조류에서 충전 밀도가 훨씬 더 높다고 가정하면, 뇌가 큰 까마귀와 앵무새는 중간둥지외투 뉴런이 2억 개쯤 될지도 모른다. 게다가 충전 밀도가 극히 높기 때문에, 이 동물들의 정보처리 용량은 (특히 조류는 대사율이 더 높기 때문에) 원숭이보다 상당히 더 크다고 해도 무리가 아닐 것이다. 그러나 이러한 사변은 자세한 경험적-실험적 연구에 의해 검증되어야 한다.

14.5   이게 다 무슨 말일까?

이번 장은 척추동물, 특히 포유동물(자세한 데이터를 구할 수 있는 대상이 이 집단뿐이다)의 뇌를 비교하고 뇌의 절대 크기와 상대 크기의 중요성을 논의하는 것으로 시작했다. 평균적으로 작은 척추동물은 절대적으로 작은 뇌를 가지고 있고 큰 동물은 큰 뇌를 가지고 있고, 그 이유는 뇌 크기의 대략 90%가 몸 크기에 의해 결정되기 때문임을 알았다. 고래/돌고래와 코끼리가 최대 10kg의 가장 큰 뇌를 가지고 있고, 평균 무게가 1,350kg인 인간의 뇌는 적당히 큰 편에 속한다. 동시에, 몸 크기에 대한 뇌 크기의 비는 몸 크기의 증가와 함께 감소하는 경향이 있고, 이로부터 나오는 결과가 바로 작은 동물은 상대적으로 큰 뇌를 가지고 있고 큰 동물은 상대적으로 작은 뇌를 가지고 있다는 사실이다. 이를 음의 뇌 상대성장이라 부르고, 이것이 예컨대 포유류에서 극적인 차이들로 이어진다. 땃쥐는 뇌가 몸 부피의 10% 이상을 차지하는 반면, 가장 큰 포유류이자 가장 큰 동물인 대왕고래는 뇌가 몸의 0.01%도 되지 않는다. 이 맥락에서, 인간의 뇌가 몸에서 차지하는 2%라는 값은, 호모 사피엔스가 큰 포유류에 속한다는 사실을 놓고 볼 때 매우 높은 것이다. 이는 '대뇌화지수(EQ)' 또는 뇌-몸 회귀의 잔차를 계산하면 명백해진다. 주어진 분류군에서 이 값은 어느 종의 실제 뇌 크기가 이 분류군의 평균 뇌-몸 관계로부터 얼마나 벗어나는가를 가리킨다. 인간은 평균한 포유류의 뇌-몸 관계로부터 예상되는 것보다 대략 여덟 배 더 큰 뇌를 가지고 있으며, 인간을 바짝 뒤따르는 것은 예상보다 다섯 배 더 큰 뇌를 가진 일부 돌고래들이다.

척추동물 또는 포유류 분류군의 절대 뇌 크기 또는 상대 뇌 크기의 값들을 앞 장에서 묘사한 이들의 지능과 비교해보면, 절대 또는 상대 뇌 크기와 지능 사이에는 분명한 상관관계가 없다는 것이 명백해진다. 절대 뇌 크기가 지능을 결정한다고 가정하면 고래나 코끼리가 인간보다 더 영리해야 하고 소가 침팬지보다 더 영리해야 하는데, 이는 분명 사실이 아니다. 그러는 대신 지능에 중요한 것은 상대 뇌 크기라고 가정하면 땃쥐가 가장 영리한 포유류가 되어야 하는데, 아무도 그렇다고 믿지 않는다. EQ를 감안하면 마침내 인간이 꼭대기로 오기 때문에 불일치가 약간은 제거되지만, 다른 불일치들이 많이 남는다. 예컨대 고릴라는 EQ가 다소 낮지만 매우 영리하다고 여겨지는 반면, 꼬리감기원숭이와 돌고래는 EQ가 이상하게 높지만 고릴라만큼 영리하다고 여겨지지 않는다. 따라서 다른 요인들이 고려되어야 한다.

대뇌피질은 지능과 마음의 '자리'라고 여겨진다. 포유류는 진화하는 동안 뇌 크기가 커지면서 피질 표면적도 극적으로 넓어졌지만, 피질의 두께는 조금밖에 두꺼워지지 않았다. 뇌가 큰 포유류 중에서는 영장류가 두께 3~5mm의 가장 두꺼운 피질을 가지고 있는 반면, 고래류와 코끼리의 피질은 놀라울 만큼 얇다(1~1.8mm). 피질 부피가 늘어나면 NPD는 보통 줄어들지만, 영장류는 충전 밀도가 이상하게 높고 고래류와 코끼리의 충전 밀도는 이상하게 낮다. 이 모두를 종합하면, 인간의 뇌와 피질은 (100억~120억 개의 뉴런을 가진) 고래류와 코끼리의 뇌와 피질보다 크기가 훨씬 작다는 사실에도 불구하고 피질에 가장 많은 수(약 150억 개)의 뉴런을 가지고 있다는 사실에 도달한다.

그러나 이것만으로는 인간 지능의 의문의 여지 없는 우월성을 설명할 수 없다. 여기서, 피질내 정보처리 속도의 차이가 활동을 개시한다. 우리에게는 인간의 피질 정보처리가 큰 뇌를 가진 코끼리와 고래류보다 훨씬 더 빠르다고 가정할 이유가 있다. 물론 정보처리의 속도는 아마도 훨씬 더 작으면서도 뉴런 충전 밀도가 훨씬 더 높은 뇌에서 더 빠르겠지만, 이런 뇌에는 뉴런이 훨씬 더 적다. 따라서 인간의 높은 비언어적 지능에(그리고 아마도 언어적 지능에까지) 실질적으로 기여하는 것은 매우 많은 피질 뉴런과 비교적 큰 IPC의 조합인 것으로 보인다.

열심히 연구했음에도 불구하고, 지금까지 우리는 인간의 뇌를 다른 포유류의 뇌 또는 일반적 동물의 뇌와 질적으로 구분할 해부학적 또는 생리학적 속성들을 발견하지 못했다. 존재하는 모든 차이는 사실상 양적이다. 인간의 언어가 그러한 질적 단계에 해당하느냐 아니냐의 문제는 여전히 남아 있다. 이에 관해서는 다음 장에서 논의할 것이다.

영장류를 포함한 대부분의 포유류보다 뇌가 매우 작은 까마귀와 앵무새가 어째서 그토록 영리한가 하는 문제는 아직도 풀리지 않았다. 이들의 MNP에서는 뉴런의 충전 밀도가 지극히 높기 때문에, 짐작컨대 이들은 뇌가 작음에도 불구하고 외투 뉴런을 유별나게 많이, 아마도 수억 개쯤 가지고 있을 것이다. 여기서 매우 큰 IPC가 나오는 것일 수도 있다. 가장 놀라운 것은 조류의 지능이 깃드는 '자리'인 둥지외투가 포유류의 동종피질과는 철저히 다른 해부구조를 보여준다는 사실이다. 이는 높은 지능이 매우 다른 뉴런 구조에 의해 구현될 수 있음을 암시할 수 있을 것이다. 마지막 장에서 이 중요한 점으로 돌아올 것이다.

| 제15장 |

인간은 유일무이할까?

주제어 호모 사피엔스의 진화 · 오스트랄로피테쿠스 · 호모 하빌리스 · 호모 에렉투스 · 호모 네안데
르탈렌시스 · 인간 뇌의 팽창 · 인간의 언어 · 언어중추 · 동물의 언어 · 인간의 사회적 행동

들어가는 장에서, 나는 인간의 '유일무이함'이라는 중심 질문을 자세히 다루었다. 다윈 이후로, 우리의 생물학적 본성에 관한 한 유일무이한 것은 없다는 사실이 점점 더 분명해졌다. 다시 말해, 우리는 침팬지를 닮은 조상의 후손이며, 유전적으로 우리와 침팬지 사이의 관계는 침팬지와 인간 이외의 다른 유인원들 사이의 관계보다 더 가깝다. 그 결과, '유일무이 관점'의 수호자들은 인간의 유일무이함을 뒷받침할 일정한 인지 능력 또는 소통 능력—인간 이외의 동물에서는 가장 기초적인 형태로도 발견되지 않는 능력—을 찾는 데 집중했고, 아직도 집중하고 있다. 그러나 광범위한 비교행동적, 심리학적, 신경생물학적 연구가 이루어진 지난 50년 동안 도구 사용 및 제작, 마음의 지도, 활동 계획, 모방, 거울 자기재인, 마음의 이론, 교육, 지식의 문화적 전달, 의식, 자기반성, 구문-문법 언어, 종교, 도덕성, 과학, 예술을 포함해 '유일무이하다'고 주장되는 속성들의 한때 길었던 목록은 매우 짧아졌고, 인간의 '유일무이함'의 수호자들은 인간과 비인간 척추동물 사이에서 양적 차이가 아닌 질적 차이를 상징하는 특성을 찾기 위해 고군분투하고 있다.

G. Roth, *The Long Evolution of Brains and Minds,* DOI: 10.1007/978-94-007-6259-6_15,
ⓒ Springer Science+Business Media Dordrecht 2013

신경심리학자 마이클 가자니가는 저서 왜 인간인가? 인류가 밝혀낸 인간에 대한 모든 착각과 진실(2009)에서, 유인원을 포함해 인간 이외의 동물과 인간은 '엄청나게 다르다' 또는 둘은 '몇 광년 떨어져 있다'고 말했지만, 그토록 단호한 진술을 옹호하며 그가 인용하는 증거는 기껏해야 매우 약하거나 실험적으로 입증할 수 없을 증거들이다. 예컨대 '마이크로세팔린(Microcephalin, MCPH1)'과 '비정상 방추양 마이크로세팔리 관련(abnormal spindle-like microcephaly associated, ASPM)' 유전자의 인간 변종들(Evans et al., 2005; Mekel-Bobrov et al., 2005; Timpson et al., 2005에 의한 비판; Yu et al., 2007 참조)에 관한 증거도 그러하다. FOXP2처럼 인간의 진화에서 어떤 역할을 한다고 자주 인용되는 다른 유전자들에 관해서는 아래에서 더 논의한다.

인간이 생물학적으로 가장 가까운 친척인 침팬지나 고릴라와 여러 면에서 다른 것은 확실하다. 가장 두드러진 특징들을 들자면, 몸이 날씬하고, 두 발로 서서 걷고, 단거리와 장거리를 모두 뛸 수 있고, 발이 아치 모양이고 쥐는 발가락이 없으며, 기어오르는 능력을 잃었고, 이성 간 크기 차이가 비교적 대단치 않고(최소한 고릴라에 비해), 턱이 튀어나오지 않아 옆얼굴이 수직이고, 길게 뻗은 송곳니가 없고, 몸에 털이 적고, 땀샘이 매우 많아서 많은 땀을 낼 수 있다. 뿐만 아니라 암컷 인간은 발정기가 겉으로 보이지 않고, 새끼가 늦게 성숙해서 매우 오랫동안 양육에 집중하고, 다양한 고기를 먹고 덩이줄기·견과류 등 양질의 먹이를 채집하고, 정확하고 강력하게 무기를 던지고, 마지막이지만 가장 사소하지는 않은 특징으로서 뇌가 절대적으로도 상대적으로도 영장류 중에서 단연 가장 큰 결과로 '일반적 지능'이 매우 높다.

이를 비롯해 인간과 비인간 영장류를 구분하는 많고 많은 특징들은 한데 모여 '원만한' 그림을 형성하는 것이 아니라 모자이크 진화, 즉 많은 독립적 진화 사건들의 합병이라는 인상을 준다. 호모 사피엔스로 이어지는 진화 노선에서 확인할 수 있는 단 하나의 '핵심' 사건 따위는 없다. 우리 종의 진화를 더 자세히 살펴보자.

15.1 호모 사피엔스는 어떻게 진화했을까?

세부사항들이 연구되고 있기는 하지만 호모 사피엔스의 진화는 일부만 알려져 있다. 그것은 약 8,500만 년 전에서 6,500만 년 전 원시 영장류가 다른 포유류로부터 분기하면서 시작되었다고 가정된다. 가장 오래된 화석들은 연대가 5,500만 년 전까지 거슬러 올라간다. 약 4,000만 년 전에 진원류(*Simiiformes* 또는 *Anthropoidea*), 즉 원숭이와 유인원이 출현했고, 신세계원숭이와 (유인원을 포함하는) 구세계원숭이 사이의 분리는 약 3,000만 년 전에 일어났다. 약 2,500만 년 전에 유인원 또는 사람상과(*Hominoidea*)가 기원했고, 약 1,800만 년 전에서 1,500만 년 전에 긴팔원숭이가 사람과(*Hominidae*, 오랑우탄, 고릴라, 침팬지)로부터 분기했고, 약 1,300만 년 전에 오랑우탄이 사람아과(*Homininae*, 고릴라, 침팬지)로부터 분기했다. 약 1,000만 년 전에는 고릴라 노선이 사람족(*Hominini*), 즉 침팬지와 인간의 직계 조상으로부터 분기했고, 약 700만 년 전에서 500만 년 전에는 침팬지의 조상과 오스트랄로피테쿠스의 조상, 즉 좁은 의미의 사람족(hominin)이 분리되었다. 그러나 문헌의 명명법은 일치하지 않는 경우가 많다.

우리의 직계 조상을 포함한 오스트랄로피테쿠스의 진화사는 지난 20년 동안 광범위하게 연구되었고, 현재의 관점은 〈그림 15.1〉에서 주어진다. 오스트랄로피테쿠스의 조상으로 추정되는 아르디피테쿠스 라미두스(*Ardipithecus ramidus*)는 580만 년 전에서 440만 년 전, 오늘날 에티오피아에 있는 아라미스 지역에서 살았다. 그가 보여준 많은 특성은 현생 침팬지는 물론 고릴라와도 분명하게 구별된다. 아르디피테쿠스는 120~130cm 키에 이미 두 발로 서서 걸을 수 있었지만, 여전히 침팬지나 고릴라처럼 쥐는 발가락을 지니고 있어서 여전히 나무를 건너다닐 수 있었던 것으로 보인다. 아르디피테쿠스의 뇌는 현생 침팬지보다 조금밖에 크지 않았지만, 송곳니는 침팬지만큼 튀어나오지 않았다. 이는 침팬지와 오스트랄로피테쿠스의 공통 조상이 전에 생각했던 만큼 침팬지를 닮지는 않았음을 가리킬 수 있다. 아마도 침팬지와 고릴라는 나무에서 살도록 더 특화되는 쪽으로 독립적으로 진화한 경우에 해당할 것이다.

사람족 진화의 다음 단계는 오스트랄로피테쿠스속으로 대표된다. 이들은 440만 년 전에서 190만 년 전 동아프리카에 있는 투르카나 호(예전의 루돌프 호)와 빅토리아 호 부근에서도 살고, 남아프리카에서도 살았다. 이 속의 구성원들 중 A. 아나멘시스(*anamensis*)는 420만 년 전에서 390만 년 전 투르카나 호 주변에서 살았고, 키는 약 120cm였으며, 이미 어엿한 직립 보행을 보여주었다. A. 아파렌시스(*afarensis*, 이들 중 '루시'가 가장 유명하다)는 380만 년 전에서 290만 년 전 탄자니아, 케냐, 에티오피아에서 살았고 키(젊은 여성)는 약 105cm였다. A. 아프리카누스(*africanus*)는 350만 년 전

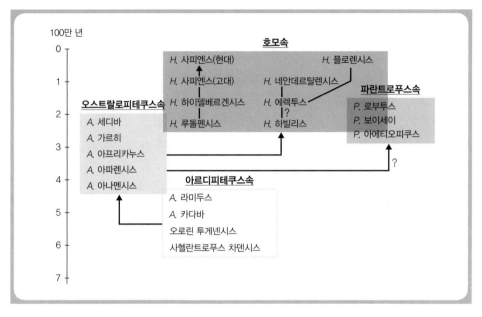

그림 15.1 추정되는 사람족의 진화.

약 400만 년 전, 아르디피테쿠스속이 오스트랄로피테쿠스속과 파란트로푸스속으로 갈라졌다. 전자의 구성원(아마도 *A.* 아프리카누스)에서 약 250만 년 전에 호모속이 생겨났을 것이다. 여기서 한 노선은 고대 및 현대 호모 사피엔스로 이어졌고, 또 한 노선은 호모 에렉투스, 호모 네안데르탈렌시스를 비롯해 규모가 작아진 호모 플로렌시스로 이어졌다.

에서 250만 년 전 남아프리카에서 살았고 키는 110~140cm였으며, *A.* 가르히(*garhi*)는 250만 년 전 무렵 에티오피아에서 살았다. 이들은 모두 뇌 크기가 350~550cm³였고, 이는 현생 침팬지와 고릴라에서 발견되는 뇌 크기와 같거나 그보다 약간 더 큰 크기다. 석기를 사용한 기미는 없다. 진화는 아마도 *A.* 아나멘시스에서 *A.* 아파렌시스를 거쳐 *A.* 아프리카누스와 *A.* 가르히로 진행되었을 것이다. 파란트로푸스속(*Paranthropus*)은 아마도 *A.* 아파렌시스로부터 갈라졌을 것이다. 파란트로푸스 종인 *P.* 아에티오피쿠스(*aethiopicus*, 280만 년 전에서 230만 년 전)와 *P.* 보이세이(*boisei*, 230만 년 전에서 140만 년 전)는 탄자니아에서 살았고 140cm 키에 뇌는 485cm³였고, *P.* 로부스투스(*robustus*, 200만 년 전에서 150만 년 전)는 남아프리카에서 살았고 140cm 키에 뇌는 493cm³였다.

최근에 묘사된 오스트랄로피테쿠스 세디바(*Australopithecus sediba*, Carlson et al.,

2011 참조)는 약 190만 년 전 오스트랄로피테쿠스속과 호모속의 경계에서 살았고, 계통발생적 지위는 불분명하다. 130cm 키에 뇌 부피는 약 420cm³였다. 흥미로운 것은 그의 뇌 복측의 이마부분이 커졌다는 점이다. 손 형태는 최소한 부분적으로는 나무를 탔음을 가리키지만, 긴 엄지가 인간의 것을 닮아서 석기를 만들 소질이 있었음을 드러낸다. *A.* 세디바는 분명 두 발로 걸었고 발이 더 안쪽을 향했지만, 모든 오스트랄로피테쿠스가 그렇듯 현대 인간처럼 보행하지는 않은 것으로 보인다(Zipfel et al., 2011).

오스트랄로피테쿠스속의 일원으로부터 새로운 속인 호모속의 대표자들이 생겨났다. 사하라 남쪽 지대의 *H.* 하빌리스(*habilis*)가 여기 들어간다. *H.* 하빌리스의 흔적은 에티오피아, 탄자니아, 케냐, 남아프리카에 있는 240만 년 전에서 150만 년 전 무렵 지층에서 발견된다. 키는 약 140cm였고 뇌 부피는 550~780cm³로 오스트랄로피테쿠스속은 물론 현생 대형유인원의 값도 훌쩍 넘어선다. 창을 써서 사냥을 했고, 석기를 써서 고기를 자르고 망치질을 했다. *H.* 루돌펜시스(*rudolfensis*)는 250만 년 전에서 180만 년 전에 에티오피아 남부의 투르카나 호(로돌프 호)와 말라위 호 지대에서 살았다. 키는 155cm였고 뇌 부피는 600~700cm³였다. 죽은 짐승의 고기를 자르거나 벗겨내기 위해 날을 세운 돌 등의 원시적 도구들이 함께 발견되었다. 많은 전문가들이 *H.* 루돌펜시스가 (어쩌면 *H.* 에르가스테르도) 호모속의 구성원으로서는 최초로 180만 년 전에 아프리카를 떠났다고 믿는다. 호모속의 초기 대표자(아마도 *H.* 에르가스테르)로부터 180만 년 전쯤에 *H.* 에렉투스를 비롯해 [아마도 중간 종인 *H.* 안테세소르(*antecessor*)를 거쳐] *H.* 하이델베르겐시스(*heidelbergensis*)가 생겨났을 것이다. 그러나 *H.* 하빌리스, *H.* 루돌펜시스, *H.* 에르가스테르, *H.* 에렉투스의 정확한 관계는 아직도 불분명하다(Pickering et al., 2011). *H.* 하빌리스, *H.* 에르가스테르, *H.* 에렉투스가 약 50만 년 동안 나란히 출몰했을 것이다. *H.* 에렉투스는 *H.* 솔로엔시스(*soloensis*, 약 10만 년 전까지)와 몸집이 작은 *H.* 플로레시엔시스(*floresiensis*, 아마도 1만 2,000년 전까지)만큼 오래도록 생존했다.

호모 에르가스테르/하이델베르겐시스는 180만 년 전부터 약 20만 년 전까지 유럽(독일, 프랑스, 스페인 북부, 발칸), 코카서스, 모로코, 동아프리카의 모든 곳에서 살았던 반면, 호모 에렉투스는 남동아시아, 중국, 동아프리카와 남아프리카에서 발견되었다. 이 종들의 뇌 부피는 700~1,250cm³였고 따라서 최소한 부분적으로는 현생 인류의 부피에 도달했다. 이들은 불과 돌도끼를 사용할 줄 알았다. 남부 유럽에 H. 에르가스테르/하이델베르겐시스가 처음 정착한 것은 80만 년 전 무렵(일부 전문가들은 100만 년 전 이전으로 가정한다)이었지만, 50만 년 전 이후에야 안정되었다. 아마도 H. 하이델베르겐시스에서 H. 네안데르탈렌시스도 나오고 H. 사피엔스도 나왔을 것이다. H. 네안데르탈렌시스는 22만 년 전부터 2만 7,000년 전까지 이스라엘, 흑해, 동부 터키, 이란과 아프가니스탄, 스페인, 프랑스, 독일, 영국에서 살았다. 키는 최대 160cm였고 묵직한 뼈 구조와 근육질 몸이 특징이었다. 머리의 상안와능선(supraorbital ridge)이 뚜렷하고 턱이 날렵했다. 네안데르탈인은 사체를 부장품 및 더 정교하게 제작한 도구들과 함께 매장했다. 뇌 부피는 $1,400 \sim 1,900 cm^3(1,125 \sim 1,740 cm^3$라는 보고도 있다)였고, 이는 현대 호모 사피엔스의 평균 뇌 부피($1,300 \sim 1,400 cm^3$)보다 크고 모든 사람족과 영장류의 뇌 가운데 가장 큰 수준이다.

우리의 직계 조상인 호모 사피엔스의 고대 형태는 50만 년 전 무렵에, 현대 형태는 20만 년 전에서 15만 년 전에 동아프리카에서 기원했다. 거기서부터 현생 인류와 그다지 다르지 않은 형태로 전 세계로 퍼져나갔다. 남아프리카로는 약 15만 년 전에, 북아프리카와 소아시아로는 약 10만 년 전에 몰려 들어갔다. 소아시아에서 현대 인류와 네안데르탈인 사이에 갈등이 있었다는 징후는 없다. 이들은 비슷한 종류의 도구를 생산해 사용했고, 유전적으로 적당히 섞인 것으로 보인다(Green et al., 2010).

H. 사피엔스는 소아시아로부터 아프가니스탄과 북인도를 거쳐 중국과 남동아시아로 퍼졌다. 약 6만 년 전에 몇 차례에 걸쳐 밀물처럼 오스트레일리아에 도착한 현대 인류는 북동아시아로 밀어닥쳤고 3만 년 전에서 1만 5,000년 전에는 거기서부터 남북아메리카로 몰려 들어갔다. 남유럽에는 약 4만 5,000년 전에, 즉 비교적 늦게 정착했다. 이때 거기서 20만 년 동안 살고 있던 H. 네안데르탈렌시스를 만났다. H. 사피엔스와 거기 살던 네안데르탈인 사이에서 어떤 일이 일어났는지는 모르지만, 1만 3,000년 뒤인 2만 7,000년 전 네안데르탈인은 멸종했다. 일부 저자들은 H. 사피엔스가 이들을 적극적으로 몰살시켰다고 추정하지만 이를 뒷받침하는 증거는 없고, 전염병이 유럽에서 네안데르탈렌시스가 사라진 원인이라는 가정도 마찬가지다. 역시 소아시아에서의 상황과 달리 유럽에서는 유전적으로 섞인 흔적이 발견되지 않았다. 최근 멜러스와 프렌치(Mellars and French, 2011)는 서유럽에서 네안데르탈인이 현대 인류로 바뀌는 동안

인구가 열 배 증가했음을 발견했는데, 이렇듯 인구가 폭발한 이유는 사냥과 식품 처리 기술이 좋아지고, 식품을 저장하게 되고, 이동성이 커지며 운송 기술이 발달하고, 사회적 통합과 결속이 증가해서였을 수 있다.

약 1만 년 전에 최근 빙하기가 끝나면서, 소아시아에서 농업이 시작되어 1,000명이 넘는 거주자가 정착하기 시작했다. 기후 온난화의 결과로 사막이 늘어나 사람들이 더 가까이 모인 지역이나 기후·지질·동식물 조건이 매우 유리한 경치, 예컨대 중국, 인더스 강가, 메소포타미아, 나일 강가에서 처음으로 인구밀도가 높은 영역들이 형성되었다. 여기서 문자 언어, 효율적 행정, 천문학과 수학을 비롯한 예술과 문화의 기초와 함께 최초의 진보된 문명들이 출현했다.

정확히 어떤 **생물학적** 요인이 이 발전을 북돋았을지는 불분명하다. 인간의 뇌와 그것의 기능은 아마도 지난 3만 년 동안 그다지 변하지 않았을 것이다. 4만 년 전부터 그려온 동굴 벽화들(예: 알타미라나 라스코에 있는)은 당시의 도구나 예술 작품들과 마찬가지로 완성도가 매우 높아서, 그동안 인지 및 조작 기능이 근본적으로 향상되었을 가능성은 별로 없어 보인다.

15.2 밀림을 떠난 결과

호모 사피엔스를 향한 진화에서 최초의 큰 발걸음은 열대우림에서 완전히 탈출해 나무숲이 천장을 형성하지 않는 훨씬 더 건조한 사바나 또는 훤히 트인 초지에서 생활을 계속하게 된 것이었다. 침팬지의 두 종 중에서는 보노보(*Pan paniscus*)만 전적으로 숲에서 살고, 평범한 침팬지(*Pan troglodytes*)는 열대우림과 사바나 사이의 전이대 안에서도 살지만, 건조하고 뜨거운 사바나에서 영구적으로 생존하지는 못한다. 이는 무엇보다도 이들의 낮은 내열성 및 식품과 관계가 있다. 침팬지는 잡식성으로서, 먹고 사는 것의 대부분이 나무에서 나는 과일, 견과, 잎, 꽃이다. 이들도 원숭이처럼 규칙적으로 곤충과 온갖 종류의 작은 포유류를 먹고 원숭이 사냥을 나가지만, 이런 종류의 '고기'는 이들의 식품에서 작은 부분밖에 대표하지 않는다. 이러한 종류의 먹이는 주로 열대우림의 가장자리나 사바나의 더 습한 부분에서 발견된다.

수십 년 전, 네덜란드의 아드리안 코르틀란트와 같은 영장류학자들은 오스트랄로피테쿠스와 인류의 진화가 약 360만 년 전에서 260만 년 전 무렵 플라이오세 말기 동안 동아프리카에서 대규모 지질 변화가 일어날 때 아프리카가 유럽과 충돌하면서 지중해가 형성된 사건과 긴밀하게 연관된다는 의견을 내놓았다(Kortlandt, 1968). 이 충돌 때문에 높은 산맥과 깊은 계곡이 형성되어 구성된 동아프리카 대지구대가 '아파르 삼중합점'으로부터 남쪽으로 연장되어 동아프리카를 가로지르면서 아프리카판을 서누비아판과 동소말리아판으로 가른다. 대지구대에는 탕가니카 호나 빅토리아 호처럼 크고 매우 깊은 호수가 여러 개 포함되어 있다. 지구대가 형성되면서 기후는 더 차갑고 건조해지고 우림은 줄어들었다.

이 지질계는 오래전부터 인류의 요람으로 여겨졌다. 동아프리카 지구대가 인류 진화와 관련된 화석의 풍부한 원천이었기 때문이다. 특히 급속히 침식된 고지들이 골짜기를 퇴적물로 채운 이래로, 뼈와 기타 유해를 보존하기에 유리한 환경이 생겨났다. 여기서 루시(오스트랄로피테쿠스 아파렌시스)를 비롯해 현대 인류의 조상으로 추정되는 화석들이 발견되었다. 당시 침팬지에게는 지구대가 극복할 수 없는 장벽이 되었는데, 과일을 충분히 찾지 못하게 되고 헤엄을 칠 수도 없었으므로 동아프리카에서는 자취를 감추고 서아프리카와 중앙아프리카에서만 생존했기 때문이다. 반면에 우리 조상들은 이 새로운 조건에서 용케 생존했다. 게다가 탁 트인 사바나에서 믿기지 않을 만큼 많아진 유제류가 떼를 지어 초지를 누비며 사실상 무한한 고기 — 견과와 함께 가장 영양가 높은 먹이 — 의 공급원을 상징했다. 그렇다면 유일한 문제는 그 고기를 얻는 것이었다.

두 가지 가능성이 있었다. 하나는 무리에 의해 버려져 죽었거나 죽어가는 동물을 먹고 사는 것이었다. 사바나에는 예나 지금이나 사자, 표범, 하이에나처럼 같은 관심을 가지고 있는 더 큰 육식동물이 많기 때문에 여기에도 위험이 없지는 않았다. 그러므로 초기의 인간은 그들과 싸울 방법을 찾아야 했다. 다른 하나는 사냥을 하는 것이었지만, 여기에는 적당한 사냥 기술 말고도 달리기를 견디는 능력이 필요한데, 이는 대형유인원은 낼 수 없는 능력이다. 직립 이족 보행의 진화가 핵심 사건 중 하나였다. 이 일이 가능해진 것은 골격과 관련 근육기관이 상당히 바뀐 덕분이었다. 더 자세히 말하자면, 직립 자세에서 뇌가 큰 머리의 균형을 잡는 데 필수적인 여러 번 굽은 척추(경추, 흉추, 요추, 천추의 곡선이 이중으로 S자를 형성한다)와 평평하지 않고 활 모양인 발이 형성되고, 골반이 바뀌어 고관절을 더 안정시키고 무릎 관절이 바뀌어 다리를 몸 아래로 가져감으로써 몸을 더 안정시킨 다음, 마지막으로 다리 길이를 늘인 덕분이었다. 직립보행은 앞발을 보행 기능에서 해방시켜 손이 더 특화하도록 도왔다. 우리 조상은 직립보행한 덕분에 근방을 더 잘 조망할 수 있었고, 이족 보행한 덕분에 빨리 달림으로써 예컨대 큰 육식동물에게서 도망치거나 경쟁자(동물이나 동종)에게서 먹이를 가로채는 것은 물론 오래 걸을 수도 있었다.

인간과 침팬지의 가장 큰 차이 가운데 일부는 다리와 발의 해부구조 및 기능과 관계가 있다. 침팬지와 고릴라의 발은 기어오르고 쥐기 위한 전형적 수단이지만, 두 발로 오래 걷는 데는 적합하지 않다. 대형유인원의 두 분류군 모두 네 발로 이동할 때면 '너클 보행(knuckle-walking)'을 보인다. 걷는 동안 팔뚝의 손가락을 부분적으로 구부려 동물이 실제로 너클(손가락 아랫마디)을 짚고 걷는다는 말이다. 최소한 침팬지에서는 너클 보행이 인간을 닮은 사람과와 현생 침팬지의 조상이 갈라진 뒤 기원했다고 논의되어 왔다. 고릴라의 너클 보행은 독립적으로 진화했을 것이고, 아르디피테쿠스 라미두스는 너클 보행의 징후를 보이지 않았다. 짧은 발가락들에 큰 엄지발가락 하나로 구성되어 쥐는 능력이 제한되어 있는 인간의 발은 걷기와 달리기를 위해 특화되어 있다.

인간의 손은 발과 달리 침팬지의 손과 그다지 다르지 않다. 침팬지의 손은 전체적으로 더 작고, 엄지를 제외한 손가락의 길이가 더 짧다. 손의 광범위한 용도와 정교한 작동 기술은 이미 침팬지에게서 발견된다. 나사돌리개를 사용하고 있는 침팬지 줄리아를 보여주는 〈그림 15.2〉에서 볼 수 있듯이, 침팬지는 인간과 똑같이 '정밀한 쥐기'를 할 수 있다. 그러나 인간은 도구를 사용하고 제작하는 동안 뉴런을 통해 손을 훨씬 더 정교하게 조절한다는 점이 다르다. 최근의 연구들은 연장된 전두피질, 전운동피질, 두정피질의 신경망(대부분 좌반구에 있는)이 이 과제에 관여함을 보여준다. 흥미롭게도, 여기서 신경망을 두 종류로 구분할 수 있는데, 장애가 생기면 특정 도구의 기초 원리를 포함한 용도 개념 및 도구의 재인과 호명에 관련된 '의미(semantic)' 망과 실제 경험을 포함해 감각운동을 조절하는 데 관여하는 '관념운동(ideomotor)' 망이 비교적 독립적으로 '분열'될 수 있다(Johnson-Frey, 2003).

직립보행에는 과거에도 지금도 부정적인 결과들이 따른다. 주로 뼈의 구조와 기능 면에서 더 많은 체중을 지탱해야 하는 허리와 관절에 기능부전이 생기므로, 일찍이 수

그림 15.2 침팬지 줄리아가 왼손 검지로 나사돌리개를 인도해 작은 나사에 끼워 넣고 있다. Rensch(1968).

렵채집으로 살아간 우리 조상들도 이미 관절염을 앓았다. 그러나 전문가들은 이족 보행이 경제적으로 최적인 덕분에 우리 조상들이 병들었거나 늙었거나 죽은 유제류를 기대하며 며칠 또는 몇 주 동안 짐승 떼를 좇을 수 있었다고 말한다. 발톱도 없고 커다란 송곳니와 앞니도 없이 짐승을 공격해 죽이기는 어려웠다(사냥 무기는 훨씬 나중에 발명되었다). 그래서 죽어가고 있거나 죽은 동물에서 얻는 고기, 또는 강이나 호수의 얕은 물에서 잡은 물고기 말고도, 뿌리, 덩이줄기, 과일이 여전히 식사에 실질적으로 기여했다고 가정된다.

또 한 가지 큰 문제는 사바나의 열이었다. 직립보행으로 햇빛에 노출되는 부분이 상당히 줄고, 몸의 털을 확 줄이고 땀샘을 촘촘하게 늘린 덕분에 열 관리가 개선되었다

고 가정된다. 직립보행의 또 다른 심각한 결과는 골반이 재조직된 것이었다. 골반은
이제 몸의 기관을 나르는 기능을 하는 한편으로 빨리 걷기와 출산도 가능하게 만들어
야 한다. 뇌가 태아기에 급격히 성장한다는 사실도 직립보행과 함께 인간의 출산에서
큰 골칫거리가 되었다. 이는 다른 동물계에는 존재하지 않는 문제들이다. 암컷의 골반
은 직립보행에 유리한 좁은 골반과 큰 뇌를 가진 태아를 출산하는 데 유리한 넓은 산
도라는 두 기능 사이의 타협안이다. 인간은 온갖 골칫거리를 무릅쓰고 출산해도 엄마
와 아이 대다수가 살아남을 만한 시점에 태어난다. 이 순간이 다른 영장류에서보다 다
소 이르기는 하지만, 인간은 다른 영장류와 포유류에 비해 지극히 미성숙하게 태어나
므로 지극히 무력하다는, 많이 인용되는 스위스 인류학자 아돌프 포르트만의 말은 옳
지 않다. 최소한 침팬지의 아기들도 똑같이 무력하게 태어나기 때문이다. 그러나 인간
의 뇌가 침팬지를 포함한 다른 영장류의 뇌보다, 태어난 뒤에 훨씬 더 뚜렷하게 훨씬
더 오래 성장하는 것은 사실이다. 하지만 아기와 어린아이가 절대적으로도 상대적으
로도 무력한 이 긴 기간은 인간이 지닌 특이한 사회성의 핵심 선행조건이다(아래 참조).

　사냥의 맥락에서 핵심 단계는 약 40만 년 전에 이루어진 창의 발명이었다. 이 무기는
투창기의 형태일 때 가장 효율적이었다. 투창기를 쓰면 나무로 만든 창이나 살이 시속
150km 정도의 속도를 얻을 수 있다. 인간은 그러한 투창기를 구석기 상부인 3만 년 전
무렵부터 사용했다고 믿어진다. 활과 화살은 더 일찍, 즉 7만 년 전에서 6만 년 전에 발
명되었을 것이다(화살촉일지 모르는 유물로서 가장 오래된 것의 연대는 약 6만 4,000
년 전으로 거슬러 올라간다). 돌도끼는 중석기시대(1만 년 전에서 6,000년 전) 이래로
사용되어왔는데, 어쩌면 구석기시대(260만 년 전에서 1만 년 전) 이래로 사용되어왔을
지도 모른다. 게다가 사자들이 사용하는 것과 같은 협동 사냥 기술도 발명되었다.

15.3 뇌의 팽창과 그 결과

오스트랄로피테쿠스 아파렌시스와 A. 아프리카누스로부터 네안데르탈인과 현대인
으로 이어지는 진화 노선은 대략 300만 년 이내에 뇌 부피가 커진 것이 특징이다.
〈그림 15.3〉에서 볼 수 있듯이 이 증가의 지수는 1.73으로 가정되며, 이는 증가가 매
우 가파른 양의 상대성장이었음을 의미한다(Pilbeam and Gould, 1974). 오스트랄

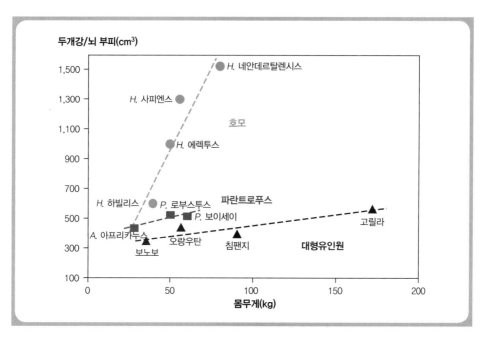

그림 15.3 대형유인원(보노보, 오랑우탄, 침팬지, 고릴라), 오스트랄로피테쿠스속(*A.* 아프리카누스)과 파란트로푸스속(*P.* 로부스투스, *P.* 보이세이), 사람족(호모 하빌리스, *H.* 에렉투스, *H.* 사피엔스, *H.* 네안데르탈렌시스)의 몸무게와 뇌 부피 또는 두개강 부피(멸종한 종의 경우)의 관계(데이터 출처는 Jerison, 1973). 대형유인원을 비롯해 우리 조상에는 속하지 않을 *P.* 로부스투스 및 *P.* 보이세이의 뇌/두개강 부피는 몸 크기와 함께 조금밖에 커지지 않았고, 호모속에서는 뇌/두개강 부피가 약 250만 년에 걸쳐 가파르게 증가해 멸종한 호모 네안데르탈렌시스의 뇌에서 절정을 이루었으며, 이들의 뇌는 현대 호모 사피엔스의 뇌보다 상당히 컸다. Pilbeam and Gould(1974)에 따라 수정.

로피테쿠스 아프리카누스처럼 최초로 탁 트인 사바나에 거주한 유사인류는 뇌 부피가 350~550cm³였고, 호모 하빌리스는 이미 550~780cm³, 호모 에렉투스는 1,000cm³ 이상에 도달했다. 뒤이어 호모 네안데르탈렌시스 방향으로 진화한 뇌는 부피가 1,400~1,900cm³였고, 이와 별개로 호모 사피엔스 방향으로 진화한 뇌의 평균 부피는 1,350cm³였다. 호모 사피엔스의 뇌가 *H.* 네안데르탈렌시스보다 상당히 작았다(작다)는 사실은 오늘날까지 설명되지 않은 채 큰 뇌만으로는 종이 어떤 이유로든 멸종하는 것을 막을 수 없음을 입증한다.

〈그림 15.3〉도 대형유인원인 보노보, 오랑우탄, 침팬지, 고릴라를 비롯해 이러한 오스트랄로피테쿠스들의 뇌 크기에 관한 상황을 보여주는데, 여기서 파란트로푸스 로부

스투스 및 *P.* 보이세이는 우리 조상에 속하지 않는다. 두 집단 모두, 진화 과정에서 몸 크기가 상당히 커져도 뇌 크기는 별로 커지지 않는다. 0.34와 0.33밖에 안 되는 각각의 성장 지수는 과나 속처럼 분류학적으로 '낮은' 수준에서 발견되는 뇌-몸 상대성장의 전형이다.

뇌 크기가 약 400cm³에서 약 1,350cm³로 (네안데르탈인의 경우는 훨씬 더 많이) 급격하게 커진 데서는 두 가지 질문이 나온다. 첫째, 정확한 원인은 무엇이었을까? 둘째, 그 대가로 무엇을 얻고 무엇을 잃었을까?

두 번째 질문에는 더 쉽게 대답할 수 있다. 큰 뇌에는 대사 문제와 발생 문제라는 큰 문제가 생긴다. 첫째 문제에 관해서는, 큰 뇌는 대사 비용이 엄청나게 비싸며, 인간 뇌의 경우 특히 더 그렇다는 사실을 떠올려야 한다. 성인의 뇌는 몸 부피의 약 2%를 차지하지만, 쉬고 있는 상태에서 이미 대사하는 포도당과 산소의 약 20%를 소비하고, 고도의 집중 상태에서처럼 맹렬하게 정신 활동을 할 때라면 이 비율은 급격히 올라간다. 우리는 모든 신체 활동을 멈추고 중요하고 복잡한 무언가에 정신적으로 몰입할 때, 그리고 강하게 정신적으로 집중한 몇 분 뒤 탈진한 느낌이 들 때 이 사실을 자각하게 된다.

이는 큰 뇌를 감당하려면 동물이든 인간이든 그것을 먹여 살릴 위치에 있어야 한다는 뜻이고, 그렇게 하는 최선의 방법은 매우 영양가 높은 고기, 뿌리, 견과 등을 먹고 사는 것이다. 추가의 방법은 다른 신체 기관들의 대사 비용을 상당히 절약하는 것이다. 다른 기관들 역시 대사 비용이 비쌀 것이기 때문이다. 소화관, 심장, 간, 신장이 뇌와 더불어 성인 대사량의 약 70%를 소비한다. 인류학자 레슬리 아이엘로와 동료들 (Aiello et al., 2001)이 전개한 비싼 조직 가설(Expensive Tissue Hypothesis)에 따르면, 인간은 진화 초기에 장의 길이가 상당히 줄면서 장의 대사 비용이 줄었고 이를 더 영양가 높은 식품으로 상쇄할 수 있었다. 저자들에 따르면, 이 덕분에 뇌 크기가 더 커졌다.

그러나 대사 및 기타 문제(위에 언급한 것과 같은)가 해결된다 해도, 뇌는 단순히 크기만 키울 수 있는 것이 아니라, 그러려면 적당한 유전적-후성유전적 기제들이 필요하다. 이 맥락에서, 인간이 진화하는 동안 뇌 전체가 커졌는지 아니면 일부만 — 그렇다면 어떤 부분이 — 커졌는지 결정하는 것이 중요하다. 이미 언급했듯이, 후각계와 연수를 제외한 모든 부분이 커졌지만, 소뇌를 비롯한 피질, 그리고 피질 중에서도 전두피질이 다소 더 빠르게 양의 상대성장 방식으로 성장했다. 전문가들에 따르면, 이로 미뤄볼 때 뇌가 이렇듯 거의 균일하게 커진 이유는 뇌 성장의 유전적 조절 기제, 예컨 대 조절유전자가 변해서였을 가능성이 높다(Finlay and Darlington, 1995; Rakic and Kornack, 2001).

이러한 유전적 조절 기제의 변화는 세포분열 비율이나 뉴런의 전구세포(precursor cell) 또는 간세포(progenitor cell)를 생산하는 기간에 영향을 미칠 것이다. 피질 발달 이 시작될 때에는 먼저 종뇌의 뇌실 가까이에서 전구세포가 대칭으로 분열되는데, 이 는 모든 전구세포가 두 개의 전구세포로 나뉘면서 지수적으로 성장함을 의미한다. 이 어지는 비대칭 세포분열 단계에서는 전구세포로부터 더 나아간 간세포와 뉴런이 생긴 다. 간세포가 비대칭으로 분열을 계속하는 동안 새로 형성된 뉴런은 밖으로 이주해 이 른바 피질판(cortical plate)을 형성하고, 여기서 피질이 기원한다. 따라서 뉴런의 수를 빠르게 늘리는 가장 효율적인 방법은 대칭 세포분열을 늘리는 것이다.

뇌 과학자 로버트 마틴(Martin, 1996)이 전개한 모성 에너지 가설(Maternal Energy Hypothesis)에 따르면, 진화 과정에서 뇌가 커지는 데 영향을 미치는 또 다른 '병목'은 출생 전과 생후 초기의 뇌 성장이다. 둘 다 태아나 아기의 안정 시 대사량의 약 60%를 소비하기 때문에 비용이 매우 높다. 출생 전의 극적인 뇌 성장은 생후에도 한동안 계 속되고 뇌 크기는 일곱 살 끝 무렵까지 커진다. 인간의 뇌가 절대적으로나 상대적으로 나 엄청난 크기에 도달할 수 있는 길은—마틴에 따르면—이 길뿐이다. 여기에는 두 가지 중요한 결과가 따른다. 한편으로, 임신부는 대사 부담이 크므로 끊임없이 고칼로 리식이 필요하다는 뜻이다. 다른 한편, 생후에도 예컨대 할머니, 자매, 이웃이, 그리고 이에 못지않게 엄마의 배우자와 배우자의 가족도 아기를 집중적으로 더 보살펴야 한 다. 아마도 말을 더 많이 주고받아서 이 일을 하는 데 도움을 받았을 것이다. 이제 이 주제를 자세히 다룰 것이다.

15.4 언어와 뇌

15.4.1 동물의 언어

인간 이외의 많은 동물이 종 안에서 교신하는 복잡한 수단을 가지고 있다. 사용하는 신호는 청각-음성, 체감각(진동, 촉각 등), 전기, 시각(몸짓, 손짓, 표정)일 수도 있고, 후각(페로몬 등)일 수도 있다(제11장 참조). 매혹적인 한 현상은 새의 노래다. 구체적인 연구들(개관은 Mooney, 2009; Beckers, 2011; Woolley and More, 2011 참조)이 새의 노래와 인간의 음성 언어, 예컨대 노래 학습 사이에서 현저한 유사성을 보여주고(Scharff and Petry, 2011 참조) 인간이 말을 지각할 때 보이는 많은 특성은 인간에게만 있는 것이 아님을 입증한다. 우는 새는 5,000만 년 전 무렵에 기원해 발성 능력을 진화시켰는데, 이 능력은 인간보다도 우수하다고 여길 수도 있다. 그 위에 구문과 문법의 징후도 있지만, 이것이 노래의 의미 수준으로 연결되지는 않는다(Berwick et al., 2011 참조).

포유류 중에서는 프레이리도그(*Cynomys*, Slobodchikoff, 2002)와 마모셋원숭이(Seyfarth and Cheney, 2008; Seyfarth et al., 1980)에게서 복잡한 음성통신체계가 발견된다. 마모셋원숭이는 종 안에서 약 열 가지 다른 목소리를 내는데 이는 동물의 실제 정서 상태(각성, 기쁨, 분노, 고통 등)를 부호화할 뿐만 아니라, 포식자(표범, 독수리, 뱀, 개코원숭이, 인간 등)의 존재나 접근을 신호하는 경보 구실도 하고 그들의 크기, 성별, 위험도처럼 가장 중요한 특징에 관한 정보, 친척이나 심지어 존재하지 않는 대상에 관한 정보를, 예컨대 사기를 치기 위해 전달하기도 한다. 여기서 다른 종류의 소리는 신뢰도 높게 다른 종류의 행동 반응(예 : 나무에 오르기나 하늘을 살피기)을 유발한다. 이 가운데 많은 신호는 원숭이가 어릴 때 학습해야 하고, 우는 새가 그렇듯 이들에게도 사투리가 있다(Ghazanfar and Hauser, 1999). 그럼에도 불구하고 솜머리비단원숭이(*Saguinus oedipus*)의 언어 능력에 관한 피치와 하우저의 연구에서는 동물들이 '위상구조 문법(phase structure grammar)'이라 불리는 복잡한 구문 능력의 징후를 보여주지 않았다(Fitch and Hauser, 2004).

'동물의 언어'라는 맥락에서는 일반적으로 음성 언어를 통해 소통하는 능력과 언어를 이해하는—더 정확히 말해서, 말로 내린 명령을 따르는—능력을 구분해야 한다. 후자에 관한 한 일부 포유류는 인간의 명령을 수백 개까지 따를 수 있다. 몇 년 전, 라이프치히에 있는 막스플랑크 진화인류학 연구소의 줄리안 카민스키, 줄리아 피셔, 조지프 콜은 보더 콜리 리코를 데리고 연구하는 동안 놀라운 결과들을 얻었다(Kaminski, Fischer, and Call, 2004). 리코에게 어느 동물의 이름을 말하거나 그 동물을 보여주면,

리코는 옆방에 모아둔 200개가 넘는 장난감 동물들 중에서 맞는 동물을 골라낼 수 있었다. 리코는 친숙한 장난감 동물들 속에서 자기가 모르는 동물을 골라낼 수도 있었다. 물론 리코가 단어의 의미를 조금이라도 이해한 것인지 아니면 단순히 일정한 소리에 대해 일정한 행동으로 반응하도록 훈련되었는지를 판정하기는 어렵다.

과거에 인간의 언어를 유인원에게 가르치려 한 적은 몇 번 있었다(Rütsche and Meyer, 2010 참조). 1950년대에는 키스 헤이즈와 캐서린 헤이즈가 침팬지 비키에게 인간의 음성 언어를 모방하도록 가르쳐보았지만, 비키는 '마마', '파파', '컵', '업(up)'과 같은 소리밖에 낼 수 없었기 때문에 성공률은 바닥이었다(Hayes and Hayes, 1954; Premack and Premack, 1983). 원인은 침팬지는 인간 언어를 구성하는 완전한 범위의 소리, 특히 모음을 물리적으로 만들어낼 수 없다는 것이다(아래 참조).

유인원에게 음성 언어 이외의 언어 체계를 가르치려던 시도는 좀 더 성공적이었다. 예컨대 새라에게는 플라스틱 토큰을, 워쇼에게는 미국 수화(ASL)를, 칸지에게는 컴퓨터 자판을 가르쳤다. 데이비드 프리맥의 연구에서 침팬지 새라는 상징하는 물건과 전혀 다르게 생긴 기호인 플라스틱 토큰을 써서 대상을 선택해 의도와 욕구를 표현하는 법을 배웠다. 새라는 ~가 아니다, ~의 이름, ~보다 많거나 적다, ~이면 ~이다 따위의 개념도 익혔고, "새라 넣어 바나나 들통 사과 사발"처럼 (두 과일 모두 아무 용기에나 잘 들어갈 텐데도 바나나는 들통에 넣고 사과는 사발에 넣음으로써) 다소 복잡한 명령에 따를 수도 있음을 보여주었다(Premack, 1983).

베아트릭스 가드너와 앨런 가드너는 약 10개월령에 야생에서 붙잡힌 보통 침팬지 워쇼를 가족으로 받아들여 부모가 귀머거리인 인간 유아와 같은 조건에서 길렀다(Gardner et al., 1989). 가드너 부부와 조수들은 워쇼와 미국 수화로 소통했고, 음성 언어의 사용은 최소화했다. 단어 습득이 인상적으로 발전한 워쇼는 두세 단어로 문장을 형성할 수 있게 되었다. 예컨대 "열어 먹이 마셔"는 "냉장고를 열어"를 뜻했고, "제발 열어 서둘러"는 "빨리 열어주세요"를 뜻했다. 또한 다양한 상황에서 "더 많이"라는 수화를 쓰거나, 냄새라는 관념을 표현하기 위해 "꽃"을 가리키는 수화를 쓰기도 하고, "모자"와 같은 단어의 의미를 일반화할 수도 있게 되었다. 놀랍게도, 워쇼는 인간의 도움 없이 일부 수화를 다른 침팬지들에게 가르치기도 했다.

이 연구 결과가 발표된 직후, 비판적인 언어학자들은 가드너 부부는 단순히 조건형성을 통해 워쇼가 일정한 맥락에서 수화를 사용해 일정한 목적을 달성하도록 한 것이지, 이 유인원이 인간이 선천적으로 알고 있는 것과 같은 언어학 법칙을 학습한 것은 아니라고 주장했다. 이 비판에 답하기 위해, 허버트 테라스는 침팬지 님 **침스키**(언어학자 놈 촘스키의 이름을 암시하는)에게 수화로 소통하는 법을 가르쳤다. 님 침스키는 약 3년 반 만에 125가지 수화를 배웠지만, 테라스에 따르면 침스키는 그것을 순전히 상징으로만 사용하고 인간의 언어를 특징짓는 문법과 구문은 활용하지 않았을 뿐만 아니라, 일부 영장류가 기초 원리를 이해하지 않고도 도구를 사용하는 것(제12장 참조)과 같은 식으로, 주고받는 언어를 더 깊이 이해하지도 못했다. 게다가 님 침스키의 어휘 학습 속도는 대략 하루에 0.1단어였지만, 인간은 2~22세에 하루에 14단어가량을 배운다. 테라스에 따르면, 이는 언어 습득 방식에 근본적 차이가 있음을 의미한다(Terrace et al., 1979).

이 연구 결과는 결국, 님 침스키의 학습 속도는 워쇼보다 상당히 느렸으며, 테라스가 이끈 실험의 결과들은 완전한 전형이 아니었다는 지적을 통해 비판을 받았다. 또 다른 비판은 테라스가 조건형성이라는 고전적 행동주의 방법을 적용해 유인원이 일정한 수화를 써서 일정한 대상을 지칭하도록 했다는 것이었다. 그가 프리맥과 가드너 부부의 연구 결과를 해석한 것과 정확히 같은 식의 해석이었다. 그러나 테라스의 비판에 관해 말하자면, 새라와 워쇼가 둘 다 기호를 '지시적으로', 즉 다른 것을 상징하는 것으로 사용했을 뿐만 아니라 '소통 목적으로', 즉 의도와 욕구를 표현하기 위해 사용한 것은 분명했다. 그럼에도 불구하고 지금까지 연구된 모든 유인원은 '단어'의 사용법을 명백히 **교육받은** 반면, 인간의 아이들은 상당히 **자발적으로** 말을 배운다는 비판적 주장은 유효했다.

그러한 자발적 언어 습득은 6개월령이었을 때 어미와 함께 조지아주립대학 언어연구소로 데려온 수컷 보노보 칸지에게서 발견되었다. 수 새비지 럼보와 듀안 럼보가 어미를 가르치기 시작했을 때, 칸지도 같이 있었다. 칸지는 2세 반에 어미와 떨어진 뒤 자신의 훈련을 시작했지만, 이미 첫날부터 120단어를 말하고 자판에서 12개의 기호를 모두 사용했고, 둘째 날에는 자발적으로 "멜론 가"라는 메시지를 만들어 밖에 나가서 멜론을 먹고 싶다는 생각을 표시했다. 따라서 칸지는 새라나 워쇼와는 달리 순전히 어미가 받은 훈련을 관찰하거나 모방하는 방법으로 말을 배운 것이다. 럼보는 칸지에게 언어 가르치기를 즉시 그만두고 자판에 나타나는 새 어휘의 의미를 칸지가 스스로 알아내게 했다. 칸지는 자판을 써서 혼잣말을 하기도 했다. 2~3년 뒤에는 256단어를 비롯해 발성과 몸짓을 배우고, 셋을 조합하는 법까지 배운 상태였다. 만든 메시지에서 구문의 징후가 분명하게 드러나지는 않았지만, 칸지는 어순의 관련성을 최소한 이해는 할 수 있었다. 럼보가 컴퓨터를 써서 "개가 뱀을 물도록 만들 수 있어?"—칸지가 전에 한 번도 들어본 적 없는 문장—라고 묻자, 칸지는 장난감 개와 장난감 뱀을 찾아서 뱀을 개의 입 속에 넣고 손가락으로 개의 입을 닫아 뱀을 덮었다. 7세 반이 되었을 때에는 400개의 복잡한 질문 가운데 74%에 정확하게 답할 수 있었다.

요컨대, 칸지는 명백히 가르치거나 조건형성을 하지 않고도 혼자서 언어를 학습하고 보상 없이도 인간 및 동종과 대화를 시작했고, 이는 유인원의 언어 능력은 조작적 조건형성의 결과라는 주장에 반대된다. 게다가 최소한 언어 이해 방면에서 칸지는 단순한 구문을 이해하는 것으로 드러났다(Savage-Rumbaugh, 1984).

칸지의 어휘는 리코의 경우처럼, 약 200단어 또는 개념에 달한다. 암컷 고릴라 코코는 조련사 패터슨의 말에 의하면, 미국 수화 약 1,000단어를 이해하고 따른다. 그러나 새비지 럼보를 포함한 대부분의 전문가가 동의하듯이, 침팬지나 고릴라는 수년에 걸쳐 있는 힘을 다해 훈련시키면 제법 길고 복잡한 문장을 배울 수 있지만, 이들의 언어는 매우 한정되어 있어서 인간 언어의 사실상 무한한 본성과는 크게 대비된다. 유인원은 알고 있는 단어로 새로운 문장을 구성할 수 있지만, 이 문장이 최소한의 기초적 구문을 드러내는지 어떤지는—아마도 이해 면에서—논쟁이 된다. 일반적으로, 대형유인원은 2~3세 인간 아이의 언어 능력, 즉 두세 단어로 문장을 구사하지만 문법과 구문의 징후는 불분명한 것이 특징인 단계를 넘어서지 못하는 것으로 보인다(Savage-Rumbaugh, 1984, 1986).

15.4.2 인간 언어의 진화

인간 언어의 진화는 느린 연속 과정으로서 인간 이외의 유인원과 호모 사피엔스의 더 직접적인 조상으로부터 많은 예비 단계를 거쳐 연장되었느냐, 아니면 (다윈의 유명한 '전투원' 토머스 헉슬리가 믿었고 언어학자 놈 촘스키가 아직도 믿고 있듯이) 빠른 '도약' 사건으로서 전조가 없었느냐에 관해서는 많은 논란이 있다. 주요한 문제는 인간 언어의 무수하고, 복잡하고, 다양한 인지적·운동적·언어학적 선행조건들이 겉보기에 매우 짧은 진화 시간 안에 한데 모였음이 틀림없다는 데 있다(Pinker, 1995; Pinker and Jackendorf, 2005 참조). 인간의 언어가 비인간 영장류의 음성 교신에서 기원했느냐 아니면 몸짓 교신에서 기원했느냐, 아니면 둘 다에서 기원했느냐 역시 뜨겁게 논란이 된다(아래 참조).

특히 흥미로운 것은 다수의 자음과 모음을 내는 데 필수적인 발성기관의 진화다. 특히 모음을 내기 위해서는 입(입술, 혀, 연구개), 코, 인두를 포함한 목구멍 부위가 상당히 개조되어야 했다. 한 가지 핵심 사건은 직립 이족 보행의 진화와 치열의 축소인 것으로 보인다. 전자는 많은 소리, 특히 모음을 내는 데 필수적인 L자에 가까운 성도와 비교적 낮은 인두를 가능하게 한 반면, 후자는 아마도 영양 습관이 바뀌어 깨물기와 씹기가 덜 필요해지면서 가능해졌을 것이다. 이미 언급했듯이, 비인간 영장류는 인두 위치가 비교적 높아서 모음을 내기가 매우 어렵다. 진화하는 동안 언제 인두가 내려갔는지는 불분명하다. 전문가 대부분의 가정에 따르면, 네안데르탈인은 인두가 완전히 내려가지 않아서 호모 사피엔스에서 발견되는 말처럼 똑똑하게 발음되는 말을 가지지 못했다(Corballis, 2010). 마찬가지로, 내이에도 전정 및 청각 기능과 관련된 개조가 있었다. 다시 말해, 전정계는 직립보행을 하는 동안 균형을 잡아야 하는 새로운 도전에 부응해야 했고, 청각계는 비인간 영장류의 목소리보다 주파수가 훨씬 높은 것이 특징인 인간의 목소리를 재인하도록 특화되어야 했다.

두 번째 중요한 요인은 이 새로운 발성계를 조절할 참신한 방법이었다. 비인간 영장류에서 발성에 영향을 미치는 기관은 대부분 대상회와 같은 변연피질 영역과 수도관주위회색질 및 의문핵과 같은 피질하 중추인데, 의문핵은 피질에서 직접 조절하는 것이 아니라 피질하 변연계의 지시만 받는다(Heffner and Heffner, 1995). 그래서 대부분의 목소리는 고통, 각성, 놀람이나 위협 신호와 같은 정서 표현에 해당한다. 피질에도 얼굴 근육, 입술, 턱을 직접 조절하는 경로들이 존재하지만, 이것이 인두를 수의 조절하는 데 사용되지는 않는다(아래 참조). 인간은 브로카 언어 영역과 같은 조절 영역이 동종피질의 외측전두피질에 추가되어 있어서 말 생산을 수의 조절할 수 있다.

인간의 뇌는 좌뇌에 언어와 관계있는 전두, 측두, 두정 영역을 몇 군데 지니고 있고 (Friederici, 2011; Vigneau et al., 2011; Price, 2012 참조), 우뇌에는 말의 맥락 정보 및 정서적 측면(운율)과 관계있고 음운 성분은 없는 영역을 몇 군데 지니고 있다(Vigneau et al., 2011). 많이 세분되는 이 영역들에 들어가는 예로, 전두엽에 있는 A44/45(고전적인 브로카 영역)와 하전두구(inferior frontal sulcus), 도피질 위쪽의 전두판개, 상측두회(superior temporal gyrus)의 A42/22(고전적 '베르니케 영역'의 앞부분과 뒷부분), 중간측두회의 일부, 하전두회와 각회가 있다. 최근 증거에 따르면, 언급한 전두 영역과 측두 영역들은 두 개의 '배측' 경로와 두 개의 '복측' 경로에 의해 전두 영역과 (아마도 쌍방향으로) 연결되어 있다. '배측 경로 I'은 상측두회를 말의 생산을 담당하는 전운동피질과 연결하고, '배측 경로 II'는 배측 측두회를 브로카 영역 A45와 연결한다. 두 경로 모두 궁상속(arcuate fascicle) 및 상종속(superior longitudinal fascicle)의 일부다. '복측 경로 I'은 전측두피질을 A45 및 A47과, '복측 경로 II'는 전측두피질을 전두판개 더하기 전두피질의 내측 및 눈확 부위와 연결하고, 두 경로 모두 구상속(uncinate fascicle)에 포함되어 있다(Friederici, 2011). 웨일러 등(Weiller et al., 2011)에 따르면, 배측 경로계는 말의 생산(분명한 발음, 배측 I)과 구문의 기초인 순차적 연속물의 정밀하고 빠른 분석, 즉 복잡한 음운론적 분할(배측 II)에 관여하고, 배외측전전두피질에 위치한 작업 기억과 긴밀하게 상호작용한다. 대신 복측 경로계는 일반적으로 의미와 맥락 단서를 기초로 한 언어 이해에 관여한다. 따라서 인간의 뇌 안쪽에서 언어는 전두, 측두, 두정 영역에 분산된 중추들이 양 반구에서 구문, 어휘, 의미, 정서, 화용 성분을 처리하고, 좌반구가 구문 측면과 문법 측면을 지배하는 복잡계를 기초로 한다.

비인간 영장류에게 '베르니케 영역과 유사한' 측두 영역 말고도 최소한 브로카 영역의 일부가 이미 존재하느냐 하는 문제에 관해서는 광범위한 논의가 있다. 코벌리스(Corballis, 2010)에 따르면, 손, 얼굴, 입술, 입 근육을 조절하는 일차운동피질의 부위들과 경계를 이루는 뇌의 뒤쪽 부분인 A44는 말을 생산하는 동안 이 근육들을 조절하는 데 관여할 뿐만 아니라, 손과 팔의 조작과 쥐는 운동을 재인하는 데도 관여한다. 몇몇 저자들은 이 A44가 원숭이의 F5 부위와 상동이라고 믿는다. 이 부위에 제12장에서 언급한 거울 뉴런이 위치하므로, 이 거울 뉴런이 인간 언어의 진화와 밀접한 관계가 있다고 가정된다(Rizzolatti and Arbib, 1998). 그러나 거울 뉴런을 인간의 언어와 연결하면 몇 가지 문제가 생긴다(Aboititz et al., 2006; Corballis, 2010 참조). 첫째, 비인간 영장류에서 발성을 조절하는 신경은 전전두피질 부위에 있지 않다. 둘째, 최소한 (F5 뉴런이나 피질 영역이 발견되는) 원숭이는 갓 태어났을 때 입맛 다시기를 모방하는 것을 제외하면 인간과 달리 입이나 손 벌리기와 같은 표정 또는 몸짓을 자연스럽게 모방하지 않고, 이들의 거울 뉴런도 인간에게서 발견되는 비슷한 뉴런과 달리 모방에 관여하지 않는 것으로 보인다. 그러나 원숭이는 인간이 제시하는 주의 신호를 따르도록 훈련시킬 수 있으므로, 이는 잠재 능력이라는 의미에서 '창출적응'(제3장 참조)이 있을 수도 있음을 의미한다. 더구나 거울 뉴런은 목표를 향해 손을 뻗는 타동적(transitive) 운동에만 반응하고, 대상을 수반하지 않는 팔과 손의 자동적(intransitive) 운동에는 반응하지 않는다. 마지막으로, 원숭이는 인간의 언어 소통에 중요한 선행조건인 마음의 이론을 지니고 있지 않은 것으로 보인다.

　따라서 브로카 언어 영역의 진화는 F5 거울 뉴런 부위와 어느 정도 연관이 있을 수도 있지만, 그러려면 그 부위를 비롯해 연관된 측두 및 두정 부위, 예컨대 상측두회(STS)와 하두정소엽(PF 영역)의 기능이 극적으로 변했을 뿐만 아니라, 이 영역에서 전두피질 영역으로 섬유를 투사하는 섬유들도 상당히 변했다고 가정해야 한다(Aboititz and Garcia, 1997 참조). 원숭이와 달리 인간에서는 이 영역들이 브로카 영역과 힘을 합쳐 모방에 관여하므로, 일부 저자들은 이 새로운 기능이 인간의 언어가 진화한 출발점 가운데 하나였다고 본다(Rütsche and Meyer, 2010; Fitch, 2011a, b 참조). 이 저자들은 인간의 말이 비인간 영장류의 음성 표현 계통에서 진화했다는 발상을 거부한다. 언급했듯이, 영장류의 소리는 조절하는 신경도 다르고 융통성이 없기 때문이다. 이 저자들은 대신, 인간의 말이 손짓에서 진화했다고 가정한다. 손짓은 비인간 영장류에서도 훨씬 더 유연하고, 더 정교하고, 매우 의도적이고, 상당한 정도로 학습된다. 비인간 영장류에서는 손짓이 소통을 위한 소리와 결합되지 않지만, 인간에서는 우리가 알듯이 손짓이 말의 이해와 생산에 매우 단단히 결합되어 있고, 개체발생에서 매우 일찍, 즉 출생 후 11개월부터 출현한다. 게다가 손짓은 음성 언어를 완전히 대체할 수 있다. 예컨대 모든 수화는 완전히 발달한 언어 체계로 여겨진다.

　그러나 그러한 각본을 그럴듯하게 만들려면, 두 단계의 기본적 진화를 가정해야 한다. 첫 단계는 손짓과 입놀림을 포함한 얼굴 표정 사이의 결합과 관계가 있고, 둘째 단계는 입놀림과 의도적 말 생산 사이의 결합을 포함한다. 첫 단계가 손과 입의 협응으로 연결된 다음, 입놀림이 점차 손놀림보다 우세해지다가 마침내 혀와 성도의 움직임을 동반해 결과적으로 소리를 내게 되었다고 추정된다(Rütsche and Meyer, 2010; Corballis, 2010). 최근 비인간 영장류가 소통하는 동안 사용하는 것이 발견된 '입맛 다시기'가 인간에서 음성 언어가 되기 위한 '전주곡'이었을 것이다(Fitch, 2011a, b). 이에 더해, 브로카 부위가 말과 연관된 몸짓에 관여하게 되었음이 틀림없고, 그런 몸짓은 의미의 모호함과 구문의 복잡성을 줄여서 말로 하는 소통의 이해도를 높였을 것이다. 따라서 브로카 부위 A44는 처음엔 타동적, 목표 지향적 운동을 재인하는 고전적 '거울 뉴런' 기능을 하다가, 의미 있는 자동적 몸짓을 재인하고, 얼굴 표정을 추가로 이해하고, 마침내 소리를 이해하도록 변형되었을 것이다. 그런 의미에서 단어와 문장은 '말로 하는 몸짓(speech gesture)'에 지나지 않는다(Corballis, 2010). 그러나 인간 언어의 기원이라는 현재의 맥락에서 '몸짓이 먼저'냐 아니면 '발성이 먼저'냐의 문제는 판정되지 않은 상태로 남겨두어야 한다. 어쩌면 두 과정이 동시에 일어났을 수도 있기 때문이다.

인간 언어의 진화를 위한 또 하나의 중요한 단계는 위에 묘사했듯이 앞쪽 언어 구역과 뒤쪽 언어 구역 사이에 새로운 연결부가 형성되는 단계인 것으로 보인다. 프리데리치(Friederici, 2009)에 따르면, 배측 경로계가 복측 경로계보다 진화적으로 나중에 생긴 것으로 보이고, 배측 경로는 수초형성이라는 의미의 성숙이 비교적 늦게, 7세가 넘어야 끝난다. 이는 아이들이 그 나이까지도 여전히 구문론적으로 복잡한 문장을 이해하는 데서 전형적인 실수를 한다는 사실과 일치한다(Friederici, 2009). 아보이티즈와 가르시아(Aboitiz and Garcia, 1997)도 마찬가지로 복측 계통이 계통발생적으로 더 오래되었으며, 이미 존재하던 배측 계통의 일반적 기능인 사건과 행위의 시간별 정돈이 사람과가 진화하는 동안 언어와 결합되었다고 가정한다. 이 맥락에서 두정엽, 측두엽, 후두엽의 접합부에 인간에게 유일무이한 것으로 보이는 브로드만 영역 A39와 40이 진화한 것은 (전두엽의 전운동영역으로 가는 연결부를 통해 활동의 계획과 실행에 관여하는) 상측두엽의 청각 부위와 두정엽 부위의 연결성을 증가시킴으로써 결정적 역할을 한 단계였다(Aboititz and Garcia, 1997).

중요한 마지막 요인은 인지-실행 기능의 실질적 변화였다. 이 변화에는 인간에서 절대적으로도 상대적으로도 상당히 커진 전두피질, 특히 배측 및 외측 전전두피질(A9, 46)과 전두극피질(A10)의 실질적 개조가 선행되거나 동반되었다(Semendeferi et al., 2002; 제14장 참조). 뇌의 이 부분은 측두엽 및 두정엽의 연합영역과 함께, 언어의 인지적 기초를 형성하는 모든 묘기들의 '자리'로 가정된다. 언어의 인지적 기초란 사고, 상상, 기억, 소망, 목표를 말하고, 효율적인 작업 기억과 함께 언어 및 비언어 장기 기억에 대한 효율적 접근도 여기에 포함된다. 전전두피질 및 전두극피질의 중심 기능들 중 하나가 바로 작업 기억의 한 가지 주요 과제인 사건의 **시간적 분할**이다. 우리는 이 기능이 예컨대 오가는 동종, 먹이, 포식자의 수와 종류를 기억하는 맥락, 도구를 제작해 적용하거나 집을 짓는 단계들의 맥락에서, 사건 및 활동의 순서를 정확하게 단기 회상하고 예측하라는 요구가 커지면서 함께 커졌다고 가정할 수 있다. '지연표본대응' 실험이 입증하듯이(제12장 참조), 원숭이와 유인원을 포함한 대부분의 영장류는 이 정신적 능력이 좋지 않지만, 인간은 진화하는 동안 작업 기억의 용량이 크게 늘어났다 (Aboititz and Garcia, 1997; Aboititz et al., 2006).

시간적 분할 능력의 증가는 정신적 조작인 사고와 활동의 계획, 그리고 마침내 언어에 이바지하기 시작했다. 이렇게 해서 구문과 문법이 진화하거나 최소한 상당히 향상될 수 있었다. 그러나 그러려면 외측전전두피질이 '배측 경로계'를 통해 발성기관(입, 입술, 인두 등)과 연결되어야 했는데, 배측 경로계는 비인간 영장류의 뇌에는 없거나 기초적인 형태로만 존재한다. 이 진화 과정에서 결국 인간 언어의 필수 선행조건인 작업 기억의 '음운 고리'가 형성된 것으로 보인다(Aboititz et al., 2006).

15.4.3 인간 언어의 진화 속도

비록 상당히 변했고 기능이 추가되긴 했어도 인간의 언어는 점진적으로 진화했다는 가설이 이제는 널리 인정되지만, 그럼에도 전체 과정은 비교적 짧은 기간에 일어났다. 전문가들은 대부분 오스트랄로피테쿠스가 발성에서는 침팬지와 별로 다르지 않았고, 이미 오스트랄로피테쿠스보다 훨씬 더 큰 뇌와 더 훌륭한 협동 사냥 및 식량 채집 능력을 갖추고 있던 호모 하빌리스도 언어 능력은 그다지 나을 게 없었을 것이라고 가정한다. $700cm^3$의 큰 뇌를 가졌지만, 그들은 아마도 여전히 ─ 스코틀랜드의 인류학자 아서 키스의 표현에 따르면 ─ 언어적 '대뇌의 루비콘 강'인 $750cm^3$ 전후의 뇌 용량을 넘어서지 못했을 것이다. 호모 에렉투스는 6세 때 이 뇌 부피에 도달하는 반면, 호모 사피엔스의 아이는 1세만 넘으면 이미 여기에 도달한다. 호모 에렉투스의 언어 능력에 관해서는 아무것도 모르고, 호모 네안데르탈렌시스는 호모 사피엔스보다 뇌가 컸다는 사실에도 불구하고, 이들에 관해서도 아는 게 없기는 마찬가지다. 아마 그들은 인두가 현대 인류의 것과 달라서 발성 능력, 특히 모음을 내는 능력이 제한되어 있었을 것으로 보인다. 60만 년 전에서 50만 년 전 동아프리카에서 고대 호모 사피엔스와 호모 에렉투스가 갈라지고 20만 년 전에서 15만 년 전에 같은 지역에서 현대 호모 사피엔스가 진화했다고 가정하면, 인간의 언어는 아마도 15만 년 전에서 8만 년 전 사이에 진화했을 것이다. 음소의 다양성에 관한 앳킨슨의 최근 연구는 현대 인류의 언어가 아마도 아프리카를 탈출하기 전에 생겨서 16만 년 전에서 8만 년 전 아프리카에 상징 문화가 있었다는 최초의 고고학적 증거와 양립했을 것임을 시사한다(Atkinson, 2011).

10여 년 전에는 이른바 FOXP2 전사인자가 발견되어 진화언어학자들을 흥분시켰다(Enard et al., 2002). 이 인자가 처음 발견된 가족의 구성원들은 심각한 언어적 결함과 함께 비언어적 인지장애가 있었고 지능지수도 상당히 낮았다. 유전자 연구 결과는 이 다중적 결함이 FOXP2라는 유전자족에 들어 있는 결함과 인과적으로 연결됨을 보여주었다. 이 유전자들은 다른 유전자들(아마도 수가 더 많을)의 발현을 조절하는 전사인자를 부호화한다. 구조적 결함은 말을 하는 도중에 매우 활발하게 활동하는 브로카 영역과 왼쪽 미상핵(caudate nucleus)의 부피 감소와 관련된다. 라이프치히의 진화유전학자 스반테 페보와 동료들은 인간의 FOXP2 유전자가 비인간 영장류의 유전자와 아미노산 두 개밖에 다르지 않음을 입증할 수 있었는데(Enard et al., 2002), 저자들은 10만 년 전과 1만 년 전 사이에 인간의 FOXP2에 마지막 돌연변이가 일어났다고 추정한다. 이 유전자/전사인자의 기능에 관해서는 그것이 '말 유전자'라는 의견에서부터 심지어 '문법 유전자'라는 의견에 이르기까지 많은 논란이 있었다. 그 이후로, FOXP2는 척추동물 사이에 널리 퍼져 있고 박쥐의 반향정위나 새의 노래와 같은 발성과 연결되어 있음이 분명해졌다(Scharff and Petri, 2011 참조). 호모 네안데르탈렌시스에게도 인간의 대립유전자들과 같은 대립유전자가 존재했다. 이는 인간 유전체로부터 '오염'이 일어난 결과일 수도 있고, 네안데르탈인에게 이미 '현대' 언어와 같은 무언가가 있었음을 암시하거나, 심지어 호모속에서 FOXP2가 '문법 유전자'를 넘어 더 일반적인 기능을 했다는 암시일 수도 있을 것이다.

인간 언어의 진화를 둘러싼 이 모든 논의를 제쳐두더라도, 이 단계는 인류가 더욱 발전하는 데 엄청난 영향을 끼쳤음이 분명하다. 강력한 '지능 증폭기'인 언어가 더 섬세한 도구 제작, 협동 사냥, 현대적 의미의 문화, 문명과 예술의 발달을 부추긴 것은 확실하다. 약 4만 년 전까지 거슬러 올라가는 인상적인 동굴 벽화가 이를 대변한다.

15.5 인간은 특수한 사회적 행동을 보일까?

근래에 심리학과 인류학에서 이루어진 많은 조사가 겨냥한 질문은 인간의 사회적 행동이 인간 이외의 동물, 특히 우리와 가장 가까운 친척인 침팬지의 사회적 행동과 어떤 면에서 다른가 하는 것이었다. 나는 이미 모방, 마음의 이론, 지식 귀인과 같은 일부 측면들을 언급했고, 이 능력들은 침팬지에서도 이미 발견되지만, 인간이 이를 실질적으로 더욱 발전시킨 것으로 보인다. 인간은 태어난 이후로 계속해서 광범위하게 다른 인간을 모방한다는 점에서 유인원과 대비된다(제12장 참조). 게다가 인간은 새로운 경험을 동종에게 즉시 퍼뜨린다. 인간의 공감 능력과 마음의 이론은 침팬지에게서 발견되는 것보다 훨씬 더 뛰어나다. 그러나 이 모든 것도 질적이 아니라 양적으로 진행되는 진화의 그림을 망가뜨리지는 않는다.

하지만 복잡한 사회적 행동, 예컨대 협동성의 맥락에서는 진정으로 질적인 차이가 있지 않을까? 라이프치히 막스플랑크 연구소의 마이클 토마셀로와 하버드대학의 펠릭스 바르네켄(Tomasello and Warneken, 2009)은 최근에 협력 행동 또는 이타적 행동을 (1) 남이 일정한 목적을 달성하도록 돕기, (2) 식량 따위 소유물을 공유하기, (3) 남에게 중요할 수 있는 정보를 그에게 알려주기에서 보이는 세 가지 방식으로 구분했다. 침팬지의 행동과 어린아이의 행동을 비교하는 몇 건의 연구가 있는데, 이 연구들은 아이들이 생후 14~18개월부터 남을 도우며, 보상이 없을 때에도 그렇게 한다는 사실을 입증한다. 아이들은 어른이 떨어뜨린 물건을 자발적으로 주워주거나, 자기가 양손에 무언가를 들고 있었을 때에도 어른을 위해 문을 열어준다. 정도는 덜하지만 침팬지에게서도 같은 행동이 발견된다. 아이들은 물론 침팬지에게도 타고난 협동성 또는 최소한 내재적 보상이 어느 정도는 있는 것 같다. 왜냐하면 외재적 보상이 없어도 이타적 행동을 하고, 행동에 이어 보상을 주어도 이타적 경향이 늘어나지는 않기 때문이다. 오히려 최소한 아이들의 경우는 보상을 받으면 도우려는 경향이 줄어든다는 사실은 외재적 보상에 의해 이전의 내재적 보상이 대체되었거나 최소한 줄어들었다는 인상을 준다.

아이들과 침팬지의 차이는 공유를 고려할 때 더 컸다. 아이들은 일반적으로 아동기 초기부터 아무리 귀중한 물건도 나누기를 좋아하는 반면, 침팬지들은 거의 무가치한 것만 공유한다. 침팬지는 남들이 자신과 같은 몫을 얻는 공동 활동(특히 먹이와 관련된)에 참여하지 않는 반면, 아이들은 자발적으로 공동 활동에 참여한다. 침팬지는 상대가 '구걸'을 한다 해도 가치가 낮은 것, 예컨대 맛없는 먹이만 공유한다. 가장 현저한 차이는 정보 공유에서 관찰되므로, 토마셀로와 바르네켄은 정보 공유를 특별한 종류의 이타주의와 협동성이라고 본다.

인간이 아무런 이득도 없이 남에게 정보를 주는 것은 지극히 평범한 일이다. 침팬지는 물론 인간을 제외한 어떤 포유류도, 먹이가 있는 곳이나 포식자나 적의 위험에 관한 모든 종류의 정보에 대해서만큼은, 저자들의 주장에 따르면, 자기중심적이다. 침팬지는 인간에게 인사를 할 때조차 보통 무언가를 얻을 목적으로 한다. 반면에 사람은 친척도 아니고 알지도 못하는 남을 어떤 이득도 없이 도와준다['자선적 이타주의(charitable altruism),' Harbaugh et al., 2007 참조]. 결론은, 인간은 광범위한 호혜적 이타주의(reciprocal altruism, "네가 날 도와주면 나도 널 도와주마.")를 넘어서서 진정으로 '사심 없는' 행동을 시사하는 특별한 친사회적 행동으로 특징지어진다는 것이다. 그러나 최근 조사 결과는 이러한 '자선적' 이타주의의 경우라도 중뇌변연계에 위치한 대뇌의 자기보상계가 내인성 아편유사제를 방출해 선행자를 '기분 좋은' 상태로 이끎으로써 행위자에게 보상을 준다는 사실을 보여주었다. '이타적 처벌'이라는 현상도 있다. 즉 사람들은 이기적으로 행동하는 사람들을 처벌하는데, 자기희생이 크고 물질적 이득이 생기지 않아도 그렇게 한다(Henrich et al., 2006; Almas et al., 2010도 참조).

특히 흥미로운 것은 매우 어린 아이들이 더 나이 든 아이들보다 그러한 이타주의 행동을 더 자주 보인다는 사실인데, 이 현상은 은혜를 모르는 또래를 만나는 부정적 경험의 영향이라고 설명된다. 토마셀로와 바르네켄은 타고난 친사회성이 나중에 사회 경험에 의해 조정된다고 가정한다(Henrich et al., 2006; Almas et al., 2010도 참조). 그들은 우리 조상이 살아야 했던 특정한 생태 및 사회 조건에서 이 성향의 뿌리를 본다. 사바나에서 조상들은 서로 돕고 정보를 공유하다 결국 교환하는 형태로 협동성을 키움으로써 생존율을 높였던 것이다. 이는 협동 사냥뿐만 아니라 특히 공동 육아와도 관계가 있었다.

15.6 이게 다 무슨 말일까?

열대우림에서 '대탈출'을 감행해 건조한 사바나로 진출한 이후 오스트랄로피테쿠스(궁극적으로 호모 사피엔스)의 진화는 보행(직립보행), 식습관과 식품, 사냥 양식이 빠르게 변화한 것이 특징이고, 약 200만 년 전(또는 더 일찍)에 호모 하빌리스가 출현한 뒤에는 뇌 크기가 뚜렷하게 커진 것이 마지막 특징으로 추가된다. 약 600cm³였던 뇌 크기가 호모 사피엔스에서 1,350cm³으로, 호모 네안데르탈렌시스에서 1,700cm³ 언저리로 커지면서 조상들은 불을 사용하고, 무기를 비롯해 기타 도구를 발명하게 되었다. 진화가 이렇게 급속할 수 있었던 이유는 불분명하지만, 전반적인 뇌 성장을 조절하는 유전자들이 변해서였을 가능성이 높은데, 인간의 뇌 크기 증가가 피질이 양의 방향으로 상대성장한 것을 포함하는 전반적 경향과 함께 일어났기 때문이다. 피질이 성장하자 거의 자동적으로 전전두피질도 상대적으로 더 커지면서 작업 기억도 같이 늘어났다.

사실상 모든 인지 능력에서 인간은 다른 모든 동물을 능가한다. 이는 모든 유형의 학습과 기억 형성에서뿐만 아니라 이른바 고등한 인지 기능 모두, 예컨대 사고, 추상적 사고, 범주화, 거울 자기재인, 사기 치기와 사기로 맞받기, 공감, 마음의 이론, 지식 귀인, 상위인지에서도 마찬가지다. 비슷하게, 인간은 친사회적 행동, 즉 협동성과 '사심 없는' 이타주의도 더 많이 보여준다. 인간과 인간 이외의 동물 사이의 차이가 특히 큰 측면은 중장기 활동을 계획하고 구문-문법 언어를 구사하는 능력이다. 유인원, 특히 침팬지는 두세 시간 미리 활동을 계획할 수 있지만, 지금까지 조사된 다른 모든 동물은 긴 활동 계획을 보이지 않는다. 이는 계획을 몇 분 또는 몇 초 동안이라도 '마음에 두기'가 어려운 것과 관계가 있는 것으로 보인다. 대부분의 인간에서는 그러한 능력이 본질적으로 작업 기억의 '음운 고리'와 연결되어 있는 덕분에 머릿속으로 숫자, 이름, 장소와 같은 것의 목록을 작성함으로써 작업 기억의 폭을 엄청나게 넓힐 수 있다. 하루가 넘어가는 미래 활동을 계획할 때에는 대개 달력이 필요하다.

구문-문법을 갖춘 언어가 인간의 인지적 성취에서 결정적 역할을 하는 것으로 보이는데, 언어가 아닌 방법으로는 수행하기가 불가능하거나 최소한 어려운 사고와 추리를 그러한 언어가 가능하게 만들기 때문이다. 인간의 언어는 정신적 사건들을 시간 순서로 처리하는 일반적 능력을 기초로 하는데, 이 능력은 본질적으로 무양상(a-modal)

이다. 즉 소리, 단어, 사고, 이미지 가운데 어느 것과도 관련될 수 있다. 듣지 못하는 사람들도 대개 '베르니케'와 브로카 언어 영역은 온전한데, 이 영역에 결함이 생기면 음성 언어를 가진 사람들과 비슷한 장애를 겪는다. 이는 시간을 분할해서 다루는 무양상 인지 능력이 존재하며, 이것이 아마도 10만 년 전에서 5만 년 전에 언어에 이바지하게 되었을 것임을 입증한다. 유인원에게도 분명한 형태의 원시언어가 있지만, 이 동물은 비음성 언어를 교육받는다(또는 독학한다)고 해도, 본질적으로 문법과 구문 없이 두세 단어 문장으로 구성되는 언어의 장벽을 결코 넘어서지 못한다.

요컨대, 열심히 찾아보았음에도 인간에서 다른 동물에 비해 '진정으로 유일무이한' 특징은, 적어도 인지 영역에서는 발견되지 않는다. 인간의 진화에서 전단계가 없거나 더 이상의 진화를 위한 '창출적응'의 역할을 할 수 없었던 것은 하나도 없다. 오히려 인간은 손의 사용, 직립보행, 일반적 지능을 높일 수 있는 큰 뇌, 매우 효율적인 음성 교신 방식과 같은, 조상에게 기초적인 형태로나마 이미 존재했던 특성들의 유일무이한 조합으로 특징지어지는 것으로 보인다.

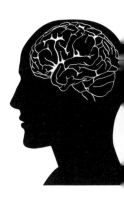

제16장

뇌와 마음의 진화를 결정짓는 요인들

주제어 뇌의 진화를 결정짓는 요인들 · 인지-정신 기능의 진화 · 지능과 뇌의 관계 · 생태적 지능 · 사회적 지능 · 일반적 지능

이번 장은 추정되는 신경계와 뇌의 진화에 관한 데이터를 요약하는 것으로 시작해 그 과정에서 일반적 패턴이 나타나는지 어떤지 물을 것이다. 그런 다음 현생 동물들 사이의 지능 차이에 대한 통찰을 요약하고, 이 관찰되는 차이들을 뇌의 진화 패턴과 어느 정도나 연관 지을 수 있는지 물을 것이다. 마지막으로는 이 뇌와 마음의 공진화 이면의 원동력은 무엇인지 물을 것이다.

16.1 신경계와 뇌의 진화 패턴

생존과 번식을 촉진하는 행동을 조절하기 위한 유기체의 기본 조직은 생명 자체만큼 오래되었다. 이미 세균과 진핵 단세포 유기체(원생동물)의 수준에서 감각, 통합, 운동 부분으로 세분되는 행동 조절의 기본 구조가 발견된다. 여기에는 단기 기억과 함께 최소한의 정보처리가 포함된다. 해면동물 수준 이상의 다세포 동물에서 진정한 뉴런과 산만신경망이 기원했다. 여기서부터 기본적인 발달 노선이 두 갈래로 갈라졌다. 소수

G. Roth, *The Long Evolution of Brains and Minds*, DOI: 10.1007/978-94-007-6259-6_16,
ⓒ Springer Science+Business Media Dordrecht 2013

인 첫째 노선은 자포동물과 유즐동물(예전의 '강장동물')에 있는 환상신경계의 진화이고, 다수인 다른 노선은 좌우대칭으로 조직된 동물의 신경계로 이어지는데, 식도상 또는 식도주위 신경절이 머리에 위치하고 다양한 수의 신경삭이 동물의 몸 전체로 연장된다. 자포동물-유즐동물과 좌우대칭동물의 이 진화적 분기는 약 6억 년 전(또는 그 이전)에 일어났다. 이 시기에 이미 이온통로 근처에서 신경활성물질(전달물질, 신경펩티드, 신경호르몬), 전기 및 화학 시냅스 전달 기제, 단순한 방식의 학습과 기억 형성이 모여 '뉴런의 언어'를 형성하는 모습이 발견된다.

첫 번째 좌우대칭으로 조직된 동물들로부터 다시 두 갈래의 주요한 진화 노선이 5억 4,000만 년 전 무렵 고생대의 시작과 함께 출발했다. 첫째 노선은 가장 많은 수의 종과 가장 다양한 형태 및 생활양식으로 구성된 선구동물(또는 '무척추동물')로 이어졌고, 다른 노선은 유두동물-척추동물을 포함하는 후구동물로 이어졌다. 선구동물은 차례로 두 갈래의 주요 노선인 촉수담륜동물과 탈피동물로 갈라졌다. 선구동물과 후구동물 둘 다의 마지막 공통 조상이 지녔던 신경계의 기본 조직은 논쟁이 된다. 전통적으로, 이 공통 조상의 중추신경계는 히드라에서 발견되는 산만신경망을 닮은 매우 단순한 조직을 가졌으며, 거기서부터 복잡한 감각기관과 신경계/뇌의 진화가 여러 번 그리고 대부분 평행적-독립적으로 일어났다고 가정되었다. 이 관점에 따르면, 이 사건은 촉수담륜동물 중에서는 포식성인 편형동물과 다모류 및 역시 포식성인 두족류에서 일어났다. 여기서 강력한 눈과 시각계를 비롯해 여러 개의 엽을 가진 식도상신경절이 진화했고, 무척추동물 중에서는 연체동물인 문어의 뇌가 가장 크고 가장 복잡한 것으로 여겨진다. 탈피동물 중에서 가장 큰 동물군인 절지동물도 마찬가지로 매우 다양한 종류의 복잡한 감각기관을 비롯해 여러 개의 엽을 가졌거나 삼분된 뇌를 발달시켰는데, 이 뇌는 거미, 갑각류, 곤충에서 특유하게 변형되었다. 꿀벌과 말벌을 포함한 벌목과 파리의 뇌는 선구동물-무척추동물 중에서 매우 복잡한 신경을 보여주는 또 하나의 두드러진 예다.

이와 대립하는 더 근래의 관점은 산만신경망으로부터 삼분된 뇌로의 진화가 약 6억 년 전 선구동물과 후구동물이 갈라지기 이전에 이미 일어났다는 것이다. 따라서 절지동물의 뇌가 전대뇌, 중대뇌, 후대뇌로 나뉠 뿐만 아니라 척삭동물-척추동물의 뇌도 전뇌, 중뇌, 후뇌로 나뉘는 것은 '깊은 상동성' 때문이지 수렴진화의 산물이 아니다. 이 관점은 곤충(초파리), 멍게('원시' 척삭동물), 개구리(발톱개구리), 생쥐처럼 관계가 먼 분류군에 뇌의 전후를 조직하는 데 관여하는 Hox, Pax, otd/Otx 유전자(제10장)와 같은 상동유전자가 존재한다는 사실을 기초로 한다(Hirth and Reichert, 2007). 이 관점이 옳다면, 단순한 뇌를 가진 많은 선구동물 분류군은 이차 단순화의 많은 사례에 해당할 것이고, 마찬가지로 단순한 뇌를 가진 일부 후구동물(예 : 극피동물과 반삭동물)에서도 같은 일이 일어났음이 틀림없다. 그러나 위에 언급한 발생 조절유전자들이 복잡한 뇌의 구현보다 먼저 왔을 수도 있다. 동시에, 좌우대칭동물의 마지막 공통 조상에게 비교적 선구적인 복잡한 뇌가 존재하긴 했지만, 선구동물과 후구동물의 많은 노선에서 그 이상으로 뇌의 복잡성이 독립적으로 커졌다는 데도 의심의 여지가 없다.

후구동물의 진화도 마찬가지로 두 갈래의 주요 경로를 보여준다. 한 경로에서 나타나는 극피동물은 자포동물 및 유즐동물과 마찬가지로, 계통발생적 기원을 모르는—이차 단순화의 결과일 수도 있는—고리 모양, 방사 대칭의 산만신경망으로 특징지어진다. 다른 한 경로는 척삭동물과 유두동물로 이어지는데, 척삭동물은 단순히 조직된 (또는 단순화된) 미삭동물과 두삭동물로 구성되고, 더 복잡한 유두동물은 먹장어와 척추동물로 구성된다. 모든 유두동물도 대부분의 무척추동물과 마찬가지로 삼분된 뇌를 지니고 있다가, 다음에 다섯 부분(연수, 후뇌, 중뇌, 간뇌, 종뇌)으로 나뉜다. 척추동물 뇌의 이 기본적이고 잘 보존된 조직은 약 5억 년 전에 기원한 것으로 보인다. 그러나 뇌 크기에는 여덟 자릿수에 걸친 차이가 있을 뿐만 아니라, 뇌 부분들의 상대적 팽창 비율에도 차이가 있다. 즉 종뇌의 외투나 소뇌 및 소뇌판막과 같은 부분들은 엄청나게 크고 복잡해졌다.

요컨대, 많은 척추동물 노선에는 선구동물의 것과 상동일 수도 있는 삼분된 뇌라는 기본 조직이 있지만, 해부학적·기능적 복잡성의 증가가 여러 번 독립적으로, 대부분 미각계, 전기감각계, 적외선계, 반향정위계, 시각계, 청각계와 같은 감각계가 특화하거나, 새로 형성되거나, 재발명되는 맥락에서 일어났다는 것이다. 그러나 척추동물 중에서도 이차 단순화가 일어난 사례들이 있을 것이다. 모든 양서류에서는 이 일이 확실히 일어났고, 먹장어에서는 아마도 일어났을 것이다. 마지막으로 간뇌와 종뇌의 안쪽, 특히 배측시상을 비롯해 배측시상과 긴밀하게 연결된 배측종뇌인 외투에도 독립적인 변화들이 있었다. 이 외투는 연골어류와 경골어류, 석형류, 포유류에서 극적인 진화적 변형을 겪었다. 포유류에서는 배측외투로부터 여섯 층 피질이 발달했는데, 시각, 청각, 체감각, 전정 영역의 일차·이차·연합 영역 대부분이 배측시상에서 오는 구심신경을 받는다. 석형류에서는 복측외투가 배측뇌실능선 또는 중간둥지외투로 변형되었다고 추정되는데, 이 부위도 마찬가지로 배측시상에서 오는 일차감각 구심신경의 목적지가 되었다. 따라서 육상 척추동물 중에서도 양서류에서 발견되는 상황에서 출발해 결국 외투/피질을 '이용'해 감각 지도, 통합 영역, 연장된 기억, 운동계를 형성한 두 갈래의 평행하고 독립적인 진화 노선이 있었는데, 한 노선은 포유류로 들어갔고, 다른 한 노선은 석형류로 들어가 조류에서 정점을 이루었다.

　인간의 뇌는 얼마나 특별할까? 인간은 절대적으로 가장 큰 뇌를 가지고 있는 것도 아니고, 상대적으로 가장 큰 뇌를 가지고 있는 것도 아니다. 그러나 주어진 종의 뇌 크기가 각각의 상위 분류군(여기서는 포유류)의 평균 뇌 크기보다 얼마나 크거나 작은가를 가리키는 제리슨의 대뇌화지수(EQ)를 적용하면, 인간이 예상보다 약 여덟 배 더 큰 뇌를 가지고 꼭대기에 오른다. 그럼에도 불구하고 동시에 인간의 뇌는 평범한 뇌 상대성장의 법칙을 따르는데, 인간의 전두피질을 포함한 동종피질도 모든 포유류에서처럼 약간 양의 방향인 상대성장에 따라 커지기 때문이다. 따라서 인간은 유별나게 큰 동종피질이나 전전두피질을 가지고 있는 것이 아니다. 유별난 것은 비교적 큰 몸을 놓고 볼 때 뇌가 크다는 점이고, 이는 뇌가 뚜렷하게 양의 방향으로 상대성장한 결과다. 이 과정의 원인은 불분명하지만, 이 역시 유일무이한 사건이었던 것이 아니라, 정도는 다소 덜하지만 돌고래에서도 일어난 일이다.

　두 가지 큰 결론을 이끌어낼 수 있다. 첫째, 신경계와 뇌의 진화는 '벌레에서 인간까지' 가는 선형적 과정이 아니라, 산만신경망 또는 원시 좌우대칭 신경계(단순하고 아마도 이미 삼분되어 있었을 식도상신경절과 복측신경삭)라는 초기 상태가 몇 갈래의 굵은 발달 노선과 다수의 더 자잘한 발달 노선으로 갈라지는 과정이었다. 일반적인 생물학적 진화가 그렇듯, 신경계의 진화도 나무처럼 여러 갈래로 가지를 치는 과정이다. 이 과정은 선형도 아니고 목표를 지향하는 것도 아니다. 다시 말해, 호모 사피엔스와 이들의 뇌는 진화의 궁극적 목표가 아니라 무수한 진화 과정들 중 한 과정의 순간적 종점일 뿐이다.

　두 번째 사실은, 계통발생의 역사는 형태와 기능의 복잡성 증가라는 의미의 진화,

즉 '향상진화(anagenesis)'와 동일하지 않다는 것이다. 서로 다른 노선의 무척추동물과 척추동물에서 감각기관, 신경계, 뇌가 향상되는 모습이 아무리 인상적으로 보여도, 그 것은 동물의 전체 계통발생 가운데 매우 작은 부분밖에 대표하지 않는다. 훨씬 더 많 은 동물 분류군이 감각기관, 신경계, 뇌를 복잡성 수준이 비교적 낮은 상태로 유지했 거나 아주 조금씩밖에 개조하지 않았고, 수십만 종이 (대부분 정주하거나 기생하는 생 활양식으로 옮겨가는 맥락에서) 심지어 더 단순해졌다.

따라서 동물의 계통발생 과정에서 우리는 세 가지 주요 '전략'을 알아볼 수 있다. 우 세한 첫째 전략은 "지금 그대로 머물라 — 더 이상 실험하지 말라!"이다. 두 번째는 "가 능하면 언제나 삶과 뇌를 단순화하라!"이다. 겨우 세 번째이고 가장 드물게 구현되는 전략이 바로 "필요하고 유리할 때마다 더 복잡해져라!"이다. 진화에서 복잡성이 증가하 는 양상은 정상이 아니라 예외다.

가장 인상적인 것은 감각기관과 뇌에서 복잡한 형태와 기능이 평행 진화하는 수많 은 사례들이다. 예컨대 수정체 눈들, 복안들, 청각기관들, '줄사다리' 신경계들, 삼분된 뇌들, 버섯체를 닮은 구조들, 지능의 자리인 외투나 피질을 닮은 구조들이 나란히 형 성된다. 이미 논의했듯이, 전문가들 사이에서 이 상황을 어떻게 해석할지 합의한 적은 없다. 전통적으로, 그리고 신다윈주의의 맥락에서는 이를 일정한 생활 조건이라는 비 슷한 선택압 아래 이루어진 '적응'으로서 비슷한 형태와 기능들이 진정 독립적으로 수 렴 진화한 사례라고 본다. 그러나 고대의 발생유전 기제들이 발견되면서, 이 진화 현상 들이 보이는 만큼 독립적인 것은 아니라는 통찰이 자라나고 있다. 오히려 발생유전 기 제가 존재하는 덕분에 수정체 눈이나 삼분된 뇌와 같은 일정한 형태와 기능이 진화할 가능성이 높아진다(위 참조). 물론 두 해석이 상호배타적인 것은 아니다. 다시 말해, 일정한 발생유전 기제를 받은 유기체는 일정한 환경적 도전을 다른 도전보다 더 쉽게 다룰 것이므로 비슷한 형태와 기능을 발달시킬 것이다.

16.2 인지-정신 기능의 진화

모든 동물이 얼마간 행동 유연성을 보이고, 정도의 차이는 심하지만 모든 진핵 동물이 학습을 할 수 있다. 따라서 우리는 연구되는 동물들이 자연 또는 실험실 조건에서 새로운 문제를 마주쳤을 때 생태적, 사회적, 물리적-도구적 도전이나 기타 추상적 도전에 대해 드러내는 행동 유연성의 정도를 시험할 수 있다.

세균은 단순한 '반사 기계'의 수준을 확실히 넘어서는 행동 조절계를 보여준다. 모든 진정한 다세포 유기체가 습관화와 민감화 및 단순한 고전적 조건형성의 형태로 행동에서 가소성을 드러낸다. 무척추동물 중에서도 많은 노선에서 복잡한 인지 능력이 발견되는데, 두족류와 곤충, 특히 꿀벌이나 말벌과 같은 벌목, 심지어 아주 작은 초파리에서 절정에 도달한다. 문어와 꿀벌은 경로 찾기, 학습, 기억 형성 면에서 까마귀나 영장류와 같은 많은 '영리한' 척추동물을 따라잡는다.

척추동물 사이에서는 공간 정향과 먹이, 식량, 적, 동종의 재인을 위한 기제가 매우 발달한 것을 볼 수 있고, 정교한 감각계가 이에 병행한다. 시클리드나 약전기어와 같은 일부 경골어류는 복잡한 교신 체계를 보여준다. 육상 척추동물 중에서 조류와 포유류는 인지 능력 면에서 일반적으로 양서류와 '파충류'보다 우수하다. 조류 중에서는 까마귀와 앵무새가 행동 유연성, 혁신율, 도구 사용 및 제작으로 볼 때, 그리고 논리적 추리와 거울 자기재인 같은 진정한 정신 능력 면에서도 ― 최소한 까마귀 한 종에서는 ― 뛰어나다.

포유류 중에서는 소수만 언급하자면 돌고래와 고래, 개, 코끼리, 곰과 같은 몇몇 집단이 최소한 일부 영역에서 높은 지능의 징후를 보인다. 영장류는 평균적으로 다른 모든 포유류보다 우수한 지능을 보여준다. 영장류의 지능에는 원원류로부터 원숭이를 거쳐 대형유인원에 이르는 다소 명확한 순위가 있다. 소수 종(예 : 꼬리감기원숭이)을 제외한 대형유인원은 도구 제작, 인과적 기제에 대한 통찰, 거울 재인, 마음의 이론, 지식 귀인, 상위인지, 의식 면에서, 원숭이에서는 발견되지 않는 인지 및 정신 능력의 최소한 일부 측면을 보여준다.

그러나 동물의 성취가 아무리 놀랍다고 해도 가장 비판적인 견지에서 보아도 인간은 모든 인지 기능에서 다른 동물들보다 우월하다. 인간과 인간 이외의 영장류 사이의 가장 명확한 차이는 상호 연관된 두 능력인 계획 능력과 구문-문법 언어에 있다. 인간 이외의 동물 중에서 가장 영리한 동물의 인지-정신 능력은 인간의 것과 비교하면 대략 2.5~5세 아동의 능력에 해당함을 알 수 있다. 침팬지와 고릴라는 언어 능력에 관해서라면 3세 아동과 동등한 반면, 심리사회적 능력(공감, 마음의 이론 등)에 관해서라면

5세 아동과 동등할 것이다. 이러한 경험적 발견에 비춰볼 때, 인간의 지능이 인간 이외의 동물의 지능과 질적으로 다르냐 아니면 양적으로만 다르냐 하는 표준 질문은 얄궂게도 청년 또는 성인이 인지 기능 면에서 3~5세 아동보다 질적으로 우월하냐 아니면 양적으로만 우월하냐 하는 질문으로 변형될 것이다. 사회적 능력의 성숙 이외에, 인간을 인간 이외의 동물과 구분하는 가장 결정적 특징은 2.5세에 구문-문법 언어가 출현하면서 이와 나란히 작업 기억 용량이 엄청나게 증가하고, 그 결과로 지능, 즉 기발한 문제 해결 능력도 같은 만큼 증가한다는 점이다.

그러므로 동물의 지능과 인간의 지능 사이의 '루비콘 강'은 구문-문법 언어의 진화인 것 같고, 이는 마음속으로 시간 영역에서 과정(먼저 활동, 다음엔 사고, 그다음엔 단어)을 조작하는 능력의 증가와 본질적으로 묶여 있다. 일단 진화하자 인간의 언어는 강력한 '지능 증폭기'의 구실을 했고, 나중에 기록의 발달과 컴퓨터의 발명도 같은 구실을 했다.

16.3 지능의 차이와 뇌 구조 및 기능의 차이 사이에는 어떤 관계가 있을까?

비교를 촉수담륜동물, 탈피동물, 유두동물-척추동물 등 주요 진화 노선 안에서 실시하면, 신경계와 뇌의 복잡성과 맞은편에 있는 지능(학습 능력, 행동 유연성, 혁신율 등을 의미)의 정도 사이에서 다소 명확한 상관관계가 얻어진다. 최고 수준으로 복잡한 뇌와 지능은 한결같이 포식자 분류군 및/또는 복잡하고 비교적 예측할 수 없어서 도전적인 자연환경 또는 사회적 환경에서 사는 분류군에서 발견된다. 어려움이 생기는 때는 주요한 진화 노선들을 교차 비교할 때, 즉 꿀벌을 문어와 비교하거나 까마귀를 원숭이(또는 심지어 침팬지)와 비교할 때다. 꿀벌의 지능을 문어의 지능과 견줄 만하다고 간주하면 뇌 크기의 차이가 두드러지고, 뉴칼레도니아까마귀를 마카크원숭이나 침팬지와 비교할 때에도 같은 상황이 벌어진다. 단순한 절대 뇌 크기가 아니라 뉴런의 수를 감안해도, 꿀벌과 문어의 상황은 나아지지 않는다(뉴런 100만 개 대 4,000만 개로, 1 : 40의 비율이다). 뉴런이 최대 2억 개(총추정치)인 뉴칼레도니아까마귀를 뉴런이 60억 개가 넘는 침팬지와 비교할 때에도 비슷한 상황이 발견된다(1 : 30의 비율). 여기서 우리는 정보처리 용량(IPC)과 관련된 추가 요인을 고려해야 한다. 예컨대 세포충전밀도/뉴런간거리와 전도 속도는 대개 더 큰 뉴런이 더 헐렁하게 채워진 더 큰 뇌에 비해 작은 뉴런이 **빽빽하게** 채워진 작은 뇌에서 더 유리하다.

　뇌의 속성과 지능 수준 사이에서 가장 뚜렷한 상관관계가 얻어지는 때는 주의의 초점을 영장류에게 맞출 때다. 제14장에서 언급했듯이, 영장류 중에서 원원류와 안경원숭이는 평균 7g의 비교적 작은 뇌를 가지고 있고, 신세계원숭이가 평균 45g으로, 구세계원숭이가 평균 115g으로 뒤를 따른다. 유인원 중에서 긴팔원숭이의 뇌는 120g 정도로 구세계원숭이의 범위에 들어가고, 대형유인원인 오랑우탄, 고릴라, 침팬지의 뇌는 300~600g이다. 한참 위에 있는 인간의 뇌 무게는 1,350g 언저리다. 제14장에서 거론했듯이, 이는 인간을 포함한 영장류 분류군의 지능 순위와 비교적 잘 대응된다. 예외는 뇌가 비교적 작지만 최소한 구세계 마카크원숭이나 개코원숭이만큼 영리한 신세계 꼬리감기원숭이, 그리고 뇌는 침팬지보다 상당히 크면서 '재능'은 침팬지보다 다소 떨어지는 것으로 보이는 고릴라다. 최소한 고릴라라는 예외는 뉴런 수를 측정해서 설명할 수 있다. 다시 말해, 침팬지는 뇌 안에 고릴라의 것보다 더 작은 뉴런이 더 **빽빽하게** 채워져 있기 때문에 고릴라보다 뉴런이 상당히 더 많은 것으로 드러난다.

　뉴런의 수, 뉴런의 거리, 마지막으로 피질 전도 속도를 고려하면, 영장류를 비영장류 포유류와 비교할 때의 불일치들도 제거할 수 있다. 비영장류 포유류의 다수(소수만 들자면, 유제류, 고래류, 코끼리)는 영장류보다 뇌가 상당히 더 크지만, 뇌 크기가 같거나 심지어 더 작은 영장류보다도 뉴런은 더 적은 것으로 드러난다. 돌고래, 고래, 코끼리만 대형유인원보다 뉴런 수가 많지만, 이 경우는 먼 뉴런간거리와 비교적 느린 피질 전도 속도가 뉴런의 정보처리 용량에 불리한 요인으로 작용한다. 정보처리 용량과 관련해 다른 모든 포유류를 능가하는 영장류의 큰 이점은 이들의 뇌는 일반적으로 몸 크기에 비해 더 크고, 더 작은 뉴런이 더 **빽빽하게** 채워져 있고, 피질 전도 속도도 더 빠르다는 사실에 있다.

　그러나 뇌와 마음의 공진화에 관해 일반적 결론을 이끌어낼 수 있으려면, 먼저 두 가지 미해결 문제를 더 다루어야 한다. 첫째는 어떤 요인들이 궁극적으로 뇌의 복잡성을 증가시킨(그래서 지능을 높인) 원동력이었을까 하는 것이다. 어쩌면 '지능'이라는 용어는 직접 비교할 수 없는 매우 다른 것들을 의미할 수도 있다. 두 번째 난제는 매우 작은 뇌를 가진 동물들(꿀벌, 까마귀)이 상당히 영리할 수도 있는 반면, 비교적 큰 뇌를 가진 동물들(유제류, 고래류, 코끼리)이 그다지 영리하지 않을 수도 있다는 당황스러운 사실과 관계가 있다.

16.4 뇌와 마음을 진화시키는 궁극적 요인은 어떤 것일까?

최근까지 뇌와 지능의 진화를 결정하는 3대 요인으로 논의된 것은 (1) 생태적 지능, 즉 환경의 도전 극복하기, (2) 사회적 지능, 즉 사회생활과 생존의 도전 극복하기, (3) 일반적 지능, 즉 효율적 정보처리였다. 최근에 베이츠와 번이 지지를 주장한 물리적 지능에는 도구 사용, 혁신율, 인과적 이해, 추리 등이 포함된다. 이들은 행동권, 집단 크기, 사회적 상호작용의 정도, 사기 행위, 순위, 단순한 형태의 협동(협동 사냥), 사회적 교신 체계와 같은 요인들과 관련된 '하등한' 사회적 지능과 개체 재인, 노련한 사회적 전술, 연합, 마음의 이론, 지식 귀인, 자기재인을 포함하는 '고등한' 사회적 지능을 구분한다(Bates and Byrne, 2010).

16.4.1 생태적 지능

생태적 지능이 뇌 크기의 증가, 또는 피질/외투, 전두피질 등 뇌의 관련 부분들의 증가를 구동하는 주요 인자라는 가설과 관련해서는, 공간 정향 및 공간 기억과 해마 크기 사이의 관계가 면밀히 조사되었다. 많이 인용되는 논문에서, 크렙스와 공동 연구자들(Krebs et al., 1989)은 조류의 먹이를 은닉하는 능력 및/또는 숨긴 먹이를 회수하는 능력과 이들의 해마 크기 사이에서 유의한 상관관계를 발견했다. 플로라이트와 동료들(Plowright et al., 1998)은 구관조(*Gracula religiosa*)에서 비슷한 상관관계를 발견했다. 셰리(Sherry, 2011)는 먹이를 저장하는 검은머리박새(*Poecile atricapillus*)의 해마가 저장하지 않는 카나리아의 해마보다 훨씬 크다는 사실을 발견했다. 놀라운 공간 기억력을 가진 코끼리(제12장)의 해마가 유난히 크다는 사실(Hart and Hart, 2007)도 같은 방향을 가리킨다. 그러나 고래는 마찬가지로 경로 찾기 능력이 뛰어나지만, 놀랍게도 작은 해마를 가지고 있다(Hof and van der Gucht, 2007). 후자의 연구 결과는 오히려 '원시적인' 포유류에서는 해마가 후각 기억의 자리이고(영장류에서조차 해마는 후각피질 및 내후각피질과 아주 가까이 있다), 고래류는 후각계를 거의 완전히 잃었다는 사실의 결과일 수도 있을 것이다(Hof and van der Gucht, 2007).

맥파일과 볼하위스(MacPhail and Bolhuis, 2001)는 2001년에 발표한 메타분석에서, 공간 정위 능력과 해마 크기의 상관관계를 뒷받침하는 경험적 증거는 기껏해야 약할 뿐이고, 포유류가 아닌 조류에서만 유의미한 수준에 도달한다는 결론에 이르렀다. 이는 더 근래에 르페브르와 솔(Lefebvre and Sol, 2008)에 의해 확인되었다. 게다가 츠노트카와 동료들(Cnotka et al., 2008b)은 편지를 전하는 비둘기의 해마 크기가 경험의 영향을 받는다는 사실을 발견했다. 런던 택시 운전사들의 공간 정위 능력과 해마 크기 사이의 유명한 상관관계에서도 경험이 영향을 미쳤을 수 있을 것이다(Maguire et al., 2000).

10년도 되지 않은 과거에는 기후 변화, 혁신율, 행동 유연성과 뇌의 특징 사이의 관계가 조류에서 연구되었다(Burish et al., 2004; Iwaniuk and Hurd, 2005 참조). 르페브르와 동료들(Lefebvre et al., 2004)은 몇몇 조류 분류군에서 환경에 일어나는 계절 변화를 극복하는 능력과 관련해 '행동 혁신'의 정도를 측정했다. 그들은 조사한 새의 종에서 이 능력의 정도가 (지금은 '과외투'라 불리는) '복측과선조체(hyperstriatum ventrale)' 및 (지금은 '중간둥지외투'라 불리는) '신선조체'의 보정된 상대 크기와 유의하게 상관이 있음을 발견했다. 그들은 조류 안에서 이 상관관계가 여섯 차례 독립적으로 진화했음이 틀림없다는 결론에 도달했다. 솔과 동료들(Sol et al., 2005)은 다양한 조류 분류군을 기초로 한 다른 연구에서, 보정된 상대 뇌 크기가 더 큰 새들이 비교적 더 작은 새들보다 새로운 환경을 더 잘 극복한다는 사실을 발견했다. 그러나 절대 뇌 크기에 대해서는 그러한 상관관계가 없었다. 슈크-파임과 동료들(Schuck-Paim et al., 2008)은 다수의 신열대계 앵무새 종에 관한 연구에서, 기후의 가변성과 절대 뇌 크기의 관계뿐만 아니라 보정된 상대 뇌 크기와의 관계도 연구했다. 이 저자들도 절대 뇌 크기가 아니라 보정된 상대 뇌 크기와의 상관관계가 더 강함을 발견했다.

이 연구에서 저자들이 하는 주장은 원래 제리슨(Jerison, 1973)이 했던 일반적 가정, 즉 더 높은 인지 능력은 관련 분류군 또는 더 상위의 분류군(예 : 과) 전체의 평균과 비교할 때 뇌가 비교적 더 큰 일부 분류군에서 발견되는 '추가 뉴런'이 더 많은 데서 비롯되는 결과라는 가정을 기초로 한다. 그러나 이 주장은 몸 크기가 같지만 뇌 크기(또는 중간둥지외투와 같은 관련 뇌 영역의 크기)는 다른 동물들(여기서는 새들)을 비교하고 세포 밀도나 뉴런 크기와 같은 기타 중요한 변수들을 감안할 때에만 타당한데, 저자들은 이 일을 하지 않았다.

포유류에서 '생태적 지능'과 뇌 크기의 관계에 관해 충분한 데이터를 구할 수 있는 분류군은 영장류뿐이다. 르페브르(Lefebvre, 2012)는 최근의 메타분석에서 26종의 영장류를 기초로, '더 많이 대뇌화된(보정된 뇌 크기가 더 큰)' 영장류가 '덜 대뇌화된' 영장류보다 질 높은 식품을 먹고, 행동권이 넓고, 나무에서 살고, 폐쇄된 숲에서 사는 경우가 더 많다는 사실을 발견했다. 이는 과실을 먹는 영장류가 풀을 먹는 영장류보다 뇌가 크다는 클루턴-브록과 하비(Clutton-Brock and Harvey, 1977)의 더 앞선 연구 결과가 옳음을 입증해준다. 바턴(Barton, 1996)은 사회 집단의 크기 외에도 식품에서 과일이 차지하는 백분율이 피질의 상대 크기를 예측한다는 사실을 발견했다. 이 결과에 대한 설명은, 숲 안쪽에서 과일은 잎보다 공간 및 시간 분포를 추적하기가 더 어렵고 더 넓은 범위에 걸쳐서 분포하므로 더 고등한 인지 능력을 요구한다는 것이다. 그러나 이후에 워커 등(Walker et al., 2006)의 연구는 잔여 뇌 크기가 행동권과는 유의한 관계가 있지만 식품에서 과일이 차지하는 백분율과는 관계가 없음을 보인 반면, 던바와 슐츠(Dunbar and Shultz, 2007)를 비롯해 리더 등(Reader et al., 2011)은 또 다른 통계적 방법을 써서 식품과 잔여 뇌 및 피질 크기 사이의 상관관계를 입증했다. 따라서 영장류에서 식품이나 생활권과 같은 '생태적' 요인들 사이의 상관관계를 연구한 결과들은 모호하고, 상관관계의 강도도 사용된 방법에 의존한다.

16.4.2 사회적 지능

사회적 지능 또는 '사회적 뇌'의 가설을 처음 제안한 로빈 던바(Dunbar, 1995)와 리처드 번(Byrne, 1995)은 최소한 영장류에서는 피질의 크기가 환경의 복잡성보다 사회관계의 복잡성에 의해 더 많이 결정된다고 가정했다. 던바(Dunbar, 1998)는 영장류에서 피질 크기와 사회 집단의 크기 사이에서뿐만 아니라 사회적 상호작용의 복잡성 사이에서도 유의한 상관관계를 발견했다. 저자의 견해에 따르면, 이 관계의 가장 훌륭한 예는 원숭이 중에서 동종피질이 가장 크고 사회성이 높은 개코원숭이에게서 발견된다. 번과 동료들은 피질 크기와 '전술적 사기 행위'(또는 '마키아벨리적 지능.' Byrne and

Whiten, 1988, 1992; Byrne, 1995 참조)의 정도 사이에서 유의한 상관관계를 발견했다. 바탕의 가정은 신피질이 클수록 동맹 관계망, 지배 관계를 포함해 사회생활에 중요한 정보를 더 많이 처리해 동종의 행동 반응을 예상하고 조작할 수 있다는 것이다. 르페브르(Lefebvre, 2012)가 거론한 몇몇 연구는 신피질 크기가 집단 크기, 집단 내 암컷의 수, 털을 골라주는 파벌의 크기, 연합의 빈도, 관계망의 연결성과 연관됨을 보였지만, 린덴포스 등(Lindenfors et al., 2007)은 이것이 암컷에만 해당되며, 수컷은 대신 변연계의 크기와 '사회생활' 사이에서 상관관계를 보여준다는 사실을 발견했다.

몇 년 전, 홀캠프(Holekamp, 2006)는 최소한 일반화된 형태의 '사회적 지능 가설'에 의문을 제기했다. 그의 주요 주장은 점박이하이에나를 대상으로 한 그의 실험들을 기초로 한다. 점박이하이에나는 영장류와 비슷하게 높은 사회성을 보여주지만, 인지 능력은 훨씬 낮고 절대 뇌 크기나 상대 뇌 크기가 크지도 않다. 반면에 곰은 고독하게 살지만 매우 영리하고 다른 육식동물(예 : 개)에 비해 뇌도 큰 편이다. 게다가 사회성이 높은 개코원숭이나 마카크원숭이와 같은 구세계원숭이는 도구 사용에 서툴다. 동시에, 뇌가 큰 대형유인원의 사회생활은 원숭이의 사회생활보다 더 복잡할 것도 없지만, 인지 능력은 훨씬 더 진화했다. 홀캠프가 볼 때, 던바와 동료들이 중심이라고 보는 집단 크기는 사회적 복잡성과 별로 상관이 없다. 또한 떼 지어 사는 조류가 비사회적인 조류보다 더 영리하지도 않고, 심지어 덜 영리한 경우도 있다. 그는 도구 사용을 사회적 지능과 별개로 해석해야 한다고 주장한다.

요컨대, 조류에서는 뇌 크기와 '생태적 지능' 사이에 어느 정도 상관관계가 있는 것 같고, 절대 뇌 크기보다 보정된 상대 뇌 크기의 경우 관계가 더 강한 반면, '사회적 뇌 가설'을 뒷받침하는 증거는 거의 또는 전혀 없다. 반대로, 영장류에서는 데이터가 사회적 지능 가설의 최소한 일부 측면을 뒷받침하는 반면, '생태적 지능'에 관한 데이터는 얼마 안 된다. 르페브르와 솔(Lefebvre and Sol, 2008)은 '생태적으로 영리'한 동물 대부분이 예컨대 혁신율, 도구 사용, 사회적으로 복잡한 행동과 관련해 '사회적으로도 영리'하다고 주장한다. 그러한 결합은 리더와 라랜드(Reader and Laland, 2002)에 의해 영장류에서도 입증되고, 르페브르와 동료들(Lefebvre et al., 2004)뿐 아니라 부처드와 동료들(Bouchard et al., 2007)에 의해 다양한 집단의 조류에서도 입증되었다. 따라서 우리는 두 가지 대안을 고려해야 한다. 다시 말해, '생태적 지능'과 '사회적 지능'은 두 개의 독립변수로서 절대 뇌 크기나 보정된 상대 뇌 크기와 유의하게 상관이 있거나 없을 수도 있고, 아니면 더 특수한 두 유형의 지능 모두에 바탕이 되는 다양한 형태의 '일반적 지능'이 있는 것일 수도 있다.

16.4.3 일반적 지능

10여 년 전, 깁슨과 동료들은 영장류의 일반적 인지 능력과 뇌의 특징 사이의 관계를 조사했다(Gibson et al., 2001). 보상 학습에서 인지 기능의 수준을 추정하기 위해 저자들은 한 전략을 다른 전략으로 바꾸는 능력을 표현하는 '전이지수(transfer index, TI)'를 사용했다. 양수도 될 수 있고 음수도 될 수 있는 TI는 주어진 동물의 인지 능력이 어떤 분류군(여기서는 영장류)의 평균보다 위 또는 아래로 얼마나 떨어져 있는지를 가리킨다. 결과를 보자면, 원원류의 TI는 일반적으로 음수(평균보다 아래)이고, 원류의 TI는 일반적으로 양수(평균보다 위)였다. 원류 중에서 마카크원숭이의 TI 값은 9였고, 대형유인원의 값은 10이 넘은(침팬지와 오랑우탄은 12, 고릴라는 14) 반면, 긴팔원숭이의 값은 0.9로 눈에 띄게 낮았다.

이 TI 순위는 몸무게와 절대 뇌 무게 둘 다와 유의하게 상관이 있었던 반면, 보정된 것이든 보정되지 않은 것이든 상대 뇌 무게나 제리슨의 EQ와는 유의한 상관이 없었다. 이 맥락에서, 제리슨이 3.5~4.8이라는 놀랍도록 높은 EQ를 발견했던 꼬리감기원숭이에서 저자들이 0.5라는 매우 보잘것없는 TI를 발견한 사실은 흥미롭다. 반면에 고릴라는 인간 이외의 모든 영장류 중에서 가장 높은 TI를 드러낸 반면, 제리슨이 발견했던 EQ는 1.76으로서 놀랄 만큼 낮았다(제13장). 도구 사용 및 제작과 같은 인지 기능(베이츠와 번이 이제는 '물리적 지능'이라 부르는)과 마음의 이론 및 거울 자기재인과 같은 여러 형태의 '고등한' 사회적 인지를 고려하면(제12장), TI의 순위와 비슷한 순위가 얻어진다. 원원류는 이 능력들 가운데 일부를 보이지만 가장 낮은 순위를 차지한다. 원숭이는 평균적으로 순위가 더 높고, 대형유인원은 훨씬 더 높다. 여기서도 깁슨과 동료들은 이러한 수행력 수준과 피질, 소뇌, 선조체, 간뇌, 해마의 상대 크기가 아닌 절대 크기 사이에서 가장 멋진 상관관계를 발견했다.

베이츠와 번(Bates and Byrne, 2010)처럼 '물리적 지능'이라는 용어를 사용하고 사회적 지능 또는 인지를 '하등한' 것과 '고등한' 것으로 구분하는 방식을 채택하면, 언급한 연구 결과들 안에서 몇 가지 불일치를 제거할 수 있다. 첫째, 행동권과 집단 크기를 포함한 '하등한' 사회적 지능은 절대 뇌 크기 또는 보정된 상대 뇌 크기와 상관이 없거나 약하게만 상관이 있어서 비영장류 포유류와 영장류의 사이뿐만 아니라 집단 크기와 행동권이 대략 동등한 원숭이와 유인원 사이에도 존재하는 뇌 크기와 지능의 큰 차이를 설명할 수 없다. 원숭이와 유인원 사이에는 예컨대 협동 사냥이 널리 퍼져 있지만, 저자들에 따르면 이들은 남들의 전략을 이해하는 기미를 보이지 않고, 작동 방식을 통찰하지 않아도 구사할 수 있는 사회적 조작의 전술들에 대해서도 마찬가지다(Bates and Byrne, 2010). 저자들에 따르면, '고등한' 지능은 거의 전적으로 대형유인원에서만 발견된다. 이들은 무엇보다도 타자의 의도와 기타 정신 상태를 이해하고 궁극적으로 자신을 이해한다. 베이츠와 번이 볼 때, 많은 포유류에서 발견되는 '하등한' 사회적 인지는 정도의 문제인 반면, '고등한' 인지는 본질적으로 대형유인원(그리고 아마도 일부 고래류와 코끼리)에 국한되어 있다. 대형유인원에서는 그러한 '고등한' 사회적 인지가 고등한 물리적 지능, 즉 도구 사용 및 제작의 원리 이해와 뚜렷하게 상관이 있다. 까마귀는 물리적 지능이 뛰어나면서도 '고등한' 사회적 지능의 기색은 별로 없지만, 이는 집중적 연구가 부족한 결과일 수도 있다.

베이츠와 번이 제안한 주장들은 궁극적으로, 서로 다른 종류의 지능인 환경적 지능, 물리적 지능, 하등하거나 고등한 사회적 지능 이면에 단 한 종류의 결정적 매개변수인 일반적 지능이 있다는 통찰로 이어진다. 영장류에서 인지 기능에 대해 일반적 지능이 지니는 중요성은 몇 년 전 디너와 동료들(Deaner et al., 2007)에 의해 분석되었다. 저자들은 '일반적 지능'을 절대 뇌 크기, 제리슨의 EQ, 보정된 상대 뇌 크기와 비교했다. 이들은 절대 뇌 크기는 물론 보정된 상대 뇌 크기도—위에 언급한 조류에 관한 데이터와 달리—제리슨의 EQ보다 일반적 지능과 더 상관이 깊다는 사실을 발견했다. 이는 다시 한 번, 생태적 맥락이든 사회적 맥락이든 모든 맥락에서 빠른 문제 해결과 같은 일반적 인지 능력이 보편적으로 사용될 수 있다는 가정을 뒷받침한다(Hofman, 2003; Lefebvre and Sol, 2008). 인간을 포함한 대형유인원이 이 관점의 가장 좋은 예다. 이들은 기술적 또는 '물리적' 지능, 예컨대 도구 제작 및 사용에서는 물론 '고등한' 사회적 지능인 마음의 이론, 지식 귀인, 거울 자기재인에서도 꼭대기 위치를 차지하기 때문이다.

　일반적 지능은 정보처리 용량과 긴밀하게 묶여 있는데, 정보처리 용량은 한편으로 피질이나 외투가 상세하고 복잡한 정보를 처리하는 기본 효율에 의존하지만, 더 구체적으로는 작업 기억의 효율, 따라서 '정신적 조작' 능력과 관계가 있다(Marois and Ivanoff, 2005 참조). 영장류에서 이 조작은 주로 전전두피질과 이마극피질에서 일어나고, 활동, 상상, 기억, 사고, 단어 가운데 무엇이 되었든 사건의 순서를 다루는, 궁극적으로 인간 언어의 진화로 이어지는 능력을 기초로 한다.

　뇌가 절대적으로 작은 동물이 어째서 비교적 영리할 수 있는가 하는 질문은 답하지 않은 채로 남겨두어야 한다. 이들의 정보처리 용량을 결정하는 속성들을 우리가 안다고 할 수 없기 때문이다. 뉴런의 수, 충전밀도/뉴런간거리, 전도 속도와 IPC/지능 사이의 관계가 비선형인 것은 분명하다. 다시 말해, 꿀벌의 뇌처럼 작은 뇌가 뉴런 수는 극히 적은데도 불구하고 큰 IPC를 가질 수 있는데, 충전밀도가 높고 뉴런간거리가 매우 짧은 데다, 정보처리가 축삭(극파를 일으키는)보다는 수상돌기를 기초로 이루어질 것이기 때문이다. 꿀벌은 범주 학습과 관련해서도 놀라운 능력을 보이지만, 그 이유는 그토록 작은 동물과 작은 뇌에서는 지능이 소수 영역, 예컨대 공간 정위나 냄새-대상 연상 학습으로 훨씬 더 국한되어 있기 때문일 수도 있다(제8장). 마지막으로는 '꿀벌의 언어'와 같은 정교한 사회적 교신 체계가 인간의 언어와 마찬가지로 강한 '지능 증폭기'의 구실을 하기 때문일 수도 있다.

16.5　뇌와 인지 기능 진화의 기본 기제

지금까지 우리는 뇌 또는 피질의 절대 크기 또는 상대 크기와 생태적 지능, 사회적 지능, 일반적 지능 사이의 상관 데이터만 논의했다. 그러나 상관관계는 우리에게 인과관계에 관해서는 아무것도 말해주지 않는다. A가 생태적, 사회적, 물리적, 일반적 지능이고 B가 뇌 또는 피질의 크기라면, A가 더 많이 필요해져서 B가 커졌을 수도 있다. 이것이 신다윈주의적 적응주의의 통상적인 개념이다. 그러나 생태적, 사회적, 인지적 요구와 무관한 이유로, 예컨대 몸 크기 증가의 부작용이나 간접적 결과로서 일어난 B의 증가가 궁극적으로 A를 증가시켰을 수도 있다.

　이미 말했듯이, 신다윈주의의 틀 안에서는 '생존경쟁' 및 더 성공적인 번식이라는 맥락에서 환경으로부터 선택되는 힘이 뇌의 진화와 인지 능력의 진화를 동시에 구동한다고 가정된다. 꿀벌이나 문어가 지닌 뇌와 인지 능력의 놀라운 복잡성도 조류나 영장류의 경우만큼 확실한 적응의 결과였다고 주장할 수도 있지만, 그러한 적응주의 각본은 경험적 증거 말고도 여러 기본 문제와 씨름해야 한다.

첫째, 더 크고 더 복잡한 뇌가 흔히 가정하는 만큼 적응력이 크다면, 어째서 어떤 분류군은 더 큰 그리고/또는 더 복잡한 뇌를 발달시킨 반면 다른 많은 분류군은 그러지 않았는가 하는 문제가 있다. 이 문제는 생물학에서 새삼스러운 것이 아니다. 만일 흔히 말하듯 진사회성(eusociality)이 적응력이 크다면, 어째서 일부 곤충(벌목, 흰개미를 비롯한 소수 집단)에서만 진사회성이 진화하고 모두에서 그러지는 않았을까? 전기수용계가 그토록 유리하다면, 어째서 경골어류는 그것을 잃었으며, 어째서 매우 드문 집단들만 그것을 다시 진화시켰을까? 우리는 극적인 적응, 특히 감각기관과 감각 정보처리에서 일어난 볼 만한 적응들(제11장)에 관한 긴 목록을 만들 수 있겠지만, 질문은 언제나 같다. 어째서 — 만일 그것이 그토록 적응에 도움이 된다면 — 다른 동물들은 이 기제를 진화시키지 않았을까? 물론 적응에는 유전적 한계와 표현형의 한계가 있다. 다시 말해, 모든 종이 일정한 환경에 동등하게 적응할 수는 없다. 하지만 적응하지 않은 종도 다수는 전혀 멸종하지 않았다. 이들 역시 '원시적' 상태 그대로 자신의 환경에 충분히 적응되었기 때문인 것으로 보인다.

데이비드 웨이크와 나는 동료들과 함께 양서류의 먹이 포획 기제를 주의 깊게 연구해, 매우 비슷한 생태 조건에서 개구리와 도롱뇽의 많은 종이 섭식 기제가 원시적이건 매우 정교하건 (또는 그 중간이건) 상관없이 공존함을 발견했다. 일부 종은 매우 빠르고 정확하게 투사되는 혀를 발달시켰는데, 신다윈주의 동료들은 이 기제들이 '잘은 모르지만 강한 선택압을 받아서' 발달했음이 틀림없다고 주장했다. 웨이크와 동료들은 최근 연구에서, 무폐도롱뇽과(Plethodontidae) 가운데에서 투사되는 혀가 최소한 네 번은 독립적으로 발달하면서 언제나 약간 다른 기제를 나타냈다는 사실을 보여줄 수 있었다. 우리는 폐가 없는 것이 투사되는 혀를 진화시키기 위한 선행조건임을 보였지만(Roth and Wake, 1989), 폐가 없어진 모든 도롱뇽 분류군이 똑같이 투사되는 혀를 진화시킨 것은 아니었다. 주의 깊게 조사해보면 일부 집단은 그렇게 하고 다른 집단은 그렇게 하지 않은 몇 가지 이유가 있음이 드러난다. 중요한 하나는 유전체와 세포의 크기가 커지는 바람에(Roth et al., 1997과 제3장 참조) 대사율이 크게 떨어져 빨리 움직일 수 없게 된 것이다. 먹이를 구하는 동안 빨리 움직일 수 없는 도롱뇽은 포식자에게 쉽게 잡혔으므로 사냥보다 '매복' 섭식으로 바꾸는 편이 유리했다. 하지만 훌륭한 '매복' 섭식자가 되려면 빠르고 정확한 섭식 기제를 훌륭한 거리 지각 기제와 조합시킬 필요가 있다(Roth, 1987 참조).

따라서 신경 기제든 비신경 기제든 더 복잡하거나 더 정교한 기제를 낳은 진화 과정을 주의 깊게 연구할 때마다, 우리는 고려 중인 분류군에게 다른 분류군에게는 없는 기회가 있었음을 발견한다. 그러나 대부분의 경우, 이런 기제를 진화시키지 않은 분류군이 자취를 감추는 일은 일어나지 않았다. 오히려 이들이 자신의 전통적 서식지에서 잘 생존하는 동안 다른 분류군들이 새로운 '생태적 지위'로 옮겨가거나 새로운 생활양식, 새로운 섭식 습관 등을 발달시킬 수 있었다. 따라서 이들은 경쟁에서 승리한 것이 아니라 경쟁에서 탈출할 수 있었던 것이다. 예컨대, 혀를 투사하는 많은 도롱뇽은 너무 빨라서 다른 도롱뇽은 잡지 못하는 톡토기목이나 날아다니는 곤충을 잡는 것이 전공이다. 많은 두꺼비는 포름산에 면역이 된 뒤, 다른 많은 개구리와 도롱뇽은 거절하는 먹이인 개미를 잡는 것이 전공이 되었다. 일부 경골어류는 전기감각을 다시 진화시킨 덕분에 야행성 포식자가 되거나 다른 물고기는 생존할 수 없는 진흙탕에서 살 수 있게 되었다.

이 맥락에서, 베이츠와 번(Bates and Byrne, 2010)은 대형유인원이 멸종하지 않은 이유는 무엇인가 하는 문제를 거론한다. '하등한' 사회적 지능, 운동 능력, 섭식 습관(예 : 더 거친 음식물과 덜 익은 과일을 소화시키는 능력) 등 많은 측면에서 원숭이가 대형유인원보다 더 잘 적응된 것으로 보이기 때문이다. 저자들의 답은, 대형유인원은 원숭이가 손에 넣을 수 없는 먹이에 접근함으로써, 예컨대 도구를 써서 곤충, 꿀, 씨를 끄집어내거나 식물의 방어물(가시 돋친 등나무와 야자나무 등)을 처리함으로써 원숭이와의 경쟁을 회피할 수 있었다는 것이다. 정교한 도구 사용 및 제작은 정신적 능력뿐만 아니라 예컨대 도구 사용 및 제작의 문화적 전달을 포함한 복잡한 사회적 상호작용이 크게 증가한 뒤에만 가능했다.

이 맥락에서, 앞 장에서 묘사한 호모 사피엔스의 진화를 고려해보자. 한 가지 핵심 사건은 우리 조상이 700만 년 전에서 500만 년 전에 열대우림을 완전히 떠난 사건이었던 것으로 보인다. 이미 말했듯이, 침팬지속의 두 종 중에서는 보노보만이 전적으로 숲에서 사는 반면, 보통 침팬지들은 대개 열대우림과 사바나 사이의 전이대 안에서 살지만 건조하고 뜨거운 사바나에서 영구적으로 살아남지는 못한다. 침팬지와 오스트랄로피테쿠스의 마지막 공통 조상도 똑같았지만 점점 더 멀리 나들이를 떠나 더 건조한 사바나로 들어갔다고 가정하는 편이 합리적이다. 그러한 행동을 부추겼을지도 모르는 특징으로 흔히 인용되는, 두 발로 걸으려는 경향 덕분에 우리 조상은 빨리 뛰어서 표범과 같은 큰 육식동물로부터 달아날 수 있었을 뿐만 아니라, 오래 걷고, 체온을 더 잘 조절하고, 호수에서 낚시도 할 수 있었다. 그래서 조상 오스트랄로피테쿠스는 더 나은 먹이, 즉 호수에서 잡은 물고기, 더 많은 과일과 뿌리, 죽었거나 죽어가는 동물에서 떼어낸 고기도 얻을 수 있었을지 모른다. 우리 조상은 이 새로운 생활양식 덕분에 침팬지와의 경쟁을 피해 사바나에 정착할 수 있었던 것이 분명하다.

동시에, 이들의 뇌 크기는 여전히 대형유인원의 범위인 350~550cm³에 들어갔거나 그보다 조금 더 컸다. 어쩌면 그 약간 추가된 뇌 질량이 유리하게 작용했을지도 모르지만, 그러한 뇌 크기는 호모 하빌리스가 출현해 뇌 크기가 780cm³에 도달할 때까지 본질적으로 변함없이 유지되었다. 따라서 오스트랄로피테쿠스는 최소한 200만 년 동안 사바나에서 침팬지와 같은 뇌를 가지고 살았다. 석기를 사용하거나 제작하지도 않았고, 불을 사용하지도 않았고, 현대 인간이 의미하는 언어는 확실히 없었다. 따라서 큰 뇌는 새로운 서식지에서 생존에 성공하기 위한 필요조건이 아니었다. 루시와 같은 오스트랄로피테쿠스와 호모 하빌리스 사이에서 뇌 크기가 상당히 커진 원인은 알려져 있지 않고, 호모 하빌리스의 뇌가 호모 에렉투스/에르가스테르에서 최대 1,000cm³으로 '도약'(그런 것이 있었다면)한 다음, 마지막으로 현대 호모 사피엔스에서 1,350cm³ 언저리로, 호모 네안데르탈렌시스에서 1,400~1,900cm³으로 도약한 원인도 마찬가지다. 이 '대뇌화' 과정 도중에는 뇌가 전체적으로 더 커졌으므로, 이 사건은 뇌의 일정 부분이 특정하게 더 커져서가 아니라 뇌 성장의 유전적 조절 기제, 예컨대 조절유전자가 변해서 일어났을 가능성이 높다(Finlay and Darlington, 1995; Rakic and Kornack, 2001). 그러나 뇌가 전체적으로 커지는 동안 전두피질을 포함한 피질은 양의 상대성장으로 성장했다. 이미 언급했듯이, 전두피질 안쪽에서는 인지 및 실행 기능에 관여하는 배외측 전전두 및 전두극 부분이 변연계에 더 가까운 복측 부분들을 희생하고 특히 더 커졌다.

따라서 인간의 진화는 많은 부분이 큰 뇌 없이 일어났고, 뇌는 호모 하빌리스 이후로 커졌을 때에도 단순히 일반적인 뇌 상대성장의 노선을 따랐다. 그래서 우리는 호모 하빌리스의 조상에서 뇌 크기가 전반적으로 커진 덕분에 전전두피질을 포함한 피질이 더 커졌다고 추정하며, 이는 뇌 크기의 **중립적·비적응적 가변성**의 결과로 일어난, 굴드와 브르바가 의미하는 창출적응이었을 것이다. 그러나 일단 그러한 뇌를 가진 호모 하빌리스는 그의 조상도 경쟁자도 할 수 없었던 일, 예컨대 창을 써서 사냥을 하고 석기를 써서 고기를 자르고 망치질하는 일을 할 수 있었다. 마지막으로, 뇌가 팽창하고 지능이 높아진 덕분에 호모 루돌펜시스가 (어쩌면 호모 에르가스테르도) 180만 년 전 호모 속의 구성원으로서는 처음으로 아프리카를 떠날 수 있었다.

이러한 각본이 옳다면, 호모 사피엔스와 호모 네안데르탈렌시스로 이어지는 진화 노선에서 일어난 실질적 뇌 성장은 애초부터 사바나에서 일어난 강한 생태적 선택압의 결과가 아니게 된다. 하지만 설사 강한 생태적 선택압이 있었다 하더라도, 오랫동안 우리 조상은 그것에 뇌와 피질을 키우는 것으로 반응하지 않았거나 할 수 없었고, 그럼에도 꽤 성공적으로 살아남았다.

따라서 우리는 진화 과정이 더 큰 그리고/또는 더 복잡한 뇌로 이어진다는 관점을 실질적으로 수정해야 한다. 의심할 여지 없이 가장 중요한 두 요인은 (1) 생존과 관련된 일정한 특성들의 유전적 가변성과 (2) 필수 자원의 희소성이다. 유전적 가변성이 충분하면, 주로 관찰되는 것은 경쟁의 회피다. 다시 말해, 동물들은 새로운 종류의 먹이를 먹고 살기, 경쟁자가 접근할 수 없는 서식지를 공략하기, 새로운 생활양식 등을 가능하게 해주는 형태와 기능들을 발달시킨다. 경쟁을 회피하는 것이 불가능할 경우에만 같은 서식지에 존재하기 위해 싸움을 하고, '더 잘 적응한 놈'이 마침내 승리할 것이다. 이는 세대 갱신이 빠른 동물을 써서 **인공 선택압**을 가하면 감각기관, 섭식 행동, 포식자 방어, 탈출 반응, 단열 기제 등에서 적응적 변화를 보여줄 수 있다는 사실을 설명하지만 이를 평범한 진화로 오해해서는 안 된다. 야생에서는 생존경쟁이 대부분 선택의 **안정화**, 즉 덜 유리한 특징의 끊임없는 적출로 이어지지만, 그렇다고 해서 반드시 이 특징이 개선되거나, 복잡성이 증가하거나, 더 단순한 기제가 사라지는 것은 아니다.

덧붙여 우리는 유전적 가변성을 명심하는 것 외에도, 형식과 기능의 진화 방식이 두 가지 주된 요인에 의해 강하게 협량화됨을 명심해야 한다. 그중 한 요인이 대멸종이고, 이를 통해 큼직한 소생활권이 비교적 갑작스럽게 경쟁자로부터 '해방'되었다. 6,500만 년 전 대양과 호수, 육지와 상공에서 공룡이 사라지고 현대 포유류, 어류, 조류가 진화하도록 길을 내준 것이 그 사례다. 다른 한 요인은 복잡성이 증가하면서 구조와 기능 발달의 결합이 증가하는 현상이다. 다시 말해, 진화 노선이 길게 지속될수록 주어진 구조나 기능 수준에서 개조가 진척되는 '자유도'는 더 제한되는 것으로 보인다. 그 결과, 근본적으로 다른 '기본 계획'은 매우 일찍이 '캄브리아 폭발'과 함께 기원했지만, 점점 더 사소해지는 그 이상의 변화들은 점점 더 낮은 분류군에서 점점 더 단순한 수준에서 일어났다. 육상 척추동물은 날개를 진화시킬 때마다(공룡, 조류, 포유류) 기존의 팔다리(대부분 앞다리)를 개조했지만, 한 쌍의 팔다리를 추가로 진화시키지는 않았다. 이는 이들이 천사가 되었다면 굉장히 유리했을 텐데도 그렇게 하지 않았다는 뜻이다. 척추동물의 뇌도 마찬가지다. 다시 말해, 조류, 양서류, 석형류, 포유류의 생활 조건이 어떠했든, 모든 적응 과정은 오분된 뇌와 그것의 주요 하부구조라는 유전적-발생적 틀 안에서 일어났다. 척추동물의 뇌는 구조적으로도 기능적으로도 탁월한 결합 체계이고, 일반 규칙은 개체발생 과정에서 나중에 출현하는 구조와 기능이 먼저 출현하는 것보다 덜 결합되어 있기 때문에 적응적으로 개조될 가능성이 높다는 것이다.

16.6   이게 다 무슨 말일까?

지금까지 뇌의 절대 크기나 상대 크기, 복잡성의 증가뿐만 아니라 인지 기능의 증가까지 생태적, 물리적-도구적, '하등한' 및 '고등한' 사회적 선택압을 참조해 설명하려는 시도들은 뒤섞인 결과들을 낳았다. 다시 말해, 조류, 포유류, 영장류의 일부 분류군에서는 그것이 뇌 또는 피질의 절대 크기나 보정된 상대 크기, 아니면 해마와 같은 뇌의 다른 부분의 크기와 상관이 있고, 그 결과도 다양한 저자들이 사용한 통계적 방법에 심하게 의존한다. 상대적으로 가장 강한 상관관계는 조류에서는 환경적 요인과 관련해서, 포유류와 영장류에서는 사회적 요인과 관련해서, 까마귀와 영장류, 특히 유인원에서는 물리적-도구적 지능에 작용하는 요인과 '고등한' 사회적 인지 기능에 작용하는 요인과 관련해서 얻어진다.

　이러한 연구 결과들에 대한 가장 설득력 있는 설명은 더 특수한 형태의 지능들 이면에 '일반적 지능', 즉 복잡하고 상세한 정보를 빠르게 처리하는 능력이 있다는 것이다. 이는 곧장 단 하나의 지배 요인인 **뉴런의 정보처리**를 가리키고, 이것의 일부는 뉴런의 수, 뉴런간거리, 전도 속도처럼 주로 단기 기억 및 작업 기억의 기능을 겨냥하는 다소 일반적인 요인에 의존하고, 일부는 연결 패턴(예 : '작은 세상' 연결 방식), 고도의 기능적 모듈성과 병렬 처리, 위계 형성 등, 뇌로 하여금 이차 및 삼차 위계를 형성할 수 있게 해주는 더 특정한 요인들에 의존한다. 마지막 장의 끝에서 이 질문으로 돌아올 것이다.

| 제17장 |

뇌와 마음

주제어 이원론 · 강한 창발론 · 환원주의 · 마음의 해부학과 생리학 · 지능의 구조적 기초 ─ 조류 · 문어 · 꿀벌 · 마음의 복수 구현 · 인공 마음/지능 · 마음의 진정한 본성

이 책의 끝에서는 여기 제시한 모든 데이터와 개념이 마음-뇌 관계라는 '큰 의문'을 과학적 맥락뿐만 아니라 철학적 맥락에서도 더욱 분명히 하는 데 어느 정도나 도움이 될까를 물을 것이다. 중심 질문은 진화적 관점에서 그럴듯한 자연주의적 · 물리주의적 마음과 의식의 개념이 있을 수 있는가가 될 것이다.

17.1 이원론의 문제

명시적으로든 암묵적으로든, 이원론의 입장은 과학자라면 생각할지도 모르는 수준보다 훨씬 더 광범위하게 퍼져 있고, 이는 과학자 자신들 사이에도 마찬가지다. 제2장에서 이미 언급한 한 가지 이유는 심신이원론이 통속심리학으로부터 자연스럽게 나온다는 것이고, 심신동일론이나 자연주의에 맞서 가장 빈번하게 사용되는 논증 가운데 하나가 바로 뇌에서 마음이 자연적으로 기원한다고는 '상상할 수 없고', 그러므로 과학적으로 설명할 수도 없다는 것이다. 이 논증을 유명한 철학자나 철학하는 과학자가 내

G. Roth, *The Long Evolution of Brains and Minds*, DOI: 10.1007/978-94-007-6259-6_17,
© Springer Science+Business Media Dordrecht 2013

놓는다고 해도, 철학적으로 볼 때 이는 물론 순진한 태도다. 우주 안의 많은 것들은 예 컨대 양자물리적 또는 상대론적 현상처럼, 상상할 수 없어도 과학적으로 설명될 수 있 다. 하지만 더욱더 구체적으로 말하자면, 100만 개나 심지어 10억 개에 달하는 뉴런이 우리의 행동을 안내하기 위해 어떻게 상호작용하는지를 사실주의적으로 상상할 수 있 는 사람은 아무도 없지만, 그럼에도 그것은 어떤 신비주의도 없이 그 일을 한다.

먼저, 나는 이 책에서 제시한 것과 같은, 진화신경생물학 및 비교신경생물학에서 나 오는 증거에 비추어 이원론적 입장이 얼마나 그럴듯할 수 있는지 물을 것이다. 이 경험 적 증거를 인정한다면, 강경한 이원론자는 두 가지 큰 문제에 부닥칠 것이다. 첫째, 그 는 비물질적 독립체인 마음이 어쨌든 신경계 및 뇌와 나란히 진화해야 했던 그럴듯한 이유를 대지 못한다. 어째서 마음에게 뇌가 '필요'할까? 이 문제에 대한 한 가지 해결책 은 라이프니츠가 그랬듯, 마음과 물질세계가 평행해 보이는 것은 신이 창조한 착각이 라고 선언하는 것이다. 그러나 그렇게 급진적인 해결책은 과학의 관심사가 아니다. 다 른 해결책은 동물─인간을 제외한─에게는 마음이 아닌 '자연 지능'만 있고, 마음은 인간의 진화 도중이나 개체발생 도중의 어느 시점에 '창발했다'고 가정하는 것일 터이 다. 하지만 그런다 해도 이원론자 입장에서, 어째서 인간의 마음은 뇌 없이 우리 행동 을 안내할 수 없는가 하는 문제는 그대로 남는다. 그러나 만일 (예컨대 에클스가 그랬 듯) 이원론자가 마음은 물질세계에 효력을 미치기 위해 뇌가 '필요하다'는 데 동의한다 면, 그는 피할 수 없이 두 번째 문제인 정신적 인과율의 문제, 즉 어떻게 '비물질적인' 마음이 자연법칙을 거스르지 않고 '물질적인' 뇌 과정에 작용할 수 있느냐 하는 문제에 부닥친다.

데카르트는 이 문제를 미해결로 남겼지만, 아르놀트 횔링크스와 같은 '데카르트주 의' 추종자는 '기회원인론(occasionalism)'이라 불리는 입장을 채택했다. 마음과 물질 사이에 진정한 인과관계는 불가능하며, 신 자신만이 진정으로 사건을 일으킬 수 있다 는 입장이다. 수백 년 뒤, 정신적 인과율의 문제를 진지하게 다룬 존 에클스는 1989년 에 발표한 첫 번째 저서 뇌의 진화(1998, 민음사)에서뿐만 아니라 1992년에 발표한 논 문 "의식의 진화(The evolution of consciousness)"에서도 명백히 진화론적 관점을 취 했다. 흥미롭게도, 에클스는 예컨대 조류와 포유류에게도 단순한 형태의 의식이 있을 수 있음을 인정했지만, 자의식은 인간의 뇌, 특히 피질이 진화해야 생길 수 있다고 생각했다.

'상호적 이원론자(interactive dualist)'인 동시에 선도적 신경생물학자였던 에클스는 '비물질적' 마음과 '물질적' 뇌 사이의 상호작용이 어떻게 하면 물리학의 법칙, 특히 에너지 보존 법칙을 위배하지 **않고** 실제로 일어날 수 있을지, 가능성을 찾고 있었다. 그는 양자물리 수준에서는 에너지를 전달하지 **않고도** 정보를 전달할 수 있다고 주장했다. 그래서 그는 뇌 안쪽에서 그러한 에너지와 무관한 정보 전달이 일어날 수 있을 만한 기제를 뒤졌다. 그는 이른바 덴드론(dendron), 즉 피라미드세포의 줄기 다발을 형성하는 피질 피라미드세포의 시냅스에서 이 일이 일어난다고 보았다. 에클스에 따르면, 인간의 피질에는 최대 10만 군데의 가시 시냅스를 가진 4,000만 개의 덴드론이 존재하고, 각각의 덴드론이 한 가지 정신 사건의 기초가 된다. 그가 보는 심신 상호작용의 정확한 기제는 피질 시냅스가 시냅스 소포에 들어 있는 전달물질 한 '양자(quantum)'를 방출['세포외유출(exocytosis)']하는 과정이다. 단순한 말장난을 통해 에클스는 확실히 거대분자를 방출하는 이 전달물질 소포체 하나의 활동을 양자물리학적 의미의 '양자 과정'이라 불렀다. 그는 시냅스 소포체 하나의 방출 과정이 양자물리학으로부터 알려진 것과 같은 확률적 과정이라고 가정했다. 다름슈타트 공과대학교의 독일 물리학자 프리드리히 베크의 부분적 도움을 받아 전개한 그의 기본 발상은 비물질적인 마음이 피라미드세포의 시냅스에서 **소포체 방출의 확률**에 영향을 미친다는 것인데, 더 정확히 말하자면 그 효과가 시냅스 소포체의 이중지질층과 시냅스이전 막 사이에서 일어나는 전자들의 '양자 터널링'을 통해 다음으로 세포외유출을 촉발한다는 것이다. 이 효과는 미미하겠지만, 단지 피질 시냅스의 수가 막대하기 때문에, 에클스는 이것이 거시적 수준에서는 피질 활동에 영향을 미치기에 충분할 만큼 강해진다고 가정했다.

무엇보다 중요한 것은, 그러한 심신 상호작용의 '기제'가 에너지 보존 법칙을 어기지 않을 것이라는 에클스의 가정이 틀렸다는 점이다. 방출되는 전달물질 분자뿐만 아니라 소립자들도 에너지 보존 법칙을 '따르는' 것으로 보인다. 게다가 신경생리학자들은 한 시냅스 소포의 방출이 진정으로 마구잡이 과정인지 아닌지에 관해서도 확신하지 못한다. 방출이 예측할 수 없는 사건으로 관찰되는 이유는 세포외유출에 관련된 과정이 엄청나게 복잡한 데서 오는 결과일 수도 있다(제5장 참조). 마지막으로, 단일 시냅스에서 일어나는 진정한 마구잡이 과정들조차도 반드시 일정한 방향으로 누적되는 것이 아니라, 더 높은 수준에서는 저절로 평균되어 사라질 수도 있다. 따라서 이원론의 에너지와 무관한 심신 상호작용이라는 '낡은' 문제는 폐물이 되었다.

17.2 강한 창발론의 문제

최근에 테렌스 디콘(Deacon, 1997, 2011)이 제안한 것과 같은 강한 창발론은 노골적인 이원론은 아니지만, 정신 능력, 문화, 언어 등의 측면에서 예컨대 인간과 인간 이외의 가장 가까운 친척들 사이에까지 존재한다는 '환원 불가능한' 차이란 정확히 무슨 뜻인가 하는 문제와 씨름해야 한다. 원자와 분자의 속성으로부터 눈송이, 초전도, 생물의 조직을 거쳐 마지막으로 뇌의 속성에 이르기까지, 자연에 있는 거의 모든 속성은 어떤 의미에서 '창발적'이다(McLaughlin, 1997 참조). 계의 속성이 흔히 '환원 불가능'해 보이는 이유는 단순히 그 속성이 단일 성분(물 또는 소금 분자가 유명한 예)의 수준에서 발견되지 않기 때문이다. 그러나 많은 경우, 계의 속성은 성분의 속성과 인과적으로 연결될 수 있고, 심지어 성분의 속성에 대한 지식(예 : 염화나트륨의 속성)을 기초로 예측할 수도 있다. '수반론'(제2장 참조)의 틀 안에서 보면, 계가 일정한 속성을 가지는 이유는 오로지 그 계의 성분들이 가지는 일정한 속성들이 일정한 형태로 상호작용하기 때문이다. 만일 성분들이 다른 속성을 가진다면, 그 속성들은 다르게 상호작용할 것이고, 그 결과로 계도 다른 속성을 가질 것이다.

이는 신경계와 뇌의 경우도 마찬가지다. 다시 말해, 단일 뉴런은 인지도 지능도 드러내지 않지만 내가 보여주고자 노력했듯이, 동물과 인간에서 인지 기능과 지능적 행동이 발생하는 이유는 오로지 이온통로를 가진 막, 뉴런과 시냅스, 등급전위와 활동전위, 핵과 층 등으로 형성된 뇌가 있기 때문이다. 대부분의 경우 우리가 성분들의 속성을 기초로 뇌의 속성을 정확히 예측할 수 없는 이유는 첫째로 뇌가 믿을 수 없을 만큼 복잡하고, 둘째로 수학에 강한 한계가 있고, 셋째로 뇌 안의 성분들 대부분은 아니라도 많은 성분이 상호작용하는 동안 최소한 일부는 속성을 바꾸기 때문이다(제4장 참조).

그러나 강경한 창발론자라면, 마음과 의식은 자연에 있는 다른 어떤 현상과도 너무나 **철저하게** 달라서 알려진 어떤 물리적 현상과도 연결될 수 없다는 사실을 역설할 것이다. 또한 의식은 그것의 소유자만 접근할 수 있는 완전히 개별적인 경험이라는 사실을 강조할 것이다. 그러나 이러한 '근본적 틈새' 논증은 설득력이 없다. 물론 의식의 개별성은 어떤 타인에게 존재하는 의식도 직접 경험할 수 없음을 함축하지만, 우리는 상대가 하는 말을 포함한 행동을 보고 어느 정도 믿을 만하게 조금도 망설임 없이 의식을 추론할 수 있다. 동물의 의식에 관한 상황도 본질적으로는 같다. 다시 말해, 제15장에서 설명했듯이, 인간의 경우 의식이 있어야 할 수 있는 종류의 행동을 동물이 보이면, 우리는 같은 기준으로 동물에게도 의식이 있다고 본다. 나아가 거의 무한한 종류와 수의 '내적' 상태를 낳는 입출력 라인의 수에 비교되는 피질의 막대한 내적 연결성으로부터 의식 경험의 (상대적) '접근 불가능성'이 따라 나오기는 하지만, 신경망 전문가라면 누구나 알듯이 이는 전혀 신비한 것이 아니라 이른바 숨겨진 층을 가진 모든 망에서 일어나는 일이고, 그러한 망이 입력층과 출력층 사이에서 하고 있는 일은 흔히 수학적으로 정확하게 재구성할 수 없다.

　인간의 마음과 의식에 관한 '강한 창발론'의 최대 약점은 그것의 옹호자들이 인간의 진화에서 정확히 어떤 순간에 마음과 의식이 '번득였는지'는 모르는 채로 두어야 한다는 사실이다. 오스트랄로피테쿠스가 기원해 사바나에서 정착한 뒤였을까? 아니면 호모속이 기원했을 때? 고대나 현대 유형의 호모 사피엔스가 기원했을 때? 아니면 구문-문법 언어의 출현과 함께? 구할 수 있는 모든 데이터가 인간의 진화는 인간 언어의 진화를 포함하는 중간 단계를 많이 거느린 느린 과정이었음을 시사한다. 제15장에서 언급했듯이, 언어의 진화에서도 10만 년의 (또는 훨씬 더 긴) 기간 동안 인간의 언어를 가능하게 만들기 위해 많은 사건들이 함께 일어났다. 직립보행, 인두의 하강, 신경분포 패턴의 변화, 입·코·목구멍 부위의 재조직, 내이의 재조직, 전전두피질과 언어중추의 추가 발달, 몸짓 언어에서 음성 언어로의 전이 등을 예로 들 수 있다. 그 결과인 구문-문법 언어가 강한 '지능 증폭기'이자 새로운 종류의 사회적 상호작용을 위한 기초로 작용하는 엄청난 결과를 낳은 것이 분명하다. 아무리 복잡해도, 여기에 불가사의한 것은 전혀 없다.

　무엇보다도, 인간의 마음과 의식의 '창발'은 뇌의 개체발생적 발달의 모든 단계에서 일어난다. 이 과정의 중요한 단계들이 바로 신경관의 형성, 뇌가 삼분되었다가 나중에 오분된 다음 각 부분이 세분되는 과정, 뉴런의 분화와 이주, 종뇌의 피질하 부분 및 피질 부분의 형성(Bystron et al., 2008), 마지막으로 수초형성과 세포 분화를 포함한 변연피질과 동종피질의 성숙이다(Huttenlocher and Dabholkar, 1997; Sowell et al., 1999). 시냅스들이 제거되고 수초가 형성되는 과정과 인지 기능을 포함해 피질이 출현하는 과정은 서로 엄격하게 대응된다. 무엇보다도, 2.5세 아동에서 구문-문법 언어가 시작되는 시점은 브로카 영역의 성숙 시점과 멋지게 일치한다(제15장 참조). 작업 기억 용량 및 이와 관련된 복잡한 인지-실행 기능의 실질적 증가와 배외측전전두피질의 성숙도 마찬가지다. 다른 어떤 사실도 뇌 발달과 인지-정신 기능 성숙의 단일성을 이보다 더 잘 보여주지 못한다.

17.3 환원주의의 문제

환원주의 관점이 더 적절하다는 뜻일까? 일부 단순한 경우에는 한 계의 속성을 (성분들 사이 상호작용의 기제를 포함해) 그것의 성분들로 거의 완전히 환원시키는 것이 가능하지만, 그러한 것을 뇌와 뇌의 인지 기능 면에서 입증할 수 있었던 사람은 지금껏 아무도 없었다. 완전한 환원의 경우는 계의 속성을 '아래에서 위로' 구축할 수 있는 것이 특징이다. 다시 말해, 뉴런의 모든 속성과 뉴런이 시공간에서 하는 상호작용을 알면, 뇌 전체의 속성을 구성할 수 있음이 틀림없다. 이는 십각목 갑각류에서 발견되는 유명한 구위(口胃)신경절(stomatogastric ganglion)과 같은 가장 단순한 뉴런 집합체에서조차 가능한 것과는 거리가 멀다(Selverston et al., 2007).

그러나 돌이켜 설명해볼 수는 있다. 즉 계의 행동을 포함해 어느 계의 속성들을 연구한 다음, 성분 속성들 사이의 상관관계와 가능하다면 인과관계까지 찾아보는 것이다. 마찬가지로, 우리는 신경계와 뇌 및 그 기능의 초기 조건을 모르기 때문에 그것의 진화 과정을 '아래에서 위로'는 결코 진정으로 예측할 수 없겠지만, 돌이켜보면 아마도 규칙성을, 어쩌면 법칙까지도 확인할 수 있을 것이다. 이 절차로 매우 흥미로운 결과들을 얻었지만, 이는 결코 환원이 아니다. 뇌에 대해 뉴런은 머리를 쓰거나 '마음을 쓰지' 않는다. 우리는 겉보기에 필수적인 많은 조건(이온통로를 가진 뉴런, 시냅스, 전달물질, 핵들의 형성체, 층과 영역들, 심지어 뇌와 신경계 전체)을 나열할 수 있지만, 우리가 이미 연구한 특정 행동뿐만 아니라 유기체와 이들의 뇌가 존재하는 조건까지 참조한 것이 아니라면, 그 모든 것도 이들의 기능을 설명하지는 않는다.

가장 그럴듯한 마음-뇌 개념으로서 남는 것은 이원론과 강한 창발론에 내재하는 어려움도 피하고 환원주의에 내재하는 어려움도 피하는 **비환원주의적 물리주의**(non-reductionist physicalism)다. 지능, 정신 상태, 의식의 기원에 관해 우리는 세균과 호모 사피엔스의 차이가 아무리 엄청나게 벌어지더라도, 여기에 열역학의 법칙을 포함한 자연 법칙에 어긋나는 것으로 보이는 진정한 '도약'은 전혀 없음을 깨닫는다. 비환원주의적 물리주의는 이와 동시에, 성분 수준에서 발견되지 않는 일정한 속성들이 뇌라는 새로운 계 수준에서 발생할 수 있음을 인정한다. 그러나 이는 사실상 어디에나 있는 현상이지 결코 뇌와 마음의 관계에 특정한 것이 아니다.

17.4 마음의 해부학과 생리학

최근 실험신경생물학자, 심리학자, 이론신경과학자, 심지어 철학자까지 인간과 최소한 일부 동물의 뇌에서 다양한 종류의 의식을 포함한 정신 상태가 기원하는 신경 조건을 밝히기 위해 열심히 노력해왔다. 포유류, 특히 인간을 포함한 영장류에 관한 한 '고등한' 정신 상태와 다양한 종류의 의식은 일관되게 시상-피질계가 그물형성체, 전뇌기저부, 피질 및 피질하의 변연계 중추와 같은 다른 많은 뇌 계통과 힘을 합쳐 하는 활동과 긴밀하게 연관되는 것으로 드러난다(제10장 참조). 과학자들은 뇌전도(electroencephalography, EEG), 뇌자도(magnetoencephalography, MEG), 기능성 자기공명영상(functional magnetic resonance imaging, fMRI) 결과를 종합해서, 인간뿐만 아니라 인간 이외의 영장류에서도 언제나 의식되는 상태보다 의식되지 않는 과정이 먼저 와서 대개 200~400ms 동안 지속됨을 보여줄 수 있다(Noesselt et al., 2002; Seth et al., 2008; Soon et al., 2008). 또한 직접 피질을 자극해서 의식 상태가 발생하려면 최소 100ms의 시간과 최소 강도의 피질 활동이 필수적임을 알아내기도 한다(Libet, 1978, 1990; Cleeremans, 2005). 이러한 실험을 토대로 삼아 일정한 뇌 과정을 바탕으로 의식되는 정신 상태를 (또한 의식되는 정신 상태를 바탕으로 일정한 뇌 과정을) 60~100%의 확률로 예측할 수 있다(Haynes and Rees, 2005, 2006; Bles and Haynes, 2008; Bode and Haynes, 2009).

의식이 있는 동안 기존 뉴런망을 '다시 쓰는' 과정이 일어난다고 믿어진다. 예컨대 시냅스 결합이 단기적으로 개조되는데, 주로 작업 기억의 자리로서 연관된 두정엽 및 측두엽의 부위들과 상호작용하고 있는 배외측전전두피질에서 의미 있는 정보처리가 일어나고 각 기억의 위치를 찾는다. 이 과정에서 신경조절물질, 특히 도파민과 아세틸콜린이 주의, 평가, 목표 설정의 맥락에서 중요한 역할을 한다. 시냅스 결합을 다시 쓰는 이 빠른 과정은 대사에 많은 부담을 주기 때문에 국지적으로 포도당과 산소 소비를 상당히 증가시켜 그곳의 피질 혈류를 증가시킨다(Logothetis et al., 2001).

앞에서 언급했듯이(제13장 참조), 몇몇 신경생물학자는 피질망의 진동 활동과 동기화가 뉴런 활동을 '한데 결합'시켜 의미 있는 독립체를 구성함으로써 의식과 거의 직접 연관된다고 가정한다(Engel et al., 1991; Crick and Koch, 2003). 그러나 피질의 진동-동기화와 의식이 직접 연결된다는 증거는 희박하다. 오히려 이 현상은 무엇보다 주의의 안내와 연관이 있거나(Kreiter and Singer, 1996; Crick and Koch, 2003; Taylor et al., 2005), 의식을 위한 불특정 선행조건의 하나인 것으로 보인다(Seth et al., 2008 참조).

영장류 뇌에서 의식되는 감각 경험이 기원해 맡게 된 중요한 역할은 피질의 일차 및 이차 감각영역과 연합영역들 사이의 상행 경로와 되돌이 하행 경로를 조합해 특정한 방식으로 이 영역들을 순차적으로 활성화하는 역할인 것으로 보인다(Edelman and Tononi, 2000; Lamme, 2000; Lamme and Roelfsema, 2000). 발상은 어떤 감각 경험이 올라가는 연결부만 활성화하고 일차 감각영역으로 되돌아 내려가는 연결부를 활성화하지 않는 한 그 경험은 여전히 의식되지 않는다는 것이다. 이 가정은 동일한 실험 조건에서 다만 MEG와 fMRI 기법을 적용한 연구에서 입증되었다(Noesselt et al., 2002). 여기서 제시된 시각 자극은 먼저 약 100ms 뒤 일차시각피질과 이차시각피질(V1, V2)을 활성화한 다음, 200~250ms 뒤 더 고차의 시각영역(V4)을 활성화했다. 다음엔 시간이 잠깐 지체된 뒤, 일차시각피질과 이차시각피질이 300ms가량 다시 활성화되었고, 바로 이 순간에 자극이 의식적으로 지각된다고 보고되었다. 이는 사건관련 뇌파에서 P3파 또는 P300파가 출현하는 순간(흔히 의식되지 않던 과정이 이 순간에 의식된다고 본다)과 훌륭하게 일치한다.

이 연구 결과를 해석하자면 이렇다. V1과 V2에서는 시각 자극 중에서도 처음에는 의미가 없는 기초적 시각 속성들(예 : 대비, 파장, 경계선의 방위, 운동의 방향, 불일치)을 무의식적으로 처리하고, 이 과정의 결과를 시각피질의 연합영역으로 보낸다. 연합영역에서는 다른 피질 영역과 피질하 영역의 도움을 받고 무엇보다도 적당한 기억을 읽어내 앞에서 받은 결과의 의미를 처리한다. 그런 다음 이 의미 있는 총체적 '해석'을 일차 및 이차 시각피질로 돌려보내면 내용이 의식되게 된다. 그러한 순차적 정보처리가 일차 감각영역의 활동은 무의미한 세부사항을 낳고 '고차' 연합영역의 활동은 세부사항 없는 의미를 낳는 피질 재인 과정의 근본 문제를 해결한다. 되돌이 경로에 의해 그리고 시각피질의 일차영역과 연합영역 활동의 융합에 의해서만 상세한 동시에 의미 있는 지각이 의식된다.

　무의미한 감각 신호가 의미 있는 정보로 그렇게 병렬-발산-수렴 변환되기 위해서는 피질의 일정한 망 속성들이 결정적이다(Schüz, 2002 참조). 이 속성들로는 다음과 같은 것들이 있다. (1) 아주 많은(수백만에서 수십억 개) 뉴런의 층상 배열 속에서 다양한 출처(감각계, 변연계, 피질 안)에서 오는 입력과 다양한 목적지로 가는 출력이 여기서 일부는 병렬 방식으로, 일부는 수렴 및 발산 방식으로 처리된다, (2) 촘촘한 국지적 연결과 성긴 광역적 연결의 원리를 따르는 고도의 내재적 연결성('작은 세상' 조직), (3) 흥분성 투사뉴런(피라미드세포)이 다수이고 흥분성 또는 억제성 개재뉴런이 소수인 수직 기둥 및 모듈 조직, (4) 전송 효율의 빠르고 일시적인 변화(단기 및 작업 기억)뿐만 아니라 더 느리고 더 오래 지속되는 변화(장기 기억)도 가능한 흥분성 및 억제성 시냅스 접촉, (5) 해부구조 및 기능의 분리, 즉 (a) 일차 및 이차 감각영역 및 운동영역 (b) 단일양상 및 다중양상의 연합영역 (c) 통합-실행 영역 (d) 전운동영역 및 운동영역 (e) 변연계-평가 영역의 분리, (6) 평행하면서 위계적인, 즉 올라갔다가 돌아 내려오는 이 영역들 사이의 연결과 상호작용, (7) 길고 짧은 범위로 피질 안에서 연결되는 신경이 피질을 넘나드는 구심신경 및 원심신경보다 강세 — 인간의 경우 약 10만 : 1의 비율 (Roth, 2003).

　따라서 인간과 기타 뇌가 큰 포유류에서, 피질은 단일양상의 감각정보(국소순서적 정보 및 비국소순서적 정보)를 상세하게 처리하고, 비교하고 통합해 다중양상으로 표상하고, 정보를 단기 조작한 결과로 학습하고, 학습한 정보와 경험을 중장기로 저장하고, 범주화 및 추상화를 하고, 감각 사건을 고차적으로, 예컨대 말하자면 피질의 자기

묘사로서 '순전히 정신적으로' 표상할 능력이 있는 거대한 **연합망**이다.

매우 중요한 것은 피질과 변연계 평가 중추들의 상호작용인데, 평가야말로 궁극적으로 의미를 생성하는 과정이기 때문이다. 변연계 이외의 피질에서 일어나는 과정의 모든 내용은 무엇이 생물학적, 심적, 정신적, 사회적 생존을 위해 긍정적이거나 부정적인가를 식별하는 개별적 및 사회적 경험에 따라 그것이 **평가되는** 정도로만 의미를 가지게 된다. 이 상호작용은 편도체나 중뇌변연계(VTA, 중격의지핵, 흑색질)와 같은 피질하 변연계 중추들과 연합피질(주로 전전두, 안와전두, 복내측 피질) 사이에서 가장 강하고, 연합피질은 차례로 인지-실행 피질과 상호작용한다.

17.5   조류, 문어, 꿀벌의 뇌와 마음

앞의 장들에서 묘사했듯이, 포유류(특히 영장류)에서 지능 및 '고등한' 인지 기능의 수준은 피질이 연합망으로서 지니는 속성들, 특히 크기, 뉴런과 시냅스의 수, 시냅스의 가소성과 저장 용량, 정보처리 속도, 단기 기억 및 작업 기억 기능의 용량, 분할의 정도, 기능적 위계의 형성과 관련된 속성들과 상관이 있을 수 있다.

그렇다면 '물리적-인지적' 지능에 관한 한 원숭이에 또는 심지어 대형유인원에 견줄 수 있는 조류의 뇌를 들여다보아도 비슷한 속성들이 발견될지 어떨지 궁금해진다. 제10장과 제14장에서 말했듯이, 조류의 지능의 '자리'라 여겨지는 내외투(예전의 '외선조체')를 포함한 중간둥지외투(MNP)의 해부구조와 세포구조는 첫눈에 보아도 포유류의 피질과 닮은 데가 없다. 다시 말해, 층상 구조도, 피라미드 모양의 세포도 없고, 하부구조를 알아보기 어려운 산만한 구조가 있을 뿐이다. 조류의 뇌는 중간둥지외투 안에 일반적으로 매우 작은 뉴런이 빽빽이 채워져 있는 것으로 보이지만, 실제 정보처리 속도에 관해서는 알려진 것이 없다. 중간둥지외투 뉴런의 주요 유형인 중간 크기의 투사 뉴런은 수상돌기가 포유류의 피라미드세포처럼 약한 정도에서 심한 정도까지 가시로 덮여 있다. 개재뉴런의 수상돌기는 다소 밋밋하다(그림 17.1 참조). 중간둥지외투 뉴런의 총수는 5,000만~2억 개 사이일 것이라고 형편없이 추산된다.

단일양상 및 다중양상의 매우 굵은 시상 구심신경이 내외투의 복내측으로 들어오자마자 이차 수상돌기로 나뉜다(그림 17.1). 이 이차 돌기들은 앞으로 곧장 이어지다 다

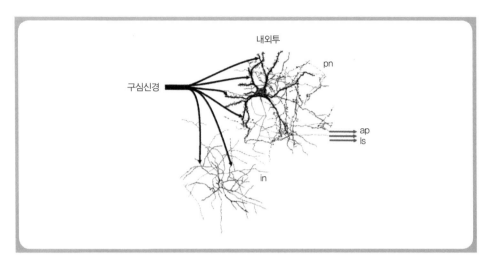

그림 17.1 골지 염색으로 드러난 닭의 내외투 안의 연결성.

대부분 정원핵에서 오는 구심신경들이 투사뉴런(pn)과 개재뉴런(in) 둘 다와 접촉하는데, 개재뉴런은 차례로 가느다란 국지적 축삭을 통해 투사뉴런과 접촉한다. 이 투사뉴런들이 궁외투(arcopallium, ap)와 외측선조체(ls)로 섬유를 투사한다. Tömböl et al.(1988)에 따라 다시 그림.

시 갈라지면서, 포유류의 시상에서 피질로 들어가는 신경망을 닮은 매우 규칙적인 섬유망을 형성하고 투사뉴런뿐만 아니라 개재뉴런과도 접촉한다. 직경이 더 가는 다른 유형의 구심신경도 있는데, 이 역시 곧장 앞으로 달린다. 들어오는 섬유들의 이 다소 규칙적으로 배열된 계통은 포유류 피질에서처럼 규칙적인 층상 배열의 세포들을 만나는 것이 아니라, 불규칙해 보이는 (아마도 공 모양 또는 핵의 형태로 조직된) 투사뉴런과 개재뉴런들을 만난다.

처리 영역들에는 위계가 있고, 미외측둥지외투가 전전두피질에 해당하는 가장 중요한 수렴 중추로서 작업 기억을 포함하는 것으로 보인다. 여기서도 신경전달물질-신경조절물질 도파민이 중요한 역할을 하는 것으로 보인다(Güntürkün, 2005). 가시 시냅스가 있다는 것은 조류에서 MNP가 빠른 단기 및 장기 둘 다의 학습 및 기억이 일차적으로 이루어지는 자리임을 가리킨다. 이는 포유류의 피질과 조류의 MNP가 총체적인 해부학적 차이에도 불구하고 비슷한 원리를 따름을 시사한다.

문어나 꿀벌과 같은 영리한 무척추동물은 어떨까? 비슷한 원리가 발견될까? 제7장에서 묘사했듯이, 문어의 뇌에서는 두정엽이 지능과 기억의 '자리'로 여겨진다. 두정엽

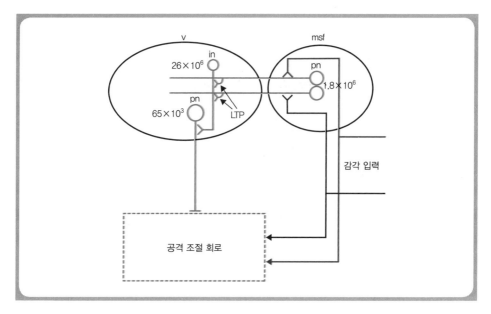

그림 17.2 문어 뇌의 '고등한' 엽들 사이의 배선을 매우 도식적으로 보여주는 그림.

감각(시각, 촉각) 구심신경이 정중상전두엽(msf)에 도달한다. msf의 뉴런은 180만 개의 섬유로 구성된 특수한 경로를 통해 두정엽(v)으로 섬유를 투사하며, '지나는 길에' 직각으로 2,600만 개의 개재뉴런과 접촉한다. 이 개재뉴런들은 6만 5,000개의 두정엽 투사뉴런으로 수렴한 다음, 두정하엽(보이지 않는)을 거쳐 뇌의 공격을 조절하는 중추들로 섬유를 투사한다. Shomrat et al.(2008)에서 수정.

은 포유류 피질의 이랑과 비슷한 다섯 개의 소엽으로 구성되어 있고, 뇌 안의 뉴런 가운데 절반이 넘는 약 2,600만 개의 뉴런을 담고 있다. 포유류의 피질과 조류의 MNP처럼, 문어의 두정엽도 단지 두 가지 주요 유형의 뉴런으로 구성되어 있다. 즉 문어의 뇌에서 가장 작은 세포에 해당하는 조그만 개재뉴런이 거의 2,600만 개, 큰 투사뉴런이 6만 5,000개 들어 있는데, 전자가 후자로 수렴한다(그림 17.2). 포유류의 대뇌피질과 다른 점 가운데 하나는 투사뉴런과 개재뉴런의 비가 문어의 두정엽에서는 반대라는, 즉 개재뉴런이 투사뉴런보다 훨씬 더 많다는 사실이다. 불행히도, 변연계-평가 구심신경에 관해서는 정보가 없다.

두정엽은 주로 정중상전두엽으로부터 감각(대부분 시각과 촉각) 구심신경을 받는다. 이 구심신경이 180만 개의 섬유로 구성된 뚜렷한 경로를 형성하고, 두정엽의 껍질에서 멈춘다. 두정엽에 위치하는 2,600만 개에 가까운 개재뉴런의 돌기들이 신경로에

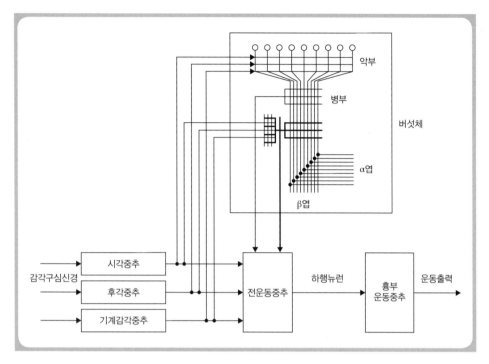

그림 17.3 곤충의 버섯체와 다른 식도상 뇌 영역들과의 연결을 보여주는 배선도.

감각구심신경(왼쪽)이 시각, 후각, 기계감각 신경망(촉각엽, 후각엽 등)으로 공급된 다음 전운동 신경망으로 연결되고, 여기서 나오는 경로가 흉부의 운동뉴런과 개재뉴런으로 내려간다. 감각 신경망이 마찬가지로 버섯체의 악부로 섬유를 투사하고 악부에서 감각구심신경 지도가 부분적으로 겹치는 분산된 영역들로 변환되면, 이 영역들이 내재하는 수천 개의 뉴런 위로 수렴을 제공한다. 이 세포들, 즉 케년 세포가 버섯체의 병부와 엽들로 축삭을 공급한다. 케년 세포 축삭들이 출력 뉴런의 수상돌기들과 교차하며 접촉한다. 출력 뉴런도 수상돌기를 통해 감각 신경망에서 오는 구심신경을 받고, 전운동중추를 향해 섬유를 투사한다. 버섯체의 엽들로부터 되돌이 축삭들이 악부로 돌아가지만, 이는 그림에서 보이지 않는다. Breidbach and Kutsch(1995)에 따름.

직각으로 침투하여 '지나는 길에' 신경로와 접촉한다. 여기가 장기 증강이 일어나고 장기 기억이 형성되는 자리라고 여겨진다. 두정엽은 투사뉴런을 통해 약 80만 개의 뉴런이 들어 있는 두정하엽과 단단히 연결되어 있고, 두 엽 모두의 상호작용은 수백만 가닥의 섬유가 인상적일 만큼 규칙적으로 교차하는 망의 작업을 기초로 한다.

　마지막으로, 꿀벌의 뇌를 살펴보자. 여기서는 쌍을 이룬 버섯체(MB)가 지능의 '자리'로 여겨진다(Menzel, 2012)(그림 17.3). 악부는 세 개의 고리 부위, 즉 후각 입력을 처리하는 입술고리 부위, 시각 입력을 처리하는 깃고리 부위, 후각과 기계감각이 혼합된 입력을 처리하는 바닥고리 부위를 보여준다. 제7장에서 묘사했듯이, 버섯체마다 들어 있는 약 15만 개의 뉴런인 '케년 세포'의 세포체는 곤충 사이에서 발견되는 가장 작은 세포체라서, 이 세포들의 충전밀도는 척추동물의 뇌에서 발견되는 최대 밀도보다도 훨씬 더 높은 것으로 보인다. 이 세포들은 촉각엽의 투사뉴런 800여 개로부터 약 100만 군데의 시냅스이전 접촉 더하기 약 10군데의 시냅스이후 접촉을 통해 입력을 받는다(Menzel, 2012). 이 시냅스 접촉 부위들이 억제성 뉴런, 되돌이 축삭, VUMmx1 뉴런(아래 참조)에서 오는 구심신경의 시냅스들과 함께 '미소회로'에 해당하는 미소사구체들을 형성한다. 버섯체 원심뉴런의 되돌이 경로는 악부의 입술 부위로 되돌아 달린다. 꿀벌에서도 일반 벌목에서도, 버섯체는 후각 및 시각 정보의 처리와 통합을 위한 신경적 기초를 형성하고 (대부분 후각 및 시각과 관련된) 복잡한 인지 기능과 복잡한 행동을 학습할 수 있게 해주는 매우 복잡한 다중양상 중추에 해당한다.

꿀벌의 뇌에는 변연계의 등가물이 식도하신경절에 위치하는 뉴런들의 형태로 존재한다. 그 가운데 하나인 VUMmx1 뉴런은 주로 버섯체 악부의 입술 부위로 섬유를 투사하고 보상 학습을 기초로 후각의 인상을 형성하는 데 관여한다(Hammer, 1993; Menzel and Giurfa, 2001). 흥미롭게도, 이러한 종류의 뉴런은 전달물질 도파민과 옥토파민(곤충에게 있는 노르아드레날린의 등가물)으로 특징지어진다. 꿀벌의 뇌에서도 포유류의 뇌에서와 마찬가지로, 지각–인지계와 변연계가 상호작용해 보상을 매개로 한 학습을 기초로 보상을 기대하게 만든다(Menzel, 2012). 포유류–영장류의 피질과 버섯체 사이에서 눈에 띄는 또 다른 유사성은, 아마도 이러한 연합 기질에는 활발한 대사가 필요해서인지 성긴 부호화(sparse coding)의 원리가 나타난다는 점이다(Creutzfeldt, 1993; Menzel, 2012).

따라서 영장류의 피질, 새의 중간둥지외투, 문어의 두정엽, 꿀벌의 버섯체는 신경구조, 크기, 뉴런 수가 총체적으로 다름에도 불구하고, 서로 간에 중요한 공통점들을 알아볼 수 있다. 첫째, 단일양상 및 다중양상 구심신경들로 구성된 잘 정돈된 입력계가 흥분성 투사뉴런과 흥분성 또는 억제성 개재뉴런으로 구성된 크거나 매우 큰 망과 다중으로 확실하게 연결되어 있다. 구심신경의 섬유와 내재하는 섬유들이 함께 규칙적인 기질을 형성해 주로 연합망, 즉 아무리 다양한 종류의 입력도 같은 데이터 포맷으로 가져가 모든 종류의 정보를 통합하는 장치의 구실을 한다. 이 기질의 시냅스 접촉 부위 들은 가소성이 매우 높다. 즉 장기증강이나 기타 기제를 통해 몇 초 이내에 결합 강도 를 바꿀 수 있고, 이는 작업 기억의 기능을 위해 필수적이다. 작업 기억 활동의 결과는 응고화를 위해 중기 기억으로 보내지고 거기서 다시 장기 기억으로 보내진다(두 과정 이 나란히 일어날 수도 있다). 장기 기억의 자리는 연상망 자체와 동일하다.

내재하는 연결부가 매우 많기 때문에 이 연합망은 단기 및 장기 기억의 자리이기도 하지만, 외부 사건의 내적 **표상**을 자세히, 즉 국소순서적으로뿐만 아니라 추상적, 상 징적으로도 형성할 수 있다. 동물 집단마다 그러한 표상의 수와 종류가 다른 것은 분 명하다. 꿀벌과 문어에서는 단일양상 및 다중양상 표상이 주류이지만, 더 추상적인 수 준의 인지 기능도 존재한다. 조류에서는 아마도, 인간을 포함한 유인원에서는 확실히, 피질이 일차 및 이차 단일양상, 연합 단일양상, 연합 다중양상의 표상을 비롯해 자신 의 몸, 환경, 궁극적으로 의식 있는 자아의 총체적 모형에 이르는 **많은 수준의 표상**을 가지고 있을 것이다.

17.6   마음은 여러 번 구현될까? 인공적으로도 구현할 수 있을까?

나의 가정은 위에 묘사한 망의 속성들이 여러 상태의 높은 지능을 형성하는 데 본질적 으로 기여한다는 것이고, 최소한 조류와 포유류/영장류에서는 여러 형태의 의식이, 그 리고 인간과 아마도 대형유인원에서는 자기의식이 그 지능에 포함될 것이다. 이 가정 이 옳다면, 이 기능과 속성들은 **독립적으로** 진화했음이 틀림없다. 꿀벌, 문어, 까마귀, 인간을 포함한 영장류는 계통발생적으로 관계가 있더라도 매우 멀기 때문이다. 이는 정의한 의미의 '마음'이 진화 도중에 최소한 몇 번, 어쩌면 여러 차례 독립적으로 구현 되었을 것임을 의미한다.

이로부터 의식을 포함한 마음은 구조적으로 **다른** 방식들로, 하지만 언제나 같거나 매우 비슷한 기능적 원리에 따라 구현되거나 (철학자들이 선호할 말로) '예시'될 수 있 다는 결론이 나온다. 종종 의식의 필수 선행조건으로 가정되어온 여섯 층의 피질이나 피라미드뉴런과 같은 일부 특징은 충분조건에 속하지만, 필요조건은 아닌 것으로 보 인다. 이는 과거 경험에 비추어 새롭기도 하고 중요하기도 한 것을 자세히 지각하고 인지하는 맥락에서, 의식을 특정한 방식의 정보처리로서 기능적으로 이해하는 입장을 지지한다. 따라서 인간의 마음은 매우 효율적이긴 하지만, 마음의 한 종류에 지나지 않을 것이다.

이는 아마도 의식과 결합된, 높은 지능이라는 의미의 마음을 **인공적으로** 구현하는 것이 가능한가 하는 문제로 우리를 이끈다. 우리가 자연주의-물리주의의 입장을 채택한다면, 답은 '원리적으로는 **그렇다**'일 것이다. 지금까지 우리가 발견한 것들 중에 원리상 인공적으로 구현할 수 없을 것은 하나도 없다. 마음을 낳기 위한 뉴런의 전제조건들 중에서 자연 바깥에 있는 것으로 보이는 조건은 하나도 없기 때문이다. 오히려, 우리가 확인해온 원리들은 대개 지금껏 기술자들이 구현할 수 없었을 뿐 '인공지능'의 맥락에서 최소한 이론적으로는 잘 알려져 있는 것들이다.

그러나 최소한 두 가지 기본적인 장애물이 마음과 의식의 기술적 구현을 가로막는 것으로 드러날 수 있을 것이다. 첫째는 마음과 의식이 기원하는 데 필수적인 위에 언급한 속성들을 소유한 인공계가 생물에 준하는 물질, 예컨대 이온통로를 담고 있고 뉴런, 시냅스 구조 등을 형성하는 막을 닮은 무언가로만 지어질 수 있다는 점을 들 수 있을 것이다. 이 방향의 진보는 매우 느리다. 둘째, 설사 자기조직하고 자기유지하는 속성을 가진 준생물학적 물질이 있다고 해도, 그것을 조립해서 인간의 뇌는 고사하고 꿀벌의 뇌라도 닮은 초복잡계로 만드는 것은 통상적인 방법, 즉 외부의 행위주체가 시계공처럼 그것을 조립하는 방법으로는 불가능하다. 인간 뇌의 개체발생이 진행되는 동안에는 1초마다 수백만 군데에 시냅스가 형성되는 시기들이 있다. 또한 그렇게 하려면 우리는 뇌의 연결 방식을 완전히 이해해야 하고 그것들을 쌓아올리려면 바탕의 원리도 완전히 이해해야겠지만, 그렇듯 완전한 지식은 존재하지 않는다. 유일하게 가능성이 있는 방법은 이 인공계에다 위에 묘사한 자연계처럼 **자기연결하거나 자기배선하는** 속성을 장착하는 방법일 것이다. 그러나 여기서도 필수 알고리즘을 아직까지 완전히 모르기는 마찬가지다.

게다가 설사 자기생산하고 자기조직하는 그러한 인공계를 개발했다고 해도, 그것이 더 진화하려면 아마도 매우 긴 시간 동안 감각을 경험하면서 일정한 환경과 실제로 상호작용을 해야 할 것이다. 어쩌면 이 일은 수십억 년이 아니라 몇백 년밖에 걸리지 않는 매우 간략한 방식으로 일어날 수도 있을 것이다. 따라서 기능 면에서 조류, 영장류,

마침내 인간의 것과 견줄 만한 지능과 의식 있는 마음을 소유한 인공계는 원리적으로 는 가능하지만, 만들어내기는 지극히 어렵거나 비용이 너무 많이 들 것이라는 결론이 나온다.

그러나 이 모두가 가능함에도 불구하고 우리 자신이 매우 영리하고, 의식이 있고 마침내 자기를 의식하는 인공계를 원하지 않는 것으로 밝혀질 수도 있을 것이다. 아마도 윤리적 이유에서가 아니라, 그러한 계에는 나름의 경험, 동기, 의지가 생길 가능성이 높아서일 것이다. 그리되면 우리는 우리가 동종과 함께하며 겪는 어려움과 똑같은 어려움을 그들과도 겪게 될 것이고, 그들의 의도가 반드시 우리의 의도와 같지는 않다는 사실과도 싸워야 할 것이다.

17.7   마음의 진정한 본성은 어떤 것일까?

이미 언급했듯이, 마음은 유일무이하다는 주장에 대한 심리철학 분야의 가장 대중적인 변론 가운데 하나는 무엇보다도 마음은 자연계 안의 다른 어떤 것과도 다르다는 주장이다. '저 바깥'의 어떤 것도 마음과 의식을 닮지 않은 것 같다는 말이다. 그러나 이 '근본적 틈새' 논증은 기초적인 인식론적 오류를 바탕으로 한다.

신경생물학자, 심리학자, 많은 철학자들이 의식되는 모든 지각적·인지적·정서적 경험은 뉴런 한 묶음의 활동에서 나오는 결과라는 사실을 인정한다. 제5장과 제11장에서 설명했듯이, 감각 수용기를 자극하는 모든 사건이 '뇌의 언어'인 뉴런 신호로 변환되기 때문에 뇌는 외부세계와 직접 접촉하지 않는다. 그러므로 의식에서 경험되는 현상은 이 뉴런 신호를 기초로 뇌가 지은 **구조물**로 여겨야 하고, 따라서 이 구조물을 외부세계의 '실재하는' 독립체로 오인해서는 안 된다. 색깔의 경우는 이것이 흔히 인정된다. 모든 전문가들이 색깔은 '외부세계에 존재하는 것이 아니라' 뉴런 활동을 기초로 한 뇌의 구조물임을 서둘러 인정한다. 하지만 이는 '정신적' 현상인 신체 감각과 바깥세계의 '물질적' 사건 사이의 현상적 차이 전부에도 똑같이 해당된다. 즉 이 **현상적 차이**도 마찬가지로 어린 시절 초기에 형성되는 뇌의 구조물이다. 모든 아이들이 '물질적인' 것과 '정신적인' 것은 다르다는 사실을 **학습**해야 한다.

발달 중인 뇌가 맨 처음 기본적으로 해야 하는 '몸'과 '환경'의 구분은 일정한 사건을 뇌가 **직접 조절해** 감각 되먹임을 받을 수 있느냐 없느냐 하는 기준을 바탕으로 한다. 예컨대 팔다리에서 오는 감각 되먹임에 장애가 있는 환자들을 통해 알려졌듯이, 감각 되먹임을 주지 않는 모든 것은 주관적으로 '몸이 아닌 것', 외부세계에 속하는 것으로 경험된다. 따라서 감각 되먹임은 신체 도식이 발달하는 데 필수적이다. 기본적으로 해야 하는 두 번째 구분은 '물질적인' 외부세계와 몸, 그리고 꿈, 사고, 상상, 기억, 정서와 같은 '정신적-비물질적인' 감각 사이의 구분이다. 이 구분은 유아기 초기에는 모호하고 불안정해서 인간의 뇌가 이를 확실하게 구분하려면, 즉 '실제로' 일어난 무언가와 단지 상상했거나 기억한 다른 무언가를 믿을 만하게 구분할 수 있으려면 여러 해가 걸린다.

심지어 성인기에도, 의식되는 경험의 영역에서 이 둘을 혼동하는 일이 일어날 수 있다. 예컨대 지각의 강도가 약하거나 감정이 강한 상태에서, 또는 소망이 간절할 때 그럴 수 있다. 이와 같은 정신 상태는 아이들뿐만 아니라 어른들도 묘사하기를 매우 어려워하며, 심리학자들의 말에 따르면 '진정한 감각'과 '정신적 사건'의 구분은 경험되는 상태(예: 색깔이나 사물)의 **명확성**과 **구체성**, 일어난 일의 논리적 **정합성** 및 이전 경험과의 **일관성**을 포함한 다양한 기준을 기초로 한다. 이 기준이 많이 충족될수록 우리는 어떤 일이 '실제로' 일어났음을 더 쉽게 받아들이고, 기준이 덜 충족될수록 그 일을 '순전히 정신적인 것' 또는 '상상된 것'으로 본다.

결정적인 것은 '실재하는' 또는 '물질적인' 세계와 우리가 의식으로 경험하는 '정신적인' 세계의 차이가 우리 뇌에 의해 **형성된** 차이라는 점이다. 철학과 인식론의 관점에서라면 '물질' 세계, 또는 내 방식으로 부르자면 '실재(reality)'(Roth, 1996)가 우리가 의식하는 경험과는 독립적으로 존재한다고 절대적으로 확신해도 좋다. 우리는 그와 동시에, 의식으로 경험하는 세계는 단지 우리 뇌의 구조물['현실(actuality)'이라 불리는]이며 '실재'와 '현실'의 관계에 대한 질문은 고대로부터 논의되어왔고 지금도 칸트 이후로 현대 철학의 중심에 놓여 있음을 인정해야 한다. 칸트와 함께, 우리는 세계의 '진정한' 본성에 접근할 수 없음을 인정해야 하지만, 마음의 '진정한' 본성에도 접근할 수 없기는 마찬가지다. 그러므로 우리는 마음의 '진정한' 또는 '실재하는' 본성을 결코 드러낼 수 없다.

따라서 우리가 마음-뇌 문제를 살펴보는 동안 연구하고 있는 것은 '실재하는' 신경적 사건 및 '실재하는' 정신적 사건 그리고 그 사건들의 관계가 아니라, 외부 사건 또는 물리적–신경적 사건으로 경험되는 뇌 구조물 및 비물질적–정신적 사건으로 경험되는 다른 뇌 **구조물들** 사이의 관계다. 이로부터 자명하게 뒤따르는 결론은 '물질적' 뇌 구조물이 '정신적' 뇌 구조물을 일으킨다는 것이 아니라, 이 일은 마음과 무관한 세계에서만 일어난다는 것이다. 그러나 우리는 이 세계에 접근할 수 없다. 이로부터 마찬가지로 뒤따르는 결론은 마음의 '진정한' 본성에 대한 질문, 즉 마음이 어떻게 뇌 상태나 뇌 과정으로부터 '실제로' 일어나는가 하는 질문은 결코 답할 수 없기 때문에, 인식론적으로 어리석은 질문이라는 것이다.

　그러나 우리가 할 수 있는 일이자 내가 이 책에서 하고자 한 일은 우리의 현상적 세계(현실) — 우리 의식이 접근할 수 있는 유일한 세계 — 에서 마음–뇌 관계의 **가장 그럴듯한 모델**을 개발하는 일이다. 따라서 인식론적 관점에서 보자면 물질적인 것과 정신적인 것 사이에 있다고 주장되는 '근본적 틈새'란, 매우 유용한 구조물이긴 하나 마찬가지로 우리 뇌가 창조한 구조물이다. 따라서 뇌에 관한 사색은 스스로 판 함정에 빠진다.

참고문헌

Aboitiz F, García RR (1997) The evolutionary origin of the language areas in the human brain. A neuroanatomical perspective. Brain Res Rev 25:381–396

Aboitiz F, García RR, Bosman C, Brunetti E (2006) Cortical memory mechanisms and language origins. Brain and Language 98:40–56

Aiello LC, Bates N, Joffe T (2001) In defense of the expensive tissue hypothesis. In: Falk D, Gibson KR (eds) Evolutionary anatomy of the primate cerebral cortex. Cambridge University Press, Cambridge, pp 57–78

Albert JT, Göpfert MC (2013) Mechanosensation. In: Galizia G, Lledo P-M (eds) Neurosciences Springer, Berlin

Alberts B, Johnson A, Lewis J, Raff M, Roberts K, Walter P (2002) Molecular biology of the cell. Garland Science Textbooks, London

Almas I, Cappelen AW, Sorensen EO, Tungodden B (2010) Fairness and the development of inequality acceptance. Science 328:1176–1178

Amici F, Aureli F, Visalberghi E, Call J (2009) Spider monkeys (*Ateles geoffroyi*) and capuchin monkeys (*Cebus apella*) follow gaze around barriers: evidence for perspective taking? J Comp Psychol 123:368–374

An der Heiden U, Roth G, Schwegler H (1984) System-theoretic characterization of living systems. In: Möller DPF (ed) Systemanalyse biologischer prozesse. Springer, Heidelberg

An der Heiden U, Roth G, Schwegler H (1985a) Die Organisation der Organismen: Selbstherstellung und Selbsterhaltung. Funkt Biol Med 5:330–346

An der Heiden U, Roth G, Schwegler H (1985b) Principles of self-generation and self-maintenance. Acta Biotheor 34:125–138

Anderson PAV, Greenberg RM (2001) Phylogeny of ion channels: clues to structure and function. Comp Biochem Physiol Part B 129:17–28

Arbib MA (2005) From monkey-like action recognition to human language: an evolutionary framework for neurolinguistics. Behav Brain Sci 28:105–167

Azevedo FAC, Carvalho LRB, Grinberg LT, Farfel JM, Ferretti REI, Leite REP (2009) Equal numbers of neuronal and nonneuronal cells make the human brain an isometrically scaled-up primate brain. J Comp Neurol 512:532–541

Armus HL, Montgomery AR, Jellison JL (2006) Discrimination learning in paramecia (*Paramecium caudatum*). Psychol Rec 56:489–498

Atkinson QD (2011) Phonemic diversity supports a serial founder effect model of language expansion from Africa. Science 332:346–348

Baddeley AD (1986) Working memory. Clarendon Press, Oxford

Baddeley AD (1992) Working memory. Science 255:556–559

G. Roth, *The Long Evolution of Brains and Minds*, DOI: 10.1007/978-94-007-6259-6,
© Springer Science+Business Media Dordrecht 2013

Baron G (2007) Encephalization: comparative studies of brain size and structure. In: Kaas J, Krubitzer L (eds) Evolution of nervous systems. A comprehensive review, vol 3, Mammals. Academic (Elsevier), Amsterdam, Oxford, pp 125–136

Barbas H (2007) Specialized Elements of orbitofrontal cortex in primates. Ann NY Acad Sci 1121:10–32

Barth FG (ed) (1985) Neurobiology of arachnids. Springer, Berlin

Barth FG (2012) Sensory perception: adaptation to lifestyle and habitat. In: Barth FG, Giampieri-Deutsch P, Klein H-D (eds) Sensory peception. Mind and matter. Springer, New York, pp 89–107

Barth J, Call J (2006) Tracking the displacement of objects: a series of tasks with great apes (*Pan troglodytes, Pan paniscus, Gorilla gorilla*, and *Pongo pygmaeus*) and young children (*Homo sapiens*). J Exp Psychol Anim Behav Process 32:239–252

Barton RA (1996) Neocortex size and behavioural ecology in primates. Proc R Soc Ser B Biol Sci 263:173–177

Bates LA, Byrne RW (2010) Imitation: what animal imitation tells us about animal cognition. Wiley Interdisc Rev Cogn Sci 1:685–695

Bates LA, Sayialel KN, Njiraini NW, Moss CJ, Poole JH, Byrne RW (2007) Elephants classify human ethnic groups by odor and garment color. Curr Biol 17:1938–1942

Beckermann A, Flohr H, Kim J (eds) (1992) Emergence or reduction?. de Gruyter, Berlin

Beckers GJL (2011) Bird speech perception and vocal production: a comparison with humans. Hum Biol 83:191–212

Beran MJ (2007) Rhesus Monkeys (*Macaca mulatta*) enumerate large and small sequentially presented sets of items using analog numerical representations. J Exp Psychol 33:42–54

Berg HC (2000) Motile behavior of bacteria. Phys Today 53:24–29

Berwick RC, Okanoya K, Beckers GJL, Bolhuis JJ (2011) Songs to syntax: the linguistics of birdsong. Trends Cogn Sci 15:113–121

Bird CD, Emery NJ (2009) Rooks use stones to raise the water level to reach a floating worm. Curr Biol 19:1410–1414

Blaisdell AP, Sawa K, Leising KJ, Waldmann MR (2006) Causal reasoning in rats. Science 311:1020–1022

Bles M, Haynes J-D (2008) Detecting concealed information using brain-imaging technology. Neurocase 14:82–92

Bloch JI, Boyer DM (2002) Grasping primate origin. Science 298:1606–1610

Bode S, Haynes J-D (2009) Decoding sequential stages of task preparation in the human brain. Neuroimage 45:606–613

Boesch C, Boesch H (1990) Tool use and tool making in wild chimpanzees. Folia Primatol 54:86–99

Botvinick MM, Cohen JD, Carter CS (2004) Conflict monitoring and anterior cingulate cortex: an update. Trends Cogn Sci 8:539–546

Bouchard J, Goodyer W, Lefebvre L (2007) Innovation and social learning are positively correlated in pigeons. Anim Cogn 10:259–266

Boycott BB, Young JZ (1955) A memory system in *Octopus vulgaris* Lamarck. Proc R Soc Lond B Biol Sci 143:449–480

Bräuer J, Call J, Tomasello M (2005) All great ape species follow gaze to distant locations and around barriers. J Comp Psychol 119:145–154

Breidbach O, Kutsch W (eds) (1995) The nervous system of invertebrates: an evolutionary and comparative approach. Birkhäuser

Brembs B, Heisenberg M (2000) The operant and the classical in conditioned orientation of *Drosophila melanogaster* at the flight simulator. Learn Mem 7:104–115

Brenner S (1974) The genetics of *Caenorhabditis elegans*. Genetics 77:71–94

Brodmann K (1909) Vergleichende Lokalisationslehre der Großhirnrinde. Barth, Leipzig

Bshary R, Wickler W, Fricke H (2002) Fish cognition: a primate's eye view. Anim Cogn 5:1–13

Bugnyar T (2010) Knower-guesser differentiation in ravens: others' viewpoints matter. Proc R Soc Lond B 278:634–640

Bullock TH, Horridge GA (1965) Structure and function in the nervous system of invertebrates. Freeman, San Francisco

Burish MJ, Kueh HY, Wang SSH (2004) Brain architecture and social complexity in modern and ancient birds. Brain Behav Evol 63:107–124

Burkart JM, Heschl A (2007) Understanding visual access in common marmosets, *Callithrix jacchus*: perspective taking or behaviour reading? Anim Behav 73:457–469

Byrne R (1995) The thinking ape. Evolutionary origins of intelligence. Oxford University Press, Oxford

Byrne R, Bates L, Moss CJ (2009) Elephant cognition in primate perspective. Comp Cogn Behav Rev 4:1–15

Byrne RW, Whiten A (1988) Machiavellian intelligence: social expertise and the evolution of intellect in monkeys, apes and humans. Clarendon Press, Oxford

Byrne RW, Whiten A (1992) Cognitive evolution in primates: evidence from tactical deception. Man 27:609–627

Bystron I, Blakemore C, Rakic P (2008) Development of the human cerebral cortex: boulder committee revisited. Nat Rev Neurosci 9:110–122

Call J, Tomasello M (2008) Does the chimpanzee have a theory of mind? 30 years later. Trends Cogn Sci 12:187–192

Call J, Hare B, Carpenter M, Tomasello M (2004) 'Unwilling' versus 'unable': chimpanzees' understanding of human intentional action. Dev Sci 7:488–498

Camerer CF (2003) Behavioral game theory: experiments in strategic interaction. Princeton University Press, Princeton

Carlson KJ, Stout D, Jashashvili T, de Ruiter DJ, Tafforeau P, Carlson K, Berger LR (2011) The endocast of MH1, *Australopithecus sediba*. Science 333:1402–1407

Cattell RB (1963) Theory of fluid and crystallized intelligence: a critical experiment. J Educ Psychol 54:1–22

Chalmers DJ (1996) The conscious mind. In search of a fundamental theory. Oxford University Press, Oxford

Changizi MA (2001) Principles underlying mammalian neocortical scaling. Biol Cybern 84:207–215

Changizi MA, Shimojo S (2005) Parcellation and area-area connectivity as a function of neocortex size. Brain Behav Evol 66:88–98

Chappell J, Kacelnik A (2004) Selection of tool diameter by new Caledonian crows *Corvus moneduloides*. Anim Cogn 7:121–127

Cherniak C (1990) The bounded brain: toward quantitative neuroanatomy. J Cogn Neurosci 2:58–66

Cherniak C (2012) Neuronal wiring optimization. Prog Brain Res 195:361–371

Churchland P (1995) The engine of reason, the seat of the soul: a philosophical journey into the brain. MIT Press, Cambridge Mass

Churchland PM (1997) Die Seelenmaschine. Spektrum Akademischer Verlag, Berlin

Cleeremans A (2005) Computational correlates of consciousness. Prog Brain Res 150:81–98

Clutton-Brock TH, Harvey P (1977) Primate ecology and social organization. J Zool 183:1–39

Cnotka J, Möhle M, Rehkämper G (2008a) Navigational experience affects hippocampus sizes in homing pigeons. Brain Behav Evol 72:233–238

Cnotka J, Güntürkün O, Rehkämper G, Gray RD, Hunt GR (2008b) Extraordinary large brains in tool-using New Caledonian crows (*Corvus moneduloides*). Neurosci Lett 433:241–245

Collier-Baker E, Davis JM, Nielsen M, Suddendorf T (2006) Do chimpanzees (*Pan troglodytes*) understand single invisible displacement? Anim Cogn 9:55–61

Corballis MC (2009) The evolution of language. Ann N Y Acad Sci 1156:19–43

Corballis MC (2010) Mirror neurons and the evolution of language. Brain Lang 112:25–35

Cowey A, Stoerig P (1991) The neurobiology of blindsight. Trends Neurosci 14:140–145

Creutzfeldt OD (1983) Cortex Cerebri. Leistung, strukturelle und funktionelle Organisation der Hirnrinde. Springer, Heidelberg

Crick FHC, Koch C (2003) A framework for consciousness. Nat Neurosci 6:119–126

Darwin C (1859) On the origin of species by means of natural selection, or the preservation of favoured races in the struggle for life, 1st edn. John Murray, London

Darwin C (1871) The descent of man and selection in relation to sex. John Murray, London

Davidson D (1970) Mental events. In: Davidson D (1980) Actions and events, Clarendon Press, Oxford

Deacon TW (1990) Rethinking mammalian brain evolution. Am Zoologist 30:629–705

Deacon TW (1997) The symbolic species: the co-evolution of language and the brain. W.W. Norton & Company, New York

Deacon TW (2011) Incomplete nature: how mind emerged from matter. W.W. Norton & Company, New York

De Marco RJ, Menzel R (2008) Learning and memory in communication and navigation in insects. In: Byrne JH (ed) Learning and memory: a comprehensive reference, vol 1: Menzel R (ed) Learning theory and behavior. Academic (Elsevier), Amsterdam, Oxford, pp 477–498

Deaner RO, Isler K, Burkhart J, Van Schaik C (2007) Overall brain size, and not encephalization quotient, best predicts cognitive abilities across non-human primates. Brain Behav Evol 70:115–124

Delius JM, Siemann J, Emmerton L, Xia L (2001) Cognition of birds as products of evolved brains. In: Roth G, Wullimann M (eds) Brain evolution and cognition. Wiley, New York, pp 451–490

Dennett DC (1991) Consciousness explained. Little, Brown & Co., Boston

Deppe AM, Wright PC, Szelistowski WA (2009) Object permanence in lemurs. Anim Cogn 12:381–388

Descartes R (1648) La description du corps humain. Paris

De Quervain DJF, Fischbacher U, Treyer V, Schellhammer M, Schnyder U, Buck A, Fehr E (2004) The neural basis of altruistic punishment. Science 305:1254–1258

Dicke U, Roth G (2007) Evolution of the amphibian nervous system. In: Kaas JH, Bullock TH (eds) Evolution of nervous systems. A comprehensive review, vol 2, Non-mammalian vertebrates. Academic (Elsevier), Amsterdam, Oxford, pp 61–124

Dicke U, Heidorn A, Roth G (2011) Aversive and non-reward learning in the fire-bellied toad using familiar and unfamiliar prey stimuli. Curr Zool 57(6):709–716

Dobzhansky Th (1970) Genetics of the evolutionary process. Columbia University Press, New York

Dronkers NF, Redfern BB, Knight RT (2000) The neural architecture of language disorders. In: Gazzaniga MS et al (eds) The new cognitive neurosciences, 2nd edn. MIT Press, Cambridge, pp 949–958

Druckmann S, Gidon A, Segev I (2013) Computational neuroscience—capturing the essence. In Galizia G, Lledo P-M (eds) Neurosciences. Springe, Berlin

Dudel J, Menzel R, Schmidt RF (eds) (1996/2000) Neurowisenschaft. Springer, Berlin

Dunbar RIM (1995) Neocortex size and group size in primates—a test of the hypothesis. J Hum Evol 28:287–296

Dunbar RIM (1998) The social brain hypothesis. Evol Anthropol 6:178–190

Dunbar RIM, Shultz S (2007) Evolution in the social brain. Science 317:1344–1347

Eccles JC (1989) Evolution of the brain: creation of the self. Routledge, London

Eccles JC (1992) Evolution of consciousness. Proc Nat Acad Sci USA 89:7320–7324

Eccles JC (1994) How the self controls its brain. Springer, Berlin

Edelman GM, Tononi G (2000) Consciousness. How matter becomes imagination. Penguin Books, London

Egger, Feldmeyer (2013) Electrical activity in neurons, In: Galizia G, Lledo P-M (eds) Neurosciences. Springer, Berlin

Ehret G, Göpfert MC (2013) Auditory systems. In Galizia G, Lledo P-M Neurosciences. (eds) Springer, Berlin

Eigen M, Schuster P (1979) The hypercycle—a principle of natural self-organization. Springer, Heidelberg

Eisthen HE (1997) Evolution of vertebrate olfactory system. Brain Behav Evol 50:222–233

Elston GN (2002) Cortical heterogeneity: implications for visual processing and polysensory integration. J Neurocytol 31:317–335

Elston GN, Benatives-Piccione R, Elston A, Zietsch B, Defelipe J, Manger P et al (2006) Specializations of the granular prefrontal cortex of primates: implication for cognitive processing. Anat Rec A Discoveries Mol Cell Evol Biol 288A:26–35

Emery N, Clayton NS (2004) The mentality of crows: convergent evolution of intelligence in corvids and apes. Science 306:1903–1907

Enard W, Przeworski M, Fisher SE, Lai CSL, Wiebe V, Kitano T, Monaco AP, Pääbo S (2002) Molecular evolution of FOXP2, a gene involved in speech and language. Nature 418:869–872

Engel AK, König P, Singer W (1991) Direct physiological evidence for scene segmentation by temporal coding. Proc Nat Acad Sci USA 88:9136–9140

Evans PD, Gilbert SL, Mekel-Bobrov N, Vallender E, Anderson JR, Vaez-Azizi LM, Tishkoff SA, Hudson RR, Lahn BT (2005) Microcephalin, a gene regulating brain size, continues to evolve adaptively in humans. Science 309:1717–1720

Evans TA, Beran MJ, Harris EH, Rice DF (2009) Quantity judgments of sequentially presented food items by capuchin monkeys (Cebus apella). Anim Cogn 12:97–105

Falk D (2007) Evolution of the primate brain. In: Henke W, Tattersall I (eds) Handbook of paleaanthropology. Primate evolution and human origins, vol 2. Springer, Berlin, pp 1133–1162

Farris SM (2008) Evolutionary convergence of higher brain centers spanning the protostome-deuterostome boundary. Brain Behav Evol 72:106–122

Fehr E, Gächter S (2002) Altruistic punishment in humans. Nature 415:137–140

Fernald RD (1997) The evolution of eyes. Brain Behav Evol 50:253–259

Fichtel C, Kappeler PM (2010) Human universals and primate symplesiomorphies: establishing the lemur baseline. In: Kappeler PM, Silk J (eds) Mind the gap. Tracing the origins of human universals. Springer, Berlin, pp 395–426

Finlay BL, Darlington RB (1995) Linked regularities in the development and evolution of mammalian brains. Science 268:1578–1584

Fiorito G, Chicheri R (1995) Lesions of the vertical lobe impair visual discrimination learning by observation in Octopus vulgaris. Neurosci Lett 192:117–120

Fiorito G, Scotto P (1992) Observational-learning in Octopus vulgaris. Science 256:545–547

Fiorito G, Biederman GB, Davey VA, Gherardi F (1998) The role of stimulus preexposure in problem solving by Octopus vulgaris. Anim Cogn 1:107–112

Fitch WT (2011a) The evolution of syntax: an exaptationist perspective. Frontiers in evolutionary neuroscience 3:1–12

Fitch WT (2011b) Unity and diversity in human language. Phil Trans R Soc B 366:376–388

Fitch WT, Hauser MD (2004) Computational constraints on syntactic processing in a nonhuman primate. Science 303:377–380

Foelix RF (2010) Biology of spiders, 3rd edn. Oxford University Press, Oxford

Friederici AD (2009) Pathways to language: fiber tracts in the human brain. Trends Cogn Sci 13:175–181

Friederici AD (2011) The brain basis of language processing: from structure to function. Physiol Rev 91:1357–1392

Fujita K (2009) Metamemory in tufted capuchin monkeys (Cebus apella). Anim Cogn 12:575–585

Fuster JM (2008) The prefrontal cortex, 4th edn. Academic Press, London

Futuyma DJ (2009) Evolution, 2nd edn. Sinauer, Sunderland

Galizia GC, Lledo PM (2013) Olfaction In Galizia G, Lledo P-M (eds) Neurosciences. Springer (in press)

Gallese V, Goldman A (1998) Mirror neurons and the simulation theory of mind-reading. Trends Cogn Sci 2:493–501

Gallup GG Jr (1970) Chimpanzees: self-recognition. Science 167:86–87

Gardner RA, Gardner TB, van Cantfort TE (1989) Teaching sign language to chimpanzees. State University New York Press, New York

Gazzaniga MS (2008) The science behind what makes us unique. Ecco Press, New York

Genty E, Roeder JJ (2011) Can lemurs (*Eulemur fulvus* and *E. macaco*) use abstract representations of quantities to master the reverse-reward contingency task? Primates 52:253–260

Ghazanfar AA, Hauser M (1999) The neuroethology of primate vocal communication: substrate for the evolution of speech. Trends Cogn Sci 3:377–384

Ghysen A (2003) The origin and evolution of the nervous system. Int J Dev Biol 47:555–562

Gibson KR, Rumbaugh D, Beran M (2001) Bigger is better: primate brain size in relationship to cognition. In: Falk D, Gibson KR (eds) Evolutionary anatomy of the primate cerebral cortex. Cambridge University Press, Cambridge, pp 79–97

Giurfa M (2003) Cognitive neuroethology: dissecting non-elemental learning in a honeybee brain. Curr Opin Neurobiol 13:726–735

Goldman-Rakic PS (1996) Regional and cellular fractionation of working memory. Proc Nat Acad Sci USA 93:13473–13480

Götz M (2013) Biology and function of glial cells. In: Galizia G, Lledo P-M (eds) Neurosciences. Springer, Berlin

Goossens BMA, Dekleva M, Reader SM, Sterck EHM, Bolhuis JJ (2008) Gaze following in monkeys is modulated by observed facial expressions. Anim Behav 75:1673–1681

Gould SJ (1977) Ontogeny and phylogeny. Belknap–Harvard University Press, Cambridge

Gould SJ, Vrba ES (1982) Exaptation—a missing term in the science of form. Paleobiology 8:4–15

Grasso FW, Basil JA (2009) The evolution of flexible behavioral repertoire in cephalopod mollusks. Brain Behav Evol 74:231–245

Green RE et al (2010) A draft sequence of the neandertal genome. Science 328:710–725

Grimmelikhuijzen CJP, Carstensen K, Darmer D, McFarlane I, Moosler A, Nothacker HP, Reinscheid RK, Rinehart KL, Schmutzler C, Vollert H (1992) Coelenterate neuropeptides: structure, action and biosynthesis. Am Zool 32:1–12

Güntürkün O (2005) The avian 'prefrontal cortex and cognition. Curr Opin Neurobiol 15:686–693

Güntürkün O (2008) Wann ist ein Gehirn intelligent? Spektrum der Wissenschaft Nov 2008:124–132

Güntürkün O, von Fersen L (1998) Of whales and myths. Numerics of cetacean cortex. In: Elsner N, Wehner R (eds) New neuroethology on the move. Proceedings of the 26th Göttingen Neurobiology Conference, vol 2. Thieme, Stuttgart, p 493

Guttenplan S (1994) A companion to the philosophy of mind. Blackwell, Cambridge

Hakeem AY, Sherwood CC, Bonar CJ, Butti C, Hof PR, Allman JM (2009) Von economo neurons in the elephant brain. Anat Rec 292:242–248

Hammer M (1993) An identified neuron mediates the unconditioned stimulus in associative olfactory learning in honeybees. Nature 366:59–63

Hanus D, Call J (2007) Discrete quantity judgments in the great apes (*Pan paniscus, Pan troglodytes, Gorilla gorilla, Pongo pygmaeus*): the effect of presenting whole sets versus item-by-item. J Comp Psychol 121:241–249

Harbaugh WT, Mayr U, Burghart DR (2007) Neural responses to taxation and voluntary giving reveal motives for charitable donations. Science 316:1622–1625

Hart BL, Hart LA (2007) Evolution of the elephant brain: a paradox between brain size and cognitive behavior. In: Kaas JH, Krubitzer LA (eds) The evolution of nervous systems. A Comprehensive Review. vol 3, Mammals. Academic (Elsevier), Amsterdam, Oxford, pp 491–497

Hart BL, Hart LA, Pinter-Wollman N (2008) Large brains and cognition: where do elephants fit in? Neurosci Biobehav Rev 32:86–98

Haug H (1987) Brain sizes, surfaces, and neuronal sizes of the cortex cerebri: a stereological investigation of man and his variability and a comparison with some mammals (primates, whales, marsupials, insectivores, and one elephant). Am J Anat 180:126–142

Hawkins T (1950) Opening of milk bottles by birds. Nature 165(4194):435–436

Hayes KJ, Hayes C (1954) The cultural capacity of chimpanzee. Hum Biol 26:288–303

Haynes JD, Rees G (2005) Predicting the orientation of invisible stimuli from activity in human primary visual cortex. Nat Neurosci 8:686–691

Haynes JD, Rees G (2006) Decoding mental states from brain activity in humans. Nat Rev Neurosci 7:523–534

Heffner HE, Heffner RS (1995) Role of auditory cortex in the perception of vocalization by *Japanese macaques*. In: Zimmermann E, Newman JD, Jürgens U (eds) Current topics in primate vocal communication. Plenum Press, New York, pp 207–219

Heiligenberg W (1977) Principles of electrolocation and jamming avoidance in electric fish. A neuroethological approach. Springer, Heidelberg

Hennig W (1950) Grundzüge einer Theorie der phylogenetischen Systematik. Deutscher Zentralverlag, Berlin. English edition: Henning W (1966) Phylogenetic systematics. University of Illinois Press, Urbana

Henrich J, McElreath R, Barr A, Ensminger J, Barrett C, Bolyanatz A, Cardenas JC, Gurven M, Gwako E, Henrich N, Lesorogol C, Marlowe F, Tracer D, Ziker J (2006) Costly punishment across human societies. Science 312:1767–1770

Herculano-Houzel S (2009) The human brain in numbers: a linearly scaled-up primate brain. Front Hum Neurosci 3:31

Herculano-Houzel S (2012) Neuronal scaling rules for primate brains: the primate advantage. PBR, pp 325–340

Herculano-Houzel S, Collins CE, Wong P, Kaas JH (2007) Cellular scaling rules for primate brains. Proc Nat Acad Sci USA 104:3562–3567

Hille B (1992) Ionic channels of excitable membranes. Sinauer Assoc, Sunderland

Hirth F, Reichert H (2007) Basic nervous system types: one or many. In: Striedter GF, Rubenstein JL (eds) Evolution of nervous systems, vol 1, Theories, development, invertebrates. Academic (Elsevier), Amsterdam, Oxford, pp 55–72

Hochner B, Shomrat T, Fiorito G (2006) The Octopus: a model for a comparative analysis of the evolution of learning and memory mechanisms. Biol Bull 210:308–317

Hof PR, Van der Gucht E (2007) Structure of the cerebral cortex of the humpback whale, Megaptera novaeangliae (Cetacea, Mysticeti, Balaenopteridae). Anat Rec 290:1–31

Hofman MA (2001) Brain evolution in hominids: are we at the end of the road? In: Falk D, Gibson KR (eds) Evolutionary anatomy of the primate cerebral cortex. Cambridge University Press, Cambridge, pp 113–127

Hofman MA (2003) Of brains and minds. A neurobiological treatise on the nature of intelligence. Evol Cogn 9:178–188

Hofman MA (2012) Design principles of the human brain: An evolutionary perspective. PBR, pp 373–390

Hofmann MH, Northcutt RG (2008) Organization for major telencephalic pathways in an elasmobranch, the thornback ray *Platyrhinoidis triseriata*. Brain Behav Evol 72:307–325

Holekamp KE (2006) Questioning the social intelligence hypothesis. Trends Cogn Sci 11:65–69

Holland LZ, Short S (2008) Gene duplication, co-option and recruitment during the origin of the vertebrate brain from the invertebrate chordate brain. Brain Behav Evol 72:91–105

Horner V, Whiten A (2005) Causal knowledge and imitation/emulation switching in chimpanzees (*Pan troglodytes*) and children (*Homo sapiens*). Anim Cogn 3:164–181

Hunt GR, Holzhaider JC, Russell D (2007) Gray: spontaneous metatool use by new Caledonian crows. Curr Biol 17:1504–1507

Huttenlocher PR, Dabholkar AS (1997) Regional differences in synaptogenesis in human cerebral cortex. JCN 387:167–178

Inoue S, Matsusawa T (2007) Working memory of numerals in chimpanzees. Curr Biol 17:1004–1005

Iriki A, Sakura O (2008) The neuroscience of primate intellectual evolution: natural selection and passive and intentional niche construction. Philos Trans R Soc Lond B Biol Sci 363:2229–2241

Ivry RB, Fiez JA (2000) Cerebellar contributions to cognition and imagery. In: Gazzaniga MS et al (eds) The new cognitive neurosciences, 2nd edn. MIT Press, Cambridge, pp 999–1011

Iwaniuk AN, Hurd PL (2005) The evolution of cerebrotypes in birds. Brain Beh Evol 65:215–230

James W (1890/1950) Principles of psychology. Dover Publications, New York

Jenkin SEM, Laberge F (2010) Visual discrimination learning in the fire-bellied toad *Bombina orientalis*. Learn Behav 38:418–425

Jensen K, Call J, Tomasello M (2007) Chimpanzees are rational maximizers in an ultimatum game. Science 318:107–109

Jerison HJ (1973) Evolution of the brain and intelligence. Academic, Amsterdam

Johnson-Frey SH (2003) The neural bases of complex tool use in humans. Trends Cogn Sci 8:71–78

Jones EG (2001) The thalamic matrix and thalamocortical synchrony. Trends Neurosci 24:595–601

Kaas JH (2007) Reconstructing the organization of neocortex of the first mammals and subsequent modifications. In: Kaas JH, Krubitzer LA (eds) Evolution of nervous systems. A comprehensive review, vol 3, Mammals. Academic (Elsevier), Amsterdam, Oxford, pp 27–48

Kaminski J, Call J, Fischer J (2004) Word learning in a domestic dog: evidence for "fast mapping". Science 304:1682–1683

Kandel ER (1976) Cellular basis of behavior—an introduction to behavioral neurobiology. WH Freeman, New York

Kandel ER, Schwartz JH, Jessell TM (2000) Neurowissenschaften. Spektrum Akademischer Verlag, Heidelberg

Karten HJ (1969) The organization of the avian telencephalon and some speculations on the phylogeny of the amniote telencephalon. Ann NY Acad Sci 167:164–179

Karten HJ (1991) Homology and evolutionary origins of the "neocortex". Brain Behav Evol 38:264–272

Kastner S, Ungerleider LG (2000) Mechanisms of visual attention in the human cortex. Annu Rev Neurosci 23:341–515

Kendal RL, Custance DM, Kendal JR, Vale G, Stoinski TS, Rakotomalala NL et al (2010) Evidence for social learning in wild lemurs (*Lemur catta*). Learn Behav 38:220–234

Kim J (1993) Supervenience and mind. Cambridge University Press, Cambridge

Kirschner M, Gerhardt J (2005) The plausibility of life: resolving Darwin's dilemma. Yale University Press, London

Knight RT, Grabowecky M (2000) Prefrontal cortex, time, and consciousness. In: Gazzaniga MS et al (eds) The new cognitive neurosciences, 2nd edn. MIT Press, Cambridge, pp 1319–1339

Koch C (2004) The quest for consciousness: a neurobiological approach. Roberts and Company, Greenwood

Koch C, Tsuchiya N (2012) Attention and consciousness: related yet different. Trends Cogn Sci 16:103–105

Korte M (2013) Cellular correlates of learning and memory. In Galizia G, Lledo P-M (eds) Neurosciences. Springer, Berlin

Kortlandt A (1968) Handgebrauch bei freilebenden Schimpansen. In: Rensch B (ed) Handgebrauch und Verständigung bei Affen und Frühmenschen. Hans Huber, Bern, pp 59–102

Krebs JR, Sherry DF, Healy SD, Perry H, Vaccarino AL (1989) Hippocampal specialization in food storing birds. Proc Nat Acad Sci USA 86:1388–1392

Kreiter AK, Singer W (1996) Stimulus dependent synchronization of neuronal responses in the visual cortex of the awake macaque monkey. J Neurosci 16:2381–2396

Kretzberg J, Ernst U (2013) Vision. In Galizia G, Lledo P-M (eds) Neurosciences. Springer, Berlin

Krusche P, Uller C, Dicke U (2010) Quantity discrimination in salamanders. J Exp Biol 213:1822–1828

Kuroshima H, Kuwahata H, Fujita K (2008) Learning from others' mistakes in capuchin monkeys (*Cebus apella*). Anim Cogn 11:599–609

Lamme VAF (2000) Neural mechanisms of visual awareness: a linking proposition. Brain Mind 1:385–406

Lamme VAF, Roelfsema PR (2000) The two distinct modes of vision offered by feedforward and recurrent processing. Trends Neurosci 23:571–579

Lefebvre L (1995) The opening of milk bottles by birds: evidence for accelerating learning rates, but against the wave-of-advance model of cultural transmission. Behav Process 34(1):43–53

Lefebvre L (2012) Primate encephalization. In: Hofman MA, Falk D (eds) Progress in Brain Research, vol 195. pp 393–412

Lefebvre L, Reader SM, Sol D (2004) Brains, innovations and evolution in birds and primates. Brain Behav Evol 63:233–246

Lefebvre L, Sol D (2008) Brains, lifestyles and cognition: are there general trends? Brain Behav Evol 72:135–144

Leopold DA, Logothetis N (1996) Activity changes in early visual cortex reflect monkeys' percept during binocular rivalry. Nature 379:549–553

Libet B (1978) Neuronal vs. subjective timing for a conscious sensory experience. In: Buser PA, Rougeul-Buser A (eds) Cerebral correlates of conscious experience. Elsevier, Amsterdam, pp 69–82

Libet B (1990) Cerebral processes that distinguish conscious experience from unconscious mental functions. In: Eccles JC, Creutzfeldt OD (eds) The principles of design and operation of the brain. Pontificae Academiae Scientiarum Scripta Varia, vol 78. pp 185–202

Lichtneckert R, Reichert H (2007) Origin and evolution of the first nervous systems. In: Kaas J, Bullock TH (eds) Evolution of nervous systems. A comprehensive review, vol 1, Theories, development, invertebrates. Academic (Elsevier), Amsterdam, Oxford, pp 289–315

Lindenfors P, Nunn CL, Barton RA (2007) Primate brain architecture and selection in relation to sex. BMC Biol 5:20

Lisney TJ, Yopak KE, Montgomery JC, Collin SP (2008) Variation in brain organization and cerebellar foliation in chondrichthyans. Brain Behav Evol 72:262–282

Logothetis NK, Pauls J, Augath M, Trinath T, Oeltermann A (2001) Neurophysiological investigation of the basis of the fMRI signal. Nature 412:150–157

Lorenz K (1973) Behind the mirror. A search for a natural history of human knowledge. Mariner Books, Boston

Lotto AJ, Hickok GS, Holt LL (2009) Reflections on mirror neurons and speech perception. Trends Cogn Sci 13:110–114

Lovejoy AO (1936) The great chain of being: a study of the history of an idea. Harvard University Press, Cambridge

Lüscher C, Petersen C (2013) The synapse. In: Galizia G, Lledo P-M (eds) Neurosciences. Springer, Berlin

Luthardt G, Roth G (1979) The relationship between stimulus orientation and stimulus movement pattern in the prey catching behavior of *Salamandra salamandra*. Copeia 1979:442–447

MacPhail EM (1982) Brain and intelligence in vertebrates. Clarendon Press, Gloucestershire

Macphail EM, Bolhuis JJ (2001) The evolution of intelligence: adaptive specializastions versus general process. Biol Rev 76:341–364

Maguire EA, Gadian DG, Johnsrude IS, Good CD, Ashburner J, Frackowiak RSJ, Frith CD (2000) Navigation-related structural change in the hippocampi of taxi drivers. Proc Nat Acad Sci USA 97:4398–4403

Margulis L (1970) Origin of eukaryotic cells. Yale University Press, New Haven

Marois R, Ivanoff J (2005) Capacity limits of information processing in the brain. Trends Cogn Sci 9:296–305

Martin RD (1996) Scaling of the mammalian brain: the maternal energy hypothesis. News Physiol Sci 11:149–156

Martínez S, Puelles E, Echevarria D (2013) Ontogeny of the vertebrate nervous system. In: Galizia G, Lledo PM (eds) Neurosciences. Springer, Berlin

Maturana H, Varela F (1980) Autopoiesis and cognition: the realization of the living. Reidel, Boston

Mausfeld R (2013) The biological function of sensory systems. In: Galizia G, Lledo P-M (eds) Neurosciences. Springer, Berlin

Mayr E (1974) Teleological and teleonomic, a new analysis. Boston Stud Philos Sci 14:91–117

McGrew WC (2010) Evolution. Chimpanzee technology. Science 328:579–580

McLaughlin B (1997) Emergence. In: Keil F, Wilson R (eds) MIT encyclopedia of cognitive sciences. MIT Press, Cambridge, pp 266–268

McLaughlin B, Beckermann A, Walter S (eds) (2011) The oxford handbook of philosophy of mind. Oxford University Press, Oxford

McLaughlin B, Bennett K (2005) Supervenience. In: Stanford encyclopedia of Philosophy

Medina L (2007) Do birds and reptiles possess homologues of mammalian visual, somatosensory, and motor cortices. In: Kaas J, Bullock TH (eds) Evolution of nervous systems. A comprehensive review, vol 2, Non-mammalian vertebrates. Academic (Elsevier), Amsterdam, Oxford, pp 163–194

Meek J, Schellart NAM (1998) A Golgi study of goldfish optic tectum. J Comp Neurol 182:89–122

Mehlhorn J, Hunt GR, Gray RD, Rehkämper G, Güntürkün O (2010) Tool-making new Caledonian crows have large associative brain areas. Brain Behav Evol 75:63–70

Mekel-Bobrov N, Gilbert SL, Evans PD, Vallender EJ, Anderson JR, Hudson RR, Tishkoff SA, Lahn BT (2005) Ongoing adaptive evolution of *ASPM*, a brain size determinant in Homo sapiens. Science 309:1720–1722

Mellars P, French JC (2011) Tenfold population increase in Western Europe at the neandertal–to–modern human transition. Science 333:623–627

Mendes N, Hanus D, Call J (2007) Raising the level: orangutans use water as a tool. Biol Lett 3:453–455

Menzel R (2012) In search of the engram in the honeybee brain (in press)

Menzel R (2013) Learning, memory and cognition: animal perspectives. In Galizia G, Lledo P-M (eds) Neurosciences. Springer, Berlin

Menzel R, Giurfa M (2001) Cognitive architecture of a mini-brain: the honeybee. Trends Cogn Sci 5:62–71

Menzel R, Brembs B, Giurfa M (2007) Cognition in invertebrates. In: Kaas JH (ed) Evolution of nervous systems. A comprehensive review, vol 1, Theories, development, invertebrates. Academic (Elsevier), Amsterdam, Oxford, pp 403–422

Mery F, Kawecki TJ (2002) Experimental evolution of learning ability in fruit flies. Proc Nat Acad Sci USA 99:14274–14279

Metzger W (1975) Gesetze des Sehens. Kramer, Frankfurt

Metzinger T (ed) (1995) Conscious experience. Ferdinand Schöningh, Paderborn

Miklósi A, Kubinyi E, Topa J, Gacsi M, Varnyi Z, Csanyi V (2003) A simple reason for a big difference: wolves do not look back at humans, but dogs do. Curr Biol 13:763–766

Mobbs PG (1985) Brain structure. In: Kerkut GA, Gilbert LI (eds) Comparative insect physiology, biochemistry and pharmacology. Pergamon Press, Oxford

Mooney R (2009) Neural mechanisms for learned birdsong. Learn Mem 16:655–669

Moroz LL (2009) On the independent origins of complex brains and neurons. Brain Behav Evol 74:177–190

Müller WA, Frings S (2009) Tier- und Humanphysiologie- Eine Einführung, 4th edn. Springer, Berlin

Mueller GB, Newmann SA (2003) Origin of organismal form: beyond the gene in developmental and evolutionary biology. MIT Press, Cambridge

Mulcahy NJ, Call J (2006) Apes save tools for future use. Science 312:1038–1040

Nässel DR, Larhammar D (2013) Neuropeptides and peptide hormones. In Galizia G, Lledo (eds) P-M Neurosciences. Springer, Berlin

Neiworth JJ, Steinmark E, Basile BM, Wonders R, Steely F, DeHart C (2003) A test of object permanence in a new-world monkey species, cotton top tamarins (*Saguinus oedipus*). Anim Cogn 6:27–37

New JG (1997) The evolution of vertebrate electroensory systems. Brain Behav Evol 50:244–252

Nieuwenhuys R, Voogd J, Van Huijzen C (1988) The human central nervous system. Springer, New York

Nieuwenhuys R, Ten Donkelaar HJ, Nicholson C (1998) The central nervous system of vertebrates, 3rd edn. Springer, Heidelberg

Nimchinsky EA, Gilissen E, Allman JM, Perl DP, Erwin JM, Hof PR (1999) A neuronal morphologic type unique to humans and great apes. Proc Nat Acad Sci USA 96:5268–5273

Niven JE, Farris SM (2012) Miniaturization of nervous systems review and neurons. Curr Biol 22:323–329

Nixon M, Young JZ (2003) The brains and lives of cephalopods. Oxford Biology, Oxford

Noesselt T, Hillyard SA, Woldorff MG, Schoenfeld A, Hagner T, Jäncke L, Tempelmann C, Hinrichs H, Heinze H-J (2002) Delayed striate cortical activation during spatial attention. Neuron 35:575–587

Nonacs P, Dill LM (1993) Is satisficing an alternative to optimal foraging theory? Oikos 67:371–375

Northcutt RG, Gans C (1983) The genesis of neural crest and epidermal placodes: a reinterpretation of vertebrate origins. Rev Biol 58:1–28

O'Connell S, Dunbar RIM (2003) A test for comprehension of false belief in chimpanzees. Evol Cogn 9:131–140

O'Rahilly R, Müller F (1999) Summary of the initial development of the human nervous system. Teratology 60:39–41

Osvath M, Osvath H (2008) Chimpanzee (*Pan troglodytes*) and orangutan (*Pongo abelii*) forethought: Self-control and pre-experience in the face of future tool use. Anim Cogn 11:661–674

Ottoni EB, Izar P (2008) Capuchin monkey tool use: overview and implications. Evol Anthropol Issues News Rev 17:171–178

Pahl M, Tautz J, Zhang S (2010) Honeybee cognition. In: Kappeler P (ed) Animal behaviour: evolution and mechanisms. Springer, Heidelberg

Pakkenberg B, Gundersen HJG (1997) Neocortical neuron number in humans: effect of sex and age. J Comp Neurol 384:312–320

Pauen M (2006) Feeling causes. J Cons Stud 13(1–2):129–152

Pearce JM (1997) Animal learning and cognition. Psychol Press, Exeter

Penn DC, Povinelli DJ (2007) On the lack of evidence that non-human animals possess anything remotely resembling a 'theory of mind'. Philos Trans R Soc Lond B Biol Sci 362:731–744

Pepperberg IM (2000) The Alex studies. Cognitive and communicative abilities of grey parrots. Harvard University Press, Cambridge

Phillips W, Barnes JL, Mahajan N, Yamaguchi M, Santos LR (2009) 'Unwilling' versus 'unable': capuchin monkeys' (*Cebus apella*) understanding of human intentional action. Dev Sci 12:938–945

Piaget J (1954) The construction of reality in the child. Basic Books, New York

Pickering R, Dirks PHGM, Jinnah Z de Ruiter DJ Churchill SE Herries AIR, Woodhead JD, Hellstrom JC, Berger LR (2011) *Australopithecus sediba* at 1.977 ma and implications for the origins of the genus *Homo*. Science 333:1421–1423

Pilbeam D, Gould SJ (1974) Size and scaling in human evolution. Science 186:892–901

Pinker S (1995) The language instinct: how the mind creates language. Harper Perennial, New York

Pinker S, Jackendorf R (2005) The faculty of language: what's special about it? Cognition 95:201–236

Plotnik JM, de Waal FBM, Reiss D (2006) Self-recognition in an Asian elephant. Proc Nat Acad Sci USA 103:17053–17057

Plowright CMS, Reid S, Kilian T (1998) Finding hidden food: behavior on visible displacement tasks by mynahs (Gracula religiosa) and pigeons (Columba livia). J Comp Psychol 86:13–25

Pollen AA, Dobberfuhl AP, Scace J, Igulu MM, Renn SCP, Shumway CA, Hofmann HA (2007) Environmental complexity and social organization sculpt the brain in Lake Tanganyikan clichlid fish. Brain Behav Evol 70:21–39

Pombal M, Megías M, Bardet SM, Puelles L (2009) New and old thoughts on the segmental organization of the forebrain in lampreys. Brain Behav Evol 74:7–19

Popper K, Eccles J (1984) The self and its brain. Springer, Heidelberg

Povinelli DJ (2000) Folk physics for apes. Oxford University Press, Oxford

Povinelli DJ, Vonk J (2003) Chimpanzee minds: suspiciously human? Trends Cogn Sci 7:157–161

Povinelli DJ, Nelson KE, Boysen ST (1990) Inferences about guessing and knowing by chimpanzees (Pan troglodytes). J Comp Psychol 104:203–210

Povinelli DJ, Rulf AB, Landau KR, Bierschwale DT (1993) Self-recognition in chimpanzees (Pan troglodytes): distribution, ontogeny, and patterns of emergence. J Comp Psychol 107:347–372

Premack D, Premack A (1983) The mind of an ape. Norton, New York

Premack D, Woodruff G (1978) Does the chimpanzee have a theory of mind? Behav Brain Sci 4:515–526

Preuss TM (1995) Do rats have a prefrontal cortex? The Rose-Woolsey-Akert program reconsidered. J Cogn Neurosci 7:1–24

Price CJ (2012) A review and synthesis of the first 20 years of PET and fMRI studies of heard speech, spoken language and reading. NeuroImage 62:816–847

Prior H, Schwarz A, Güntürkün O (2008) Mirror-induced behavior in the magpie (Pica pica): evidence of self-recognition. PLoS Biol 6:1642–1650

Puelles L, Rubenstein JL (1993) Expression patterns of homeobox and other putative regulatory genes in the embryonic mouse forebrain suggest a neuromeric organization. Trends Neurosci 16:472–479

Puelles L, Rubenstein JL (2003) Forebrain gene expression domains and the evolving prosomeric model. Trends Neurosci 26:469–476

Raff MC, Barres BA, Burne JF, Coles HS, Ishizaki Y, Jacobson MD (1993) Programmed cell death and the control of cell survival: lessons from the nervous system. Science 262:695–700

Rakic P (2002) Evolving concepts of cortical radial and areal specification. PBR 136:265–280

Rakic P (2009) Evolution of the neocortex: a perspective from developmental biology. Nat Rev Neurosci 10:204–219

Rakic P, Kornack DR (2001) Neocortical expansion and elaboration during primate evolution: a view from neuroembryology. In: Falk D, Gibson KR (eds) Evolutionary anatomy of the primate cerebral cortex. Cambridge University Press, Cambridge, pp 30–56

Reader SM, Laland KN (2002) Social intelligence, innovation, and enhanced brain size in primates. Proc Natl Acad Sci USA 99:4436–4441

Reader SM, Hager Y, Laland KN (2011) The evolution of primate general and cultural intelligence. Philos Trans Roy Soc Lond B Biol Sci 366:1017–1027

Reiner A, Perkel DJ, Bruce LL et al (2004) Revised nomenclature for avian telencephalon and some related brainstem nuclei. J Comp Neurol 473:377–414

Reiner A, Yamamoto K, Karten HJ (2005) Organization and evolution of the avian forebrain. Anat Rec Part A 287A:1080–1102

Reiss D, Marino L (2001) Mirror self recognition in the bottlenose dolphin: a case of cognitive convergence. Proc Nat Acad Sci USA 98:5937–5942

Rensch B (1968a) Manipulierfähigkeit und Komplikation von Handlungsketten bei Menschenaffen. In: Rensch B (ed) Handgebrauch und Verständigung bei Affen und Frühmenschen. Hans Huber, Bern, pp 103–126

Rensch B (1968b) Biophilosophie auf erkenntnistheoretischer Grundlage (Panpsychistischer Identismus). Gustav Fischer, Stuttgart

Rensch B, Altevogt R (1955) Zähmung und Dressurleistungen indischer Arbeitselefanten. Z für Tierpsychol 11:497–510

Rensch B, Döhl J (1967) Spontane Aufgabenlösung durch einen Schimpansen. Z Tierpsychol 24:476–489

Rizzolatti G, Fadiga L, Gallese V et al (1996) Premotor cortex and the recognition of motor actions. Cogn Brain Res 3:131–141

Rizzolatti G, Arbib MA (1998) Language within our grasp. Trends Neurosci 21:188–194

Rizzolatti G, Craighero L (2004) The mirror-neuron system. Annu Rev Neurosci 27:169–192

Roberts AC (2006) Primate orbitofrontal cortex and adaptive behavior. Trends Cog Sci 10:83–90

Rockel AJ, Hiorns W, Powell TPS (1980) The basic uniformity in structure of the neocortex. Brain 103:221–244

Rockland KS (2002) Non-uniformity of extrinsic connections and columnar organization. J Neurocytol 31:247–253

Rokas A (2008) The origins of multicellularity and the early history of the genetic toolkit for animal development. Annu Rev Genet 42:235–251

Roth G (1987) Visual behavior in salamanders. Springer, Berlin, Heidelberg, New York

Roth G (1996) Das Gehirn und seine Wirklichkeit. Suhrkamp, Frankfurt

Roth G (2000) The evolution and ontogeny of consciousness. In: Metzinger T (ed) Neural correlates of consciousness. MIT Press, Cambridge, pp 77–97

Roth G (2003) Fühlen, Denken, Handeln. Wie das Gehirn unser Verhalten steuert. Suhrkamp, Frankfurt

Roth G, Dicke U (2005) Evolution of the brain and intelligence. Trends Cogn Sci 9:250–257

Roth G, Dicke U (2012) Evolution of brain and intelligence in primates. Prog Brain Res 195:413–430

Roth G, Schwegler H (1995) Das Geist-Gehirn-Problem aus der Sicht der Hirnforschung und eines nicht-reduktionistischen Physikalismus. Eth Sozialwiss 6(1):69–156

Roth G, Wake DB (1989) Conservatism and innovation in the evolution of feeding in vertebrates. In: Wake DB, Roth G (eds) Complex organismal functions: integration and evolution in vertebrates. Wiley, London, New York, pp 7–22

Roth G, Wullimann MF (1996/2000) Evolution der Nervensysteme und Sinnesorgane. In: Dudel J, Menzel R, Schmidt RF (eds) Neurowissenschaft. Vom Molekül zur Kognition. Springer, Heidelberg-Berlin, pp 1–31

Roth G, Nishikawa KC, Wake DB (1997) Genome size, secondary simplification, and the evolution of the salamander brain. Brain Behav Evol 50:50–59

Roth G, Grunwald W, Dicke U (2003) Morphology, axonal projection pattern, and responses to optic nerve stimulation of thalamic neurons in the fire-bellied toad *Bombina orientalis*. J Comp Neurol 461: 91–110

Roth G, Naujoks-Manteuffel C, Nishikawa K, Schmidt A, Wake DB (2003) The salamander nervous system as a secondarily simplified, paedomorphic system. Brain Behav Evol 42:137–170

Roth G, Grunwald W, Mühlenbrock-Lenter S, Laberge F (2004) Morphology and axonal projection pattern of neurons in the telencephalon of the fire-bellied toad *Bombina orientalis*. J Comp Neurol. 478:35–61

Ruhl T, Dicke U (2012) The role of the dorsal thalamus in visual processing and object selection: a case of an attentional system in amphibians. Eur J Neurosci doi:10.1111/j.1460-9568.2012.08271.x

Ruiz A, Gómez JC, Roeder JJ, Byrne RW (2009) Gaze following and gaze priming in lemurs. Anim Cogn 12:427–434

Rumbaugh SR (1986) Ape language: from conditioned response to symbol. Columbia University Press, New York

Rütsche B, Meyer M (2010) Der kleine Unterschied—wie der Mensch zur Sprache kam. Z Neuropsychol 21:1–17

Russell MJ, Hall AJ (1997) The emergence of life from iron monosulphide bubbles at a submarine hydrothermal redox and pH front. J Geol Soc Lond 154:377–402

Russell S (1979) Brain size and intelligence: a comparative perspective. In: Oakley DA, Plotkin HC (eds) Brain, behavior and evolution. Methuen, London, pp 126–153

Sanfey AG, Rilling JK, Aronson JA, Nystrom LE, Cohen JD (2003) The neural basis of economic decisionmaking in the ultimatum game. Science 300:1755–1758

Sanz CM, Morgan DB (2009) Flexible and persistent tool-using strategies in honey-gathering by wild chimpanzees. Intern J Primatol 30:411–427

Savage-Rumbaugh ES (1984) Acquisition of functional symbol usage in apes and children. In: Roitblat HL, Bever TG, Terrace HS (eds) Animal cognition. Earlbaum, Hillsdale, pp 291–310

Savage-Rumbaugh ES (1986) Ape language: from conditioned response to symbol. Columbia University Press, New York

Schacter DL (1996) Searching for memory. The brain, the mind, and the past. Basic Books, New York

Scharff C, Petry J (2011) Evo-devo, deep homology and FoxP2: implications for the evolution of speech and language. Phil Trans R Soc B 366:2124–2140

Schlosser G, Wagner GP (2004) Modularity in development and evolution. University of Chicago Press, Chicago

Schuck-Paim C, Alonso WJ, Ottoni EB (2008) Cognition in an ever-changing world: climatic variability is associated with brain size in Neotropical parrots. Brain Behav Evol 71:200–215

Schülert N, Dicke U (2002) The effect of stimulus features on the visual orienting behavior in Plethodon jordani. J Exp Biol 205:241–251

Schülert N, Dicke U (2005) Dynamic response properties of visual neurons and context-dependent surround effects on receptive fields in the tectum of the salamander Plethodon shermani. Neuroscience 134:617–632

Schüz A (2001) What can the cerebral cortex do better than other parts of the brain? In: Roth G, Wullimann M (eds) Brain evolution and cognition. Wiley and Sons, New York, pp 491–500

Schüz A (2002) Introduction: homogeneity and heterogeneity of cortical structure: a theme and its variations. In: Schütz A, Miller R (eds) Cortical areas: unity and diversity. Taylor and Francis, London, pp 1–11

Selverston A, Elson R, Rabinovich M, Huerta R, Abarbanel H (2006) Basic principles for generating motor output in the stomatogastric ganglion. Ann New York Acad Sci 860:35–50

Semendeferi K, Lu A, Schenker N, Damasio H (2002) Humans and great apes share a large frontal cortex. Nat Neurosci 5:272–276

Seth AK, Dienes Z, Cleeremans A, Overgaard M, Pessoa L (2008) Measuring consciousness: relating behavioural and neurophysiological approaches. Trends Cogn Sci 12:314–321

Seyfarth RM, Cheney DL (2008) Primate vocal communication. In: Platt M, Ghazanfar AA (eds) Primate neuroethology. Oxford University Press, Oxford

Seyfarth RM, Cheney DL, Marler P (1980) Monkey responses to three different alarm calls: evidence of predator classification and semantic communication. Science 210:801–803

Shannon CE, Weaver W (1949) The mathematical theory of communication. The University of Illinois Press, Urbana

Shepherd SV, Platt ML (2008) Spontaneous social orienting and gaze following in ringtailed lemurs (Lemur catta). Anim Cogn 11:13–20

Sherwood CC, Subiaul F, Zawidzki TW (2008) A natural history of the human mind: tracing evolutionary changes in brain and cognition. J Anat 212:426–454

Sherry DF (2011) The hippocampus of food-storing birds. Brain Behav Evol 78:133–135

Shomrat T, Zarrella I, Fiorito G, Hochner B (2008) The octopus vertical lobe modulates short-term learning rate and uses LTP to acquire long-term memory. Curr Biol 18:337–342

Shumway CA (2008) Habitat complexity, brain, and behavior. Brain Behav Evol 72:123–134

Simon H (1956) Rational choice and the structure of the environment. Psychol Rev 63(2):129–138

Singer W (1999) Neuronal synchrony: a versatile code for the definition of relations. Neuron 24:49–65

Singer W, Gray CM (1995) Visual feature integration and the temporal correlation hypothesis. Annu Rev Neurosci 18:555–586

Singer T, Seymour B, O'Doherty J, Kaube H, JDolan JD, Frith C (2004) Empathy for pain involves the affective but not sensory components of pain. Science 303:1157–1162

Slobodchikoff CN (2002) Cognition and communication in prairie dogs. In: Beckoff M, Allen C, Burghardt GM (eds) The cognitive animal. A Bradford Book, Cambridge, pp 257–264

Smid HM, Wang G, Bukovinszky T, Steidle JLM, Bleeker MAK, van Loon JJA, Vet LEM (2007) Species-specific acquisition and consolidation of long-term memory in parasitic wasps. Proc R Soc B 274:1539–1546

Smith JD (2009) The study of animal metacognition. Trends Cogn Sci 13:389–396

Sol D, Duncan RP, Blackburn TM, Cassey P, Lefebvre L (2005) Big brains, enhanced cognition, and response of birds to novel environments. Proc Nat Acad Sci USA 102:5460–5465

Soon CS, Brass M, Heinze H-J, Haynes J-D (2008) Unconscious determinants of free decisions in the human brain. Nat Neurosci 11:543–555

Sowell ER, Thompson PM, Leonard CM, Welcome SE, Kann E, Toga A (1999) Longitudinal mapping of cortical thickness and brain growth in normal children. J Neurosci 24:8223–8231

Sporns O (2010) Networks of the brain. MIT, Cambridge

Squire LR, Kandel ER (1998) Memory: from mind to molecules. H. Holt and Company, New York

Steinmetz PRH, Kraus JEM, Larroux C, Hammel JU, Amon-Hassenzahl A, Houliston E, Wörheide G, Nickel M, Degnan BM, Technau U (2012) Independent evolution of striated muscles in cnidarians and bilaterians. Nature 487:231–234

Strausfeld NJ, Mok Strausfeld C, Loesel R, Rowell D, Stowe S (2006) Arthropod phylogeny: onychophoran brain organization suggests an archaic relationship with a chelicerate stem lineage. Proc Biol Sci 7:1857–1866

Strausfeld NJ, Hirth F (2013) Deep homology of arthropod central complex and vertebrate basal ganglia. Science 340:157–161

Striedter GF (2005) Brain evolution. Sinauer, Sunderland

Strong MK, Chandy KG, Gutman GA (1993) Molecular evolution of voltage-sensitive ion channel. Mol Biol Evol 10:221–242

Subiaul F, Cantlon JF, Holloway RL, Terrace HS (2004) Cognitive imitation in rhesus macaques. Science 305:407–410

Taylor K, Mandon S, Freiwald WA, Kreiter AK (2005) Coherent oscillatory activity in monkey area v4 predicts successful allocation of attention. Cerebral Cortex 15:1424–1437

Taylor AH, Hunt GR, Media FS, Gray RD (2009) Do new Caledonian crows solve physical problems through causal reasoning? Proc R Soc B 276:247–254

Teffer K, Semendeferi K (2012) Human prefrontal cortex: evolution, development, and pathology. PBR, pp 191–218

Terrace H (1987) Chunking by a pigeon in a serial learning task. Nature 325:149–151

Terrace H, Petitto LA, Sanders RJ, Bever TG (1979) Can an ape create a sentence? Science 206:891–902

Terry WS (2006) Learning and memory: basic principles, processes, and procedures. Pearson Education, Boston

Thiel A, Hoffmeister TS (2009) Decision-making dynamics in parasitoids of Drosophila. In: Prévost G (ed) Advances in parasitology, vol 70. Academic, Amsterdam, pp 45–66

Timpson N, Heron J, Smith GD, Enard W (2005) Comment on papers by Evans et al. and Mekel-Bobrov et al. on evidence for positive selection of MCPH1 and ASPM. Science 317:1936

Tinbergen N (1953) The study of instinct. Oxford University Press, Oxford

Tomasello M, Warneken F (2009) Varieties of altruism in children and chimpanzees. Trends Cogn Sci 13:397–402

Tomasello M, Call J, Hare B (2003) Chimpanzees understand psychological states—the question is which ones and to what extend. Trends Cogn Neurosci 7:153–156

Tomasello M, Hare B, Lehmann H, Call J (2007) Reliance on head versus eyes in the gaze following of great apes and human infants: the cooperative eye hypothesis. J Hum Evol 52:314–320

Tömböl T, Maglóczky ZS, Stewart MG, Csillag A (1988) The structure of chicken ectostriatum. J Hirnforsch 29:525–546

Treue S, Maunsell JHR (1996) Attentional modulation of visual motion processing in cortical areas MT and MST. Nature 382:539–541

Udell MAR, Dorey NR, Wynne CDL (2011) Can your dog read your mind? understanding the causes of canine perspective taking. Learn Behav 39:289–302

Uller C, Jaeger R, Guidry G, Martin C (2003) Salamanders (*Plethodon cinereus*) go for more: rudiments of number in an amphibian. Anim Cogn 6:105–112

Van Dongen PAM (1998) Brain size in vertebrates. In: Niewenhuys R (ed) The central nervous system of vertebrates. Springer, Heidelberg, pp 2099–2134

Van Gulick R (2004) Consciousness. Stanford encyclopedia of philosophy, pp 1–52

Vigneau M, Beaucousin V, Hervé P-Y, Jobard G, Petit L, Crivello F, Mellet E, Zago L, Mazoyer B, Tzourio-Mazoyer N (2011) What is right-hemisphere contribution to phonological, lexico-semantic, and sentence processing? insights from a meta-analysis. NeuroImage 54:577–593

Visalberghi E, Limongelli L (1994) Lack of comprehension of cause-effect relationships in tool-using capuchin monkeys (*Cebus apella*). J Comp Psychol 108:15–22

Visalberghi E, Addessi E, Truppa V, Spagnoletti N, Ottoni E, Izar P et al (2009) Selection of effective stone tools by wild bearded capuchin monkeys. Curr Biol 19:213–217

Von Bonin G (1937) Brain weight and body weight in mammals. J Gen Psychol 16:379–389

Von der Emde G (2013) Electroreception. In Galizia G, Lledo P-M (eds) Neurosciences. Springer, Berlin

Von Frisch K (1923) Über die Sprache der Bienen. Eine tierpsychologische Untersuchung. In: Zoologische Jahrbücher (Physiologie) 40:1–186

Von Frisch K (1965) Tanzsprache und Orientierung der Bienen. Springer, Berlin

Wächtershäuser G (1988) Before enzymes and templates: theory of surface metabolism. Microbiol Rev 52:452–484

Wächtershäuser G (2000) Origin of life: life as we don't know it. Science 289:1307–1308

Waddington CH (1956) Principles of embryology. George Allen & Unwin, London

Wake D, Wake MH, Specht CD (2011) Homoplasy: from detecting pattern to determining process and mechanism of evolution. Science 331:1032–1035

Wake DB, Roth G (eds) (1989) Complex organismal functions: integration and evolution in vertebrates. Wiley VCH, Weinheim

Walker R, Burger O, Wagner J, von Rueden CR (2006) Evolution of brain size and juvenile periods in primates. J Hum Evol 51:480–489

Wehner R, Menzel R (1990) Do insects have cognitive maps? A Rev Neurosci 13:403–414

Weiller C, Bormann T, Saur D, Musso M, Rijntjes M (2011) How the ventral pathway got lost—and what its recovery might mean. Brain and Language 118:29–39

Weir AAS, Chappell J, Kacelnik A (2002) Shaping of hooks in new Caledonian crows. Science 297:981

Weiskrantz L (1986) Blindsight: a case study and implications. Oxford University Press, Oxford

Wise SP (2008b) Forward frontal fields: phylogeny and fundamental function. Trends Neurosci 31:599–608

Withington PM (2007) The evolution of arthropod nervous systems. Insight from neural development in the Onychophora and Myriapoda. In: Kaas J, Bullock TH (eds) Evolution of nervous systems. A comprehensive review, vol 1, Theories, development, invertebrates. Academic (Elsevier), Amsterdam, Oxford, pp 317–336

Woolley SMN, More JM (2011) Coevolution in communication senders and receivers: vocal behavior and auditory processing in multiple songbird species. Ann NY Acad Sci 122:155–165

Wong P, Kaas JH (2009) An architectonic study of the neocortex of the short-tailed opossum (*Monodelphis domestica*). Brain Behav Evol 73:206–228

Wullimann MF, Vernier P (2007) Evolution of the nervous system in fishes. In: Kaas J, Bullock TH (eds) Evolution of nervous systems. A comprehensive review, vol 2, Non-mammalian vertebrates. Academic (Elsevier), Amsterdam, Oxford, pp 39–60

Young JZ (1971) The anatomy of the nervous system of *Octopus vulgaris*. Clarendon, Oxford

Yu F, Hill RS, Schaffner SF, Sabeti PC, Wang ET, Mignault AA, Ferland RJ, Moyzis RK, Walsh CA, Reich R (2007) Comment on "Ongoing Adaptive Evolution of *ASPM*, a brain size determinant in *Homo sapiens*". Science 316:370

Zhang K, Sejnowski TJ (2000) A universal scaling law between gray matter and white matter of cerebral cortex. Proc Nat Acad Sci USA 97:5621–5626

Zipfel B, DeSilva JM, Kidd RS, Carlson KJ, Churchill SE, Berger LR (2011) The foot and ankle of *Australopithecus sediba*. Science 333:1417–1420

Zimmermann H (2013) Cellular and molecular basis of neural function. In Galizia G, Lledo P-M Neurosciences. Springer, Berlin

찾아보기

막 흥분성 61, 64

먹장어 99, 147, 153, 186

모방 2, 4, 8, 11, 55, 199, 241, 248, 255, 257~259, 268, 305, 320, 325, 329

무척추동물-선구동물의 신경계 99, 106

문어의 관찰을 통한 학습 135, 144

문어의 뇌 99, 114, 120, 334, 365, 366

문어의 지능 135, 143

물리주의 23, 26, 355

【ㅂ】

버섯체 19, 99, 111, 125, 210, 367, 368

보정된 상대 뇌 크기 279, 291, 342, 344~346

불계적 유사성 44, 45

비다윈주의 진화 29

【ㅅ】

사회적 지능 4, 241, 255~260, 333, 343~345

상대 뇌 크기 242, 279, 282, 285, 287~291, 302, 342, 344~346

상위인지 242, 261, 264, 276, 277, 331, 338

생기론 47, 48

생명의 기원 29, 47, 54, 55

생물계 47

생태적 지능 4, 242, 243, 341, 343

선형동물 5, 99, 121

세균 5, 33, 39, 50, 57, 67, 87, 88, 92~96, 135, 333, 361

소뇌 27, 38, 157, 166, 172~177, 180, 187, 194, 203, 216, 219, 245, 282, 292, 317, 335, 345

수렴진화 44, 45, 150, 166, 226, 334

시냅스 12, 61, 63, 74, 75, 227, 295, 334, 357, 360, 362, 364

신경세포의 구조 61, 62

신경전달 67, 70, 74, 79

신다윈주의 29, 32, 33, 34, 347

심리철학 20, 28, 371